高职高专国家级精品课程教材

"十二五"职业教育国家规划教材
经全国职业教育教材审定委员会审定

U0232182

YIQI
FENXI
CESHI
JISHU

仪器分析测试技术

丁敬敏　吴朝华　主编
黄一石　主审

化学工业出版社

·北京·

本书将工业分析与检验专业的仪器分析专业课程的理论教学与实验教学有机结合，以工作过程为导向，以仪器分析技术为主线，构建由实践情境构成，基于任务驱动，工作过程导向的模块化课程。主要内容包括 6 个教学项目和 1 个综合项目，涵盖用气相色谱法、紫外-可见分光光度法、电位分析法、原子吸收光谱法、高效液相色谱法及红外吸收光谱法对物质进行检测和工业废水部分指标的检测。每个项目都设计了能力目标、任务分析、实训、理论提升、开放性训练、理论拓展、思考与练习等教学单元。本书适合于高等职业院校工业分析与检测专业使用，也可作为企业工人培训和一般技术人员的参考用书。

图书在版编目（CIP）数据

仪器分析测试技术／丁敬敏，吴朝华主编 . —北京：化学工业出版社，2011.5（2018.5 重印）
高职高专国家级精品课程教材
ISBN 978-7-122-10882-1

Ⅰ . 仪⋯　Ⅱ. ①丁⋯②吴⋯　Ⅲ. 仪器分析-测试-高等职业教育-教材　Ⅳ . O657

中国版本图书馆 CIP 数据核字（2011）第 054211 号

责任编辑：陈有华　刘心怡　　　　　　　　　文字编辑：刘志茹
责任校对：战河红　　　　　　　　　　　　　装帧设计：尹琳琳

出版发行：化学工业出版社（北京市东城区青年湖南街 13 号　邮政编码 100011）
印　　刷：三河市延风印装有限公司
装　　订：三河市宇新装订厂
787mm×1092mm　1/16　印张 19　字数 510 千字　　2018 年 5 月北京第 1 版第 3 次印刷

购书咨询：010-64518888（传真：010-64519686）　　售后服务：010-64518899
网　　址：http://www.cip.com.cn
凡购买本书，如有缺损质量问题，本社销售中心负责调换。

定　　价：48.00 元

前　言

　　高等职业教育以培养技术应用性专门人才为根本任务，其课程在具有职业定向性的同时，还应具有综合性。技术应用性人才需要较强的职业综合能力和够用的理论知识，"工业分析与检验专业"是高职高专专业目录生化和药品大类化工技术类中的一个专业，除了要让受教育对象一方面"学会学习"，掌握认识的手段和方法，自主学习从而改变自身的知识结构，另一方面"学会生存"掌握职业技能，实践所学的知识，具有基本的生存技能外，还要使其"学会共同生活"，学会与人沟通、交流、相处，能以不断增强的自主性、判断力和个人责任感来行动。

　　依据先进的教学理念与教学规律，我们将工业分析与检验专业的 10 门专业技术课程和专业方向课程，以职业工作过程导向为原则，选取《定量化学分析》、《仪器分析》、《工业分析》3 门技术应用课程作为模块中的主体构架，其余课程则围绕分析测试技术应用于工作过程中所需的知识、能力和素质要求，穿插在教学中，服务于主体构架的工作要求。整合成以分析技术应用为核心，由实践情境构成，基于任务驱动，工作过程导向的"定量化学分析技术"、"仪器分析测试技术"的专业技术模块；基于项目的、由真实职业情境构成，工作过程导向的专业方向模块（图 1）：

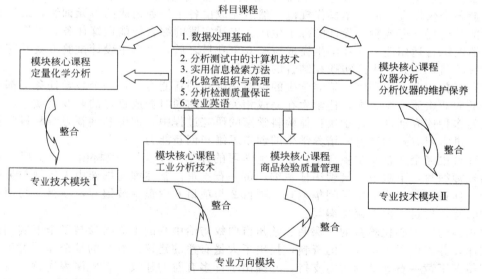

图 1　10 门专业核心课程的模块组合

　　图 1 中专业技术模块 I 为定量分析测试技术模块，专业技术模块 II 为仪器分析测试技术模块，这两个技术模块选取来自于实际生产、生活中的项目，以工作过程为导向，按照"基本技能训练—技术知识—单元技能训练—技术理论—综合技能训练—创新实验"体系架构"理论-实践"一体化的课程子模块，并在实践教学过程中构筑较完整的理论体系。这种模块教学体系以问题为中心打好技术知识基础，以训练为中心打好实践技能基础，以行动导向培养专业所需要的职业能力。专业方向模块采用项目教学法，按明确任务→制订计划→实施计

划→检查评估→归档或应用为序构建专业方向模块教学体系，重在培养学生的职业关键能力与团队合作精神，此模块在具有真实职业环境的分析测试中心完成，也可在订单式、工学交替的企业中完成。

本教材以仪器分析方法为主线，设计了 6 个教学项目和 1 个综合项目来建构教材整体框架，按职业工作过程组织课程教学内容，以情境教学为主，任务驱动，按工作任务实施流程展开教学，使学生在实施任务过程中学习相应的技术知识和完成操作技能训练，实现知识学习与技能训练有机结合，教师则起着组织者、协调人的作用，勤于提供咨询、帮助。本教材突出以下特点：

（1）整合多门课程，避免课程内容重复学习　本教材以"仪器分析"课程为核心，将其他 6 门课程的相关知识按照任务完成需要进行整合，以能力要素设计课程教学项目和教学任务，避免了多门课程间教学内容的重复，提高了教学效率，使学生能从整体上更好地把握专业课程。

（2）编写体例新颖，符合教学规律，适用于学生自学和教师教学　本教材以任务为驱动，按【能力目标】、【任务分析】、【实训】、【理论提升】、【开放性训练】、【理论拓展】、【思考与练习】的模式进行编写。其中【实训】部分分为测定过程（以文字和图片的形式展示，便于学生自学）、学生实训（含实训内容、实训过程注意事项、职业素质训练方案等）和相关知识（指与实训有密切联系的理论知识）。待学生完成相关实训后，再进行相关理论的提升，并布置相关开放性训练项目，以便于学生课后强化和提高个人的技能。【理论拓展】部分则是提供大量学习素材以供学生课外自学用，同时提高其学习兴趣。【思考与练习】中设置了研究性习题、操作练习、习题等多种练习方式，以便于学生巩固所学知识和技能。

（3）以相对独立的实践教学体系为主旨，辅之以相关理论知识学习，实现理论实践一体化　教材构建了"认知实训室—基本操作训练—单元训练—综合技能训练"的相对独立实践教学体系。让学生在学习过程中先认识了解实训室，学会以"5S 管理理念"管理实训室，接着掌握各个仪器设备的基本操作规范，然后完成由各个任务组成的单元训练，最后在掌握已有技能的前提下完成精心设计的源于生产、生活实践的综合技能训练任务，以提高学生对该种仪器的综合运用能力。在学生完成所有 6 个项目之后，再自主设计试验方案并完成综合技能训练项目，达到与生产实践相结合的教学目的。

（4）强化职业素质训练，培养学生的创新思维和创新能力　每一个教学任务下都设计操作性强的职业素质训练方案，让学生在完成相关训练的同时养成良好的职业素质，设计以实验为主的多种探究活动，让学生在体验科学家的研究过程中，训练其创新思维和科学探究的方法，促进学习方式的转变，培养学生的创新思维和创新能力。

本教材也完全适合于学生自学，是学生学习的详细"学案"。教材由常州工程职业技术学院的教师编写，丁敬敏、吴朝华任主编，黄一石主审。整体编写框架由丁敬敏与吴朝华负责设计。项目 1 与项目 7 由吴朝华编写，项目 2 与项目 6 由黄一波编写，项目 3 与项目 5 由俞建君编写，项目 4 由左银虎编写。

常州制药厂中心化验室的顾保明、常州市白蚁防治中心的王秀梅参与了全书实训部分的编写工作，并提供了大量有用的资料，提出了大量有益的建议。教材的整个编写过程和框架设计等得到了黄一石老师的大力支持，并提出了许多有益的建议，在此深表谢意。在编写过程中还得到了陈炳和、谢婷、徐景峰、徐科、叶爱英、徐瑾、贺琼、李智利、赵欢迎、毛梅芳等的帮助与支持，一并表示感谢。

由于本教材是对教材整合和教学设计技能化的一种尝试，且限于编者对职教教改的理解和教学经验，书中难免存在疏漏之处，恳请专家和读者批评指正，不胜感谢。

编者

2011 年 1 月

目　录

项目 1
用气相色谱法对物质进行检测

任务 1 认识气相色谱实训室

【能力目标】

1. 进入气相色谱实训室，了解实训室的环境要求、基本布局和实训室管理规范。
2. 初步掌握"5S管理"在气相色谱实训室中的应用。

【气相色谱实训室】

1. 气相色谱实训室的配套设施和仪器（图 1-1）

（1）配套设施

① 实训室供电。实训室的供电包括照明电和动力电两部分。照明电用于实训室的照明，动力电用于各类仪器设备。电源的配备有三相交流电源和单相交流电源，设置有总电源控制开关，当实训室内无人时，应切断室内电源。

② 实训室供水。实训室的供水按用途分为清洗用水和实训用水。清洗用水是指各种试验器皿的简单洗涤、实训室清洁卫生，如自来水等。实训用水是指配制溶液和实训过程用水，如蒸馏水、去离子水、二次重蒸去离子水等。由于气相色谱实训室使用自来水的总量不大，因此，本实训室仅配备有一个水槽、一组水龙头、一个总水阀。当实训室长时间不用时，需关闭总水阀。

图 1-1 气相色谱实训室

③ 实训室工作台。气相色谱实训室内配备有中央实训台和边台。中央实验台中间设置有用于维修仪器的长约 60cm 的通道，平时上面可用盖板盖上。通道内侧两边均配制有多个电源插座。通道里还配备有 4 根不锈钢材料制作的高压气体管道，由气源室将氮气（N_2）、氢气（H_2）与空气（Air）等高压气体送至各台气相色谱仪。每一个实训台的北面靠墙处均设有气体进出总阀，每一台气相色谱仪旁均设有气体控制阀，以便每一台仪器均可单独使用高压气体。在靠近实训室东侧的边台一端设有一个水池，水池上配置有多个水龙头，下面有总水阀。实训台下是抽屉和器具柜，可放置用于气相色谱分析的相关仪器设备。在实训室北边还配置有两个边台，可用于放置实训所用的公用试剂，其配套抽屉和器具柜还可以放置用

于气相色谱分析用的各种试剂。

④ 实训室废液。实训室的废液是在试验操作过程中产生的，有的废液含有有毒有害物质，如直接排放，会造成环境污染；有的废液含有腐蚀性极强的有机溶剂，会腐蚀下水管道。因此，实训室内配有专门的废液贮存器。

⑤ 实训室卫生医疗区。实训室有专门的卫生区，用于放置卫生洁具，如拖把、扫帚等。实训室西北角还配备有医疗急救箱，里面装有红药水、碘酒、棉签等常用的医疗急救配件。

（2）仪器

气相色谱实训室的仪器主要有气相色谱仪、气体净化器、电脑（含色谱工作站）、色谱数据处理机、微量注射器和一些辅助工具，如扳手、螺丝刀等。气相色谱实训室的特点是仪器结构复杂，多为大型仪器，且小配件多，因此管理时需要小心谨慎。此外，气相色谱仪在使用时要小心高温烫伤。

（3）各仪器、设备的识别实训

① 气相色谱仪。气相色谱仪是气相色谱室的主要仪器。目前国内外气相色谱仪的型号繁多，如大连依利特公司 GC-101、浙江温岭福立公司 GC9790、北京北分瑞利公司 SP-2020、美国 Agilent GC7890、Varian CP-38000GC、PE Clarus 600、Thermo TRACE GC Ultra、日本 SHIMADZU GC2014 等。两种典型的气相色谱仪见图 1-2。

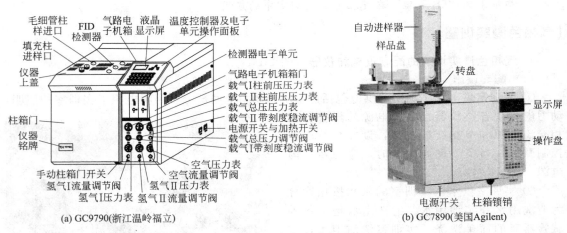

(a) GC9790(浙江温岭福立)　　　　　　　　(b) GC7890(美国Agilent)

图 1-2　气相色谱仪

② 高压钢瓶与减压阀（图 1-3）。

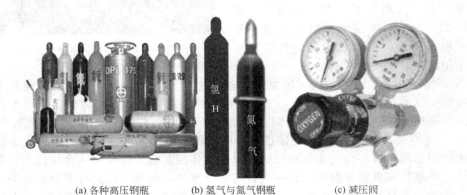

(a) 各种高压钢瓶　　　　(b) 氢气与氮气钢瓶　　　　(c) 减压阀

图 1-3　高压钢瓶与减压阀

③ 气体净化器（图 1-4）。

图 1-4　气体净化器（浙江温岭福立，GPI-2）

④ 色谱柱（图 1-5）。

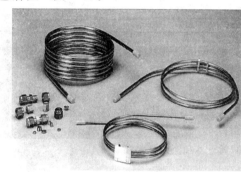

(a) 填充柱　　　　　　　　　　　　　　(b) 毛细管柱

图 1-5　色谱柱

⑤ 进样瓶、微量注射器、硅胶垫、点火枪与皂膜流量计（图 1-6 和图 1-7）。

图 1-6　各种规格进样瓶和微量注射器

图 1-7　各种规格硅胶垫、点火枪与皂膜流量计

⑥ 各种工具（图 1-8）。

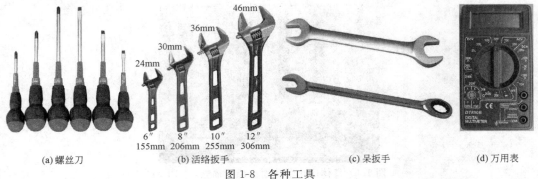

| (a) 螺丝刀 | (b) 活络扳手 | (c) 呆扳手 | (d) 万用表 |

图 1-8　各种工具

⑦ 电源、医疗急救箱、灭火器（图 1-9）。

图 1-9　各种规格的灭火器和医疗急救箱

2. "5S 管理"

（1）"5S 管理"的起源和发展

5S 起源于日本，是指在生产现场对人员、机器、材料、方法等生产要素进行有效管理，这是日本企业独特的一种管理办法。

1955 年，日本 5S 的宣传口号为"安全始于整理，终于整理整顿"。当时只推行了前两个 S，其目的仅为了确保作业空间的安全。后因生产和品质控制的需要又逐步提出了 3S，也就是清扫、清洁、修养，从而使应用空间及适用范围进一步拓展，到了 1986 年，日本 5S 的著作逐渐问世，从而对整个现场管理模式起到了冲击的作用，并由此掀起了 5S 的热潮。

日本式企业将 5S 运动作为管理工作的基础，推行各种品质的管理手法，第二次世界大战后，产品品质得以迅速地提升，奠定了经济大国的地位，而在丰田公司的倡导推行下，5S 对于塑造企业的形象、降低成本、准时交货、安全生产、高度的标准化、创造令人心旷神怡的工作场所、现场改善等方面发挥了巨大作用，逐渐被各国的管理界所认识。随着世界经济的发展，5S 已经成为工厂管理的一股新潮流。

（2）"5S 管理"基本内容

① 什么是"5S 管理"？

"5S 管理"就是整理（SEIRI）、整顿（SEITON）、清扫（SEISO）、清洁（SETKET-SU）、素养（SHITSUKE）五个项目，因日语的罗马拼音均以"S"开头而被简称为"5S 管理"。"5S"是丰田的工作程序，它被用以保持工作场所的整洁及有序。

② "5S 管理"各项具体涵义与作用如下。

整理（SEIRI）。整理就是将工作场所任何东西区分为有必要的与不必要的；把必要的东西与不必要的东西明确地、严格地区分开来；不必要的东西要尽快处理掉。整理的目的是腾出空间，活用空间，防止误用、误送，塑造清爽的工作场所。

整顿（SEITON）。整顿是对整理之后留在现场的必要物品分门别类放置，排列整齐。

明确数量，有效标识。整顿的目的是使工作场所一目了然，营造整整齐齐的工作环境，消除找寻物品的时间，消除过多的积压物品。

　　清扫（SEISO）。清扫是指将工作场所清扫干净，保持工作场所干净、亮丽。清扫的目的是消除脏污，保持工作场所干净、明亮、稳定品质、减少工业伤害。

　　清洁（SETKETSU）。清洁就是将上面的3S实施做法制度化、规范化。清洁的目的是维持上面3S的成果。

　　素养（SHITSUKE）。素养是指在以上4S活动之后，使其他成员一起遵守制度，养成良好习惯。素养的目的是培养主动积极向上的精神，营造团队精神，改善人性，提高道德品质（人心美化）。素养是5S的重心。

　　③ 各"5S"之间的关系。整理是整顿的基础，整顿又是整理的巩固，清扫是显现整理、整顿的效果，而通过清洁和修养，则使实训室形成一个所谓整体的改善气氛。

　　a. 只有整理没有整顿，物品真难找得到；

　　b. 只有整顿没有整理，无法取舍乱糟糟；

　　c. 只有整理、整顿没清扫，物品使用不可靠；

　　d. 3S之效果怎保证，清洁出来献一招；

　　e. 标准作业练素养，实训才能有实效。

3. 学生实训

（1）整理（SEIRI）

　　① 将必需品与非必需品区分开，在实训台上只放置必需品。

　　② 清理"不要"的物品，如失去作用的微量注射器、过期的溶液和破损的玻璃仪器等。这样可避免每天反复整理、整顿、清扫不必要的东西，从而导致时间、成本等的浪费，同时也可避免实训过程由于误用溶液而出现的错误。

　　③ 对需要的物品调查其使用频率，决定日常用量及放置位置，制订废弃物处理方法，每日自我检查。

　　注：整理的难点：整理就是清理废品，把必要物品和不必要的物品区分开来，不要的物品彻底丢弃，而不是简单地收拾后又整齐地放置废品。

（2）整顿（SEITON）

　　整顿就是消除无谓的寻找，即缩短准备的时间，随时保持立即可取的状态。这样就要求物品的存放必须有标识，原则是分门别类和各就各位。尽量是易取、易放、易管理和定位、定量、定容。由此在气相色谱实训室内有下列要求。

　　① 将气相色谱仪、电脑、色谱数据处理机等仪器设备摆放整齐。

　　② 将实训室的物品分为药品（如丙酮、乙醇试剂等）、工具（如扳手、螺丝刀等）、玻璃仪器（如微量注射器、试剂瓶、皂膜流量计等）、辅助设备（如万用表、点火枪等）和小零件（如硅胶垫、螺母）等五大类，并将其放置于实训室不同的区域，做好标识工作。

　　③ 将灭火器、医疗急救箱、清洁工具等放置于实训室不同位置，并做好标识工作。

　　④ 为气体管道做好标识工作，如氮气、氢气等。

　　⑤ 对于等待维修的仪器，应挂上"待修"标志。

　　注：整顿的难点：整顿不是陈列，是要把有用的东西以最简便的方式放好，让大家都一目了然，在想要使用时可以随时取得。

（3）清扫（SEISO）

　　将实训室工作岗位变得无垃圾、无灰尘，干净整洁，将仪器设备保养得锃亮完好，创造一个一尘不染的环境。如果仅是将地、物表面擦得光亮无比，却没有发现任何不正常的地方，只能称为扫除。清扫的另一目的是清洁仪器、检查仪器的完好性（图1-10）。

清扫就是点检，检查每一个地方

我刚才清扫机械时发现了漏油，正在解决

图 1-10　清扫图例

① 清扫整个实训室，包括地面、仪器设备、仪器台面等。

② 检查仪器的完整性，接头是否松动、电极插入口的保护帽是否拧上等，发现不正常，及时解决，真正做到"我使用我负责，我使用我爱护"。

③ 确立清洁责任区，包括实训室内部地面、仪器设备、实训室门窗和实训室外走廊等。

④ 建立清扫标准，作为规范。

⑤ 制订整个学期实训室值日安排表，具体到每一个同学的责任区。

（4）清洁（SETKETSU）和素养（SHITSUKE）

清洁是指将整理、整顿、清扫进行到底，并且标准化、制度化。也就是将干净、明亮和有序的实训室工作环境一直维持就是清洁。素养就是对于规定了的事情，大家都按要求去执行，并养成一种习惯。

我们强调每一位学生都应具有遵守规章制度、工作纪律的意识；此外还要强调创造一个良好风气的工作场所的意义。绝大多数学生对以上要求会付诸行动的话，个别学生就会抛弃坏的习惯，转而向好的方面发展。此过程有助于大家养成制定和遵守规章制度的习惯。素养强调的是持续保持良好的习惯。

4. 气相色谱实训室的环境布置

（1）气相色谱实训室的环境要求

气相色谱实训室和化学分析实训室一样，具有基本的设备设施，如电、水、工作台等。但气相色谱实训室含有气相色谱仪等现代分析仪器，因此在环境布置上有其特殊性。这两个实训室的比较如表1-1所示。

表 1-1　气相色谱实训室与化学分析实训室环境比较

项　目	化学分析实训室	气相色谱实训室
温度	常温，建议安装空调设备，无回风口	常温，建议安装空调设备，无回风口
湿度	常湿	<60%
供水	多个水龙头，有化验盆（含水封）、有地漏	可配制1～2个水龙头
废液排放	应配置专门废液桶或废液处理管道	配置废液收集桶，集中处理
供电	设置单相插座若干，设置独立的配电盘、通风柜开关；照明灯具不宜用金属制品，以防腐蚀	设置单相插座若干，设置独立的配电盘、通风柜开关；一般需安装稳压电源
供气	无特殊要求无需用气	需用氮气、氢气与空气等高压气体，需设置专门高压气源室
工作台防振	合成树脂台面，防振	合成树脂台面，防振，工作台应离墙约60cm，以便于检修仪器
防火防爆	配置灭火器	配置灭火器，高压气源室应用防爆墙分隔
避雷防护	属于第三类防雷建筑物	属于第三类防雷建筑物
防静电	设置良好接地	设置良好接地
电磁屏蔽	无特殊要求无需电磁屏蔽	有精密电子设备，需进行有效电磁屏蔽
放射性辐射	无特殊情况不产生放射性辐射	使用ECD检测器时需注意放射性辐射
通风设备	配置通风柜，要求具有良好通风	配置通风柜，要求具有良好通风

（2）学生实训：完成气相色谱实训室环境设置

学生根据气相色谱实训室的环境要求，设置相关条件（如空调的使用、废液的排放与处理、高压气源室的防火防爆、灭火器的使用、接地、通风柜的使用、水龙头与电源开关的正确使用等）。

5. 气相色谱实训室的管理规范

① 仪器的管理和使用必须落实岗位责任制，制定操作规程、使用和保养制度，做到坚

持制度，责任到人。

②熟悉仪器保养的环境要求，努力保证仪器在合适的环境下保养及使用。

③熟悉仪器构造，能对仪器进行调试及辅助零部件的更换。

④熟悉仪器各项性能，并能指导学生进行仪器的正确使用。

⑤建立气相色谱的完整技术档案。内容包括产品出厂的技术资料，从可行性论证、购置、验收、安装、调试、运行、维修直到报废整个寿命周期的记录和原始资料。

⑥仪器发生故障时要及时上报，对较大的事故，负责人（或当事者）要及时写出报告，组织有关人员分析事故原因，查清责任，提出处理意见，并及时组织力量修复使用。

⑦建立仪器使用、维护日记录制度，保证一周开机一次。对仪器进行定期校验与检查，建立定期保养制度，要按照国家技术监督局有关规定，定期对仪器设备的性能、指标进行校验和标定，以确保其准确性和灵敏度。

⑧定期对实训室进行水、电、气等安全检查，保证实训室卫生和整洁。

6. 气相色谱实训室的安全隐患

气相色谱实训室存在诸多安全隐患，归纳起来主要有以下几点。

①水，如水管破裂、管道渗水等。

②火，如实训室着火、衣物着火。

③气，如气体泄漏、氢气爆炸等。

④电，如走电失火、触电等。

⑤玻璃仪器破碎所导致的割伤。

⑥化学试剂中毒与腐蚀，如苯蒸气的中毒及其对有机管道的腐蚀等。

⑦高温烫伤，气相色谱仪正常工作时，汽化室的温度经常在 200℃以上，因此要防止高温烫伤。

由于上述种种隐患的存在，要求学生在气相色谱实训室里学习时应当小心谨慎，严格按照仪器操作规程与实训室规章制度进行仪器的相关操作。此外，还要求学生课后去查阅相关资料以获取出现各种安全隐患后的应急措施。

【思考与练习】

1. 研究性习题

（1）请课后查阅资料，谈谈"5S 管理"在企业化验室或其他行业中的应用，更深入去了解"管理"的含义及其在国民经济发展中的作用。

（2）结合自己的实际，谈谈生活中的安全隐患及应对措施。

2. 思考题

如何操作气相色谱仪？

任务 2　气相色谱仪的基本操作

【能力目标】

1. 能完成气相色谱仪及其辅助设备的基本操作。

2. 能描述气相色谱仪各组成部件及其作用。

3. 能解释气相色谱仪的分析流程。

【任务分析】

本次课程的任务是以浙江温岭福立公司型号为 GC9790J 的气相色谱仪为例，要求学生掌握气相色谱仪的基本操作，了解气相色谱仪的基本组成部件与各部件的作用，在此基础上能解释气相色谱仪的分析流程。

气相色谱分析具有高选择性、高分离效能、高灵敏度和分析速度快、应用范围广等特点，适合于微量和痕量分析。气相色谱广泛应用于化学、化工、石油、食品、生物、医药、卫生、环境保护等方面（表1-2）。

表 1-2　气相色谱的应用

应用领域	分　析　对　象　举　例
环境	水样中芳香烃、杀虫剂、除草剂、水中锑形态
石油	原油成分、汽油中各种烷烃和芳香烃
化工	喷气发动机燃料中烃类，石蜡中高分子烃
食品、水果、蔬菜	植物精炼油中各种烯烃、醇和酯，亚硝胺，香料中香味成分，人造黄油中的不饱和十八酸，牛奶中饱和和不饱和脂肪酸
生物	植物中萜类，微生物中胺类、脂肪酸类、脂肪酸酯类
医药	血液中汞形态、中药中挥发油
法医学	血液中酒精，尿中可卡因、安非他命、奎宁及其代谢物，火药成分，纵火样品中的汽油

【实训】

1. 基本操作

气相色谱仪的基本操作主要包括以下几个方面。

① 气路安装与检漏训练；

② 气体的打开与设置训练（高压钢瓶、减压阀、净化器、稳压阀等的使用）；

③ 载气流量的测定训练；

④ 气相色谱仪的开机、关机训练；

⑤ 各温度参数的设置训练；

⑥ 进样操作训练；

⑦ 色谱工作站的操作。

（1）气路安装与检漏训练（以浙江温岭的 GC9790J 型气相色谱仪为例，下同）

① 钢瓶与减压阀的连接（图 1-11）。用手将减压阀的高压钢瓶端连接在高压钢瓶的出口端，至不能旋紧时用扳手拧紧。

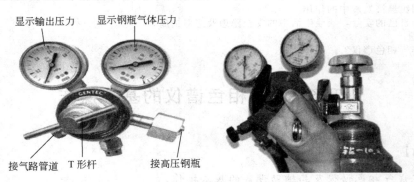

图 1-11　高压钢瓶与减压阀的连接

② 减压阀与气体管道的连接。用手将橡皮管旋进减压阀的另一端，旋进后拧紧卡套，再用扳手旋紧。

③ 气路管线连接方式。气相色谱仪的管线多数采用内径为 3mm 的不锈钢管，用螺母、压环和 O 形密封圈（图 1-12）进行连接。有的也采用成本较低、连接方便的尼龙管或聚四

氟乙烯管，但效果不如金属管好。连接管道时，要求既要能保证气密性，又不会损坏接头。实际连接时一般按图 1-13 方式进行。

图 1-12　螺母、压环与 O 形密封圈

（螺母、压环与 O 形密封圈均有不同的规格，如 3mm、4mm 与 6mm 等，需配套使用）

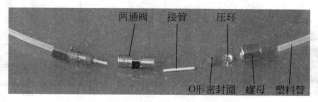

图 1-13　气相色谱仪气路管线连接方式

④ 气体管道与气体净化器的连接（图 1-14）。按③的连接方式，将气体管道的出口连接至气体净化器相应气体的进口上。

注：连接时不要将进出口混淆，不要将气体种类接错。

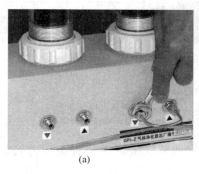 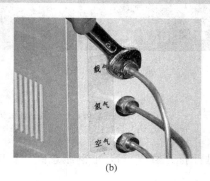

(a)　　　　　　　　　　　　　(b)

图 1-14　气体管道与气体净化器的连接（a）和气体净化器与气相色谱仪的连接（b）

⑤ 气体净化器与 GC9790J 型气相色谱仪的连接。按③的连接方式，将气体净化器的出口接至气相色谱仪相应的进口上。

注：连接时同样要求不要将气体种类接错。

⑥ 检漏操作❶（图 1-15）：用毛笔将皂液涂于各接头处，看是否有气泡溢出。若有，则

---

❶　检漏常用的另一种方法叫做堵气观察法，即用橡皮塞堵住出口处，此时若气体管线的流量显示为 0，且同时关闭稳压阀，压力表压力不下降（指 30min 内压力降小于 0.005MPa），则表明不漏气；反之，若气体管路的流量显示不为 0，或压力表压力缓慢下降，则表明该处漏气，应重新拧紧各接头以至不漏气为止。

表示漏气；若无，则表示不漏气。

(a) 试漏方法　　　　　　　　　　　　(b) 气泡溢出

图 1-15　皂液试漏

（2）载气的打开与设置训练（图 1-16）

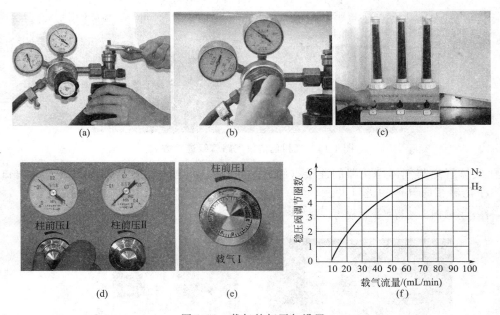

(a)　　　　　　　　　(b)　　　　　　　　　(c)

(d)　　　　　　　　　(e)　　　　　　　　　(f)

图 1-16　载气的打开与设置

（a）打开钢瓶总阀；（b）调节合适输出压力；（c）打开载气净化器开关；
（d）调节合适柱前压；（e）载气稳压阀；（f）载气流量与稳压阀圈数曲线

① 逆时针打开载气（N_2）钢瓶总阀，顺时针调节减压阀 T 形杆至压力表显示输出压力为 0.4MPa。

② 按逆时针方向打开气体净化器开关。

③ 调节载气柱前压 1 稳压阀对应圈数为 3.0 圈（想一想为什么不是柱前压 2），对应载气流量约为 30mL/min。

（3）载气流量的测定训练

气相色谱仪载气流量的测定方法一般有下列 4 种。

① 转子流量计。转子流量计（图 1-17）是由一个上宽下窄的锥形玻璃管和一个能在管内自由旋转的转子组成的，其上、下接口处用橡胶圈密封。当气体自下端进入转子流量计又从上端流出时，转子随气体流动而上升，转子上浮高度和气体流量有关，因此可根据转子的位置来确定气体流量的大小。由于对于一定的气体而言，气体的流速和转子的高度并不成直

线关系，所以无法从转子流量计的刻度来确定气体的准确流量。

②刻度针形阀与刻度稳流阀。如图 1-16(e) 所示，可利用针形阀、稳流阀上阀旋转的度数（在图中表现为阀旋转的圈数）与流量近似成正比这一原理先绘制圈数与流量的曲线［图 1-16(f)］，然后通过曲线来查阅气体的近似流量。

③电子流量计。在气体流路中接入一个流量传感器，将载气流量转化成与之成正比的模拟量（电压或电流），量化后转成数字量，即可在气相色谱仪的屏幕上以数字的形式显示出载气的流量（图 1-18）。

④皂膜流量计。皂膜流量计（图 1-19）是目前用于准确测量气体流量的标准方法。它由一根带有气体进口的量气管和橡胶滴头组成，使用时先向橡皮滴头中注入肥皂水，挤动橡皮滴

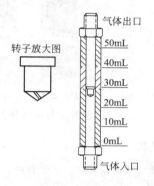

图 1-17　转子流量计

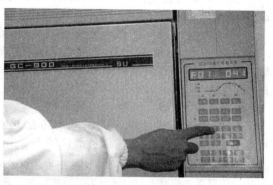

图 1-18　电子流量计

（图中显示屏直接显示出通道 1 的载气流量为 41mL/min）

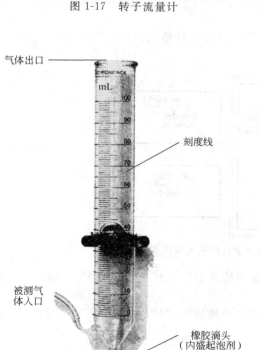

图 1-19　皂膜流量计

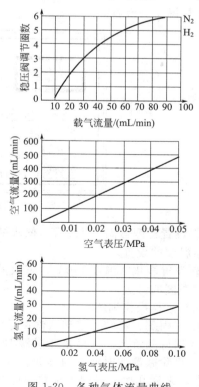

图 1-20　各种气体流量曲线

头就有皂膜进入量气管。当气体自流量计底部进入时，就顶着皂膜沿着管壁自下而上移动。用秒表测定皂膜移动一定体积时所需时间就可以算出气体流量 F（单位为 mL/min），测量精度达 1%。

流量 F 的计算公式为：

$$F = \frac{V}{t}$$

式中，V 为皂膜流量计容积，mL；t 为皂膜移动一定体积所需时间，min。

流量与流速的换算公式为：

$$u = \frac{F}{60\pi r^2}$$

式中，u 为载气流速，cm/s；F 为载气流量，mL/min；r 为色谱柱半径，cm。

连续测量一系列的载气稳压阀不同圈数下的准确流量，即可绘制相关稳压阀圈数与载气流量的曲线（图1-20）。其他种类气体（如 H_2、空气）的准确流量的测定也可采用类似方法。

图1-21　GC9790J型气相色谱仪电源开关与加热开关

（4）气相色谱仪开机、关机训练

气相色谱仪的开机、关机基本方法是相似的，一般来说只需打开或关闭气相色谱仪的电源开关与加热开关即可（图1-21）。

> 注：打开仪器电源开关与加热开关之前要求必须先打开载气并确保其通入色谱柱中，同理，必须关闭仪器电源开关与加热开关之后才能关闭载气钢瓶与减压阀。

（5）仪器各温度参数的设置训练

① 设置柱箱温度150℃。依次揿仪器面板（图1-22）"柱箱"、"1"、"5"、"0"、"输入"，完成柱箱温度的设置。

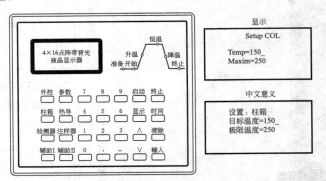

图1-22　GC9790J型气相色谱仪柱箱温度的设置

② 设置检测器温度120℃。依次揿仪器面板"检测器"、"1"、"2"、"0"、"输入"，完成检测器温度的设置。

③ 设置汽化室温度140℃。依次揿仪器面板"注样器"、"1"、"4"、"0"、"输入"，完成汽化室温度的设置。

（6）进样操作训练

① 用丙酮、乙醇等溶剂清洗微量注射器15次以上。

② 用待测溶液润洗微量注射器15次以上。

③ 排除微量注射器中的气泡。方法是缓慢吸取一定量待测试液，然后快速将其推入样品瓶中，来回几次一般即可排除微量注射器中的气泡。

④ 准确吸取待测溶液。

⑤ 进样（图1-23）。进样时要求操作稳当、连贯、迅速。进针位置及速度、针尖停留和拔出速度都会影响进样的重现性。一般进样相对误差为2%～5%。

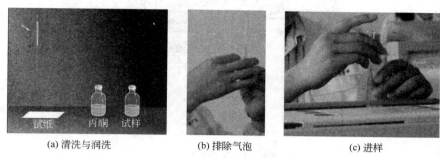

　　　（a）清洗与润洗　　　　　　　（b）排除气泡　　　　　　　（c）进样

图1-23　进样操作图示

用10μL微量注射器在GC9790J型气相色谱仪上练习进样操作，清洗溶剂是乙醇，样品是丙酮，进样量0.5μL。

（7）色谱工作站的操作训练

FL9500色谱工作站是由浙江温岭福立仪器有限公司开发制作的一个典型的色谱站，其操作步骤如下。

① 打开FL9500色谱工作站。方法是双击桌面上的 　　　　　　图标，即可打开
FL9500色谱工作站.lnk
FL9500色谱工作站（图1-24）。

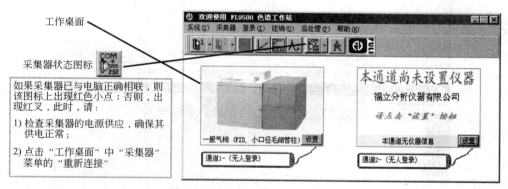

图1-24　打开色谱工作站

设定了通道的"仪器及检测器通路"之后，点击该通道"仪器图标"可直接登录该通道，进入"实时进样"界面（图1-25）。接着就可联机做样了。

② 设置分析方法。依据不同的分析项目，建立相应样品名及方法。具体操作步骤是点击"样品设置"菜单中的"新建"，一路点击"下一步"直至"完成"（以分析测试"丁醇异构体混合物"为例，图1-26）。

注意：新建"方法"时，需将"定量方法"选定为"归一法"。

至此，方法设置已经基本完成。其中的定量参数包括"定量基准"（峰面积或峰高）、"定量方法"（归一法、校正归一法、内标法、外标法等）、是否分组等选项内容；组分表则是一张二维表，表的行对应各组分序列，表的列包括"组分名"、"保留时间"、"带宽"及校正因子等栏目；积分参数包括四个基本参数（峰宽、噪声、最小面积、最小峰高）和几项高级设置（峰宽调整策略、拖尾检测策略、起始积分时间、基线漂移、负峰检测等）；手动事

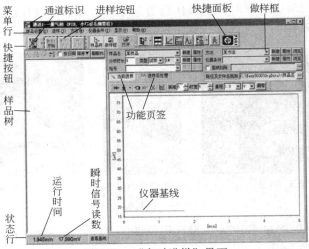

图 1-25　"实时进样"界面

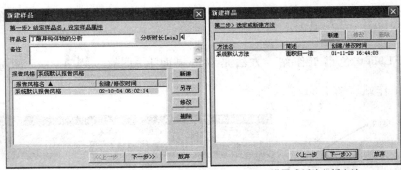

(a) 设置样品名和分析时长　　　　　　(b) 设置或新建分析方法

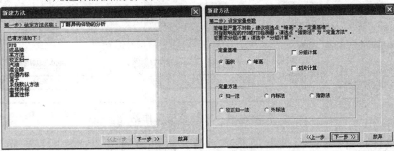

(c) 给定方法名称　　　　　　(d) 设定定量参数（如"面积"、"归一法"

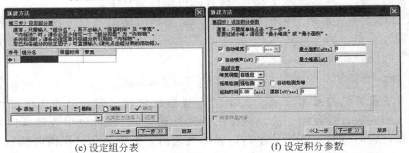

(e) 设定组分表　　　　　　(f) 设定积分参数

图 1-26　设置分析方法

注："带宽"指保留时间允许偏差范围，一般不超过 5%。

件表是对"积分参数"应用性的扩充，目的是解决"积分参数"所不能解决的积分问题。

③ 设置仪器条件。如图1-27所示，设置色谱分离操作条件，如柱温、汽化室温度、载气种类与流量等。

④ 样品进样分析。首先确认"分析时长"是否正确，若不正确或需更改，则可在实时进样界面中直接修改分析时长。

其次设置文件保存路径，方法是在实时进样界面中点击"路径及文件名规则"右边的 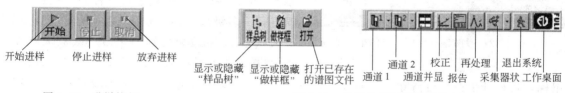 按钮，在出现的对话框中将样品文件保存在指定位置（图1-28）。

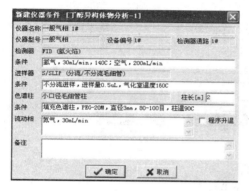

图1-27 设置仪器条件

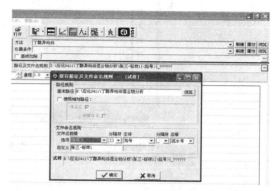

图1-28 分析测试文件的保存

上述设置完成后，可进样进行分析，同时点击"开始"（图1-29）或者揿对应通道进样控制开关，此时工作站开始采集数据。达到预置时间后工作站自动停止采集数据（也可以在运行过程中点击"停止"按钮以手动停止数据采集），此时，所采集的数据文件将自动保存在指定位置。

⑤ 查看当前进样状态。

a. 快捷面板。图1-30显示了几个常用快捷面板及其作用。

图1-29 进样按钮

图1-30 常用快捷面板及其作用

b. 工具栏。图1-31是一张正在采集数据的典型色谱图。当谱图基线漂移较大时，可点击"基线回零"功能钮将其拉回到合理位置（即保持基线显示在坐标高度5%的位置附近）。采样开始时刻，系统会自动执行"基线回零"功能。点击可执行"时间回零"功能（使横轴原点回到0的位置）。点击**衰减**6右端上、下小按钮，可调整"衰减"值（-5～12），纵轴高度与衰减值的换算关系是：纵轴高度$=2^{衰减值}$。点击**时宽**5右端的上、下小按钮，可调整"时宽"值（1～1440min），也可在上、下小按钮左边的白框内直接输入时间宽度值。

c. 谱图显示属性。点击该工具钮，可弹出"谱图显示属性"菜单（图1-32）。在这个菜单中可以设置坐标轴显示范围，方法是点击菜单中的"坐标轴范围"，在弹出的"谱图坐标范围"对话框（图1-32）中进行修改。

d. 标注"保留时间"、"峰高"等注释信息。缺省状态下，仅标注色谱峰的"保留时间"。要标注更多的内容，可按图1-32所示进行操作。

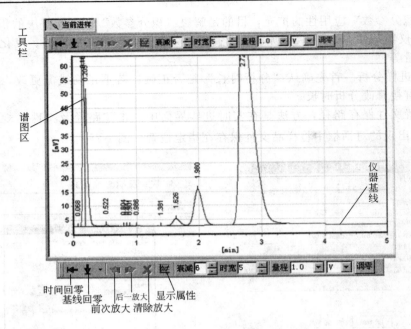

图 1-31　色谱工作站工具栏

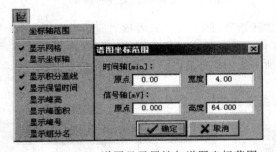

图 1-32　谱图显示属性与谱图坐标范围

e. 调零。如图 1-31 所示，点击"调零"按钮，可将此刻检测器的输出值调整为信号零点；按下 Ctrl 键同时点击该按钮，可任意设定信号零点。

f. 谱图缩放与拖动。按下鼠标左键不放，向右下方移动鼠标，再松开手指，可将矩形框内的局部谱图放大至整个谱图区（如图 1-33 所示）。该放大操作可反复进行（称为多级放大）。当进行了多级放大时，点击![]可返回至前一级放大状态，点击![]可返回至后一级放大状态，点击✗（或按下鼠标左键不放，向左上方移动

鼠标，再松开手指）可清除所有的放大状态。按下鼠标右键不放，任意角度移动鼠标，可任意方向拖动谱图。

⑥ 工作站的退出。点击退出按钮![]或者点击"工作桌面"窗体右上角的![]，或点击"系统"菜单的"退出系统"项，可退出本工作站系统。

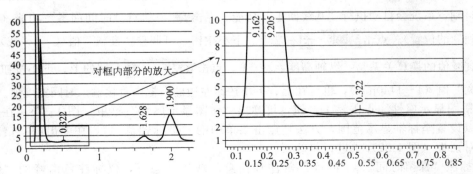

图 1-33　谱图缩放与拖动

2. 学生实训

（1）实训内容

学生按要求规范完成气相色谱仪的基本操作，包括气路安装与检漏训练、气体的打开与设置训练、载气流量的测定训练、气相色谱仪的开机与关机训练、各温度参数的设置训练、进样操作训练和色谱工作站的操作。

（2）实训操作注意事项

① 高压气瓶和减压阀螺母一定要匹配，否则可能导致严重事故。

② 安装减压阀时应先将螺纹凹槽擦净，然后用手旋紧螺母，确实入扣后再用扳手扣紧。

③ 安装减压阀时应小心保护好"表舌头"，所用工具忌油。

④ 在恒温室或其他近高温处的接管，一般用不锈钢管和紫铜垫圈而不用塑料垫圈。

⑤ 检漏结束后应将接头处涂抹的肥皂水擦拭干净，以免管道受损，检漏时氢气尾气应排出室外。

⑥ 用皂膜流量计测流量时每改变稳压阀圈数后，都要等一段时间（约 0.5～1min），待流量稳定后再测定流量值。

（3）职业素质训练

① 实训过程中渗透和强化实训室操作规范，逐步树立个人自我约束能力，形成良好的实验工作素养。

② 严格要求实训过程，形成文明规范操作、认真仔细、实事求是的工作态度。

③ 安全使用高压及易燃气体、电加热设备，树立个人的安全生产意识。

【理论提升】

1. 气相色谱仪的基本组成

气相色谱仪的型号种类繁多，但它们的基本结构是一致的。它们都由气路系统、进样系统、分离系统、检测系统、数据处理系统和温度控制系统六大部分组成。

（1）气路系统

气相色谱仪中的气路是一个载气连续运行的密闭管路系统，其作用是提供连续运行且具有稳定流速与流量的载气与其他辅助气体。主要由钢瓶、减压阀、净化器、稳压阀、稳流阀等部件组成。

（2）进样系统

进样系统的作用是将样品定量引入色谱系统，并使样品有效地汽化，然后用载气将气体样品快速"扫入"色谱柱。主要包括进样器和汽化室。

（3）分离系统

分离系统主要由柱箱和色谱柱组成，其中色谱柱是核心，主要作用是将多组分样品分离为单一组分的样品。

（4）检测系统

检测系统的作用是将经色谱柱分离后顺序流出的化学组分的信息转变为便于记录的电信号，然后对被分离物质的组成和含量进行鉴定和测量，是色谱仪的"眼睛"。主要有 FID 检测器与 TCD 检测器。

（5）数据处理系统

数据处理系统最基本的功能是将检测器输出的模拟信号随时间的变化曲线，即将色谱图绘制出来。目前使用较多的是色谱数据处理机与色谱工作站。

（6）温度控制系统

在气相色谱测定中，温度的控制（主要对色谱柱、汽化室与检测器三处的温度进行控制）是重要的指标，它直接影响柱的分离效能、检测器的灵敏度和稳定性。

2. 气相色谱仪的分析流程

① N_2 或 H_2 等载气（用来载送试样而不与待测组分作用的惰性气体）由高压载气钢瓶供给，经减压阀减压后进入净化器，以除去载气中的杂质和水分，再由稳压阀和针形阀分别控制载气压力（由压力表指示）和流量（由流量计指示），然后通过汽化室进入色谱柱。

② 待载气流量，汽化室、色谱柱、检测器的温度以及记录仪的基线稳定后，试样可由进样器进入汽化室，则液体试样立即汽化为气体并被载气带入色谱柱。

③ 由于色谱柱中的固定相对试样中不同组分的吸附能力或溶解能力是不同的，因此有的组分流出色谱柱的速度较快，有的组分流出色谱柱的速度较慢，从而使试样中各种组分彼此分离而先后流出色谱柱，然后进入检测器。

④ 检测器将混合气体中组分的浓度（mg/mL）或质量流量（g/s）转变成可测量的电信号，并经放大器放大后，通过记录仪即可得到其色谱图。

3. 气路系统各组成部件

(1) 高压钢瓶与减压阀

载气一般可由高压气体钢瓶（图1-11）或气体发生器（图1-34）来提供。实训室一般使用气体钢瓶较好，因为气体厂生产的气体既能保证质量，成本也不高。

由于气相色谱仪使用的各种气体压力在 $0.2 \sim 0.4$ MPa 之间，因此需要通过减压阀使钢瓶气源的输出压力下降。图1-11 显示了一种典型减压阀的实物图。

图 1-34　典型氮气发生器

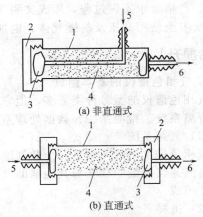

图 1-35　净化管的结构示意图
1—干燥管；2—螺帽；3—玻璃毛；4—干燥剂；5—载气入口；6—载气出口

(2) 气体净化器

气体钢瓶供给的气体经减压阀后，必须经净化管净化处理，以除去水分和杂质。净化管通常为内径 50mm、长 200~250mm 的金属管，如图1-35 所示。

净化管在使用前应该清洗烘干，方法为：用热的 100g/L NaOH 溶液浸泡 30min，而后用自来水冲洗干净，用蒸馏水荡洗后，烘干。净化管内可以装填 5A 分子筛和变色硅胶，以吸附气源中的微量水和相对分子质量较低的有机杂质，有时还可以在净化管中装入一些活性炭，以吸附气源中相对分子质量较大的有机杂质。具体装填什么物质取决于载气纯度的要求。

净化管的出口和入口应加上标志，出口应当用少量纱布或脱脂棉轻轻塞上，严防净化剂粉尘流出净化管进入色谱仪。当硅胶变色时，应重新活化分子筛和硅胶后，再装入使用。

(3) 稳压阀、稳流阀与针形阀

由于气相色谱分析中所用气体流量较小（一般在 100mL/min 以下），所以单靠减压阀来控制气体流速是比较困难的，因此还需要串联稳压阀、稳流阀与针形阀来恒定气体的压力与流量。

稳压阀是用来稳定载气（或燃气）压力的。稳流阀的作用是在气体阻力发生变化（如柱温采用程序升温的方式）时，也能维持载气流速的稳定。针形阀可以用来调节载气流量，也可以用来控制燃气和空气的流量。

4. 进样系统

气相色谱仪的进样系统包括进样器和汽化室。

（1）进样器

液体样品和固体样品一般可以采用微量注射器直接进样（图1-6）。常用的微量注射器有1μL、5μL、10μL、50μL、100μL等规格。实际工作中可根据需要选择合适规格的微量注射器。

气体样品可以用平面六通阀（又称旋转六通阀）（图1-36）进样。取样时，气体进入定量管，而载气直接由图中④到⑤。进样时，将阀旋转60°，此时载气由④进入，通过定量管，将管中气体样品经③→⑥→⑤的顺序带入色谱柱中进行分析测试。定量管有0.5mL、1mL、3mL、5mL等规格，实际工作时，可以根据需要选择合适体积的定量管。

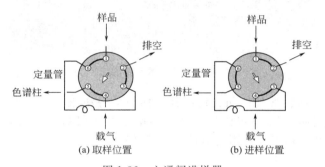

图1-36 六通阀进样器

图1-37 Agilent 7683自动进样器（ALS）

对高分子化合物常先将少量高聚物放入专用的裂解炉中，经过电加热，高聚物分解、汽化，然后再由载气将分解的产物带入色谱仪进行分析。

除上述几种常用的进样器外，现在许多高档的气相色谱仪还配置了自动进样器，它使得气相色谱分析实现了自动化和智能化，图1-37显示了一种典型的自动进样器。

（2）汽化室

汽化室的作用是将液体样品瞬间汽化为蒸汽。它实际上是一个加热器，通常采用金属块作加热体。当用注射器针头直接将样品注入加热区时，样品瞬间汽化，然后由预热过的载气（载气先经过沿加热的汽化器载气管路），在汽化室前部将汽化了的样品迅速带入色谱柱内。图1-38显示了一种典型的填充柱进样系统。气相色谱分析要求汽化室热容量要大，温度要足够高，汽化室体积尽量小，无死角，以防止样品扩散，减小死体积，提高柱效。

5. 分离系统

（1）柱箱

在分离系统中，柱箱其实相当于一个精密的恒温箱。柱箱的基本参数有两个：一个是柱箱的尺寸，另一个是柱箱的控温参数。柱箱的尺寸主要关系到是否能安装多根色谱柱，以及操作是否方便。目前商品气相色谱仪柱箱的体积一般不超过15dm³。柱箱的操作温度范围

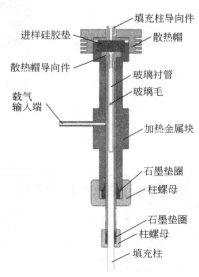

图1-38 典型的填充柱进样系统

一般在室温～450℃，且均带有多阶程序升温设计。部分气相色谱仪带有低温功能，一般采用液氮或液态 CO_2 来实现，主要用于冷柱上进样。

（2）色谱柱

色谱柱一般可分为填充柱和毛细管柱。填充柱（图 1-39）是指在柱内均匀、紧密填充固定相颗粒的色谱柱。柱长一般在 1～5m，内径一般为 2～4mm。依据内径大小的不同，填充柱又可分为经典型填充柱、微型填充柱和制备型填充柱。填充柱的柱材料多为不锈钢和玻璃，其形状有 U 形和螺旋形，使用 U 形柱时柱效较高。

毛细管柱又称空心柱。它比填充柱在分离效率上有很大的提高，可解决复杂的、填充柱难于解决的分析问题。常用的毛细管柱为涂壁空心柱（WCOT）（图 1-40），其内壁直接涂渍固定液，柱材料大多采用熔融石英（即弹性石英）。柱长一般在 25～100m，内径一般为 0.1～0.5mm。按

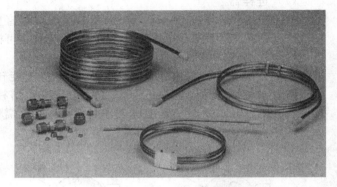

图 1-39　典型填充色谱柱

柱内径的不同，WCOT 可进一步分为微径柱、常规柱和大口径柱。在分离分析永久性气体和低相对分子质量有机化合物时，常使用属于气-固色谱柱的多孔性空心柱［PLOT，即内壁上有多孔层（吸附剂）的空心柱］。表 1-3 列出了常用色谱柱的特点及用途。

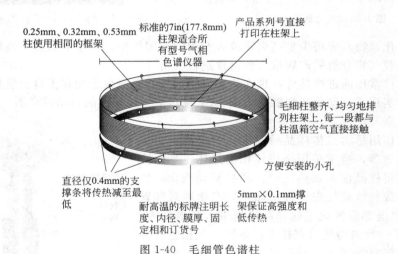

图 1-40　毛细管色谱柱

表 1-3　常用色谱柱的特点和用途

参	数	柱长/m	内径/mm	柱效/(块/m)	进样量/ng	液膜厚度/μm	相对压力	主要用途
填充柱	经典		2～4					分析样品
	微型	1～5	≤1	500～1000	$10～10^6$	10	高	分析样品
	制备		＞4					制备纯化合物
WCOT	微径柱	1～10	≤0.1	4000～8000				快速 GC
	常规柱	10～60	0.2～0.32	3000～5000	10～1000	0.1～1	低	常规分析
	大口径柱	10～50	0.53～0.75	1000～2000				定量分析

【开放性训练】

1. 任务

GC7890F 型气相色谱仪（上海天美）的操作训练。

2. 实训过程

（1）给学生仪器使用说明书，让学生自学说明书，对不理解的问题可提问，教师当场解答。

（2）学生独立完成仪器的操作训练。

3. 作业

实训结束，学生编写仪器（GC7890F）操作规程（可作为课后作业）。

【理论拓展】

1. **典型气相色谱仪的安装调试**

（1）色谱仪的安装

① 对色谱仪分析室的要求如下。

a. 分析室周围不得有强磁场，不得有易燃及强腐蚀性气体。

b. 室内环境温度应在 5～35℃ 范围内，湿度小于等于 85%（相对湿度），且室内应保持空气流通。有条件的话最好安装空调。

c. 准备好能承受整套仪器，宽高适中，便于操作的工作平台。一般工厂以水泥平台较佳（高 0.6～0.8m），平台不能紧靠墙，应离墙 0.5～1.0m，便于接线及检修用。

d. 供仪器使用的动力线路容量应在 10kV·A 左右，而且仪器使用电源应尽可能不与大功率耗电量设备或经常大幅度变化的用电设备共用一条线。电源必须接地良好，一般在潮湿地面（或食盐溶液灌注）钉入长约 0.5～1.0m 的铁棒（丝），然后将电源接地点与之相连，总之要求接地电阻小于 1Ω 即可（注：建议电源和外壳都接地，这样效果更好）。

② 气源准备及净化。

a. 气源准备。事先准备好需用气体的高压钢瓶（一般大中城市均可购到），一支钢瓶只能装同种气体。每个钢瓶的颜色代表一种气体，不能互换。一般用氮气、氢气、空气这三种气体，每种气体最好准备两个钢瓶，以备用。使用氢气发生器和空气压缩机也可，但空气压缩机必须无油。凡钢瓶气压下降到 1～2MPa 时，应更换气瓶。通常使用 99.99% 以上气体即可，电子捕获检测器必须使用高纯气源（99.999% 以上）。

b. 气源净化。为了除去各种气体中可能含有的水分、灰分和有机气体成分，在气体进入仪器之前应先经过严格净化处理。若全部使用钢瓶气体，有的色谱仪附有净化器，且内已填有 5A 分子筛、活性炭及硅胶，基本可满足要求。若使用一般氢气发生器，则必须加强对水分的净化处理，故应增大干燥管面积（体积在 450cm³ 以上为好，填料用 5A 分子筛为佳），并在发生器后接容积较大的储存桶，以减少或克服气源压力波动时对仪器基线的影响。若使用空气压缩机作空气来源，空气压缩机进气口应加强空气过滤，加大净化管体积，在干燥管内应填充一半 5A 分子筛，一半活性炭。通常，国产无油气体压缩机（天津产）可满足需要。

③ 色谱仪成套性检查及安放。仪器开箱后，按资料袋内附件清单进行逐项清点，并将易损零件的备件予以妥善保存。然后按照仪器的使用说明书要求，将其放置于工作平台上，并对着接线图和各插头、插座将仪器各部分连接起来，最后连接记录仪和数据处理机。注意各接头不要接错。

④ 外气路的连接。

a. 减压阀的安装。有的仪器随机带有减压阀，若没有的则需购买。所用的是 2 只氧气减压阀、1 只氢气减压阀。将 2 只氧气减压阀、1 只氢气减压阀分别装到氮气、空气和氢气钢瓶上（注意氢气减压阀螺纹是反向的，并在接口处加上所附的 O 形塑料垫圈，以便密封），旋紧螺帽后，关闭减压阀调节手柄（即旋松），打开钢瓶高压阀，此时减压阀高压表应有指示，关闭高压阀后，其指示压力不应下降，否则有漏，应及时排除（用垫圈或生料带密封），有时高压阀也会漏，要注意。然后旋动调节手柄将余气排掉。

b. 外气路连接法。把钢瓶中的气体引入色谱仪中，有的采用不锈钢管（ϕ2mm×0.5mm），有的采用耐压塑料管（ϕ3mm×0.5mm）。采用塑料管容易操作，所以一般采用塑料管。若用塑料管，在接头处就要有不锈钢衬管（ϕ2mm×20mm）和一些密封用的塑料等材料。从钢瓶到仪器的塑料管的长度视需要而定，不宜过长，然后用塑料管把气源和仪器（气体进口）连接起来。

c. 外气路的检漏。把主机气路面板上载气、氢气、空气的阀旋钮关闭，然后开启各路钢瓶的高压阀，调节减压阀上低压表输出压力，使载气、空气压力为 0.35～0.6MPa（约 3.5～6.0kgf/cm²），氢气压力为 0.2～0.35MPa。然后关闭高压阀，此时减压阀上低压表指示值不应下降，如下降，则说明连接气路中有漏，应予排除。

⑤ 色谱仪气路气密性检查。气密性检查是一项十分重要的工作，若气路有漏，不仅直接导致仪器工作不稳定或灵敏度下降，而且还有发生爆炸的危险，故在操作使用前必须进行这项工作（气密检查一般是检查载气流路，氢气和空气流路若未拆动过，可不检查）。

方法是，打开色谱柱箱盖，把柱子从检测器上拆下，将柱口堵死，然后开启载气流路，调低压输出压力为 0.35～0.6MPa，打开主机面板上的载气旋钮，此时压力表应有指示。最后将载气旋钮关闭，30min 内其柱前压力指示值不应有下降，若有下降则有漏，应予排除。若是主机内气路有漏，则拆下主机有关侧板，用肥皂水（最好是十二烷基磺酸钠溶液）对接头逐个进行检漏（氢气、空气也可如此检漏），最后将肥皂水擦干。

（2）气相色谱仪的调试

把气路、仪器等按上述接好，安置好后，便可进行下面检查和调试工作。光对色谱仪电路各部件进行检查。仪器启动前需先接通载气流路，调节主机面板上的载气旋钮（即载气稳流阀），使载气流量为 20～30mL/min。

① 启动主机。开启主机总电源开关，色谱柱箱内电机开始工作，并检查是否有异样声响，若有，立即切断电源，并进一步检查排除。有的色谱仪启动时自诊断，显示仪器运转情况：正常或不正常，不正常显示包括哪一部分有问题，接线错误等。

② 各路温控检查。按照说明书，逐个对柱温（包括程序升温）、进样器温度、检测器温度进行恒温检查，是否能在高、中、低温度下保持恒定，特别是要求柱温温控精度达到 0.01℃。

2. 高压钢瓶颜色标识及与减压阀的匹配

不同种类高压气体钢瓶瓶身的漆色是不一样的（见表1-4），而且不同种类的高压气体所配套使用的减压阀的种类也是不一样的。一般来说，高压氢气必须使用氢气减压阀，而高压氮气与高压空气可通用氧气减压阀。

3. 高压气体钢瓶的安全使用

（1）高压气体钢瓶的结构

实训室常用的高压气体，如氢气、氮气、氧气、氩气、乙炔、二氧化碳、氧化亚氮等，都可以通过购置气体钢瓶获得。一些气源，如氢气、氮气、氧气等也可以购置气体发生器来使用。

（2）高压气体钢瓶的存放及安全使用

表 1-4　部分高压钢瓶漆色及标志

气瓶名称	外表面颜色	字样	字样颜色	横条颜色
氧气瓶	天蓝	氧	黑	—
医用氧气瓶	天蓝	医用氧	黑	—
氢气瓶	深绿色	氢	红	红
氮气瓶	黑	氮	黄	棕
灯泡氩气瓶	黑	灯泡氩气	天蓝	天蓝
纯氩气瓶	灰	纯氩	绿	—
氦气瓶	棕	氦	白	—
压缩空气瓶	黑	压缩空气	白	—
石油气体瓶	灰	石油气体	红	—
氖气瓶	褐红	氖	白	—
硫化氢气瓶	白	硫化氢	红	红
氯气瓶	草绿	氯	白	白
光气瓶	草绿	光气	红	红
氨气瓶	黄	氨	黑	—
丁烯气瓶	红	丁烯	黄	黑
二氧化硫气瓶	黑	二氧化硫	白	黄
二氧化碳气瓶	黑	二氧化碳	黄	—
氧化氮气瓶	灰	氧化氮	黑	—
氟氯烷气瓶	铝白	氟氯烷	黑	—
环丙烷气瓶	橙黄	环丙烷	黑	—
乙烯气瓶	紫	乙烯	红	—
其他可燃性气体气瓶	红	（气体名称）	白	—
其他非可燃性气体气瓶	黑	（气体名称）	黄	—

注：摘自我国劳动部"气瓶安全监察规程"。

① 高压气体钢瓶必须存放在阴凉、干燥、远离热源的房间，并且要严禁明火、防曝晒。

② 搬运高压气体钢瓶要轻拿轻放，防止摔掷、敲击、滚滑或剧烈振动。

③ 高压气体钢瓶应按规定定期作技术检验、耐压试验。

④ 易起聚合反应的气体钢瓶，如乙烯、乙炔等，应在储存期限内使用。

（3）高压气体钢瓶的安全使用

① 高压气体钢瓶的减压阀要专用，安装时螺扣要上紧，不得漏气。

② 氧气瓶、空气瓶及其专用工具严禁与油类接触，氧气瓶、空气瓶不得有油类存在。

③ 氧气瓶、可燃性气瓶与明火距离应不小于 10m，不能达到时，应有可靠的隔热防护措施，并不得小于 5m。

④ 高压气体钢瓶内气体不得全部用尽，一般应保持 0.2～1MPa 的余压。

4. 各种灭火器种类的选择与使用方法

（1）灭火器的分类

灭火器的种类很多，按其移动方式可分为手提式和推车式；按驱动灭火剂的动力来源可分为储气瓶式、储压式、化学反应式；按所充装的灭火剂则又可分为泡沫、干粉、卤代烷、二氧化碳、酸碱、清水灭火器等。

（2）火灾种类

根据物质及其燃烧特性可将火灾划分为 5 种类别，如表 1-5 所示。

表 1-5　火灾种类

种类	定 义	举 例
A 类	含碳固体可燃物燃烧引发的火灾	木材、棉、毛、麻、纸张等
B 类	甲、乙、丙类液体燃烧引发的火灾	汽油、煤油、柴油、甲醇、乙醚、丙酮等
C 类	可燃气体燃烧引发的火灾	煤气、天然气、甲烷、丙烷、乙炔、氢气等
D 类	可燃金属燃烧引发的火灾	钾、钠、镁、钛、锆、锂、铝镁合金等
E 类	带电物体燃烧的火灾	—

（3）灭火器适用火灾种类及使用方法（手提式）

灭火器适用火灾种类及使用方法（手提式）见表1-6。

表 1-6　灭火器适用火灾种类及使用方法

种　类	适用范围	使用方法与注意事项
泡沫灭火器	适用于扑救一般 B 类火灾，如油制品、油脂等火灾，也可适用于 A 类火灾，但不能扑救 B 类火灾中的水溶性可燃、易燃液体的火灾，如醇、酯、醚、酮等物质火灾；也不能扑救带电设备及 C 类和 D 类火灾	可手握筒体上部的提环，迅速奔赴火场。这时应注意不得使灭火器过分倾斜，更不可横拿或颠倒，以免两种药剂混合而提前喷出。当距离着火点 10m 左右，即可将筒体颠倒过来，一只手紧握提环，另一只手扶住筒体的底圈，将射流对准燃烧物。在扑救可燃液体火灾时，如已呈流淌状燃烧，则将泡沫由近而远喷射，使泡沫完全覆盖在燃烧液面上；如在容器内燃烧，应将泡沫射向容器的内壁，使泡沫沿着内壁流淌，逐步覆盖着火液面。切忌直接对准液面喷射，以免由于射流的冲击，反而将燃烧的液体冲散或冲出容器，扩大燃烧范围。在扑救固体物质火灾时，应将射流对准燃烧最猛烈处。灭火时随着有效喷射距离的缩短，使用者应逐渐向燃烧区靠近，并始终将泡沫喷在燃烧物上，直到扑灭。使用时，灭火器应始终保持倒置状态，否则会中断喷射 手提式泡沫灭火器存放应选择干燥、阴凉、通风并取用方便之处，不可靠近高温或可能受到曝晒的地方，以防止碳酸分解而失效；冬季要采取防冻措施，以防止冻结；并应经常擦除灰尘、疏通喷嘴，使之保持通畅
酸碱灭火器	适用于扑救 A 类物质燃烧的初起火灾，如木、织物、纸张等燃烧的火灾。它不能用于扑救 B 类物质燃烧的火灾，也不能用于扑救 C 类可燃性气体或 D 类轻金属火灾。同时也不能用于带电物体火灾的扑救	使用时应手提筒体上部提环，迅速奔到着火地点。决不能将灭火器扛在背上，也不能过分倾斜，以防两种药液混合而提前喷射。在距离燃烧物 6m 左右，即可将灭火器颠倒过来，并摇晃几次，使两种药液加快混合；一只手握住提环，另一只手抓住筒体下的底圈将喷出的射流对准燃烧最猛烈处喷射。同时随着喷射距离的缩减，使用人应向燃烧处推进
二氧化碳灭火器	用来扑灭图书、档案、贵重设备、精密仪器、600V 以下电气设备及油类的初起火灾	灭火时只要将灭火器提到或扛到火场，在距燃烧物 5m 左右，放下灭火器拔出保险销，一手握住喇叭筒根部的手柄，另一只手紧握启闭阀的压把。对没有喷射软管的二氧化碳灭火器，应把喇叭筒往上扳 70°～90°。使用时，不能直接用手抓住喇叭筒外壁或金属连线管，防止手被冻伤。灭火时，当可燃液体呈流淌状燃烧时，使用者将二氧化碳灭火剂的喷流由近而远向火焰喷射。如果可燃液体在容器内燃烧时，使用者应将喇叭筒提起。从容器的一侧上部向燃烧的容器中喷射。但不能将二氧化碳射流直接冲击可燃液面，以防止将可燃液体冲出容器而扩大火势，造成灭火困难 使用二氧化碳灭火器时，在室外使用的，应选择在上风方向喷射。在室内窄小空间使用的，灭火后操作者应迅速离开，以防窒息
1211 灭火器	1211 是一种甲烷的卤代物（CF₂ClBr）灭火效率高，适用于仪表、电子仪器设备及文物、图书、档案等贵重物品的初起火灾扑救	使用时，应将手提灭火器的提把或肩扛灭火器带到火场。在距燃烧处 5m 左右，放下灭火器，先拔出保险销，一手握住喷射软管前端的喷嘴处。如灭火器无喷射软管，可一手握住开启压把，另一手扶住灭火器底部的底圈部分。先将喷嘴对准燃烧处，用力握紧开启压把，使灭火器喷射。当被扑救可燃烧液体呈现流淌状燃烧时，使用者应对准火焰根部由近而远并左右扫射，向前推进。如果可燃液体在容器中燃烧，应对准火焰左右晃动扫射，当火焰被赶出容器时，喷射流跟着火焰扫射，直至把火焰全部扑灭。但应注意不能将喷流直接喷射在燃烧液面上，防止由于射流的冲力使可燃液体冲出容器而扩大火势，造成灭火困难。如果扑救可燃性固体物质的初起火灾时，则将喷流对准燃烧最猛烈处喷射，当火焰被扑灭后，应及时采取措施，不让其复燃。1211 灭火器使用时不能颠倒，也不能横卧，否则灭火剂不会喷出。另外在室外使用时，应选择在上风方向喷射；在窄小的室内灭火时，灭火后操作者应迅速撤离，因 1211 灭火剂也有一定的毒性，以防对人体的伤害
干粉灭火器	碳酸氢钠干粉灭火器适用于易燃、可燃液体、气体及带电设备的初起火灾；磷酸铵盐干粉灭火器除可用于上述几类火灾外，还可扑救固体类物质的初起火灾。但都不能扑救金属燃烧火灾	灭火时，可手提或肩扛灭火器快速奔赴火场，在距燃烧处 5m 左右，放下灭火器。如在室外，应选择在上风方向喷射。使用的干粉灭火器若是外挂式储压式的，操作者应一手紧握喷枪，另一手提起储气瓶上的开启提环。如果储气瓶的开启是手轮式的，则向逆时针方向旋转，并旋到最高位置，随即提起灭火器。当干粉喷出后，迅速对准火焰根部扫射。使用的干粉灭火器若是内置式储气瓶的或者是储压式的，操作者应先将开启把上的保险销拔下，然后握住喷射软管前端喷嘴部，另一只手将开启压把压下，打开灭火器进行灭火。有喷射软管的灭火器或储压式灭火器在使用时，一手应始终压下压把，不能放开，否则会中断喷射 干粉灭火器扑救可燃、易燃液体火灾时，应对准火焰根部扫射，如果被扑救的液体火灾呈流淌燃烧时，应对准火焰根部由近而远，并左右扫射，直至把火焰全部扑灭。如果可燃液体在容器内燃烧，使用者应对准火焰根部左右晃动扫射，使喷射出的干粉流覆盖整个容器开口表面；当火焰被赶出容器时，使用者仍应继续喷射，直至将火焰全部扑灭。在扑救容器内可燃液体火灾时，应注意不要喷嘴直接对准液面喷射，以防止由于喷流的冲击力使可燃液体溅出而扩大火势，造成灭火困难。如果当可燃液体在金属容器中燃烧时间过长，容器的壁温已高于扑救可燃液体的自燃点时，此时极易造成灭火后再复燃的现象，若与泡沫类灭火器联用，则灭火效果更佳 磷酸铵盐干粉灭火器扑救固体可燃物火灾时，应对准燃烧最猛烈处喷射，并上下、左右扫射。如条件许可，使用者可提着灭火器沿着燃烧物的四周边走边喷，使干粉灭火剂均匀地喷在燃烧物的表面，直至将火焰全部扑灭

【思考与练习】

1. 思考题

丁醇异构体混合物中含有性质非常接近的叔丁醇、仲丁醇、异丁醇与正丁醇 4 种化合物。你能测定该混合物中各组分的质量分数吗？（提示：可采用气相色谱法进行测定）

2. 操作练习

（1）基本操作训练不熟练的学生，可利用"实训室开放"的机会重复练习。

（2）了解本实训室其他型号的气相色谱仪，如 GC900A（上海科创色谱仪器有限公司生产），利用"实训室开放"的机会独立完成其基本操作的训练。

3. 习题

请将下图中各设备的英文名称翻译成中文，并进一步了解气体的净化技术。

Carrier Gas Purification

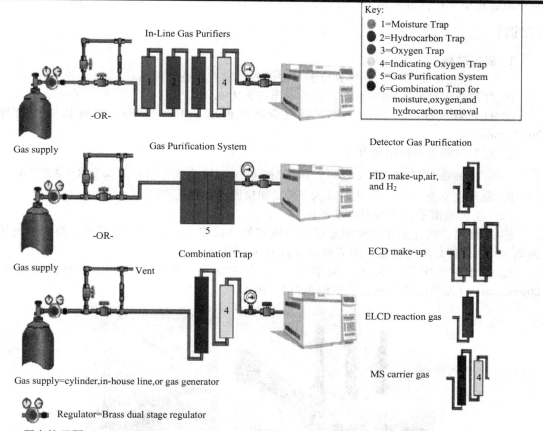

4. 研究性习题

查阅资料，了解目前本地区最常用的气相色谱仪的型号，认识该仪器并编写相关操作规程。

任务 3　氢火焰离子化检测器的使用与归一化法定量

【能力目标】

1. 掌握氢火焰离子化检测器的基本操作。

2. 能用标准对照法和归一化法对丁醇异构体混合物进行定性定量测定。

【任务分析】

任务：丁醇异构体混合物的测定方法？

丁醇共有 4 种异构体混合物，即叔丁醇、仲丁醇、异丁醇与正丁醇，请大家思考一下，有没有学习过什么方法，可以用来测量性质非常接近的 4 种同分异构体？分析测定的难度主要在什么地方？

本项目的检测难度主要是样品化学性质太接近，分离难，采用化学分析方法一般难以完成任务。可适当采用一些物理方法，如蒸馏法，但分离效果不好；萃取分离法，难找到合适的萃取剂；分光光度法，几种丁醇在紫外可见波段无明显吸收。

查阅资料可以发现：采用气相色谱法以氢火焰离子化检测器可以快速准确地测定丁醇异构体混合物中 4 种同分异构体的含量。

【实训】

1. 测定过程

（1）气相色谱仪的开机及参数设置（按任务 2 的方法进行操作）

① 打开载气（N_2）钢瓶总阀，调节输出压力为 0.4MPa。

② 打开载气净化气开关，调节载气合适柱前压，如 0.1MPa，控制载气流量为约 30mL/min。

③ 打开气相色谱仪电源开关。

注：气相色谱仪柱箱内预装 PEG-20M 填充柱（ϕ3mm×2m，100～120 目），先完成老化操作。

④ 设置柱温为 95℃、汽化温度为 140℃和检测温度为 120℃。

（2）氢火焰离子化检测器的基本操作

① 待柱温、汽化温度和检测温度达到设定值并稳定后，打开空气钢瓶，调节输出压力为 0.4MPa；打开氢气钢瓶，调节输出压力为 0.2MPa。

② 打开空气净化气开关，调节空气合适柱前压，如 0.02MPa，控制其流量为约 200mL/min（流量曲线参见仪器右侧边门）（图 1-41）。

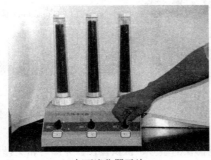

(a) 打开净化器开关   (b) 调节针形阀

图 1-41 空气流量的调节

③ 打开氢气净化气开关，调节氢气合适柱前压，如 0.2MPa，控制其流量为约 60mL/min。

④ 用点火枪点燃氢火焰（图 1-42）。

⑤ 点着氢火焰后，缓缓将氢气压力降至 0.1MPa，控制其流量为约 30mL/min。

⑥ 让气相色谱仪走基线，待基线稳定。

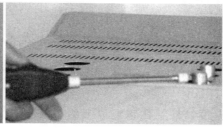

图 1-42　氢气流量的调节与点火

（3）测试样品的配制

① 测试标样的配制。取一个干燥、洁净的称量瓶，吸取 3mL 水，分别加入 100μL 叔丁醇、仲丁醇、异丁醇与正丁醇（GC 级），准确称其质量，记为 m_{S1}、m_{S2}、m_{S3}、m_{S4}。摇匀备用（图 1-43），此为每位学生所配制丁醇测试标样（图 1-44）。

② 另取一个干燥、洁净的称量瓶，加入约 3mL 丁醇试样（教师课前准备），备用。

(a) 取 3mL 水　　　　(b) 去皮　　　　(c) 取 100μL 某标样　　　　(d) 称量

图 1-43　用电子天平称量标样

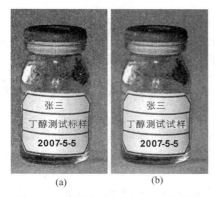

(a)　　　　(b)

图 1-44　测试标样（a）与试样（b）

图 1-45　用微量注射器取样分析

（4）试样的定性定量分析

① 取两支 10μL 微量注射器（图 1-45），以溶剂（如无水乙醇）清洗完毕后，备用。

② 打开色谱工作站（FL9500），观察基线是否稳定。

③ 基线稳定后，将其中一支微量注射器用丁醇测试标样润洗后，准确吸取 1μL 该标样按规范进样，启动色谱工作站，绘制色谱图（图 1-46），完毕后停止数据采集。

④ 按相同方法再测 2 次丁醇测试标样与 3 次丁醇试样，记录各主要色谱峰的峰面积。

⑤ 在相同色谱操作条件下分别以叔丁醇、仲丁醇、异丁醇与正丁醇（GC 级）标样进样分析，以各标样出峰时间（即保留时间）确定丁醇测试标样与丁醇试样中各色谱峰所代表的

组分名称。

（5）结束工作

① 实训完毕后先关闭氢气钢瓶总阀，待压力表回零后，关闭仪器上氢气稳压阀。

② 关闭空气钢瓶总阀，待压力表回零后，关闭仪器上空气稳压阀。

③ 设置汽化室温度、柱温在室温以上约 10℃、检测室温度 120℃。

④ 待柱温达到设定值时关闭气相色谱仪电源开关。

⑤ 关闭载气钢瓶和减压阀，关闭载气净化器开关。

2. 学生实训

（1）实训过程

学生按要求规范完成采用气相色谱法以氢火焰离子化检测器定性定量测定丁醇异构体混合物，包括气相色谱仪的开机及参数设置训练、氢火焰离子化检测器的基本操作、测试样品的配制操作、试样的定性定量分析和结束工作。

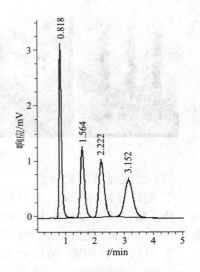

图 1-46　归一化法测丁醇异构体
混合物典型气相色谱图
0.818min—叔丁醇；1.564min—仲丁醇；
2.222min—异丁醇；3.152min—正丁醇

（2）实训过程注意事项

① 注射器使用前应先用丙酮或乙醚抽洗 15 次左右，然后再用所要分析的样品抽洗 15 次左右。

② 在完成定性操作时，要注意进样与色谱工作站采集数据在时间上的一致性。

③ 氢气是一种危险气体，使用过程中一定要按要求操作，而且色谱实训室一定要有良好的通风设备。

④ 实训过程防止高温烫伤。

（3）职业素质训练

① 实践过程强化"3S"成果，维持规范、整洁、有序的实训室工作环境。

② 安全使用高压及易燃气体，安全操作高温设备，树立安全生产意识。

③ 实训过程实验小组成员相互配合，培养团队合作精神。

④ 实训过程学会估算和控制实验试剂的用量，合理处理废液，以培养个人的节约与环保意识。

⑤ 统筹安排实训各环节，合理安排各实训环节时间，快速准确地完成分析任务。

3. 相关知识

（1）色谱流出曲线

① 色谱图。色谱图是指色谱柱流出物通过检测器系统时所产生的响应信号对时间或流动相流出体积的曲线图（图 1-47）。

② 色谱流出曲线。色谱流出曲线是指色谱图中随时间或载气流出体积变化的响应信号曲线，也就是以组分流出色谱柱的时间（t）或载气流出体积（V）为横坐标，以检测器对各组分的电信号响应值（mV）为纵坐标的一条曲线。由图 1-47 可以看到，色谱图上有一组色谱峰，每个峰代表样品中的一个组分。

③ 基线。当没有组分进入检测器时，色谱流出曲线是一条只反映仪器噪声随时间变化的曲线，称为基线。当操作条件变化不大时，常可得到如同一条直线的稳定基线。

④ 基线噪声。基线中由于各种因素引起的基线起伏［图 1-48(a)、(b)、(c)］称为基线噪声。

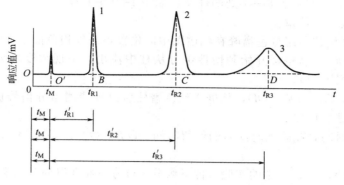

图 1-47　色谱流出曲线及保留时间

⑤ 基线漂移。基线随时间定向的缓慢变化 ［图 1-48(d)］，称为基线漂移。

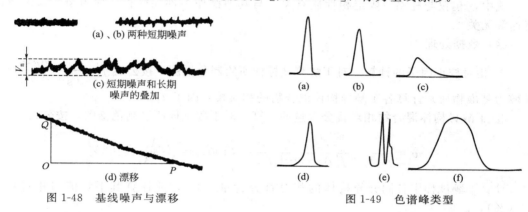

图 1-48　基线噪声与漂移

图 1-49　色谱峰类型

⑥ 色谱峰。当有组分进入检测器时，色谱流出曲线就会偏离基线，此时绘出的曲线称为色谱峰。理论上讲色谱峰应该是对称的，符合高斯正态分布的（图 1-50），实际上一般情况下的色谱峰都是非对称的色谱峰，主要有以下几种情况（图 1-49）：

（a）、（d）—前伸峰（前沿平缓后部陡起的不对称色谱峰）；

（b）、（c）—拖尾峰（前沿陡起后部平缓的不对称色谱峰）；

（e）—分叉峰（两种组分没有完全分开而重叠在一起的色谱峰）；

（f）—"馒头"峰（峰形比较宽大的色谱峰）。

（2）定量参数

与气相色谱的定量分析有关的参数主要有峰高、峰面积、峰拐点、峰宽与半峰宽等。

① 峰高，h（指峰顶到基线的距离，如图 1-50 中 AB）。

② 峰面积，A（指每个组分的流出曲线与基线间所包围的面积）。

③ 峰拐点，E、F（在组分流出曲线上二阶导数等于零的点，称为峰拐点，如图 1-50 中的 E 点与 F 点）。

④ 峰宽，w（指色谱峰两侧拐点处所作的切线与峰底相交两点之间的距离，如图 1-50 中 IJ）。

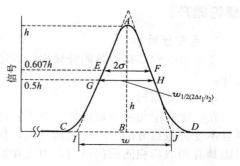

图 1-50　色谱峰图

⑤ 半峰宽，$w_{1/2}$（在峰高一半处的峰宽，如图 1-50 中 GH）。

（3）定性参数——保留值

保留值是用来描述各组分色谱峰在色谱图中的位置，是气相色谱定性的参数。

① 死时间，OO'，从进样开始到惰性组分从柱中流出，呈现浓度极大值时所需要的时间，以 t_M 表示（图 1-47）。

② 保留时间，OB、OC、OD，从进样到色谱柱后出现待测组分信号极大值所需要的时间，以 t_R 表示（图 1-47）。

③ 调整保留时间，扣除死时间后的保留时间，$O'B$、$O'C$、$O'D$，以 t_R' 表示（图 1-47），$t_R' = t_R - t_M$。

④ 相对保留值，r_{iS}，一定的实验条件下组分 i 与另一标准组分 S 的调整保留时间之比：

$$r_{is} = \frac{t_{Ri}'}{t_{RS}'} \tag{1-1}$$

式中，r_{iS} 仅与柱温及固定相性质有关，与其他操作条件如柱长、柱内填充情况及载气流速等无关。

（4）数据处理

① 相对校正因子的计算。对丁醇测试标样所绘制色谱图，按公式 $f_i' = \dfrac{f_i}{f_S} = \dfrac{m_i A_S}{A_i m_S}$（以正丁醇为基准物质）计算各丁醇异构体混合物的相对校正因子 f_i'。

② 丁醇异构体混合物相对百分含量的计算。对丁醇试样所绘制色谱图，按公式

$$w_i = \frac{f_i' A_i}{f_1' A_1 + f_2' A_2 + \cdots + f_n' A_n} \times 100\% = \frac{f_i' A_i}{\sum f_i' A_i} \times 100\%$$

计算丁醇试样中各同分异构体的相对百分含量（%），并计算其平均值与相对平均偏差（%）。

（5）气相色谱柱的老化

① 老化目的。一是彻底除去固定相中残存的溶剂和某些易挥发性杂质；二是促使固定液更均匀、更牢固地涂布在载体表面上。

② 老化方法。将色谱柱接入色谱仪气路中，将色谱柱的出气口（接真空泵的一端）直接通大气，不要接检测器，以免柱中逸出的挥发物污染检测器。开启载气，在稍高于操作柱温下（老化温度可选择为实际操作温度以上 30℃），以较低流速连续通入载气一段时间（老化时间因载体和固定液的种类及质量而异，2～72h 不等）。然后将色谱柱出口端接至检测器上，开启记录仪，继续老化。待基线平直、稳定、无干扰峰时，说明柱的老化工作已完成，可以进样分析。

【理论提升】

1. 定性分析

丁醇混合物试样中各同分异构体的定性问题，一般可采用标准物质进行保留时间对照来定性。

（1）定性原则

在一定固定相和一定操作条件下，每种物质都有各自确定的保留值或确定的色谱数据，并且不受其他组分的影响。也就是说，保留值具有特征性。在同一色谱条件下，不同物质也可能具有相似或相同的保留值，因此保留值并非具有专属性。

（2）保留值定性

在气相色谱分析中利用保留值定性是最基本的定性方法，其基本依据是：两个相同的物质在相同的色谱条件下应该具有相同的保留值（图 1-51）。

（3）双柱法定性

单支色谱柱依据保留值进行的推测只能是初步的；若要得到更准确可靠的结论，可再用另一根极性完全不同的色谱柱，做同样的对照比较。如果结论同上，那么最终的定性结果便比较可靠。

（4）色谱操作条件不稳定时的定性

利用已知纯物质直接对照进行定性是利用保留时间（t_R）直接比较，这就要求载气的流速、载气的温度和柱温一定要恒定，载气流速的微小波动、载气温度和柱温的微小变化，都会使保留值（t_R）有变化，从而对定性结果产生影响。为了避免这个问题，实际过程中常采用以下两个方法避免因载气流速和温度的微小变化而引起的保留时间的变化，从而给定性分析结果带来影响。

① 相对保留值定性。相对保留值只受柱温和固定相性质的影响，而柱长、固定相的填充情况和载气的流速均不影响相对保留值的大小。

② 用已知标准物增加峰高法定性。在得到未知样品的色谱图后，在未知样品中加入一定的已知标准物质，然后在同样的色谱条件下，作已加入标准物质的未知样品的色谱图。对比这两张色谱图，哪个峰增高了，则说明该峰就是加入的已知纯物质的色谱峰。

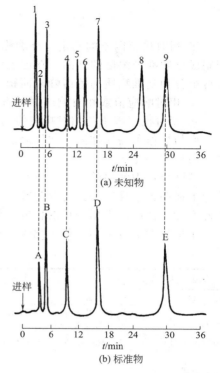

图 1-51　利用已知标准物质直接对照定性
标准物：A—甲醇；B—乙醇；C—正丙醇；
D—正丁醇；E—正戊醇

2. 定量分析

（1）定量理论依据

在色谱分析中，在某些条件限定下，色谱峰的峰高或峰面积（检测器的响应值）与所测组分的数量（或浓度）成正比。

（2）色谱定量分析的基本公式

基本公式为：
$$w_i = f_i A_i \text{ 或 } c_i = f_i h_i$$

（3）定量校正因子

① 绝对校正因子。绝对校正因子表示单位峰面积或单位峰高所代表的物质的质量，$f_i = m_i / A_i$。

② 绝对校正因子的测定。绝对校正因子的测定一方面要准确知道进入检测器的组分的质量 m_i，另一方面要准确测量出峰面积或峰高，并要求严格控制色谱操作条件，这在实际工作中是有一定困难的。

③ 相对校正因子。相对校正因子是指组分 i 与另一标准物 S 的绝对校正因子之比，用 f_i'[❶] 表示

---

❶　这是相对质量校正因子，一般用 f_m' 表示（有时也直接用 f_m 表示），在气相色谱分析中应用最为广泛。不同化合物的相对质量校正因子可通过查阅相关工具书获取。相对质量校正因子除相对质量校正因子外，气相色谱分析中还常使用相对摩尔校正因子和相对体积校正因子。

$$f'_i = \frac{f_i}{f_S} = \frac{m_i A_S}{m_S A_i} \qquad (1\text{-}2)$$

④ 相对校正因子的测定。准确称取色谱纯（或已知准确含量）的被测组分和基准物质，配制成已知准确浓度的样品，在已定的色谱实验条件下，取一定体积的样品进样，准确测量所得组分和基准物质的色谱峰峰面积，根据计算公式就可以计算出该组分的相对校正因子。

⑤ 相对响应值或相对响应因子 $S' = 1/f'_i$。

⑥ 相对校正因子与相对响应值的特点。f'_i、S' 只与试样、标准物质以及检测器类型有关，而与操作条件如柱温、载气流速、固定液性质等无关，是一个能通用的参数。

（4）归一化法

色谱分析中常用的定量方法有归一化法、标准曲线法、内标法和标准加入法。按测量参数，上述四种定量方法又可分为峰面积法和峰高法。这些定量方法各有优缺点和使用范围，因此实际工作中应根据分析的目的、要求以及样品的具体情况选择合适的定量方法。

本项目的测定采用"归一化法"进行定量，见表 1-7。

表 1-7　归一化法

项　目	丁醇异构体混合物的测定
定量方法	归一化法
要求	1. 样品中各组分均出峰，完全分离，且均有响应 2. 进样量无须准确
相对校正因子	须用标准物质测量相对校正因子，否则无法准确测量
计算公式	$w_i = \dfrac{f'_i A_i}{\sum f'_i A_i} \times 100\%$
方法特点	优点：简便、精确，进样量的多少与测定结果无关，操作条件（如流速，柱温）的变化对定量结果的影响较小 缺点：校正因子的测定较为麻烦

（5）举例

有一个含四种物质的样品，现用气相色谱法（FID 检测器）测定其含量，实验步骤如下：

① 校正因子的测定。准确配制苯（基准物）与组分甲、乙、丙及丁的纯品混合溶液，其质量（g）分别为 0.594、0.653、0.879、0.923 及 0.985。吸取混合溶液 $0.2\mu L$，进样三次，测得平均峰面积分别为 121、165、194、265 及 181 面积单位。

② 样品中各组分含量的测定。在相同实验条件下，取该样品 $0.2\mu L$，进样三次，测得组分甲、乙、丙及丁的平均峰面积分别是 172、185、219 及 192。

试计算：①各组分的相对质量校正因子；

② 各组分的质量分数与摩尔分数。

解：① 由公式 $f'_m = \dfrac{m_i A_S}{m_S A_i}$，有

$$f'_{m(甲)} = \frac{0.653 \times 121}{0.594 \times 165} = 0.806; \quad f'_{m(乙)} = \frac{0.879 \times 121}{0.594 \times 194} = 0.923;$$

$$f'_{m(丙)} = \frac{0.923 \times 121}{0.594 \times 265} = 0.710; \quad f'_{m(丁)} = \frac{0.985 \times 121}{0.594 \times 181} = 1.11$$

② 又由公式 $w_i = \dfrac{f'_{im} A_i}{\sum f'_{im} A_i} \times 100\%$，有

$$w_甲 = \frac{0.806 \times 172}{0.806 \times 172 + 0.923 \times 185 + 0.710 \times 219 + 1.11 \times 192} \times 100\% = 20.4\%;$$

$$w_乙 = \frac{0.923 \times 185}{0.806 \times 172 + 0.923 \times 185 + 0.710 \times 219 + 1.11 \times 192} \times 100\% = 25.2\%;$$

$$w_丙 = \frac{0.710 \times 219}{0.806 \times 172 + 0.923 \times 185 + 0.710 \times 219 + 1.11 \times 192} \times 100\% = 22.9\%;$$

$$w_丁 = \frac{1.11 \times 192}{0.806 \times 172 + 0.923 \times 185 + 0.710 \times 219 + 1.11 \times 192} \times 100\% = 31.4\%$$

3. 氢火焰离子化检测器

（1）结构

氢火焰离子化检测器（flame ionization detector，FID，图 1-52）的主要部件是离子室。离子室一般由不锈钢制成，包括气体入口、出口、火焰喷嘴、极化极和收集极以及点火线圈等部件。极化极为铂丝做成的圆环，安装在喷嘴之上。收集极是金属圆筒，位于极化极上方。两极间距可以用螺丝调节（一般不大于 10mm）。在收集极和极化极间加一定的直流电压（常用 150～300V），以收集极作负极、极化极作正极，构成一外加电场。

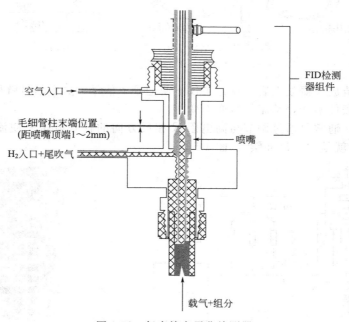

图 1-52　氢火焰离子化检测器

（2）检测原理

载气一般用氮气（或 Ar、He）、燃气用氢气，分别由入口处通入，调节载气和燃气的流量配比，由喷嘴喷出。助燃空气进入离子室，供给氧气。在喷嘴附近安有点火装置，点火后，在喷嘴上方产生氢火焰（图 1-53）。

进样后，载气和分离后的组分（以甲烷为例）一起从柱后流出。如图 1-53 所示甲烷分子在氢火焰的作用下电离成 CHO^+（载气分子不会电离），同时产生负离子和电子。

在电场作用下，正离子移向收集极（负极），负离子和电子移向极化极（正极），形成微电流，流经输入电阻 R 时，在其两端产生响应信号 E。此信号大小与进入火焰中组分的质量成正比，这便是氢火焰离子化检测器的定量依据（图 1-54）。

（3）基流与基流补偿

当仅有载气从色谱柱后流出，进入检测器时，载气中的有机杂质和流失的固定液在氢火焰（2100℃）中发生化学电离，同样生成正、负离子和电子，因此在电场作用下，同样形成

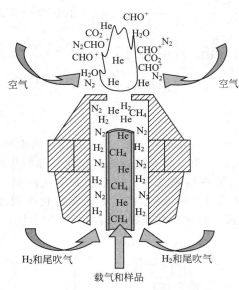

空气	FID空气
CH₄	样品中的甲烷
CHO⁺	甲烷阳离子
H₂	FID氢气
He	载气
H₂O	水
N₂	尾吹气

图 1-53　FID 检测原理

微电流，经微电流放大器放大后，在记录仪上便记录下信号，这个信号就称为基流。只要载气流速、柱温等条件不变，基流信号亦不变。

实际过程中，通常可通过调节与高电阻 R 相反方向的补差电压来使流经输入电阻的基流降至"零"，这就是"基流补偿"（图 1-55）。

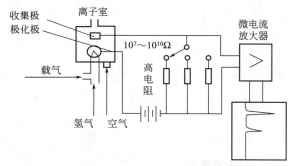

图 1-54　氢火焰离子化检测器电路示意图

图 1-55　基流补偿

一般在进样前均要使用基线补偿，将记录器上的基线调至零。

（4）FID 检测器的特点

FID 检测器的特点见表 1-8。

表 1-8　FID 检测器的特点

项　目	FID 检测器
类型	1. 质量型检测器 2. 破坏型检测器 3. 选择性检测器
灵敏度	FID 的特点是灵敏度高，检出限低，可达 10^{-12}g/s
线性范围	10^7
应用范围	对能在氢火焰中电离的有机化合物有响应，不能检测稀有气体、H_2O、CO、CO_2、H_2S、CS_2、卤化硅、氮的氧化物、杂环化合物等物质

4. FID 检测器检测条件的选择

（1）本次实训色谱操作条件

色谱柱：PEG-20M（2m，100～120 目）。

载气：N_2，30mL/min。

空气：300mL/min。

氢气：30mL/min（点火前 60mL/min）。

柱温：95℃。

汽化室温度：140℃。

检测器温度：120℃（灵敏度挡 10）。

（2）载气种类、纯度和流量的选择

① N_2、Ar 作载气时 FID 灵敏度高、线性范围宽。因 N_2 价格较 Ar 低，所以通常用 N_2 作载气。对 FID 而言，适当增大载气流速会降低检测限，所以从最佳线性和线性范围考虑，载气流速稍低为宜。

② 在要求高灵敏度，如痕量分析时，调节氮氢比在（1∶2）～（2∶1）之间往往能得到响应值的最大值。如果是常量组分的质量检验，增大氢气流速，使氮氢比下降至 0.43～0.72 范围内，虽然减小了灵敏度，但可使线性和线性范围得到大的改善和提高。

③ 通常空气流速约为氢气流速的 10 倍，一般情况下空气流速控制在 300～500mL/min。

④ 在作常量分析时，载气、氢气和空气纯度在 99.9% 以上即可。在作痕量分析时，要求三种气体的纯度相应提高，要求达 99.999% 以上，空气中总烃含量应小于 $0.1\mu L/L$。

（3）检测器温度

FID 为质量敏感型检测器，它对温度变化不敏感，但在作程序升温时要注意补偿基线漂移。由于氢气燃烧，产生大量水蒸气，因此要求 FID 检测器温度必须在 120℃ 以上。

（4）极化电压、电极形状和距离

正常操作时，极化电压一般控制在 150～300V。

电极形状和距离。收集极以圆筒状的采集效率最高。为获得较高的灵敏度，一般将极化极与收集极间的距离控制在 5～7mm。此外圆筒状电极的内径在 0.2～0.6mm 为宜。

【开放性训练】

1. 任务

用气相色谱法分析检测苯系物（含微量甲苯、乙苯、邻二甲苯、间二甲苯、对二甲苯、正丙苯）。

2. 实训过程

（1）查阅相关资料，四人一组制订分析方案，讨论方案的可行性，与教师一起确定分析方案。

（2）学生按小组独立完成苯系物的分析检测任务，在完成过程中优化实训方案。

3. 总结

实训结束，学生按小组总结苯系物分析检测过程，并编写相关小论文。

【理论拓展】

1. FID 检测器的日常维护保养

① 尽量采用高纯气源。载气和空气需过滤净化，一般常用分子筛、活性炭和硅胶作为干燥净化剂。

② 在最佳的 N_2/H_2 比以及最佳空气流速的条件下使用。

③ 固定液的流失会引起本底电流和噪声增加，因此要求色谱柱必须经过严格的老化处理。要提高检测器的灵敏度，除了用低蒸气压的固定液外，还要保持柱温和流速的稳定性，用程序升温时，载气必须用稳流阀，并常用双柱双气路补偿，使仪器在高温下仍能获得高的稳定性。

④ 离子室要注意外界干扰，离子头屏蔽要好，要有良好的接地，要避免强电场、强磁场的干扰。

⑤ 各电极对地绝缘要好，同轴电缆绝缘和接触要好。放大器和极化电压等电路要求稳定。

⑥ 离子室要保持一定温度，防止水蒸气冷凝在离子室造成信号旁通，使灵敏度降低，并使基线不稳，故检测器温度至少要大于 120℃。当分析样品中水分太多或进样量太大时，会使火焰温度下降，影响灵敏度，有时甚至会使火焰熄灭。

⑦ 离子头、管道和离子室必须清洁，不得有有机物污染（FID 长期使用也会使喷嘴堵塞），否则引起本底电流增大，噪声增大，灵敏度降低，因而造成火焰不稳，基线不准等故障，若不清洁，可用水、酒精和苯依次清洗烘干。实际操作过程中应经常对喷嘴进行清洗。

2. FID 检测器简单故障的排除

以气相色谱仪 GC9790J（浙江温岭福立）为例，表 1-9 列出了其常见简单故障及排除方法。

表 1-9　GC9790J 常见简单故障及排除方法

故障现象	可能原因	故障排除方法
仪器不能启动	1. 供电电源不通 2. 仪器保险丝烧断	1. 检查电源故障原因 2. 更换新保险丝
仪器不能升温且报警	1. "加热"开关未打开 2. 加热保险丝烧断	1. 打开"加热"开关 2. 更换新保险丝
仪器个别加热区不能升温且报警	1. 加热丝（棒）断路 2. 测温铂电阻断路 3. 控温电路故障	1. 检查、更换 2. 检查、更换 3. 检修或更换控温电路板
检测器基线不稳定	1. 柱流失 2. 柱连接漏气 3. 检测系统有冷凝物污染	1. 重新老化或更换色谱柱 2. 重新检漏 3. 适当提高检测器、注样器温度，提高载气流量吹洗仪器 2h
检测器响应小或没有响应	1. 检测器氢火焰已灭 2. 气体配比不当 3. 色谱柱阻力太大，载气不通 4. 火焰喷嘴有异物堵住	1. 重新点火 2. 重新调整气体比例 3. 更换色谱柱 4. 疏通或更换喷嘴
检测器不能点火	1. 空气流量太大 2. 氢气流量太小 3. 点火枪电池不足，无电火花 4. 气路不通	1. 适当增加空气流量 2. 适当增大氢气流量 3. 更换点火枪电池 4. 疏通气路
峰形变宽	1. 载气流量小 2. 柱温低 3. 注样器、检测器温度低 4. 系统死体积大	1. 适当增加载气流量 2. 适当提高柱温 3. 适当提高注样器、检测器温度 4. 检查色谱柱的安装
出现反常峰形	1. 硅橡胶隔垫污染或漏气 2. 样品分解 3. 检测室有污染物 4. 柱污染	1. 更换或活化硅橡胶隔垫 2. 适当改变分析条件 3. 清洗检测器 4. 更换或活化色谱柱

图 1-56 总结了 GC9790J 型气相色谱仪简单操作程序。

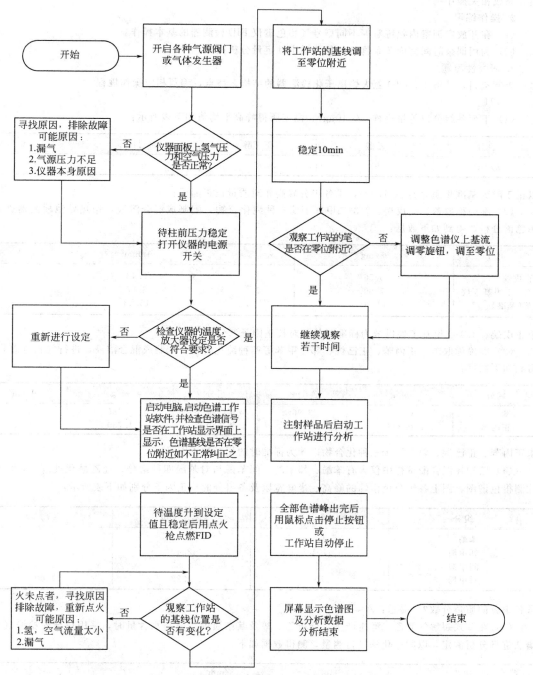

图 1-56　GC9790J 型气相色谱仪操作程序

【思考与练习】

1. 思考题

（1）若样品中部分组分检测器无响应或部分组分对难以完全分离，此时如何采用气相色谱法对其进行定量分析？

（2）已知某丙酮试剂，今欲测其所含微量水分的含量。你能根据所学知识与技能设计一可行的分析方案并完成相关操作吗？

2. 操作练习

（1）在开放实训室内熟练掌握不同型号气相色谱仪 FID 检测器的基本操作。

（2）利用课余时间完成苯系物的气相色谱定性定量分析操作。

3. 研究性习题

查阅资料，了解 HP6890 氢火焰离子化检测器的结构、特点，编写相应操作规程。

4. 习题

（1）下列各组分以等量进样（0.10μg），测定所得峰高平均值如下表所示：

组分	乙醇	正丁醇	环己醇	2-十二烷醇
h/mm	91	75	66	63

以正丁醇为基准物质（$f'_{i/s}=1.00$），求各组分峰高相对质量校正因子？

（2）准确称取苯、正戊烷、2,3-二甲基丁烷三种纯化合物，配制成混合溶液，用热导池检测器进行气相色谱分析，得到如下数据：

组分	m/mg	A/mm²
正戊烷	5.56	6.48
2,3-二甲基丁烷	7.50	8.12
苯（基准）	14.80	15.23

求正戊烷、2,3-二甲基丁烷以苯为标准时的相对校正因子？

（3）准确称取苯、正丙苯、正己烷、邻二甲苯等四种纯化合物，配制成混合溶液，进行气相色谱分析，得到如下数据：

组分	m/g	A/cm²	组分	m/g	A/cm²
苯	0.435	3.96	正己烷	0.785	8.02
正丙苯	0.864	7.48	邻二甲苯	1.760	15.0

求正丙苯、正己烷、邻二甲苯三种化合物以苯为标准时的相对校正因子？

（4）已知在混合酚试样中仅含有苯酚、邻苯酚、间苯酚与对苯酚四种组分，经乙酰化处理后，用液晶柱测得色谱图，图上各组分色谱峰的峰高、半峰宽以及各组分的校正因子分别如下表所示：

组分	h/mm	$w_{1/2}$/mm	f'_m
苯酚	64	1.94	0.85
邻甲酚	104	2.40	0.95
间甲酚	89	2.85	1.03
对甲酚	70	3.22	1.00

求各组分的质量分数？（提示：$A \approx h w_{1/2}$）

（5）在管式裂解气制乙二醇生产中，分析乙二醇及其杂质丙二醇与水含量时，采用热导池检测气相色谱法进行分析测定，以归一化法进行测量。测得数据如下：

组分	h/mm	$w_{1/2}$/mm	f'_m	衰减
水	18.0	2.0	1.21	1
丙二醇	38.4	1.0	0.86	4
乙二醇	79.2	2.3	1.00	8

试计算各组分的质量分数（提示：衰减是指将色谱峰缩小的倍数）。

（6）在某色谱分析中，用热导池检测器进行检测，测得数据如下：

组分	A/mm^2	f_m'	$M/(g/mol)$
正戊烷	28.41	0.88	72
正庚烷	55.06	0.89	100
异戊醇	33.02	1.06	88
甲苯	68.63	1.02	92

求试样中各组分的质量分数和摩尔分数？

（7）用氢火焰离子化检测器对 C_8 芳烃异构体进行气相色谱分析，测得数据如下：

组分	A/mm^2	f_m'
乙基苯	120	1.09
对二甲苯	75	1.12
间二甲苯	140	1.08
邻二甲苯	105	1.10

用归一化法计算各组分的质量分数？

（8）在某条件下分析只含有二氯乙烷、二溴乙烷及四乙基铅三组分的乙基液试样，求试样中各组分的质量分数。在色谱分析中测得数据如下：

组分	A/mm^2	f_m'
二氯乙烷	1.50	1.00
二溴乙烷	1.01	1.65
四乙基铅	2.82	1.75

（9）请翻译下列文字和图片，进一步了解气相色谱仪的结构。

Two major types: Gas-solid chromatography (stationary phase: solid)、Gas-liquid chromatography (stationary phase: immobilized liquid).

GC instrument

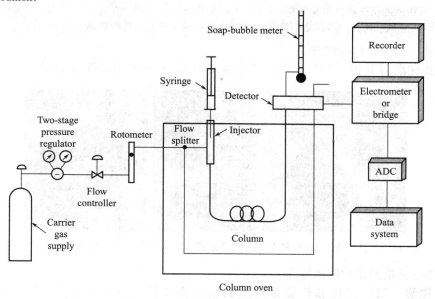

任务4 热导池检测器的使用与标准加入法定量

【能力目标】

1. 掌握热导池检测器的基本操作。

2. 能用标准对照法和标准加入法对丙酮试剂中的微量水分进行定性定量测定。

【任务分析】

任务：丙酮中微量水分的测定方法？

丙酮试剂的含水量<0.3%，请大家思考一下，有没有学习过什么方法，可以用来测量有机溶剂中的微量水分？分析测定的难度主要在什么地方？

测定水分的方法常见的如烘干法，不能测量微量水分，也不能测量有机溶剂；蓝色硅胶吸附称重法，一般也不能测量微量水分；卡尔·费休法可以测量微量水，但操作相对复杂，且成本较高。

查阅资料可以发现：采用气相色谱法（热导池检测器）可以快速准确地测定丙酮试剂中的微量水分。

图 1-57　打开载气稳压阀

【实训】

1. 测定过程

（1）气相色谱仪的开机及参数设置（以上海天美 GC7890T 型气相色谱仪为例）

① 打开载气（H_2）钢瓶总阀，调节输出压力为 0.2MPa。

② 打开载气净化气开关，调节载气合适柱前压，如 0.1MPa（图 1-57）。

> 注：气相色谱仪柱箱内预装两根 GDX-101 填充柱（2m×φ3mm，100～120 目），先完成老化操作，而且应同时调节通道 1 与通道 2 载气稳压阀压力，保证柱箱内两根色谱柱均通入载气。

③ 打开气相色谱仪电源开关。

④ 设置柱温为 170℃（图 1-58）、汽化温度为 220℃和检测温度为 190℃。

图 1-58　GC7890T 型气相色谱仪（上海天美）柱温的设置

（2）热导池检测器的基本操作

① 待柱温、汽化温度和检测温度达到设定值并稳定后，设置合适的桥电流值（如 120mA）（图 1-59）。

② 让气相色谱仪走基线，待基线稳定。

（3）测试样品的配制

① 标样的配制。取一个干燥、洁净的称量瓶，吸取 3mL 丙酮试剂，准确称其质量，记为 $m_{样}$，然后在其中加入 20μL 纯蒸馏水，准确称其质量，记为 m_S。摇匀备用，此为每位学生所配制丙酮标样。

② 另取一个干燥、洁净的称量瓶，加入约 3mL 丙酮试剂，备用。

图 1-59　GC7890T 型气相色谱仪（上海天美）桥电流的设置

（4）试样的定性定量分析

① 取两支 $10\mu L$ 微量注射器，以溶剂（如无水乙醇）清洗完毕后，备用。

② 打开色谱数据处理机，观察基线是否稳定。

③ 待基线稳定后，将其中一支微量注射器用丙酮试剂润洗后，准确吸取 $2\mu L$ 试样按规范进样，启动色谱数据处理机，绘制色谱图，完毕后停止数据采集（图 1-60）。

图 1-60　色谱数据处理机的开始采样、停止采样和色谱图

④ 按相同方法再测 2 次丙酮试样与 3 次所配制丙酮标样。

⑤ 取 $1\mu L$ 纯蒸馏水进样分析，记录保留时间，根据保留时间确定前 6 次色谱图中水分的位置，并记录其峰高 h_i（丙酮试样）与 h_{i+s}（所配制丙酮标样）。

（5）结束工作

① 实训完毕后先设置桥电流数值为 0.0（图 1-61）。

② 设置汽化室温度、柱温、检测室温度在室温以上约 10℃。

③ 待柱温达到设定值时关闭气相色谱仪电源开关。

④ 关闭载气钢瓶和减压阀，关闭载气净化器开关。

2．学生实训

（1）实训内容

学生按要求规范完成采用气相色谱法（热导池检测器）定性定量测定丙酮中微量水分，包括气相色谱仪的开机及参数设置训练、热导池检测器的基本操作、测试样品的配制操作、试样的定性定量分析和结束工作。

（2）实训过程注意事项

① 氢气是一种危险气体，使用过程中一定要按要求操作，

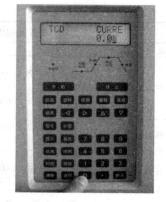

图 1-61　GC7890T 型气相色谱仪（上海天美）设置桥电流为零

而且色谱实训室一定要有良好的通风设备。

② 气相色谱开机时一定要先通载气，确保通入热导池检测器后，方可打开桥电流开关；在关机时，则一定要先关桥电流，待热导池检测器温度降下来后才能断开载气。

③ 在完成定性操作时，要注意进样与色谱数据处理机采集数据在时间上的一致性。

④ 实训过程防止高温烫伤。

（3）职业素质训练

① 实践过程中强化"3S"成果，维持规范、整洁、有序的实训室工作环境。

② 安全使用高压易燃气体钢瓶、高温设备，树立安全工作意识。

③ 实验过程中实验小组成员相互配合，培养团队合作精神。

④ 实训过程学会估算和控制实验试剂的用量，合理处理废液，以培养个人的节约与环保意识。

⑤ 统筹安排实训各环节，合理安排各实训环节时间，快速准确完成分析任务。

3. 相关知识

本实训可按公式

$$w_\text{水} = \frac{m_\text{S}}{m_\text{样}\left(\dfrac{h_{i+\text{S}}}{h_i} - 1\right)} \times 100\%$$

计算丙酮试样中水分的百分含量（%），并计算其平均值与相对平均偏差（%）。

【理论提升】

1. 定性分析

丙酮中微量水分的定性问题，一般可采用标准物质保留时间对照法进行定性（完全类似于丁醇异构体混合物的定性）。

2. 定量分析

由于丙酮试剂中含有多种组分，部分组分不能完全与相邻组分分离，也有部分组分其成分无法确定。如果仍然采用"归一化法"进行定量分析的话，操作过程比较复杂，也难以保证结果的准确性。因此，本项目的测定一般采用"标准加入法"进行定量。

（1）标准加入法定量

标准加入法与归一化法的比较见表1-10。

表 1-10 标准加入法与归一化法的比较

项　目	丁醇异构体混合物的测定	丙酮中微量水分的测定
定量方法	归一化法	标准加入法
要求	1. 样品中各组分均出峰，完全分离，且均有响应 2. 进样量无须准确	1. 将欲测组分的纯物质作标准物质加入样品中，作为标样 2. 欲测组分出峰且与其他物质相互分离即可 3. 进样量要求准确
相对校正因子	须用标准物质测量相对校正因子，否则无法准确测量	无须测量相对校正因子
计算公式	$w_i = \dfrac{f_i' A_i}{\sum f_i A_i} \times 100\%$	$w_\text{水} = \dfrac{m_\text{S}}{m_\text{样}\left(\dfrac{h_{i+\text{S}}}{h_i} - 1\right)} \times 100\%$
方法特点	优点：简便、精确，进样量的多少与测定结果无关，操作条件（如流速、柱温）的变化对定量结果影响较小 缺点：校正因子的测定较为麻烦	优点：用欲测组分的纯物质作标准物质，操作简单。若在样品的预处理之前就加入已知准确量的欲测组分，可完全补偿欲测组分在预处理过程中的损失 缺点：进样量要求十分准确，加入欲测组分前后色谱操作条件要求完全相同

（2）标准加入法举例

用标准加入法测定无水乙醇中微量水时，先称取 2.6723g 无水乙醇试样于样品瓶中，接着又称取 0.0252g 纯水标样于该样品瓶中，混合均匀。在完全相同的条件下，分别吸取 2.0μL 无水乙醇试样和 2.0μL 加入纯水标样后的无水乙醇试样于气相色谱仪中进行分析测试，测得相应水峰的峰高分别为 145mm 与 587mm。求无水乙醇试样中水分的质量分数。

解：由公式有

$$w_{H_2O} = \frac{m_S}{m\left(\dfrac{h_{i+S}}{h_i} - 1\right)} \times 100\% = \frac{0.0252}{2.6723 \times \left(\dfrac{587}{145} - 1\right)} \times 100\% = 0.31\%$$

3. 热导池检测器

（1）结构

热导池检测器（Thermal Conductivity Detector，TCD）的主要部件是热导池。热导池由池体和热敏元件构成，有双臂热导池和四臂热导池两种（图 1-62）。双臂热导池池体用不锈钢或铜制成，具有两个大小、形状完全对称的孔道，每一孔道装有一根热敏铼钨丝（其电阻值随本身温度变化而变化），其形状、电阻值在相同的温度下基本相同。四臂热导池具有四根相同的铼钨丝，灵敏度比双臂热导池约高一倍。

（2）检测原理

① 样品池与参比池均通入纯载气，热丝产生的热量与散失热量达到平衡时，其温度稳定在一定数值，其阻值也稳定在一定数值，因此 $R_1 = R_2 = R_3 = R_4$，电桥平衡（图 1-63），无信号输出，记录系统记录的是一条直线。

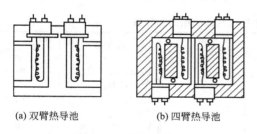

(a) 双臂热导池　　(b) 四臂热导池

图 1-62　热导池结构

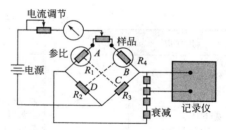

图 1-63　四臂热导池测量电桥

② 样品池通入试样和载气时，由于载气和待测组分二元混合气体的热导率和纯载气的热导率不同，样品池中散热情况发生变化，但通过热丝的电流完全相同，因此，参比池和样品池两池孔中热丝电阻值之间产生了差异，即 $R_1 = R_3 \neq R_2 = R_4$，电桥失去平衡，检测器有电压信号输出，色谱工作站绘制出色谱峰。

③ 载气中待测组分的浓度愈大，样品池中气体热导率改变就愈显著，温度和电阻值改变也愈显著，电压信号就愈强。因此输出的电压信号（色谱峰面积或峰高）与样品的浓度成正比，这正是热导池检测器的定量基础（图 1-64）。

（3）TCD 检测器与 FID 检测器的区别

TCD 检测器是一种典型的浓度型、通用型、非破坏型检测器，其主要优点是对单质、无机物或有机物均有响应，通用型好，主要不足是灵敏度相对较低。表 1-11 显示了 TCD 检测器与 FID 检测器的区别。

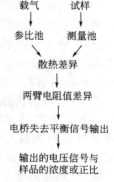

图 1-64　热导池检测器检测原理图示

表 1-11　TCD 检测器与 FID 检测器的区别

项　目	FID 检测器	TCD 检测器
类型	1. 质量型检测器 2. 破坏型检测器 3. 选择性检测器	1. 浓度型检测器 2. 非破坏型检测器 3. 通用型检测器
灵敏度	FID 的特点是灵敏度高，检出限低，可达 10^{-12} g/s	灵敏度较低，一般 <400 pg/mL，单丝流路热导池检测器，灵敏度可达 4×10^{-10} g/mL
线性范围	10^7	10^5
应用范围	对能在氢火焰中电离的有机化合物有响应，不能检测稀有气体、H_2O、CO、CO_2、H_2S、CS_2、卤化硅、氮的氧化物、杂环化合物等物质	对单质、无机物或有机物均有响应，通用性好

4. TCD 检测器检测条件的选择

（1）本次实训色谱操作条件

色谱柱：GDX-101（2m，100～120 目）。

载气：H_2，30mL/min。

柱温：170℃。

汽化室温度：220℃。

检测器温度：190℃。

桥电流：120mA。

（2）载气种类、纯度和流量的选择

① 载气与样品的导热能力相差越大，检测器灵敏度越高，因此热导池检测器通常用 He 或 H_2 作载气。表 1-12 列出了一些化合物蒸气和气体的相对热导率。

表 1-12　一些化合物蒸气和气体的相对热导率

化合物	相对热导率 He=100	化合物	相对热导率 He=100	化合物	相对热导率 He=100
氦（He）	100.0	乙炔	16.3	甲烷（CH_4）	26.2
氮（N_2）	18.0	甲醇	13.2	丙烷（C_3H_8）	15.1
空气	18.0	丙酮	10.1	正己烷	12.0
一氧化碳	17.3	四氯化碳	5.3	乙烯	17.8
氨（NH_3）	18.8	二氯甲烷	6.5	苯	10.6
乙烷（C_2H_6）	17.5	氢（H_2）	123.0	乙醇	12.7
正丁烷（C_4H_{10}）	13.5	氧（O_2）	18.3	乙酸乙酯	9.8
异丁烷	13.9	氩（Ar）	12.5	氯仿	6.0
环己烷	10.3	二氧化碳（CO_2）	12.7		

② 载气纯度越高，则热导池检测器的灵敏度越高。用热导池检测器作高纯气杂质检测时，载气纯度应比被测气体高十倍以上，否则将出倒峰（想一想为什么？）。

③ 热导池检测器为浓度敏感型检测器，色谱峰峰面积响应值反比于载气流速，因此，要求载气流速必须保持恒定。在柱分离许可的情况下，载气应尽量选用低流速（一般在 30mL/min 左右）。参考池的气体流速通常与测量池相等。

③ 桥电流的选择

一般认为热导池检测器的灵敏度 S 值与桥电流的三次方成正比，所以，增大桥电流是提高热导池检测器灵敏度的一个有效方法。但桥电流偏大，则噪声也急剧增大，且热丝越易被氧化，因此在满足分析灵敏度要求的前提下，应尽量选取低的桥电流。

④ 检测器温度

热导池检测器灵敏度与热丝和池体间的温差成正比，也就是说可以通过提高热丝温度（不能过高，以免热丝烧断）或降低检测器池体温度（不能低于样品的沸点，为什么？）来提高检测器灵敏度。

【开放性训练】

1. 任务

气相色谱法分析检测甲醇试剂中微量水分？

2. 实训过程

（1）查阅相关资料，四人一组制订分析方案，讨论方案的可行性，与教师一起确定分析方案。

（2）学生按小组独立完成甲醇试剂中微量水分的分析检测任务，在完成过程中优化实训方案。

3. 总结

实训结束，学生按小组总结甲醇中微量水分分析检测过程，并编写相关小论文。

【理论拓展】

1. 热导池检测器的日常维护保养

① 尽量采用高纯气源，保证载气与样品气中无腐蚀性物质、机械性杂质或其他污染物。

② 载气至少通入 30min，保证将气路中的空气赶走后，方可通电，以防热丝元件的氧化。未通载气严禁加载桥电流。

③ 根据载气的性质，桥电流不允许超过额定值。如载气用 N_2 时，桥电流应低于 150mA；用 H_2 时，则应低于 270mA。

④ 检测器不允许有剧烈振动。

⑤ 热导池高温分析时如果停机，除首先切断桥电流外，最好等检测室温度低于 100℃ 时，再关闭气源，这样可以延长热丝元件的使用寿命。

2. 单丝流路热导池检测器

单丝流路热导池检测器（图1-65）与普通热导池检测器的最大区别在于没有参比池与样品池之别，只有一个测量池，用一个参比切换阀将纯载气和含样品气的载气交替通入测量池中（其频率是两种气流在热丝上每秒切换5次），达到检测的目的（想一想单丝流路热导池检测器有何优点？）。

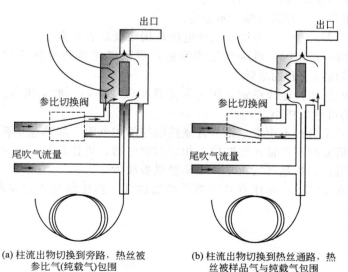

(a) 柱流出物切换到旁路，热丝被   (b) 柱流出物切换到热丝通路，热
    参比气(纯载气)包围   丝被样品气与纯载气包围

图1-65 单丝流路热导池检测器工作原理示意图

3. 上海天美 GC7890 型气相色谱仪维修要点

（1）故障的判别

① 基础。检查、寻找故障原因的基础是掌握故障判别的方法。掌握故障判别方法的基础是熟悉和了解仪器各部件的组成、作用和工作原理。

② 输入与输出。通常仪器的每个部件、甚至零件都有它的输入和输出，输入一般是指该部分正常工作的前提，输出一般是指该部分所起的作用或功能。

③ 举例。例如 FID 放大器，它的输入是 FID 检测器通过离子信号线传送过来的微电流信号、放大器的工作电源以及放大器的调零电位器，它的输出是经过放大并送到二次仪表的电信号。

判别 FID 放大器是否工作正常的方法如下：

a. 如果输入正常而输出不正常，则放大器故障。

b. 如果输入输出均正常，则放大器正常。

c. 如果输入不正常，则放大器是否正常无法判定。

④ 收集与积累。积极收集、认真记录、不断积累仪器各个部件工作正常与否的各种判别方法，并了解、熟悉、掌握、牢记这些故障判别方法。

（2）仪器启动不正常故障的处理方法

仪器启动不正常指接通电源后，仪器无反应或初始化不正常。

① 关机并拔下电源插头，检查电网电压以及接地线是否正常。

② 利用万用表检查主机保险丝、变压器及其连接件、电源开关及其连接件以及其他连接线是否正常。

③ 插上电源插头并重新开机，观察仪器是否已经正常。

④ 如果启动正常，而初始化不正常，则根据提示进行相应的检查。

⑤ 如果电机运转正常，而显示不正常，则检查键盘/显示部分是否正常。

⑥ 如果显示正常，而电机运转不正常，则检查电机及其变压器、保险丝等是否正常。

⑦ 必要时可拔去一些与初始化无关的部件插头，并进行观察。

⑧ 如果初始化仍不正常，则基本上可确定是微机板故障。

（3）温度控制不正常故障的处理方法

温度控制不正常指不升温或温度不稳定。

① 所有温度均不正常时，先检查电网电压及接地线是否正常。

② 所有温度均不稳定时，可降低柱箱温度，观察进样器和检测器的温度，如果正常，则是电网电压或接地线引起的故障。

③ 如果电网电压和接地线正常，则通常是微机板故障，一般来说各路温控的铂电阻或加热丝同时损坏的可能性极小。

④ 如果是某一路温控不正常，则检查该路温控的铂电阻、加热丝是否正常。

⑤ 如果是柱箱温控不正常，还要检查相应的继电器、可控硅是否正常。

⑥ 如果铂电阻、加热丝等均正常，则是微机板故障。

⑦ 在上述检查过程中，要注意各零部件的接插件、连接线是否存在断路、短路以及接触不良的现象。

【思考与练习】

1. 思考题

（1）为什么热导池检测器在使用时一定要先通气，再通电，关机时，一定要先断电，待柱温等降下来后再断气？

（2）已知某甲苯试剂，今欲测其纯度，但其中杂质较多，且部分杂质 FID 检测器无响应。现欲用气相色谱法氢火焰离子化检测器对其纯度进行检测，你能设计一可行的分析方案吗？

2. 操作练习

（1）在开放实训室内熟练掌握不同型号气相色谱仪（热导池检测器）的基本操作。

（2）利用课余时间完成甲醇中微量水分的气相色谱定性定量分析操作。

3. 习题

（1）用标准加入法测定丙酮中微量水时，先称取 2.6836g 丙酮试样于样品瓶中，接着又称取 0.0249g 纯水标样于该样品瓶中，混合均匀。在完全相同的条件下，分别吸取 1.0μL 丙酮试样和 1.0μL 加入纯水标样后的丙酮试样于气相色谱仪中进行分析测试，得到相应水峰的峰高分别为 223mm 与 875mm。求丙酮试样中水分的质量分数。

（2）请翻译下列文字与图片，进一步学习气相色谱分析法的进样技术。

Sample injection：direct injection into heated port （$> T_{\mathrm{oven}}$） using microsyringe

（ⅰ）1～20μL packed column

（ⅱ）$10^{-3}\mu$L capillary column

rotary sample valve with sample loop

Split injection：routine method

0.1％～1％ sample to column

remainder to waste

Splitless injection：all sample to column

best for quantitative analysis

only for trace analysis, low ［sample］

On-column injection：for samples that decompose above boiling

point no heated injection port

column at low temperature to condense

sample in narrow band

heating of column starts chromatography

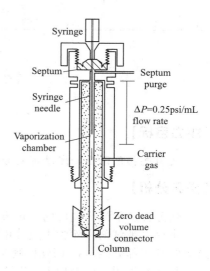

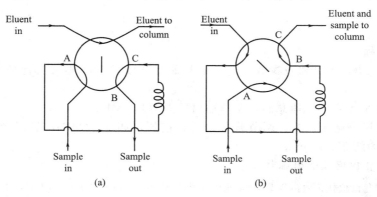

(a)　　　　　　　　　　(b)

4. 研究性习题（外标法）

测定环己酮中的微量水含量时（采用外标法，以一定温度下苯中饱和溶解水值作为分析试样中微量水分的定量基础），将一定量的分析纯苯置于分液漏斗中，用同体积的水振荡洗涤，以除去水溶性物质，洗涤次数不少于 5 次，最后一次振荡均匀后连水一起装入容量瓶中。在取样前应预先振荡该溶液 30s 以上，静置 2min 后取苯层进样，同时用温度计准确测定苯层温度。现在完全相同的操作条件下，分别吸取试样及标样各 2.0μL 进行气相色谱分析，同时测得苯层温度为 20℃。进样后测得色谱图上试样中水峰的峰高 h_x＝33.8mm，苯的饱和水溶液中水峰的峰高 h_S＝19.8mm。试计算环己酮试样中水的质量分数。已知：20℃时待测试样的密度 ρ_x＝0.947g/mL，苯饱和水的密度 ρ_S＝0.880g/mL，且 20℃苯饱和水溶液中水的溶解度

$c_S\% = 0.0614\%$（表 1-13）。

表 1-13 苯中饱和水溶解度数据

温度/℃	含水量/%	温度/℃	含水量/%	温度/℃	含水量/%
10	0.0440	20	0.0614	30	0.0850
11	0.0457	21	0.0635	31	0.0888
12	0.0474	22	0.0655	32	0.0918
13	0.0491	23	0.0675	33	0.0947
14	0.0508	24	0.0696	34	0.0977
15	0.0525	25	0.0716	35	0.1006
16	0.0543	26	0.0745	36	0.1055
17	0.0561	27	0.0773	37	0.1104
18	0.0579	28	0.0802	38	0.1153
19	0.0597	29	0.0830	39	0.1202

任务 5　内标法定量

【能力目标】

使用气相色谱法，定性定量分析"甲苯试剂的纯度"（同系物定性、内标法定量）。

【任务分析】

任务：甲苯试剂纯度的测定方法。

市售甲苯试剂中除含主成分甲苯外，还含有硫化物、噻吩、不饱和化合物、水分等多种杂质？其中部分杂质在 FID 检测器上无响应。因此无法用"归一化法"进行分析。

那么能采用"标准加入法"进行测定吗？这种方案是可行的。具体方案的设计可以在课外完成，并利用开放实训室进行相关分析测定。

查阅大量资料可以发现目前一般常采用内标法对甲苯试剂的纯度进行测定。

【实训】

1. 测定过程

（1）气相色谱仪的开机及参数设置（用上海天美 GC7890F 型或其他型号气相色谱仪完成测定过程）

① 打开载气（N_2）钢瓶总阀，调节输出压力为 0.4MPa。

② 打开载气净化气开关，调节载气合适柱前压，如 0.14MPa，稳流阀控制为 4.4 圈，控制载气流量为约 35mL/min。

③ 打开气相色谱仪的电源开关。

注：气相色谱仪柱箱内预装 DNP 填充柱（2m×φ3mm，100～120 目），先完成老化操作。

④ 设置柱温为 85℃、汽化温度为 160℃和检测温度为 140℃。

（2）氢火焰离子化检测器的基本操作

① 待柱温、汽化温度和检测温度达到设定值并稳定后，打开空气钢瓶，调节输出压力为 0.4MPa；打开氢气钢瓶，调节输出压力为 0.2MPa。

② 打开空气净化气开关，调节空气稳流阀为 5.0 圈，控制其流量为约 200mL/min。

③ 打开氢气净化气开关，调节氢气稳流阀为 4.5 圈，控制其流量为约 30mL/min。

④ 撤"点火"键点燃氢火焰。

⑤ 让气相色谱仪走基线，待基线稳定。

（3）测试样品的配制

① 测试标样的配制。取一个干燥、洁净的称量瓶，加入 3mL 正己烷。加入 $100\mu L$ 甲苯（GC 级），称其准确质量，记为 m_{S1}，加入 $100\mu L$ 苯（GC 级，内标物），称其准确质量，记为 m_{S2}。摇匀备用，此为每位学生所配制甲苯测试标样。

② 测试试样的配制。另取一个干燥、洁净的称量瓶，加入 3mL 正己烷。加入 $100\mu L$ 所测甲苯试剂，称其准确质量，记为 $m_{样}$，加入 $100\mu L$ 苯（GC 级，内标物），称其准确质量，记为 m_{S3}。摇匀备用，此为每位学生所配制甲苯测试试样。

（4）试样的定性定量分析

① 取两支 $10\mu L$ 微量注射器，以溶剂（如无水乙醇）清洗完毕后，备用。

② 打开色谱工作站（N2000），观察基线是否稳定。

③ 基线稳定后，将其中一支微量注射器用甲苯测试标样润洗后，准确吸取 $1\mu L$ 该标样按规范进样，启动色谱工作站，绘制色谱图（图 1-66），完毕后停止数据采集。

④ 按相同方法再测 2 次甲苯测试标样与 3 次甲苯测试试样，记录各主要色谱峰的峰面积。

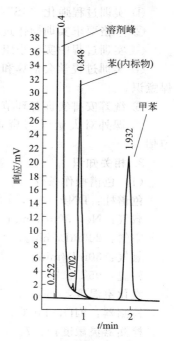

图 1-66　甲苯测试标样
分离色谱图

⑤ 在相同色谱操作条件下分别以苯、甲苯（GC 级）标样进样分析，以各标样出峰时间（即保留时间）确定甲苯测试标样与甲苯测试试样中各色谱峰所代表的组分名称。

> 注：实训时注意观察测试试样中苯（内标物）、甲苯、乙苯（主要杂质）的出峰顺序，总结其出峰规律。

（5）结束工作

① 实训完毕后先关闭氢气钢瓶总阀，待压力表回零后，关闭仪器上氢气稳压阀。

② 关闭空气钢瓶总阀，待压力表回零后，关闭仪器上空气稳压阀。

③ 设置汽化室温度、柱温在室温以上约 10℃、检测室温度 120℃。

④ 待柱温达到设定值时关闭气相色谱仪电源开关。

⑤ 关闭载气钢瓶和减压阀，关闭载气净化器开关。

2. 学生实训

（1）实训内容

学生按规范完成采用气相色谱法（氢火焰离子化检测器）定性定量测定市售甲苯试剂的纯度，包括气相色谱仪的开机及参数设置训练、氢火焰离子化检测器的基本操作、测试样品的配制操作、试样的定性定量分析和结束工作。

（2）实训过程注意事项

① 注射器使用前应先用丙酮或乙醚抽洗 15 次左右，然后再用所要分析的样品抽洗 15 次左右。

② 在完成定性操作时，要注意进样与色谱工作站采集数据在时间上的一致性。

③ 氢气是一种危险气体，使用过程中一定要按要求操作，而且色谱实训室一定要有良好的通风设备。

④ 实训过程防止高温烫伤。

（3）职业素质训练

　① 实训过程强化 "3S" 成果，维持规范、整洁、有序的实训室工作环境。

　② 严格要求实训操作过程，树立文明规范操作、认真仔细、实事求是的工作态度。

　③ 实训过程中实验小组成员相互配合，培养团队合作精神。

　④ 实训过程学会估算和控制实验试剂的用量，合理处理废液，以培养个人的节约与环保意识。

　⑤ 统筹安排实训各环节，合理安排各实训环节时间，快速准确完成分析任务。

　⑥ 课外对大量学习资源（网络、报刊、杂志、书籍等）进行自学，培养课外自学习惯。

3. 相关知识

（1）色谱操作条件

色谱柱：DNP（2m，100～120 目）。

载气：N_2，30mL/min。

空气：200mL/min。

氢气：30mL/min。

柱温：95℃。

汽化室温度：160℃。

检测器：FID，140℃。

检测器灵敏度挡：7。

（2）定性分析

一般采用标准物质保留时间对照法进行定性（同丁醇异构体混合物的分析）。

（3）数据处理

① 相对校正因子的计算。对甲苯测试标样所绘制色谱图，按下式

$$f_i' = \frac{f_i}{f_S} = \frac{m_{S1} A_{S(苯)}}{A_{i(甲苯)} m_{S2(苯)}} （以苯为基准物质）$$

计算甲苯的相对校正因子 f_i'。

② 市售甲苯试剂纯度的计算。对甲苯试样所绘制色谱图，按下式

$$w_i = f_i' \frac{m_{S3(苯)} A_{i(甲苯)}}{m_{样} A_{S(苯)}} \times 100\%$$

计算甲苯试剂中甲苯的质量分数（％），并计算其平均值与相对平均偏差（％）。

【理论提升】

1. 定性分析

① 定性分析碳数规律。在一定温度下，官能团相同、但碳数不同的同系物，调整保留值的对数值与分子中的碳数呈线性关系，即

$$\lg t_R' = aC + b \tag{1-3}$$

式中，C 为分子含碳数。

② 定性分析沸点规律。在一定温度下，碳数相同、但官能团不同异构体的同族物，调整保留值的对数值与沸点呈线性关系，即

$$\lg t_R' = aT + b \tag{1-4}$$

式中，T 为化合物沸点。

2. 定量分析

（1）内标法定量

本项目的测定采用"内标法"进行定量分析，见表 1-14。

表 1-14　内标法

项目	丁醇异构体混合物的测定	甲苯试剂纯度的测定
定量方法	归一化法	内标法
要求	1. 样品中各组分均出峰、完全分离，且均有响应 2. 进样量无须准确	1. 无须样品中各组分均出峰且完全分离，要求待测组分能出峰，且与相邻组分完全分离 2. 进样量无须准确
相对校正因子	须用标准物质测量相对校正因子，否则无法准确测量	须用标准物质测量相对校正因子，否则无法准确测量
计算公式	$w_i=\dfrac{f'_i A_i}{\sum f'_i A_i}\times 100\%$	$w_i=\dfrac{f'_i A_i m_S}{f'_S A_S m_样}\times 100\%$①
方法特点	优点：简便、准确，进样量的多少与测定结果无关，操作条件（如流速、柱温）的变化对定量结果的影响较小 缺点：校正因子的测定较为麻烦	优点：进样量的变化、色谱条件的微小变化对内标法定量结果的影响不大。只对感兴趣的色谱峰做校正，其结果的报告可选择不同的单位 缺点：必须在所有样品中加入内标物，选择合适内标物比较困难，内标物的称量要准确，操作较复杂

① 内标法中，常以内标物为基准，即 $f'_S=1.0$，因此公式可简化为 $w_i=f'_i\dfrac{m_S A_i}{m_{试样} A_S}\times 100\%$。

（2）内标物的选择

内标物的选择是内标法定量分析的关键技术，合适的内标物必须遵循以下原则。

① 内标物是样品中不存在的纯物质。

② 内标物很容易获取。

③ 内标物的化学性质与样品相似，但不与样品发生化学反应。

④ 内标物要求在感兴趣的组分附近流出，且能得到分离良好、干净利落的色谱峰。

⑤ 内标物的含量与样品的浓度相似。

⑥ 内标物的色谱性质稳定。

（3）举例

① 用内标法测定环氧丙烷中水分的含量，以甲醇作为内标物，称取 0.0115g 甲醇，加到 2.2679g 样品中，混合均匀后，用微量注射器吸取 0.2μL 该样品进行气相色谱分析，平行测定两次，得如下数据：

分析次数	水分峰高	甲醇峰高
1	150.2	174.8
2	148.8	172.3

已知水与内标物甲醇的相对质量校正因子 f'_m 分别为 0.70 和 0.75，计算样品中水分的质量分数。

解：由公式 $w_i=\dfrac{m_S f'_{i(h)} h_i}{m_{试样} f'_{S(h)} h_S}$ 有

因此，第一次分析

$$w(H_2O)_1=\frac{0.0115\times 0.70\times 150.2}{2.2679\times 0.75\times 174.8}=0.41\%$$

第二次分析

$$w(H_2O)_2=\frac{0.0115\times 0.70\times 148.8}{2.2679\times 0.75\times 172.3}=0.41\%$$

两次分析的平均值为

$$w(H_2O)=\frac{0.41\%+0.41\%}{2}=0.41\%$$

② 气相色谱法分析某混合物试样中组分 x 的含量，称取 1.456g 试样，加入 0.168g 内

标物 S，混合均匀后进样分析，测得如下数据：$A_x = 26.0$，$A_S = 24.0$。已知 $f'_x/f'_S = 1.14$，求试样中组分 x 的含量。

解：由公式有

$$w_x = f'_x \frac{m_S A_x}{m_{试样} A_S} \times 100\% = 1.14 \times \frac{0.168 \times 26.0}{1.456 \times 24.0} \times 100\% = 14.2\%$$

【开放性训练】

1. 任务

用气相色谱法分析检测某水样中的微量醇类（其中含甲醇、正丙醇、正丁醇与正戊醇）。

2. 实训过程

（1）查阅相关资料，四人一组制订分析方案，讨论方案的可行性，与教师一起确定分析方案。

（2）学生按小组独立完成水样中醇类的分析检测任务，在完成过程中优化实训方案。

3. 总结

实训结束，学生按小组总结水样中醇类的分析检测过程，并编写相关小论文。

【理论拓展】

1. 甲苯的性质与用途

产品名称：甲苯。

产品英文名：methylbenzene；toluene；phenyl methane。

分子式：$C_6H_5CH_3$。

产品用途：用作基本有机化工原料及溶剂。

CAS 号：108-88-3。

毒性防护：本品具有中等毒性，对皮肤和黏膜刺激性大，对神经系统作用比苯强，但因甲苯最初被氧化生成苯甲酸，对血液并无毒害。对小鼠致死浓度为 $30\sim35\text{mol/L}$。家兔经口甲苯时，其中有 18% 以原型直接从肺随呼气排出体外。80% 被氧化成苯甲酸，与甘氨酸化合成马尿酸，经肾脏排出体外。连续 8h 吸入浓度为 $200\sim300\text{mg/m}^3$ 的甲苯蒸气时，会出现疲惫、恶心、错觉、活动失灵、全身无力、嗜睡等；短时间吸收 1600mg/m^3 蒸气时，会引起过度疲惫、激烈兴奋、恶心、头痛等症状。工作场所最高容许浓度为 100mg/m^3。

包装储运：用小口铁桶和铁路槽车装运，每桶 160kg，每车 50t，包装外应有明显易燃危险品标志。

物化性质：无色透明液体，有类似苯的气味，毒性中等，可燃，相对密度为 0.8667（20℃/4℃）。熔点 -95℃。沸点 110.6℃。折射率 $n_D(25℃)$ 1.49414。闪点 4.44℃。自燃点 536.1℃。溶于乙醇、苯、乙醚，不溶于水。在空气中爆炸极限为 $1.27\%\sim7.0\%$。本品与醋酸形成恒沸点混合物，沸点为 $104\sim104.2$℃，熔点为 -9.5℃。

2. 甲苯的质量标准

甲苯的质量标准（GB 3406—90）见表 1-15。

3. 甲苯的一种生产方法

甲苯是石油化工生产中一种易得产品，也是一种用量极大的化工中间体。但是，随着人们对生态环境要求的提高，石油化工的副产品甲苯不能满足食品和化妆品等生产的品质要求，因此开发人员将眼光投向了天然原料。而天然甲苯不能从动植物中直接提取，必须通过化学方法制取。根据对世界天然动植物原料利用的调研，我们发现，借助化工生产的基本技术，可以利用植物油炼制的副产品双戊烯制备出天然的甲苯，并开发出有效的新技术。目前此技术已申请专利。

表 1-15　甲苯质量标准（GB 3406—90）

项　目	指　标		试验方法
	优级品	一级品	
外观	透明液体，无不溶水及机械杂质		目测①
颜色（Hazen 单位，铂-钴色号）不深于	20		GB/T 3143
密度（20℃）/（g/cm³）	0.865～0.868		GB/T 2013
苯含量/%（质量分数）　≤	0.05	0.1	
芳烃含量/%（质量分数）　≤	0.05	0.1	
非芳烃含量/%（质量分数）　≤	0.2	0.25	
酸洗比色	酸层颜色不深于 1000mL 稀酸中含 0.2g 重铬酸钾的标准溶液		GB/T 2012
总硫含量/（mg/kg）　≤	2		SH/T 0253②
蒸发残余物/（mg/100mL）　≤	5		GB/T 3209
博士试验③	通过	—	SH/T 0174
中性试验	中性		GB/T 1816

① 20℃±3℃下目测，对机械杂质有争议时，用 GB/T 511 方法进行测定，应为无。
② 允许用 SH/T 0252 方法测定，有争议时以 SH/T 0253 方法为准。
③ 博士试验指芳烃和轻质石油产品硫醇定性试验法。

　　该技术通过两步实现甲苯的生产。首先将双戊烯催化脱氢异构成对异丙基甲苯，催化剂为沸石-金属双功能复合物。转化过程在常压、低温（≤300℃）下进行，对异丙基甲苯收率可达 50% 以上。然后对异丙基甲苯裂解制取甲苯，催化剂为沸石型复合物，裂解反应在常压、中温（300～500℃）下实现，对异丙基甲苯的转化率可达 90% 以上，收率可达 80% 以上。考虑中间分离因素，两步过程的总收率可达 35% 以上。

　　该技术的特点是：操作条件温和，原料和产品均对生态友好，易于生产推广；产品适用于食品、化妆品等精细品的生产，具有较高的附加值，投产后能快速回收成本，获得较高的利润，因而也适合于各种规模的投资开发。

　　4. 相关事故　　中石油吉化公司双苯厂爆炸

　　2005 年 11 月 13 日下午，吉林。出租车司机赵某的车子在清源大桥桥头附近等红灯。就在这时候，她突然听到了咕咚一声闷响，紧接着又是一声闷响。大地剧烈地颤抖着。赵师傅的车上坐着四个吉化的职工。这个时候他们并不知道，中石油吉林石化分公司双苯厂发生了爆炸。这是 2005 年 11 月 13 日 13 时 45 分左右发生的事情。爆炸产生的巨大气浪，震碎了附近很多工厂和居民住宅的玻璃。黑黄色带刺鼻气味的浓烟像蘑菇一样，在双苯厂的上空升起。

　　吉丰农药与双苯厂只有一墙之隔，是这次事故中受波及最大的单位之一，有 1 人在爆炸事故中死亡。

　　正在上课的北华大学吉林化工学院的学生，被突然传来的爆炸声吓傻了。大约在 15 时左右，学校全体师生接到通知迅速向江南方向转移。据不完全统计，北华大学吉林化工学院等学校和附近的家属，有近 4.2 万人被转移。

　　灾难突然降临吉林。截至记者发稿时，根据有关部门统计，这次事故造成了至少 70 多人受伤，5 人死亡和 1 人失踪。

　　事故发生后，吉林省副省长、吉林市委书记矫正中，省长助理、市长徐建一等领导迅速赶到现场，组织抢险。吉林石化公司迅速启动消防应急预案，切断各装置间物料供应。

公安消防支队四中队与吉化公司消防支队接到报警后，第一时间赶到现场。但因现场形势危急，15 时许救火指挥部经研究决定，除少量官兵暂时留守稳定火势外，其余官兵暂时撤离现场。16 时 40 分左右，现场火势逐渐减小，吉林市公安消防支队 8 辆泡沫消防车组成救火突击队返回火场，实施第一次灭火扑救。

11 月 13 日当日，吉林市委、市政府号召疏散的居民投亲靠友，并动员全市的宾馆、旅店、商业企业等接纳疏散者。吉林市很多出租车免费帮助人员疏散。

经过十几个小时的奋战，11 月 14 日凌晨 4 点左右，大火被扑灭。

在事故发生的两三天后，前来医院咨询的群众，陆续不断。他们最担心的是，灾难之后，是否仍可能发生中毒污染事件。

11 月 17 日，由吉林省安全生产监督管理局牵头的调查组查明了"11·13"双苯厂爆炸事故的直接原因。事故调查组专家组认为：该事故的直接原因是由于当班操作工停车时，疏忽大意，未将应关闭的阀门及时关闭，误操作导致进料系统温度超高，长时间后引起爆裂，随之空气被抽入负压操作的 T101 塔，引起 T101 塔、T102 塔发生爆炸，随后致使与两塔相连的两台硝基苯储罐及附属设备相继爆炸，随着爆炸现场火势增强，引发装置区内的两台硝酸储罐爆炸，并导致与该车间相邻的 55 号罐区内的一台硝基苯储罐、两台苯储罐发生燃烧。

对于事故可能造成的环境污染和影响，吉化公司党委副书记、副总经理邹海峰在 13 日深夜召开的新闻发布会上说，爆炸发生后他们对大气污染情况进行了实时监测，结果表明没有造成大气有毒污染。

吉林省和中石油吉化公司都没有公布爆炸是否对松花江江水造成污染。直到 21 日哈尔滨宣布因担心水源受到污染全市停水时，相关信息才逐步为外界所知。但是中石油集团 25 日在其网站上发布的消息称，"11·13"事故发生后，中国石油天然气集团公司派出工作组和专家组当天赶赴现场，"采取措施最大限度减少污染物排放，对入江排水口进行实时监测。"

11 月 23 日，国家环保总局通报称，14 日 10 时，吉化公司东 10 号线入江口水样中苯、苯胺、硝基苯、二甲苯等主要污染物指标均超过国家规定标准。11 月 20 日 16 时污染团到达黑龙江和吉林交界的肇源段时，硝基苯开始超标，最大超标倍数为 29.1 倍，污染带长约 80 千米，持续时间约 40 小时。

11 月 24 日，国家环保总局副局长张力军在国务院新闻办举行的发布会上确认，事故属于重大环境污染事件。

根据有关媒体的报道，这已是中石油吉化公司最近几年来发生的第三起爆炸事故。

2001 年 10 月 8 日，中石油吉林石化公司双苯厂苯酚车间发生爆炸火灾，附近储量达 3.1 万立方米的 21 个苯罐和储量 240 立方米的氢罐受到严重威胁。消防官兵连续奋战 3 个多小时，在两名"敢死队员"6 次冲进火海，关掉阀门断料后，终将大火扑灭。

2004 年 12 月 30 日 14 时 20 分左右，吉化股份有限公司 102 厂合成气车间发生爆炸，造成 3 名现场工人死亡，9 人受伤。

事故发生前的 9 月份，中石油吉化公司刚刚通过了国家环境友好企业的初步考核，并在环保部门公示。公示称，"该企业坚持可持续发展方针……使企业走向增产不增污甚至减污的良性发展轨道，减轻了对松花江的污染。"

【思考与练习】

1. 思考题

(1) 内标法与标准加入法有何异同？能用内标法分析的样品可否用标准加入法进行分析测定？能用标

准加入法分析的样品可否用内标法进行分析测定？若可以，请举例说明。若不可以，请说明原因。

（2）气相色谱是如何实现性质接近混合物的分离的？

（3）请根据上述两个实例分析出现事故的原因，说明怎样才能预防？出现后应当选择什么样的灭火器？为什么？

2. 操作练习

（1）在开放实训室内完成水样中微量醇类的分析。

（2）设计用标准加入法测定市售苯试剂纯度的分析方案，并在开放实训室内完成相关操作。

3. 习题

（1）在某条件下分析含有二氯乙烷、二溴乙烷及四乙基铅等组分和其他杂质的乙基液试样，分析时只要求对二氯乙烷、二溴乙烷及四乙基铅进行定性定量分析。此时可采用内标法对主要组分进行定量分析。若选用甲苯为内标物，甲苯与样品的质量配比为1:10。实验测得各组分的峰面积如下：

项　目	组　分			
	二氯乙烷	二溴乙烷	四乙基铅	甲苯
相对校正因子 f'_{im}	1.00	1.65	1.75	0.87
峰面积 A/mm^2	1.40	0.91	2.68	0.92

试计算各组分的质量分数。

（2）测定无水乙醇中微量水的含量时，准确量取待测无水乙醇100mL（79.37g），再用减量法加入无水甲醇0.2572g，混合均匀，在一定色谱条件下，测得的数据如下表所示：

组分	h/cm	$w_{1/2}/\text{cm}$
水	4.60	0.130
甲醇	4.30	0.187

已知，水和甲醇的相对质量校正因子分别为0.70与0.75。问无水乙醇中水的质量分数是多少？

（3）用内标法测定环氧丙烷中的水分含量时，称取0.0115g甲醇（内标物），加到2.2679g样品中，测得水分与甲醇的色谱峰峰高分别为148.8mm和172.3mm。水和甲醇的相对质量校正因子分别为0.70和0.75，试计算环氧丙烷中水分的质量分数？

（4）测定二甲苯氧化母液中二甲苯的含量时，由于母液中除二甲苯外，还有溶剂和少量甲苯、甲酸，在分析二甲苯的色谱条件下不能流出色谱柱，所以常用内标法进行测定，以正壬烷作内标物。称取试样1.528g，加入内标物0.147g，测得色谱数据如下表所示：

组分	A/cm^2	f'_m	组分	A/cm^2	f'_m
正壬烷	90	1.14	间二甲苯	120	1.08
乙苯	70	1.09	邻二甲苯	80	1.10
对二甲苯	95	1.12			

计算母液中乙苯和二甲苯各异构体的质量分数。

（5）分析燕麦敌1号样品中燕麦敌含量时，采用内标法，以正十八烷为内标物。称取燕麦敌样品8.12g，加入内标物1.88g，色谱分析测得峰面积为 $A_{燕麦敌}=68.0\text{mm}^2$，$A_{正十八烷}=87.0\text{mm}^2$。已知燕麦敌以正十八烷为标准的相对质量校正因子为2.40。求样品中燕麦敌的质量分数？

（6）测定冰醋酸的含水量时，内标物为甲醇，质量为0.4896g，冰醋酸质量为2.16g，用热导池检测器测定，其色谱图中水峰峰高为16.30cm，半峰宽为0.159cm，甲醇峰峰高为14.40cm，半峰宽为0.239cm。试计算该冰醋酸的含水量（分别以峰高及峰面积质量校正因子计算其含量）。已知水和甲醇的峰面积相对质量校正因子分别为0.70和0.75，水和甲醇的峰高相对质量校正因子分别为0.224和0.340。

（7）测定曼陀罗酊含醇量时，①配制标准溶液：准确吸取无水乙醇5.00mL及正丙醇（内标物）5.00mL，置于100mL容量瓶中，加水稀释至刻度，摇匀；②配制试样溶液：准确吸取试样10.00mL及正丙醇5.00mL，置于100mL容量瓶中，用水稀释至刻度，摇匀；③标准溶液与试样溶液分别进样三次，每次4~6μL，测得其峰高比的平均值为13.3cm/6.1cm和11.4cm/6.3cm。试计算曼陀罗酊中乙醇的含量。

（8）请翻译下列文字与图片，并进一步学习气相色谱仪的检测器与FID检测器。

Need：Sensitive （10^{-8}～10^{-15} g solute/s）

Operate at high $T(0 \sim 400\,℃)$

Stable and reproducible

Linear response

Desire：Wide dynamic range

 Fast response

 Simple (reliable)

 Nondestructive

 Uniform response to all analytes

Flame Ionization Detector (FID)

Rugged

Sensitive (10^{-13} g/s)

Wide dynamic range (10^7)

Signal depends on C atoms in organic analyte—mass sensitive not concentration sensitive

Weakly sensitive to carbonyl, amine, alcohol, amine groups

Not sensitive to non-combustibles—H_2O, CO_2, SO_2, NO_x

Destructive

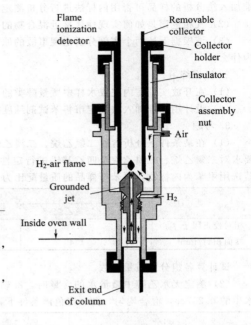

任务6　气相色谱法分离原理

【能力目标】

能针对任务3～任务5中的分析对象，描述样品中各组分的分离过程。

【任务分析】

任务：气相色谱是如何完成性质接近混合物的分离的？

通过前面几次课程学习，可知采用气相色谱分析法可以完成性质接近的混合物的分离，并最终获取相应定性定量结果。那么，气相色谱是如何完成性质接近混合物的分离的？

根据经验，大家可以对以下3种现象进行分析归纳：

① 运动员在同一起跑线起跑，却在不同时间到达终点；

② 不同的人逛同一条街，有的人需3h，有的人却只要15min；

③ 用筛子可以使不同直径的颗粒得到较好的分离。

上述这3种现象均是与分离相关的。实际上，上述3个例子的核心部分均能构成不同类型的色谱的分离过程：

① 基于速度不同；

② 基于商店对人的吸引力；

③ 基于分子直径与筛孔的相对大小。

【技术知识】

1. 茨维特实验及色谱法定义

（1）茨维特实验

1906 年，俄国植物学家茨维特（M. S. Tswett）在研究植物色素的过程中，做了一个经典的实验：在一根玻璃管的狭小一端塞上一小团棉花，在管中填充沉淀碳酸钙，这就形成了一个吸附柱，如图 1-67 所示。然后将其与吸滤瓶连接，使绿色植物叶子的石油醚抽取液自柱中通过。结果植物叶子中的几种色素便在玻璃柱上展开：留在最上面的是两种叶绿素；绿色层下面接着叶黄质；随着溶剂跑到吸附层最下层的是黄色的胡萝卜素。

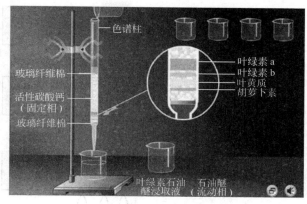

图 1-67　茨维特实验

如此则吸附柱成了一个有规则的、与光谱相似的色层。接着他用纯溶剂淋洗，使柱中各层进一步展开，达到清晰的分离。然后把该潮湿的吸附柱从玻璃管中推出，依色层的位置用小刀切开，于是各种色素就得以分离。再用醇为溶剂将它们分别溶下，即得到了各成分的纯溶液。

（2）色谱法定义

茨维特在他的原始论文中，把上述分离方法叫做色谱法（chromatography），把填充 $CaCO_3$ 的玻璃柱管叫做色谱柱（column），把其中的具有大表面积的 $CaCO_3$ 固体颗粒称为固定相（stationary phase），把推动被分离的组分（色素）流过固定相的惰性流体（上述实验用的是石油醚）称为流动相（mobile phase），把柱中出现的有颜色的色带叫做色谱图（chromatogram）。

色谱分析法实质上是一种物理化学分离方法，即利用不同物质在两相（固定相和流动相）中具有不同的分配系数（或吸附系数），当两相做相对运动时，这些物质在两相中反复多次分配（即组分在两相之间进行反复多次的吸附、脱附或溶解、挥发过程），从而使各物质得到完全分离。

2. 色谱分离过程示意图及典型问题

图 1-68 显示了色谱分离过程的示意图。

（1）问题：不同组分在色谱柱中为什么呈现不同的运行速度？

因为固定相对不同组分有不同的吸附力，吸附力强的组分难以被流动相冲洗出色谱柱，故运行速度慢，运行时间长。反之，吸附力弱的组分则容易被流动相冲洗出色谱柱，故运行速度快，运行时间短。

同样的道理，若固定相呈液体状态，则不同组分呈现不同运行速度则是因为固定液对不同组分有不同的溶解能力，溶解性强的组分难以挥发至流动相中，故其在色谱柱中运行速度慢，运行时间长。反之，溶解性弱的组分则容易挥发至流动相中，故其在色谱柱中运行速度快，运行时间短。

（2）问题：吸附与脱附是怎么回事？

吸附作用是指各种气体、蒸气以及溶液中的溶质被吸着在固体或液体物质表面上的作用。具有吸附性的物质叫做吸附剂，被吸附的物质叫吸附质。吸附作用可分为物理吸附和化学吸附。

脱附作用正好与吸附作用相反，是指吸着在固体或液体物质表面上的物质在一定的作用下离开原表面的过程。

（3）问题：什么是溶解过程？什么是挥发过程？

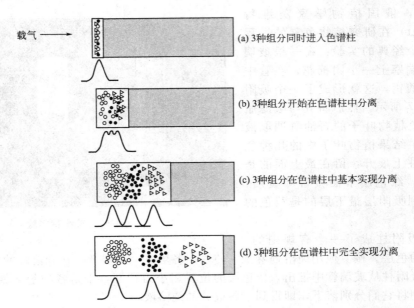

载气 →

(a) 3种组分同时进入色谱柱

(b) 3种组分开始在色谱柱中分离

(c) 3种组分在色谱柱中基本实现分离

(d) 3种组分在色谱柱中完全实现分离

图 1-68 色谱分离过程示意图

溶解过程是指气态或液态组分进入固定液的过程，而挥发过程则是指组分离开固定液回到气态或液态流动相的过程。

（4）问题：何谓分配系数？什么是分配比？它们在色谱分离过程中有什么作用？

① 分配系数（K）。平衡状态时，组分在固定相与流动相中的浓度比。如在给定柱温下组分在流动相与固定相间的分配达到平衡时，对于气-固色谱，组分的分配系数为：

$$K = \frac{每平方米吸附剂表面所吸附的组分量}{柱温及柱平均压力下每毫升载气所含组分量}$$

对于气-液色谱，分配系数为：

$$K = \frac{每毫升固定液中所溶解的组分量}{柱温及柱平均压力下每毫升载气所含组分量} = \frac{C_L}{C_G}$$

式中，C_L 与 C_G 分别为组分在固定液与载气中的浓度。

② 容量因子（k）。又称分配比、容量比，指组分在固定相和流动相中分配量（质量、体积、物质的量）之比。

$$k = \frac{组分在固定相中的质量}{组分在流动相中的质量}$$

两组分分配系数不同，则在色谱柱中有不同的保留值，因而就以不同的速度先后流出色谱柱，从而达到分离。

组分分子结构不同，组分性质不同，则相应的分配系数也不同，这是色谱分离的基础。

3. 色谱法的分类

① 按固定相和流动相所处的状态分类，见表 1-16。

表 1-16 按两相所处状态分的色谱法分类

流动相	总　称	固定相	色谱名称
气体	气相色谱（GC）	固体	气-固色谱（GSC）
		液体	气-液色谱（GLC）
液体	液相色谱（LC）	固体	液-固色谱（LSC）
		液体	液-液色谱（LLC）

② 按固定相性质和操作方式分类，见表 1-17。

表 1-17　按固定相性质和操作方式分的色谱法分类

固定相形式	柱		纸	薄层板
	填充柱	开口管柱		
固定相性质	在玻璃或不锈钢柱管内填充固体吸附剂或涂渍在惰性载体上的固定液	在弹性石英玻璃或玻璃毛细管内壁附有吸附剂薄层或涂渍固定液等	具有多孔和强渗透能力的滤纸或纤维素薄膜	在玻璃板上涂有硅胶 G 薄层
操作方式	液体或气体流动相从柱头向柱尾连续不断地冲洗		液体流动相从滤纸一端向另一端扩散	液体流动相从薄层板一端向另一端扩散
名称	柱色谱		纸色谱	薄层色谱

③ 按色谱分离过程的物理化学原理分类，见表 1-18。

表 1-18　按分离过程的物理化学原理分的色谱法分类

名称	吸附色谱	分配色谱	离子交换色谱	凝胶色谱
原理	利用吸附剂对不同组分吸附性能的差别	利用固定液对不同组分分配性能差别	利用离子交换剂对不同离子亲和能力的差别	利用凝胶对不同组分分子的阻滞作用的差别
平衡常数	吸附系数 K_A	分配系数 K_P	选择性系数 K_S	渗透系数 K_{PF}
流动相为液体	液固吸附色谱	液液分配色谱	液相离子交换色谱	液相凝胶色谱
流动相为气体	气固吸附色谱	气液分配色谱		

目前，应用最广泛的是气相色谱法（gas chromatography，GC）和高效液相色谱法（high performance liquid chromatography，HPLC）。

【知识应用】

1. 利用所学知识描述丁醇异构体混合物在色谱柱中的分离过程。

要点：不同丁醇异构体化合物在固定相（PEG-20M）与流动相间的分配系数不同，溶解过程与挥发过程有差异，因此以不同的速度通过色谱柱，从而达到相互分离。

2. 利用所学知识描述甲苯试剂在色谱柱中的分离过程。

要点同 1。

3. 利用所学知识说明为什么测定丙酮试剂中的微量水分时选用 TCD 检测器，而不选用 FID 检测器。

要点：TCD 检测器是通用型检测器，只要待测组分与载气的热导率不同，即能被检测；而 FID 检测器是选择性检测器，要求待测组分必须在氢火焰的作用下生成相应碳正离子，否则就不能被检测。水中不含有碳元素，也无法在氢火焰的作用下生成相应碳正离子，因此不能被 FID 检测器所响应。

【知识拓展】

1. 色谱法发展历史

茨维特发现他的色谱法之后的 20 多年里，几乎无人问津这一技术。到了 1931 年，德籍奥地利化学家库恩（R. Kuhn）利用茨维特的方法在纤维状氧化铝和碳酸钙的吸附柱上将过去一个世纪以来公认为单一的结晶状胡萝卜素分离成胡萝卜素 a 和胡萝卜素 b 两个同分异构体，并由所取得的纯胡萝卜素确定出其分子式。随后他还发现了八种新的类胡萝卜素，并把它们制成纯品，进行了结构分析。同年，库恩又把注意力集中在维生素的研究上，确定了维生素 A 的结构。1933 年，库恩从 35000L 脱脂牛奶中分离出 1g 核黄素（即维生素 B_2），制得结晶，并测定了它的结构。此外，他还用色谱法从蛋黄中分离出了叶黄素；还曾把腌鱼腐败细菌中所含的红色类胡萝卜素确定离析出来并制成结晶。

1938 年，库恩因在维生素和胡萝卜素的离析与结构分析中取得了重大研究成果被授予诺贝尔化学奖。从此色谱法开始为人们所重视，迅速为各国科学家们所注目，广泛被采用。此后，相继出现了各种色谱方法（见表 1-19）。现在的色谱分析已经失去颜色的含义，只是沿用色谱这个名词。

表 1-19　色谱法的发展历史

年代	发明者	发明的色谱方法或重要应用
1906	Tswett	用碳酸钙作吸附剂分离植物色素。最先提出色谱概念
1931	Kuhn,Lederer	用氧化铝和碳酸钙分离 α-、β 和 γ-胡萝卜素，使色谱法开始为人们所重视
1938	Izmailov,Shraiber	最先使用薄层色谱法
1938	Taylor,Uray	用离子交换色谱法分离了锂和钾的同位素
1941	Martin,Synge	提出色谱塔板理论；发明液-液分配色谱；预言了气体可作为流动相（即气相色谱）
1944	Consden 等	发明了纸色谱
1949	Macllean	在氧化铝中加入淀粉黏合剂制作薄层板，使薄层色谱进入实用阶段
1952	Martin,James	从理论和实践方面完善了气-液分配色谱法
1956	Van Deemter 等	提出色谱速率理论，并应用于气相色谱
1957	Stein 和 Morre	发明基于离子交换色谱的氨基酸分析专用仪器
1958	Golay	发明毛细管柱气相色谱
1959	Porath,Flodin	发表凝胶过滤色谱的报告
1964	Moore	发明凝胶渗透色谱
1965	Giddings	发展了色谱理论，为色谱学的发展奠定了理论基础
1975	Small	发明了以离子交换剂为固定相、强电解质为流动相，采用抑制型电导检测的新型离子色谱法
1981	Jorgenson 等	创立了毛细管电泳法

2. ECD 检测器

（1）概述

电子捕获检测器（ECD）也是一种离子化检测器，它可以与氢火焰共用一个放大器。它的应用仅次于热导池检测器和氢火焰离子化检测器，是一种具有选择性的高灵敏度检测器。ECD 仅对具有电负性的物质，如含有卤素、硫、磷、氧、氮等的物质有响应信号，物质的电负性愈强，检测器的灵敏度愈高。ECD 特别适用于分析多卤化物、多环芳烃、金属离子的有机螯合物，还广泛应用于农药、大气及水质污染的检测，但是 ECD 对无电负性的烃类则不适用。

（2）结构

电子捕获检测器的结构如图 1-69 所示。电子捕获检测器的主体是电离室，目前广泛采用的是圆筒状同轴电极结构。阳极是外径约 2mm 的铜管或不锈钢管，金属池体为阴极。离子室内壁装有 β 射线放射源，常用的

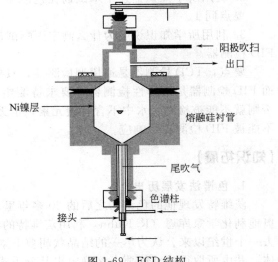

图 1-69　ECD 结构

（图注：阳极吹扫、出口、Ni镍层、熔融硅衬管、尾吹气、色谱柱、接头）

放射源是^{63}Ni。在阴极和阳极间施加一直流或脉冲极化电压。载气用 N$_2$ 或 Ar。

（3）检测原理

当载气（N$_2$）从色谱柱流出进入检测器时，放射源放射出的 β 射线，使载气电离，产生正离子及低能量电子：

$$N_2 \xrightarrow{\beta 射线} N_2^+ + e$$

这些带电粒子在外电场作用下向两电极定向流动，形成了约为 10^{-8}A 的离子流，即为检测器基流（图 1-70）。

当电负性物质 AB 进入离子室时，因为 AB 有较强的电负性，可以捕获低能量的电子，而形成负离子，并释放出能量。电子捕获反应如下：

$$AB + e \longrightarrow AB^- + E$$

式中，E 为反应释放的能量。

电子捕获反应中生成的负离子 AB$^-$ 与载气的正离子 N$_2^+$ 复合生成中性分子。反应式为：

$$AB^- + N_2^+ \longrightarrow N_2 + AB$$

由于电子捕获和正负离子的复合，使电极间电子数和离子数目减少，致使基流降低，产生了样品的检测信号。由于被测样品捕获电子后降低了基流，所以产生的电信号是负峰（图1-71），负峰的大小与样品的浓度成正比，这正是 ECD 的定量基础。实际过程中，常可通过改变极性使负峰变为正峰。

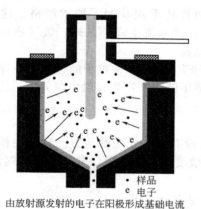

样品
e 电子
由放射源发射的电子在阳极形成基础电流

图 1-70　ECD 基流的形成

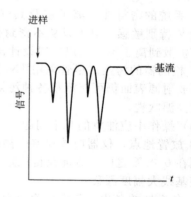

图 1-71　ECD 产生的色谱图

（4）性能特征及应用

ECD 是一种灵敏度高、选择性强的检测器。ECD 只对具有电负性的物质，如含 S、P、卤素的化合物，金属有机物及含羰基、硝基、共轭双键的化合物有输出信号，而对电负性很小的化合物，如烃类化合物等，只有很小或没有输出信号。ECD 对那些电负性大的物质检测限可达 $10^{-12} \sim 10^{-14}$g，所以特别适合于分析痕量电负性化合物。虽然 ECD 的线性范围较窄，仅有 10^4 左右，但 ECD 仍然被广泛用于生物、医药、农药、环保、金属螯合物及气象追踪等领域。

（5）操作参数的选择

ECD 是最难操作的常用检测器中之一。它的性能几乎和所有操作参数都有关系。

基流对 ECD 极为重要。基流的大小和变化直接说明了 ECD 的工作是否正常。基流的大小依赖于检测器和分析条件两大类的所有参数，包括：检测器的结构尺寸；采用放射源的种类；载气的种类、纯度和流速；检测器温度和稳定性；色谱柱的种类；检测器和电极与电子部件连线的绝缘电阻；系统的密封性；检测器的污染程度；电场的供电方法等。

① 载气的种类、纯度和流速。ECD 用 N_2 作载气最方便，基流也较大，但线性略差。若改用 Ar、He 作载气比 N_2 能得到更好的特性，但通常需加入 5%～10% 的甲烷（其浓度不要求很准确），使室中 He、Ar 的亚稳态分子和甲烷分子结合而除去，否则，在 ECD 工作中将出现非捕获效应。另外，甲烷和电子之间的弹性碰撞，可使电子的能量降低，有利于电子捕获。因混合器制备比较麻烦，实际操作很少使用。H_2 也可作载气，但基流小、灵敏度低。

基流大小还依赖于载气中 O_2 和 H_2O 的含量。通常要求载气采用高纯氮，纯度在 99.9998% 以上。

载气流速与基流关系是：当载气流速增加时，基流也随之增加。当增大到一定流速后，基流基本保持不变。当基流保持常数时，所对应的流速不是常数，它和 ECD 结构、检测器温度、极化电压等操作参数有关。

② 检测器的温度和稳定性。随着检测器温度的升高，载气的密度将变小。一般从室温到 300℃，基流将下降 20% 左右。在实际操作中，由于有污染物质的存在，它们在不同温度时对基流的影响不完全相同，因此，在操作时，有时可能遇到温度升高，基流增加的现象。为了避免温度波动对基流的影响，检测器的温度波动必须保持在 ±0.1℃ 之内。

③ 色谱柱的种类。由于 ECD 是选择性检测器，它对极性固定液要比非极性固定液敏感，故最好选用非极性固定液。质量百分比最好低于 5%。为减轻固定液流失或分解产物的影响，它要求柱温的稳定性小于 ±0.1℃，通常固定相的最高使用温度比常规检测器低 50～100℃。

④ 系统的密封性。离子室及其气路系统的密封性比常规检测器要求严格。这是因为 ECD 对氧特别敏感。氧可以从不密封处扩散进气路，其基流下降。另外，氧气还可能从排气口反扩散到离子室。所以一般设计排气口应又细又长。

⑤ 检测器的污染。尽管采用 ^{63}Ni 源可工作在 350℃ 的高温。β 粒子的强度大，穿透能力强，但放射源表面仍可能沉积各种污染物使基流明显下降，并产生接触电位效应。污染后应长时间高温吹洗。

（6）操作中应注意的几个问题

① 放置地点。仪器应放在室内温度不易突变或没有强烈气流的地方。只有在检测器温度控制在 0.01℃ 之内，方能获得稳定的基线。高灵敏度下工作，房门开闭引起的气流波动，都会使基线大幅度漂移。

② 色谱柱的老化。色谱柱除前面的要求外，还要充分老化。

③ 进样垫的老化。ECD 的进样垫除尽量使用耐高温的进样垫外，使用前通常在 250℃ 下老化 16h。老化后的进样垫寿命会减少，为了防止漏气，需要经常更换。

④ 排气。^{63}Ni 本身是高熔点金属，在 350℃ 下工作不会有金属蒸气。但 ECD 对样品只检测不破坏，而所检测的大部分样品对人体是有害的，因此为了防止对室内空气的污染，应把所排的尾气通往室外。

⑤ 最大进样量和样品的纯度。进样量太大时不仅会引起检测器饱和，有时反而会产生一个小的正峰，恢复正常工作状态有时长达几小时。当样品很浓时需要稀释，可增加补充气流量来减少进样量；另外，在分析某些天然样品时，由于污染物质繁多，事先必须经过净化处理，否则造成污染很难清除。

⑥ 溶剂和设备。为了消除电负性化合物对色谱系统的污染，最好使用烷烃、苯或甲苯而不要用卤化物、丙酮等作溶剂。操作的有关设备如注射器、柱、样品瓶等都不要接触电负性溶剂，最好有 ECD 的专用设备。

【思考与练习】

1. 对任务 3～任务 5 的色谱分离过程进行解释。

2. 课外自学教师提供的学习资源（网络、报刊、杂志、书籍等），并按教师的要求进行归纳、总结。

3. 今有一正己烷溶液，其中含有微量苯系物，你能设计用气相色谱法分析该溶液的方案吗？要求各苯系物与溶剂间能完全分离。

4. 习题

请翻译下列文字与图片，并进一步学习气相色谱分析法的分离理论。

Adjusting Migration Rates：Analyte A in equilibrium with two phases.

$$A_{mobile} \Longleftrightarrow A_{stationary}$$

partition ratio：$K = \dfrac{c_{stationary}}{c_{mobile}}$

We know elution time is related to amount of time in mobile phase can we quantify this? Retention Time t_R：

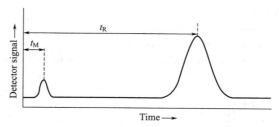

t_R—retention time for retained species

average migration rate $\overline{V} = \dfrac{L}{t_R}$ (L—column length)

t_M—time for unretained species (dead time)，same rate as mobile phase molecules.

average rate migration $u = \dfrac{L}{t_M}$

Ideally，t_R independent of volume injected，produces Gaussian peaks.

Capacity factor $K'_A = K_A (V_S/V_M)$ [unitless for analyte A]

$$\overline{v} = u \times \dfrac{1}{1 + K'_A}$$

How is K'_A related to t_R and t_M?

$$\dfrac{L}{t_R} = \dfrac{L}{t_M} \times \dfrac{1}{1 + K'_A}$$

$$K'_A = \dfrac{t_R - t_M}{t_M}$$

When K'_A is ≤1.0，separation is poor；

When K'_A is >30，separation is slow；

When K'_A is 2~10，separation is optimum。

Column Efficiency：

$$N = \dfrac{L}{H}$$

（N—number of plates；L—length of column；H—height of 1 theoretical plate)

Plates are only theoretical - column efficiency increases with N.

Van Deemter equation：

$$H = A + \dfrac{B}{u} + Cu = A + \dfrac{B}{u} + (C_S + C_M)u$$

（u—linear velocity mobile phase cm/s；A—multipath term；B—longitudinal diffusion term；

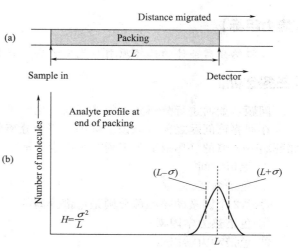

C—mass transfer term for mobile and stationary phases)

    A—Multipath term:

Molecules move through different paths.

Larger difference in pathlengths for larger particles.

At low flow rates, diffusion allows particles to switch between paths quickly and reduces variation in transit time.

    B—Longitudinal Diffusion term:

    Diffusion from zone (front and tail).

    Proportional to mobile phase diffusion coefficient.

    Inversely proportional to flow rate -high flow, less time for diffusion.

    C—Mass Transfer Coefficients (C_S and C_M):

    C_S is rate for adsorption onto stationary phase.

    C_M is rate for analyte to desorb from stationary phase.

    Effect proportional to flow rate—at high flow rates less time to approach equilibrium.

van Deemter plot

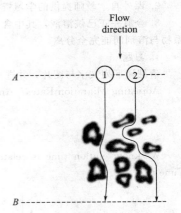

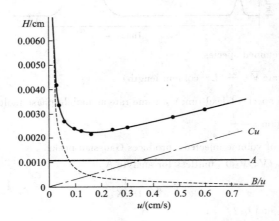

任务 7　分离条件的选择与优化

【能力目标】

能归纳分离条件的选择原则与优化方法，并能将其运用于实际问题的解决。

【任务分析】

问题：如何进行分离条件的选择与优化？

在回答该问题之前，应该了解如何评价分离的好坏？也即评价指标是什么？一般来说，相邻组分分离的好坏取决于下列 2 个因素，即：

①　保留时间；

②　色谱峰宽。

而这 2 个因素的核心部分则是色谱分离的：

①　色谱热力学因素；

②　色谱动力学因素。

明确评价和影响性质接近混合物色谱分离好坏的指标与因素后，才能选择和优化相应的色谱操作条件。

【实训】

1. 学生实训

（1）任务

今有一正己烷溶液，其中含有微量苯系物，如何设计用气相色谱法分析该溶液的方案？要求各苯系物与溶剂间能完全分离。

（2）柱温的选择操作❶

① 测定不同柱温下样品中微量苯系物的分离情况。如对于 DNP 柱（最高温度 130℃），柱温可设置为 50℃、60℃、70℃、90℃和 110℃。

第1组，最佳值为　　　　℃；

第2组，最佳值为　　　　℃；

第3组，最佳值为　　　　℃；

第4组，最佳值为　　　　℃；

第5组，最佳值为　　　　℃；

第6组，最佳值为　　　　℃。

② 总结柱温选择一般规律。原则是：使物质既分离完全，又不使峰形扩张、拖尾。一般规律：柱温一般选取各组分沸点平均值或稍低些。

③ 柱温选择的拓展与引申。

a. 若某水样中含有甲醇（沸点 65℃）、正丙醇（沸点 98℃）、正丁醇（沸点 118℃）、正戊醇（沸点 138℃）时，柱温该选择多少？

b. 当被分析组分的沸点范围很宽时，用同一柱温往往造成低沸点组分分离不好，而高沸点组分峰形扁平，此时采用程序升温的办法就能使高沸点及低沸点组分都能获得满意结果。

思考题：相应的升温程序应如何设置？

（3）载气种类的选择

载气种类的选择首先要考虑使用何种检测器。比如使用 TCD，选用氢气或氦气作载气，能提高灵敏度；使用 FID 则选用氮气作载气。

（4）载气流速的选择❷

① 请测定不同载气流量下样品中微量苯系物的分离情况。载气流量分别为 10mL/min、20mL/min、30mL/min、40mL/min、60mL/min、80mL/min，请用公式 $u=\dfrac{F}{60\pi r^2}$（F—载气流量，mL/min；r—气谱柱半径，cm）计算载气流速 u。

② 总结最佳载气流速。

第1组，最佳值为　　　　　　cm/s；

第2组，最佳值为　　　　　　cm/s；

第3组，最佳值为　　　　　　cm/s；

第4组，最佳值为　　　　　　cm/s；

第5组，最佳值为　　　　　　cm/s；

第6组，最佳值为　　　　　　cm/s。

③ 总结载气流速选择的一般规律。对一般填充色谱柱（内径 3～4mm）而言，常用载

---

❶　此时仪器其他操作条件为载气流量 35mL/min，检测器温度 140℃，汽化室温度 160℃，进样量 1μL。

❷　其他色谱操作条件同柱温的选择实训，但柱温选择实训最佳值。

气流速为 $40 \sim 60 \text{mL/min}$。

思考题：毛细管柱的最佳载气流速为多少？你应如何测定？

（5）实训过程注意事项

① 改变柱温和流速后，待仪器稳定后再进样；

② 为了保证峰宽测量的准确，应调整适当的峰宽参数；

③ 控制柱温的升温速率，切忌过快，以保持色谱柱的稳定性。

（6）职业素质训练

① 分析、处理所测结果，以锻炼个人的逻辑思维能力和判断能力。

② 选择与优化实际样品气相色谱分离条件，以培养个人分析解决实际问题的能力。

2. 相关知识

（1）分离度的概念

观察图 1-72 中的 4 个色谱分离图，并指出其中哪一个分离效果最佳？说出你的理由。

通过观察，可以发现相邻谱峰分离效果的优劣与下列 2 个因素有关：①保留值差值；②峰宽。

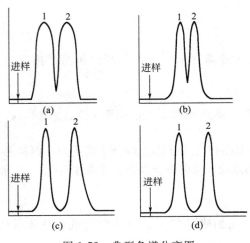

图 1-72 典型色谱分离图

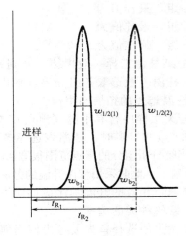

图 1-73 分离度图示

分离度 R 是色谱柱总分离效能指标（图 1-73），可定义为

$$R = \frac{t_{R_2} - t_{R_1}}{(w_{b_1} + w_{b_2})/2}$$

或

$$R = \frac{2(t_{R_2} - t_{R_1})}{1.699[w_{1/2(1)} + w_{1/2(2)}]}$$

R 值越大，两相邻组分分离越完全；

$R = 1.5$，两相邻组分分离程度为 99.7%；

$R = 1$，两相邻组分分离程度为 98%；

$R < 1$，两相邻色谱峰有明显重叠。

通常用 $R \geqslant 1.5$ 作为相邻两峰完全分离的指标。

（2）影响分离度 R 的因素。

① 保留值差值——色谱热力学因素。保留值差值反映了试样中各组分在两相间的分配情况；与各组分在两相间的分配系数有关；与各物质（组分、固定相、流动相）的分子结构与性质有关。

② 峰宽——色谱动力学因素。峰宽反映了试样中各组分在色谱柱中的运动情况；与各

组分在两相间的传质阻力有关。

【理论提升】

1. 定性分析

本次实训可采用标准物质对照定性或同系物碳数规律定性进行定性分析，具体方法自行设计。

2. 定量分析

本次实训建议选择"内标法"进行定量分析，内标物自行选择，具体操作过程自行设计，并在仪器上独立完成。

3. 色谱分离热力学因素

（1）分配系数 K

平衡状态时，组分在固定相与流动相中的浓度比称为分配系数。

两组分分配系数不同，则在色谱柱中有不同的保留值，因而就以不同的速度先后流出色谱柱，从而达到分离（图 1-74）。

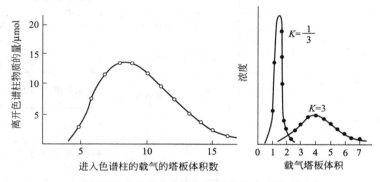

图 1-74　分配系数不同是色谱分离的前提

组分分子结构不同，组分性质不同，则相应的分配系数也不同，这是色谱分离的基础。

（2）固定相

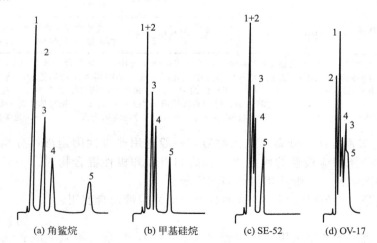

图 1-75　混合物在不同固定相上的分离

1—乙腈（强极性）；2—2-丙醇（质子受体）；3—1,2-二氯乙烷（弱极性）；4—三乙胺（质子受体）；5—正辛烷

① 气-固色谱：固体吸附剂，如氧化铝、硅胶、活性炭与分子筛。

② 气-液色谱：固定液（如 DNP、PEG-20M、SE-30 等）与载体（硅藻土白色载体、玻璃微球、氟载体等）。

a. 固定相种类的不同，直接影响到样品中各组分分离效果优劣（图 1-75）。

b. 固定相的选择一般按照"相似相溶原理"。

c. 常用固定液见表 1-20。

表 1-20　常用固定液

固定液名称	型号	相对极性[①]	最高使用温度/℃	溶剂	分析对象
角鲨烷	SQ	-1	150	乙醚、甲苯	气态烃、轻馏分液态烃
甲基硅油或甲基硅橡胶	SE-30 OV-101	+1	350 200	氯仿、甲苯	各种高沸点化合物
苯基(10%)甲基聚硅氧烷	OV-3	+1	350	丙酮、苯	
苯基(25%)甲基聚硅氧烷	OV-7	+2	300	丙酮、苯	各种高沸点化合物,对芳香族和极性化合物保留值增大 OV-17+QF-1 可分析含氯农药
苯基(50%)甲基聚硅氧烷	OV-17	+2	300	丙酮、苯	
苯基(60%)甲基聚硅氧烷	OV-22	+2	300	丙酮、苯	
三氟丙基(50%)甲基聚硅氧烷	QF-1 OV-210	+3	250	氯仿 二氯甲烷	含卤化合物、金属螯合物、甾类
β-氰乙基(25%)甲基聚硅氧烷	XE-60	+3	275	氯仿 二氯甲烷	苯酚、酚醚、芳胺、生物碱、甾类
聚乙二醇	PEG-20M	+4	225	丙酮、氯仿	选择性保留分离含 O、N 官能团及 O、N 杂环化合物
聚己二酸二乙二醇酯	DEGA	+4	250	丙酮、氯仿	分离 $C_1 \sim C_{24}$ 脂肪酸甲酯,甲酚异构体
聚丁二酸二乙二醇酯	DEGS	+4	220	丙酮、氯仿	分离饱和及不饱和脂肪酸酯,苯二甲酸酯异构体
1,2,3-三(2-氰乙氧基)丙烷	TCEP	+5	175	氯仿、甲醇	选择性保留低级含 O 化合物,伯、仲胺,不饱和烃、环烷烃等

① 在气液色谱中所使用的固定液已达 1000 多种，为了便于选择和使用，一般按固定液的"极性"大小进行分类。固定液极性是表示含有不同官能团的固定液，与分析组分中官能团及亚甲基间相互作用的能力。通常用相对极性（P）的大小来表示。这种表示方法规定：β,β-氧二丙腈的相对极性 $P=100$，角鲨烷的相对极性 $P=0$，其他固定液以此为标准通过实验测出它们的相对极性均在 0～100 之间。通常将相对极性值分为五级，每 20 个相对单位为一级，相对极性在 0～+1 间的为非极性固定液（亦可用"-1"表示非极性）；+2、+3 为中等极性固定液；+4、+5 为强极性固定液。

d. 固定液的选择方法。分离非极性物质，一般选用非极性固定液；分离极性物质，一般按极性强弱来选择相应极性的固定液；分离非极性和极性混合物时，一般选用极性固定液；能形成氢键的试样，一般选用氢键型固定液。

对于复杂组分，一般可选用两种或两种以上的固定液配合使用。

（3）流动相

流动相的种类主要考虑使用何种检测器？如 TCD，一般选用氢气或氦气作载气；FID，一般选用氮气或氩气作载气；ECD，一般选用氮气作载气。

其次考虑是否有利于提高柱效能和分析速度？选用相对分子质量大的载气（如 N_2）可以减小组分在气相中的扩散系数 D_g，提高柱效能。

4. 色谱分离动力学因素

色谱峰在分离过程中为什么会扩展？（图 1-76）影响因素主要有涡流扩散、分子扩散与传质阻力。

（1）涡流扩散

由于试样组分分子进入色谱柱碰到柱内填充颗粒时不得不改变流动方向，因而它们在气相中形成紊乱的类似"涡流"的流动（图 1-77）。组分分子所经过的路径长度不同，达到柱出口的时间也不同，因而引起色谱峰的扩张。这就是涡流扩散（亦称多路效应）。

$$A = 2\lambda d_p$$

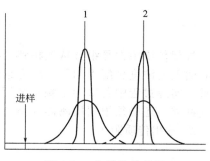

图 1-76　色谱峰的扩展

式中，d_p 为固定相的平均颗粒直径；λ 为固定相的填充不均匀因子。

显然，固定相颗粒直径 d_p 越小，填充越均匀，则 A 越小，有效塔板高度 H 越小，色谱柱的柱效 n 越高，因此涡流扩散所引起的色谱峰变宽现象减轻，色谱峰变窄。

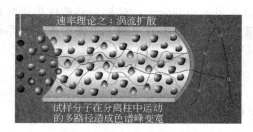

图 1-77　涡流扩散

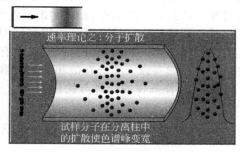

图 1-78　分子扩散

（2）分子扩散

组分进入色谱柱后，随载气向前移动，由于柱内存在浓度梯度，组分分子必然由高浓度向低浓度扩散（其扩散方向与载气运动方向一致），从而使峰扩张（图 1-78）。这就是分子扩散（亦称纵向扩散）。

$$B = 2\gamma D_g$$

式中，γ 为弯曲因子，它反映了固定相对分子扩散的阻碍程度，填充柱的 $\gamma < 1$，空心柱 $\gamma = 1$；D_g 为试样组分分子在气相中的扩散系数，cm^2/s，它随载气和组分的性质、温度、压力而变化。

实际过程中若加快载气流速，可以减少由于分子扩散而产生的色谱峰扩张。由于组分在气相中的扩散系数 D_g 近似地与载气的相对分子质量的平方根成反比，所以实际过程中使用相对分子质量大的载气可以减小分子扩散。

（3）传质阻力

传质阻力包括气相传质阻力 C_g 和液相传质阻力 C_l 两项（图 1-79），即

$$C = C_g + C_l$$

式中，C_g、C_l 分别为气相传质阻力系数和液相传质阻力系数。

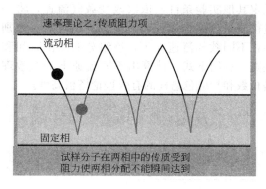

图 1-79　传质阻力

① 气相传质阻力。

$$C_g = \frac{0.01k}{(1+k)^2} \times \frac{d_f^2}{D_g}$$

气相传质阻力是组分从气相到气液界面间进行质量交换所受到的阻力，这个阻力会使柱横断面上的浓度分配不均匀。阻力越大，所需时间越长，浓度分配就越不均匀，峰扩散就越严重。实际过程中若采用小颗粒的固定相，以 D_g 较大的 H_2 或 He 作载气（当然，合适的载气种类，还必须根据检测器的类型选择），可以减少传质阻力，提高柱效。

② 液相传质阻力。

$$C_l = \frac{2}{3} \times \frac{k}{(1+k)^2} \times \frac{d_f^2}{D_l}$$

式中，d_f 为固定相液膜厚度；D_l 为组分在液相中的扩散系数。

液相传质阻力是指试样组分从固定相的气液界面到液相内部进行质量交换达到平衡后，又返回到气液界面时所受到的阻力。显然这个传质过程需要时间，而且在流动状态下分配平衡不能瞬间达到，其结果是进入液相的组分分子，因其在液相里有一定的停留时间，当它回到气相时，必然落后于原在气相中随载气向柱出口方向运动的分子，这样势必造成色谱峰扩张。实际过程中若采用液膜薄的固定液则有利于液相传质，但不宜过薄，否则会减少样品的容量，降低柱的寿命。组分在液相中的扩散系数 D_l 大，也有利于传质，减少峰扩张。

5. 分离操作条件的选择与优化方法

(1) 载气流速的选择

$$H = A + \frac{B}{u} + Cu \text{❶}$$

由图 1-80 分析，可知载气流速应当有一最佳值。

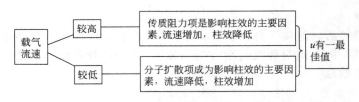

图 1-80　载气流速的选择

① $H\text{-}u$ 曲线的绘制。最佳载气流速一般通过实验来选择。方法是：选择好色谱柱和柱温后，固定其他实验条件，依次改变载气流速，将一定量待测组分纯物质注入色谱仪。出峰后，分别测出在不同载气流速 u 下，该组分的保留时间和峰底宽，利用下式，计算出不同流速下的有效理论塔板数和相应色谱柱的有效理论塔板高度。

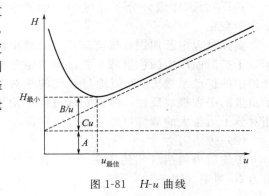

图 1-81　$H\text{-}u$ 曲线

$$n_{\text{有效}} = \frac{L}{H_{\text{有效}}} = 5.54 \left(\frac{t_R'}{w_{1/2}} \right)^2 = 16 \left(\frac{t_R'}{w_b} \right)^2$$

$$H = \frac{L}{n_{\text{有效}}}$$

❶　此为气相色谱速率理论中的范第姆特方程，详细内容见本任务后的【理论拓展】。

然后以载气流速 u 为横坐标，有效理论塔板高度 H 为纵坐标，绘制出 $H\text{-}u$ 曲线（图1-81）。

② 最佳载气流速的获取。曲线最低点处对应的塔板高度最小，因此对应载气的最佳线速 $u_{最佳}$，在最佳线速下操作可获得最高柱效。相应的载气流速为最佳载气流速。

③ 实际载气流速的选择。使用最佳流速虽然柱效高，但分析速度慢，因此实际工作中，为了加快分析速度，同时又不明显增加塔板高度的情况下，一般采用比 $u_{最佳}$ 稍大的流速进行测定。对一般色谱柱（内径 3～4mm）常用流速为 20～100mL/min。

（2）柱温的选择

柱温的选择依据见图1-82。

图 1-82　柱温的选择

一般规律：选取各组分沸点平均值或稍低些。

当被分析组分的沸点范围很宽时，用同一柱温往往造成低沸点组分分离不好，而高沸点组分峰形扁平，此时采用程序升温❶的办法就能使高沸点及低沸点组分都能获得满意结果。

（3）汽化室温度的选择

原则是保证样品汽化，同时不分解；一般比柱温高 30～70℃ 或比样品组分最高沸点高 30～50℃。

（4）检测器温度的选择

一般比柱温高 30～50℃。TCD 要求温度恒定；FID 要求温度大于 120℃。

（5）进样量的选择

进样量过大，色谱峰峰形不对称，峰变宽，R 变小，保留值发生变化；进样量太小，检测器灵敏度不够，不能检出。

对填充柱，液体进样量一般为 0.1～10μL，FID 的进样量应小于 1μL。

（6）进样技术

进样时，要求速度快，这样可以使样品在汽化室汽化后随载气以浓缩状态进入柱内，而不被载气所稀释，因而峰的原始宽度就窄，有利于分离。反之若进样缓慢，样品汽化后被载气稀释，使峰形变宽，并且不对称，既不利于分离也不利于定量。

为保证好的分离结果，为了使分析结果有较好的重现性，在直接进样时要注意以下操作要点。

① 用注射器取样时，应先用丙酮或乙醚抽洗 5～6 次后，再用被测试液抽洗 5～6 次，然后缓缓抽取一定量试液（稍多于需要量），此时若有空气带入注射器内，应先排除气泡后，再排去过量的试液，并用滤纸或擦镜纸吸去针杆处所沾的试液（千万勿吸去针头内的试液）。

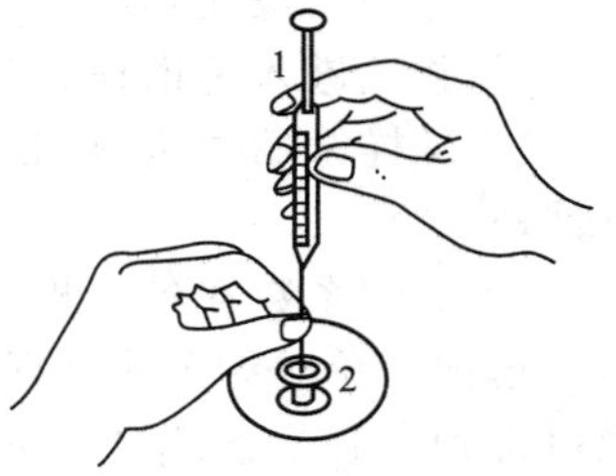

图 1-83　微量注射器进样姿势
1—微量注射器；2—进样口

❶　程序升温的知识在任务 8 有详细介绍。

② 取样后就立即进样，进样时要求注射器垂直于进样口，左手扶着针头防弯曲，右手拿注射器（图 1-83），迅速刺穿硅橡胶垫，平稳、敏捷地推进针筒（针头尽可能刺深一些，且深度一定，针头不能碰着汽化室内壁），用右手食指平稳、轻巧、迅速地将样品注入，完成后立即拔出。

③ 进样时要求操作稳当、连贯、迅速。进针位置及速度、针尖停留和拔出速度都会影响进样的重现性。一般进样相对误差为 2%～5%。

【开放性训练】

1. 任务

某水样，其中含有微量的甲醇、乙醇、正丙醇、正丁醇与正戊醇，现欲分别测定其中五种醇的质量分数。实训室的配置为一台 HP6890 气相色谱仪（含 FID、TCD、ECD）和五根不锈钢填充色谱柱（SE-30、OV-101、SE-54、OV-1701 与 PEG-20M，其规格均为 2m×ϕ3mm，80～100 目）。试根据上述条件选择合适的色谱柱、检测器、柱温、汽化室温度、检测器温度、载气种类与流速等色谱分离条件及合适的定量方法，并说明理由（已知甲醇、乙醇、正丙醇、正丁醇与正戊醇的沸点分别为 65℃、78℃、98℃、118℃和 138℃）。

2. 实训过程

（1）查阅相关资料，四人一组制订分析方案，讨论方案的可行性，与教师一起确定分析方案。

（2）学生按小组独立完成水样中醇类的分析检测任务，在完成过程中优化实训方案。

3. 总结

实训结束，学生按小组总结水样中醇类的分析检测过程，并编写相关小论文。

【理论拓展】

1. 塔板理论

塔板理论是 1941 年由马丁（Martin）和詹姆斯（James）提出的半经验式理论，他们将色谱分离技术比拟作一个蒸馏过程，即将连续的色谱过程看作是许多小段平衡过程的重复。

（1）塔板理论的基本假设

塔板理论把色谱柱比作一个分馏塔，这样色谱柱可由许多假想的塔板组成（即色谱柱可分成许多个小段），在每一小段（塔板）内，一部分空间为涂在载体上的液相占据，另一部分空间充满载气（气相），载气占据的空间称为板体积 ΔV。当欲分离的组分随载气进入色谱柱后，就在两相间进行分配。由于流动相在不停地移动，组分就在这些塔板间隔的气液两相间不断地达到分配平衡。塔板理论假设：

① 每一小段间隔内，气相平均组成与液相平均组成可以很快地达到分配平衡；

② 载气进入色谱柱，不是连续的而是脉动式的。每次进气为一个板体积；

③ 试样开始时都加在 0 号塔板上，且试样沿色谱柱方向的扩散（纵向扩散）可略而不计；

④ 分配系数在各塔板上是常数。

这样，单一组分进入色谱柱，在固定相和流动相之间经过多次分配平衡，流出色谱柱时便可得到一趋于正态分布的色谱峰，色谱峰上组分的最大浓度处所对应的流出时间或载气板体积即为该组分的保留时间或保留体积。若试样为多组分混合物，则经过很多次的平衡后，如果各组分的分配系数有差异，则在柱出口处出现最大浓度时所需的载气板体积数亦将不同。由于色谱柱的塔板数相当多，因此不同组分的分配系数只要有微小差异，就可能得到很好的分离效果。

（2）理论塔板数 n

在塔板理论中，我们把每一块塔板的高度，即组分在柱内达成一次分配平衡所需的柱长称为理论塔板高度，简称板高，用 H 表示。假设整个色谱柱是直的，则当色谱柱长为 L 时，所得理论塔板数 n 为：

$$n = \frac{L}{H} \tag{1-5}$$

显然，当色谱柱长 L 固定时，每次分配平衡需要的理论塔板高度 H 越小，则柱内理论塔板数 n 越多，组分在该柱内被分配于两相的次数就越多，柱效能就越高。

计算理论塔板数 n 的经验式为：

$$n = 5.54 \left(\frac{t_R}{w_{1/2}} \right)^2 = 16 \left(\frac{t_R}{w_b} \right)^2 \tag{1-6}$$

式中，n 为理论塔板数；t_R 是组分的保留时间；$w_{1/2}$ 是以时间为单位的半峰宽；w_b 是以时间为单位的峰底宽。

由式（1-6）可以看出，组分的保留时间越长，峰形越窄，则理论塔板数 n 越大。

（3）有效理论塔板数 $n_{有效}$

在实际应用中，常常出现计算出的 n 值很大，但色谱柱的实际分离效能并不高的现象。这是由于保留时间 t_R 中包括了死时间 t_M，而 t_M 不参加柱内的分配，即理论塔板数还未能真实地反映色谱柱的实际分离效能。为此，提出了以 t'_R 代替 t_R 计算所得到的有效理论塔板数 $n_{有效}$ 来衡量色谱柱的柱效能。计算公式为：

$$n_{有效} = \frac{L}{H_{有效}} = 5.54 \left(\frac{t'_R}{w_{1/2}} \right)^2 = 16 \left(\frac{t'_R}{w_b} \right)^2 \tag{1-7}$$

式中，$n_{有效}$ 是有效理论塔板数；$H_{有效}$ 是有效理论塔板高度；t'_R 是组分调整保留时间；$w_{1/2}$ 是以时间为单位的半峰宽；w_b 是以时间为单位的峰底宽。

由于同一根色谱柱对不同组分的柱效能是不一样的，因此在使用 $n_{有效}$ 或 $H_{有效}$ 表示柱效能时，除了应说明色谱条件外，还必须说明对什么组分而言。在比较不同色谱柱的柱效能时，应在同一色谱操作条件下，以同一种组分通过不同色谱柱，测定并计算不同色谱柱的 $n_{有效}$ 或 $H_{有效}$，然后再进行比较。

2. 速率理论

由于塔板理论的某些假设是不合理的，如分配平衡是瞬间完成的，溶质在色谱柱内运行是理想的（即不考虑扩散现象）等，以致塔板理论无法说明影响塔板高度的物理因素是什么，也不能解释为什么在不同的流速下测得不同的理论塔板数这一实验事实。但塔板理论提出的"塔板"概念是形象的，"理论塔板高度"的计算也是简便的，所得到的色谱流出曲线方程式是符合实验事实的。速率理论是在继承塔板理论的基础上得到发展的。它阐明了影响色谱峰展宽的物理化学因素，并指明了提高与改进色谱柱效率的方向。它为毛细管色谱柱的发展、高效液相色谱的发展起着指导性的作用。

在速率理论发展的进程中，首先由格雷科夫提出了影响色谱动力学过程的四个因素：在流动相内与流速方向一致的扩散、在流动相内的纵向扩展、在颗粒间的扩散和颗粒大小。到 1956 年，范第姆特（van Deemter）在物料（溶质）平衡理论模型的基础上提出了在色谱柱内溶质的分布用物料平衡偏微分方程式来表示，并且设定了柱内区带展宽是由于溶质在两相间的有效传质速率、溶质沿着流动相方向的扩展和流动相的流动性质造成的。从而得到偏微分方程式的近似解，也即速率理论方程式（亦称范第姆特方程式）：

$$H = A + \frac{B}{u} + Cu \tag{1-8}$$

式中，H 为塔板高度；u 为载气的线速度，cm/s；A 为涡流扩散项；B 为分子扩散项；C 为传质阻力项。

速率理论指出了影响柱效能的因素，为色谱分离操作条件的选择提供了理论指导。由范第姆特方程可以看出许多影响柱效能的因素彼此以对立关系存在，如流速加大分子扩散项影响减少，传质阻力项影响增大；温度升高有利于传质，但又加剧分子扩散的影响等。如何平衡这些矛盾的影响因素，使柱效能得以提高，必须在色谱分离操作条件的选择上下工夫。

【思考与练习】

1. 思考题

今有一市售白酒，欲检测其主要成分含量并评价其品质。你能设计相应分析方案并完成相关检测，评价其品质吗？

2. 操作练习

在开放实训室内完成水样中微量醇类的最佳条件的选择与优化。

3. 习题

(1) 怎样选择载气？载气为什么需要净化？如何净化？

(2) 一甲胺、二甲胺和三甲胺的沸点分别为 -6.7℃、7.4℃ 和 3.5℃，试推测它们的混合物在角鲨烷色谱柱和三乙醇胺色谱柱上各组分的流出顺序。

(3) 样品中有 a、b、c、d、e 和 f 六个组分，它们在同一根色谱柱上的分配系数分别为 370、516、386、475、356 和 490，请排出它们流出色谱柱的先后次序。

(4) 改变如下条件，对板高有何影响？

① 增加固定液的含量；

② 减慢进样速度；

③ 增加汽化室的温度；

④ 增加载气的流速；

⑤ 减小填料的粒度；

⑥ 降低柱温。

(5) 在气相色谱分析中，测定下列组分时宜选用何种检测器？

① 农作物中含氯农药的残留量；

② 白酒中水的含量；

③ 啤酒中微量硫化物；

④ 苯和二甲苯的混合物。

(6) 指出下列哪些参数的改变会引起相对保留值的改变？

① 色谱柱柱长增加；

② 更换固定相；

③ 降低色谱柱的柱温；

④ 加大色谱柱的内径；

⑤ 改变流动相流速。

(7) 试对下列试样设计气相色谱分析操作条件：

① 丙酮中微量水分的测定；

② 药材中含有机磷农药的测定；

③ 微量苯、甲苯、二甲苯的混合物的测定。

（提示：从色谱方法、固定相、流动相、检测器等方面考虑。）

(8) 用气相色谱法分离正己醇、正庚醇、正辛醇、正壬醇，以 20％聚乙醇-20M 于 Chromosorb W 上为固定相，以氢气为流动相时，其保留时间的顺序如何？

4. 计算题

(1) 用一根 2.0m 长的 PEG-20M 色谱柱分离邻甲苯胺与对甲苯胺的混合物时，已知邻甲苯胺与对甲苯胺的保留时间分别为 27.7min 与 30.8min，半峰宽分别为 8.6mm 与 9.5mm，记录纸的纸速为 5.0mm/min。

求色谱柱对这两个化合物的分离度是多少？分离程度如何？

（2）在一根 150cm 长的色谱柱上，分离长链脂肪酸甲酯（C_{18}^0）和油酸甲酯（$C_{18}^=$），两物质出峰时距进样位置的距离依次为 279.1mm、307.5mm，峰底宽依次为 21.2mm、23.2mm，死时间为 5.2mm，若记录纸的纸速为 12.7mm/min，试计算：

① C_{18}^0 与 $C_{18}^=$ 的相对保留值及分离度；

② 如果在 C_{18}^0 与 $C_{18}^=$ 之间存在一杂质峰，该峰与 $C_{18}^=$ 的相对保留值为 1.053，计算杂质与 $C_{18}^=$ 的分离度；

③ 若柱效不变，要使杂质峰与 $C_{18}^=$ 间的分离度达到①中 C_{18}^0 与 $C_{18}^=$ 的分离度，则色谱柱长要增加至多少？

（3）在一根 500cm 长的色谱柱上分析正己烷，得到如下数据：

u/(cm/s)	0.91	1.5	3.0	4.2	5.6	7.0	8.0	9.0
t_R'	27.5	29.7	32.3	31.5	26.8	24.2	22.6	21.4
w_b	0.98	0.95	0.94	0.96	0.89	0.86	0.84	0.83

① 绘制 H-u 曲线；

② 求出最佳载气流速 u_{opt} 及相应的最小板高 H_{min}。

（4）色谱柱长 2m，固定相为 5% 邻苯二甲酸二壬酯（DNP）+ 6201 载体，以 H_2 为载气，流速为 58mL/min，桥电流 180mA，柱温 80℃。纯苯进样量为 0.20μL，测得其峰高为 56.2548mV。已知苯在气相中的浓度为 0.00300mg/mL，求该热导池检测器的灵敏度。

（5）在柱长为 2m，固定相为 5% 的有机皂土、5% 邻苯二甲酸二壬酯及 6201 载体（60～80 目），以 H_2 为载气，流速为 68mL/min，桥电流为 200mA，柱温 68℃，记录纸的纸速为 2.0cm/min，记录仪灵敏度为 10mV/25cm，仪器的噪声 N = 0.010mV，饱和苯蒸气试样的进样量为 0.5mL（含苯 0.11g），得到苯的峰面积 A = 102.3cm^2。求该热导池检测器的灵敏度和检测限。

（6）色谱柱与第（5）题同。柱温 89℃，载气流速 50mL/min，饱和苯蒸气试样的进样量为 50μL（含苯 1.1×10^{-5}g），测得苯的峰面积 A 为 173cm^2，半峰宽 $w_{1/2}$ = 0.6cm。求该氢火焰离子化检测器的灵敏度。

（7）色谱柱同第（4）题，实验条件如下：柱温 80℃；汽化室温度 120℃；氢火焰离子化检测器温度 120℃；载气为 N_2，30～40mL/min；H_2：N_2 = 1：1；H_2：空气 = 1/5：1/10；样品为 0.050%（体积分数）苯的二硫化碳溶液（其浓度需准确配制）；进样量 0.50μL，进样三次。已知苯的密度为 0.88mg/μL。测得仪器噪声 $2N$ = 0.020mV，峰面积的平均积分值为 417.24mV·s。求该检测器的灵敏度与检测限。

（8）翻译成中文：Peak areas and relative detector responses are to be used to determine the concentration of the five species in a sample. The area-normalization method described in Problem 29-17 is to be used. The relative areas for the five gas chromatographic peaks are given below. Also shown are the detector response correction factors. Calculate the percentage of each component in the mixture.

Compound	Relative Peak Area	Detector Response Divisor
A	32.5	0.70
B	20.7	0.72
C	60.1	0.75
D	30.2	0.73
E	18.3	0.78

任务 8　市售白酒品质的检测与方法验证

【能力目标】

1. 查阅资料，讨论、设计并确定市售白酒品质的测定方案。

2. 实施测定方案并优化测定方案。

3. 完成市售白酒品质的检测，按国家标准对其品质进行判断。

【任务分析】

任务：如何用气相色谱法检测市售白酒的品质？

市售高档白酒中一般除主要含有水与乙醇外，还含有少量乙醛、甲醇、乙酸乙酯、正丙醇、仲丁醇、乙缩醛、异丁醇、正丁醇、丁酸乙酯、异戊醇、戊酸乙酯、乳酸乙酯、己酸乙酯。用气相色谱法检测市售白酒的含量，最大的问题在于组分多，沸点范围宽，顾此失彼，而且难以完全分离。请大家思考一下，我们用普通的填充柱能否很好地解决这个问题？本项目分析测定的难度主要在什么地方？

本项目的检测难度主要是组分多，沸点范围宽，顾此失彼，而且难以完全分离。采用填充柱很难完成任务，可尝试采用毛细管柱气相色谱法。

【技术知识】

1. 方案的设计框架

根据项目查阅资料→设计实验方案→优化实验方案→选择合适的仪器→组建实验仪器及设备→正确规范操作→准确记录数据→正确处理数据→准确表述分析结果。

2. 测定过程

本任务分组完成，每 4 人一组，各组内人员分工协作，共同完成试验任务。

工作流程：学生接到任务，领取样品，进行组内分工，查阅文献初步制定试验方案，经全组讨论后实施试验方案。然后在实施过程中不断完善实验方案，最后在教师的指导下得到最佳试验方案和最佳测量结果，处理实验数据，按国家标准对其进行评价，完成实验报告。

实训任务：查阅资料，设计并优化试验方案；完成样品的简单前处理；配制标准溶液；完成样品的测试操作；验证与评价测试数据。

3. 学生实训

(1) 资料的查阅

资料的查阅主要有 4 种途径。

① 工具书。如图书馆藏书分析化学手册（气相色谱手册）、现代柱色谱分析（史坚编，上海科学技术文献出版社，1988 年 7 月）、色谱学导论（达世禄编，武汉大学出版社，1988 年 10 月）、气相色谱新技术（周良模等编著，科学出版社，1994 年 11 月）、色谱理论基础（卢佩章等，科学出版社，1989 年第一版，1997 年第二版）、色谱技术丛书（傅若农主编，化学工业出版社，一套 13 本，如色谱分析概论、离子色谱方法及应用、色谱定性和定量、毛细管电泳技术及应用、气相色谱检测方法、色谱分析样品处理、液相色谱检测方法、色谱联用技术、气相色谱方法及应用、色谱柱技术、高效液相色谱方法及应用、色谱仪器维护与故障排除、平面色谱方法及应用）、CRC 物理化学手册等。

② 杂志。如色谱科学杂志（Chromatography Science，1963 年创刊，主要发表气相色谱、液相色谱原始论文和总结性文章和色谱标准图谱）、色谱杂志（Chromatography，1958 年创刊，含气相色谱、液相色谱、薄层色谱、纸色谱、离子交换色谱等，刊登各种原始论文及讲座性文章，并附有定性、定量数据及色谱文摘，文章以英文、法文或德文发表，从 1993 年起分 A、B 卷发行，每年还有 Review 专辑）、色层法（Chromatographia，1968 年创刊，多科性国际杂志，亦称色谱快报，文章以英文、法文或德文发表，并附有三种文字的摘要）、液相色谱杂志（Liquid Chromatography，1978 年创刊，主要发表 HPLC 的研究报

告）、高分离色谱与色谱通讯（High Resolution Chromatography and Chromatography Communication，1978 年创刊）、色谱（1984 年创刊，双月刊，大连化学物理研究所主办，刊登各种原始论文和综述，刊登色谱文章和评论性文章的还有各种分析化学相关的杂志）、分析化学等。

③ 学术会议文集。每年都有不同组织者组织召开的国际国内各种分析界的学术报告会，会议的文集也是一种很好的参考文献，值得收集阅读。全国色谱学术报告会和浙江省色谱学术报告会均每两年举办一次，全国会议每次能征集到论文 500 篇以上，省会议也能征集到 60 篇以上。

④ 数据库资源。如万方数据库（www. wanfangdata. com. cn）、中国期刊网（http://www. cnki. net/index. htm）、超星数字图书馆（http://www. ssreader. com）、中国专利信息网（http://www. standards. cn/bzsearch/bzsearch. asp）、中国色谱网站（http://www. sepu. com）、色谱网站（http://www. 54pc. com）。

常用搜索引擎如百度（http://www. baidu. com）、google（http://www. google. com）、北京大学（http://www. pku. edu. cn/）等。

（2）初始方案的设计与实施

① 根据已有信息，通过查阅资料，可设计初始方案如表 1-21 所示。

表 1-21　市售白酒品质的初始检测方案

项　目	市售白酒品质的检测
载气种类	N_2
载气流量	约 30mL/min
空气	300mL/min
H_2	作燃气，约 30mL/min
检测器	氢火焰离子化检测器（FID）
检测灵敏度设置	范围：1/10/100/1000（灵敏度设置为 1）
色谱柱	PEG-20M，30m×0.25mm 或 PEG-20M，2m×3mm（100～120 目）
柱温	160℃（暂定）
汽化室温度	250℃
检测器温度	230℃
定性方法	如选择标准对照法进行定性
定量方法	如选择内标法，内标物为醋酸正丁酯

② 实施初始方案。本过程要求学生可根据实际分离情况设置多个柱温，确定最佳柱温等色谱操作条件。

③ 测定过程问题的提出、讨论与解决。

问题 1：温度设置过低，前面的色谱峰能完全分离，峰形较好，但后面的峰峰形宽，分析时间长；若温度设置过高，则前面的色谱峰挤在一起，无法完全分离。

问题 2：用填充柱分析速度相对较快，但分离效果不好；用毛细管柱分析速度能接受，但找不到满意的最佳条件。

（3）方案的重新设计、优化与实施

① 重新设计分析方案，设置新的色谱操作条件，并完成项目的检测。

在教师的指导下，采用程序升温毛细管柱气相色谱法对白酒样品进行测定，设定检测方案见表 1-22。

② 实施上述方案，并优化所设置的条件。

③ 在最佳操作条件下完成白酒中各主要组分定性定量检测（图 1-84）。

④ 按国家标准 GB/T 10345—2007 对测试白酒的品质进行综合评价。

表 1-22　程序升温毛细管柱气相色谱法测市售白酒品质的初始检测方案

项　目	市售白酒品质的检测
载气种类	N_2，约 30mL/min
空气	300mL/min
H_2	作燃气，约 30mL/min
检测器	氢火焰离子化检测器（FID）
检测灵敏度设置	范围：1/10/100/1000（灵敏度设置为1）
色谱柱	毛细管色谱柱，PEG-20M，30m×0.25mm×0.25μm
柱温	50℃（6min）$\xrightarrow{\text{4℃/min}}$220℃（10min）
汽化室温度	250℃
检测器温度	230℃
分流比	1∶50
隔膜清洗	2mL/min
尾吹	30mL/min
定性方法	如选择标准对照法进行定性
定量方法	如选择内标法，内标物为醋酸正丁酯

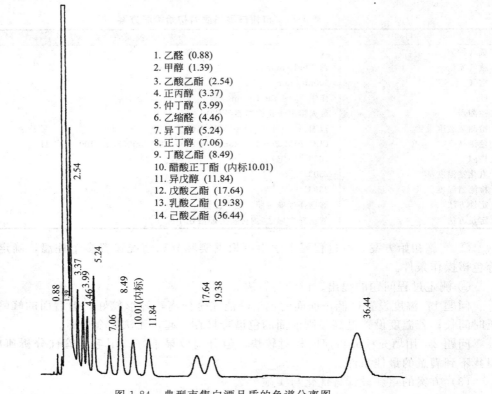

1. 乙醛 (0.88)
2. 甲醇 (1.39)
3. 乙酸乙酯 (2.54)
4. 正丙醇 (3.37)
5. 仲丁醇 (3.99)
6. 乙缩醛 (4.46)
7. 异丁醇 (5.24)
8. 正丁醇 (7.06)
9. 丁酸乙酯 (8.49)
10. 醋酸正丁酯（内标10.01)
11. 异戊醇 (11.84)
12. 戊酸乙酯 (17.64)
13. 乳酸乙酯 (19.38)
14. 己酸乙酯 (36.44)

图 1-84　典型市售白酒品质的色谱分离图

（4）分析方法的验证

设计方案并完成该分析方法灵敏度、检测限、回收率、准确度、精密度、线性范围等指标的测定，并对该方法进行评价。

（5）实训过程注意事项

① 毛细管柱易碎，安装时要特别小心。

② 不同型号的色谱柱，其色谱操作条件有所不同，应视具体情况作相应调整。

③ 进样量不宜太大。

（6）职业素质训练

① 4 人一组，分工合作，合理安排工作内容和时间，培养团队合作精神。

② 按企业化验报告单的要求实事求是地记录数据，书写实训结果。

③ 利用国家标准对产品品质作出评价，树立标准化意识。

4. 相关知识

（1）程序升温方式

当被分析组分的沸点范围很宽时，用同一柱温往往造成低沸点组分分离不好，而高沸点组分峰形扁平，此时采用程序升温的办法就能使高沸点及低沸点组分都能获得满意的结果。

所谓程序升温就是指在一个分析周期里，色谱柱的温度连续地随分析时间的增加从低温升到高温，升温速率可为 $1 \sim 30℃/min$。

采用程序升温的方式可改善宽沸程样品的分离度并缩短分析时间（图 1-85）。

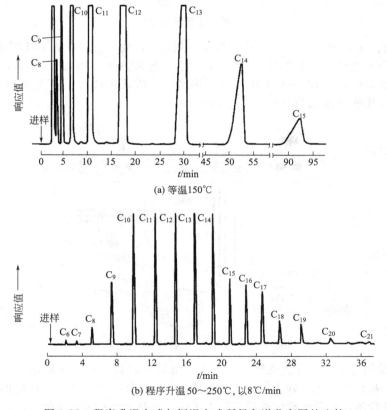

图 1-85　程序升温方式与恒温方式所得色谱分离图的比较

（2）毛细管柱气相色谱法

毛细管柱又称空心柱。分离效率高，可解决复杂的、填充柱难以解决的分析问题。常用的毛细管柱为涂壁空心柱（WCOT），多孔性空心柱（PLOT）为内壁上有多孔层（吸附剂）的空心柱。WCOT 可进一步分为微径柱、常规柱和大口径柱。

① 毛细管柱结构，如图 1-40 所示。

② 毛细管柱的特点。它比填充柱的分离效率有很大的提高，可解决复杂的、填充柱难

于解决的分析问题。

③ 毛细管柱气相色谱法常用术语如下。

a. 隔垫吹扫。在进样时，由于硅橡胶中不可避免地含有一些残留溶剂或低分子低聚物，且硅橡胶在汽化室高温的影响下还会发生部分降解。当这些残留溶剂和降解产物进入色谱柱时，就可能出现"鬼峰"（即不是样品本身的峰），从而影响分析。在气相色谱仪中的隔垫吹扫装置就是用来消除这一现象的（图 1-86）。

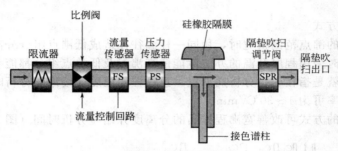

图 1-86　隔垫吹扫装置

b. 分流进样/分流比。由于毛细管柱样品容量在 nL 级，直接导入如此微量样品很困难，因此通常采用分流进样器，其结构如图 1-87 所示。进入汽化室的载气与样品混合后只有一小部分进入毛细管柱，大部分从分流气出口排出，分流比可通过调节分流气出口流量来确定，常规毛细管柱的分流比为（1∶50）～（1∶500）。

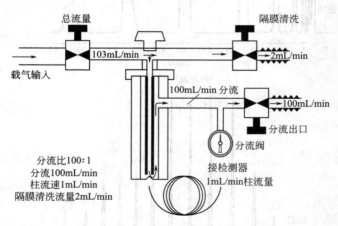

图 1-87　分流/不分流进样示意图

c. 尾吹。使用毛细管柱分流进样时，由于毛细管柱内载气的流量较小，因此需要加载尾吹气。尾吹气是从色谱柱出口处直接进入检测器的一路气体，又叫补充气或辅助气（图 1-88）。其作用一是保证检测器在最佳载气流量条件下工作，二是消除检测器死体积的柱外效应。

d. 毛细管柱气相色谱法。毛细管柱气相色谱仪与普通气相色谱仪没有什么大的差别，只是色谱柱不同于填充柱，因此其连接方式也不一样。部分气相色谱仪可以直接连接毛细管色谱柱（如上海天美 GC7890F），部分气相色谱仪需另配制设备方可连接毛细管色谱柱（如浙江温岭福立 GC9790）。图 1-89 显示了毛细管色谱柱与 FID 检测器连接的示意图。

（3）分析方法验证指标

① 基线噪声 N。在没有样品进入检测器的情况下，仅由于检测器本身及其他操作条件（如柱内固定液流失、橡胶隔垫流失、载气、温度、电压的波动、漏气等因素）使基线在短

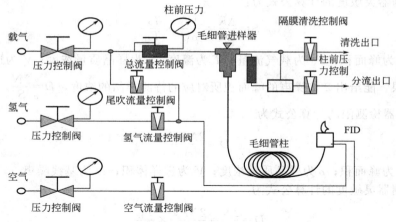

图 1-88　尾吹示意图

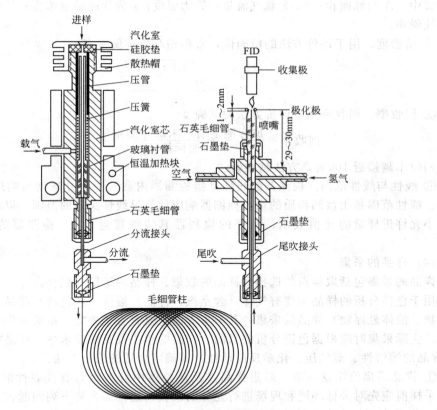

图 1-89　毛细管色谱柱与 FID 检测器的连接

时间内发生起伏的信号。

② 灵敏度。工作曲线的斜率 $S=\dfrac{\mathrm{d}A}{\mathrm{d}c}$ 或 $S=\dfrac{\mathrm{d}A}{\mathrm{d}m}$。

FID 检测器灵敏度计算公式为：

$$S=\frac{A}{\rho V}$$

式中，A 为峰面积；ρ 为样品的质量浓度；V 为进样体积。

TCD 检测器灵敏度的计算公式为：

$$S = \frac{\Delta R}{\Delta Q} = \frac{AF_0}{\rho V} \times \frac{T_检}{T_柱}$$

式中，A 为峰面积；F_0 为载气流量；T 为温度；ρ 为样品质量浓度；V 为进样体积。

③ 检测限。能给出 2 倍噪声的峰面积所对应的待测样品的浓度，$D = \frac{2N}{S}$。

FID 检测器检测限的计算公式为

$$D = \frac{2N\rho V}{A}$$

式中，A 为峰面积；ρ 为样品质量浓度；V 为进样体积；N 为基线噪声。

TCD 检测器灵敏度的计算公式为

$$D = \frac{2N}{S} = \frac{2N\rho V}{AF_0} \times \frac{T_柱}{T_检}$$

式中，A 为峰面积；F_0 为载气流量；T 为温度；ρ 为样品质量浓度；V 为进样体积；N 为基线噪声。

④ 精密度。用于评价方法的精确性，常用相对标准偏差表示

$$RSD = \frac{\sqrt{\dfrac{\sum (x_i - \overline{x})^2}{n-1}}}{\overline{x}}$$

⑤ 回收率。回收率用于评价方法的准确度。

$$回收率 = \frac{加标测定值 - 未加标测定值}{加标量} \times 100\%$$

回收率越接近 100%，方法越准确。

⑥ 线性与线性范围。检测器的线性是指检测器内载气中组分浓度与响应信号成正比的关系。线性范围是指被测物质的量与检测器响应信号呈线性关系的范围，以最大允许进样量与最小允许进样量的比值表示。良好的检测器其线性接近于 1。检测器的线性范围越宽越好。

（4）样品的采集

样品的采集包括取样点的选择和样品的收集、样品的运输与贮存。

用于色谱分析的样品主要有气体（含蒸汽）样品、液体（含乳液）样品、固体（含气体悬浮物、液体悬浮物）样品的采集，其采集方法主要有直接采集、富集采集和化学反应采集法等。实际采集时应根据色谱分析的目的、样品的组成及其浓度水平、样品的物理化学性质（如样品的溶解性、蒸气压、化学反应活性）等确定合适的采集方法。

① 样品采集前注意事项。采集样品涉及从整体中分离出具有代表性的部分进行收集，因此采样前应先对采样环境和现场进行充分的调查，通常需弄清下列问题：

a. 样品中可能会存在的物质组成是什么，它们的浓度水平如何？

b. 样品中的主要成分是什么？

c. 采集样品的地点和现场条件如何？

d. 应该采用非破坏性采样方法还是采用破坏性采样方法？

e. 采样完成后需得到哪些色谱分析的结果？

由于采集的样品量与使用分析技术的灵敏度成反比，因此对采样地点与采样时间的把握上还需注意以下问题：

a. 确定采集样品的最佳时机；

　　b. 确定采样的位置和采集样品的装置；

　　c. 采样过程可以保证多长的有效时间；

　　d. 确定采集样品的间隔时间。

　　② 液体样品的采集。液体样品主要是水样（包括环境水样、排放的废水水样及废水处理后的水样、饮用水水样、高纯水水样等）、饮料样品、油料样品、各种溶剂样品等。

　　液体样品的采集要求使用棕色玻璃采样瓶，要求采集时需完全充满采样瓶并使其刚刚溢出，灌样品时不产生气泡，然后使用聚四氟乙烯膜保护的瓶塞密封好采样瓶，且密封好的瓶内也没有气泡。

　　采集好的样品需在 4℃ 的低温箱中保存，以备下一步制备。采集的液体样品的保存时间一般不超过 5～6h。

　　采集液体样品的容器一般需多次进行酸和碱溶液的清洗，然后用自来水和蒸馏水依次进行冲洗，最后在烘箱中烘干备用。

　　液体样品的采集也可以采用吸附剂吸附富集的方法进行采集（主要适用于待测组分浓度较低时）。方法是选用适当的吸附剂制成吸附柱，在采样现场让一定量的样品液体流过吸附柱，然后将吸附柱密封好，带回实训室，制备成色谱分析用样品。

　　③ 固体样品的采集。固体样品（如合成树脂材料、各种食品、土壤等）一般使用玻璃样品瓶收集并密封保存，有时也用铝箔将样品瓶进行包装后贮存。收集固体样品的容器一般都是一次性的。

　　固体样品的均匀性较差，一般是多取一些样品，然后再用缩分的方法采集所需要的样品。当原始样品的颗粒较粗时，还需先进行粉碎。

　　采集固体样品时不能直接用手去拿样品，必要时可戴上干净的白布手套。

　　(5) 样品的制备

　　样品的制备包括将样品中待测组分与样品基体和干扰组分分离、富集和转化成气相色谱仪可分析的形态。

　　① 制备好的样品应满足如下要求：

　　a. 所选用色谱柱的进样要求；

　　b. 所选用色谱分离方法的分离能力（即能将待测组分与其他组分分离开，若不能完全分离开，则需进行预处理）；

　　c. 所选用色谱方法的检测能力。

　　② 色谱样品的制备方法如下。

　　a. 溶剂萃取。色谱分析样品制备中使用的溶液萃取方法主要有液-液萃取、液-固萃取和液-气萃取（即溶液吸收）等，均属于两相间的传质过程，即物质从一相转入另一相。

　　b. 蒸馏。蒸馏是一种使用广泛的分离方法，是挥发性和半挥发性有机物样品精制的第一选择，但在进行色谱分析样品制备时，一般不首先选择蒸馏。蒸馏中的某些技术可成功地用于色谱分析前样品的精制、清洗或混合样品的预分离。

　　c. 固相萃取（SPE）。固相萃取就是利用固体吸附剂将液体样品中的目标化合物吸附，将其与样品的基体和干扰化合物分离，然后再用洗脱液洗脱或加热解吸附，以达到分离和富集目标化合物的目的。

　　固相萃取实质上是一种液相色谱分离，所用的吸附剂也类似于液相色谱中常用的固定相。一般来说，正相固相萃取所用的吸附剂都是极性的，用来萃取（保留）极性物质；反相固相萃取所用的萃取剂通常是非极性的或弱极性的，所萃取的目标化合物通常是中等极性到非极性的化合物；离子交换固相萃取所用的吸附剂是带有电荷的离子交换树脂，萃取目标化合物是带有电荷的化合物。

固相萃取中吸附剂的选择主要是根据目标化合物的性质和样品基体（即样品的溶剂）的性质。目标化合物的极性与吸附剂的极性越相似，则越能得到目标化合物的最佳保留（最佳吸收）。而样品溶剂的强度相对吸附剂应该是弱的，弱溶剂能增强目标化合物在吸附剂上的保留（吸附）。

固相萃取的一般操作程序主要包括活化、上样、淋洗、洗脱 4 个步骤。

d. 其他方法。用于样品制备的方法还有气体萃取（顶空技术）、膜分离、热解吸、衍生化技术、超临界流体萃取、微波萃取技术、热裂解等。

【开放性训练】

1. 对分析测试中心对外服务的气相色谱检测项目的分析方法进行评价；

2. 通过实训室的开放安排，完成研究性习题的操作训练；

3. 参与分析测试中心对外服务，了解分析测试对外服务的程序、强化质量控制意识、拓展知识面。

【理论拓展】

1. 气相色谱专家系统

现代色谱仪的发展目标是智能色谱仪，它不仅是一种全盘自动化的色谱仪，而且还将具有色谱专家的部分智能。智能色谱的核心是色谱专家系统。气相色谱专家系统是一个具有大量色谱分析方法的专门知识和经验的计算机软件系统，它应用人工智能技术，根据色谱专家提供的专门知识、经验进行推理和判断，模拟色谱专家来解决那些需要色谱专家才能解决的气相色谱方法及建立复杂组分的定性和定量问题。

色谱专家系统的研制始于 20 世纪 80 年代中期，中国科学院大连化学物理研究所的 ESC（Expert System for Chromatography）有气相与液相两大部分，可以分别用于气相色谱和液相色谱，使用的是个人微型计算机。

许多色谱数据站都有在线定性和定量功能，但其定性、定量软件只起自动化的作用，ESC 气相色谱专家系统，力求的是要起智能化的作用。ESC 气相色谱专家系统智能定性方法其核心是只储存物质在一个柱温和固定液时保留指数的文献值，在一定范围内，可利用储存的少数与柱温、固定液有关的参数，预测其他柱温及固定液时的计算值，用其供作定性。对于出现组分分离不完全的情况，ESC 专家系统应用曲线拟合法时，先在计算机屏幕上显示色谱图，利用加减法更好地解决数值难以求准确的问题，然后用色谱峰分析软件分析色谱峰。

总之，色谱专家系统经过 10 多年的历程，已取得很大进展和一批可喜的成果，在生化、环保、石油化工等生产实践中愈加显示出其价值。可以预测，今后新的针对某些特定领域的问题，新的专用性专家系统软件将不断推出，可解决更多的各种实际问题。

2. 微型气相色谱的特点及应用

在现代高科技和实际需要的推动下，各种仪器的小型化和微型化一直是一个重要的发展趋势，很突出的例子有各种化学传感器和生物传感器的开发。现已有多种传感器可用于矿井中易燃易爆和有毒有害气体的监测、战地化学武器的监测等。传感器有很高的灵敏度和专属性，但对复杂混合物的分析，如工业气体原料的质量控制、油气田勘探中的气体组成的分析、航天飞机机舱中的气体监测等，单靠传感器显然是不够的。这就需要用小型、轻便、快速的 GC 进行分析。

事实上，GC 的微型化一直是人们追求的目标，并已经历了几十年的发展。总地看来，开发微型 GC 有两种思路。一是将常规仪器按比例小型化，如 PE 公司的便携式 GC，其大小相当于一个旅行箱，重为 20kg 左右；二是用高科技制造技术实现元件的微型化，如 HP 公司的微型 GC，其大小相当于一个文件包，重可达 5.2kg。中国科学院大连化物所的关亚风教授也成功地研制出了微型 GC。这些微型 GC 的共同特点是：

① 体积小，重量轻，便于携带。可安装在航天飞机及各种宇宙探测器上，也可由工作人员随身携带进行野外考察分析。

② 分析速度快，保留时间以秒计，很适合于有毒有害气体的监测和化工过程的质量控制。

③ 灵敏度高，对许多化合物的最低检测限为 10^{-5} 级。

④ 可靠性高，适合于不同的环境，可连续进行 2500000 次分析。

⑤ 功耗低，省能源，一般采用 12V 直流电，功耗不超过 100W。

⑥ 自动化程度高，可用笔记本电脑控制整个分析过程和数据处理，也可遥控分析。

⑦ 样品适用范围有限。目前市场上的微型 GC 基本上都采用 TCD 检测器，进口温度不超过 150℃，故主要用于常规气体的分析，如天然气、炼厂气、氟里昂、工业废气以及液体和固体样品的顶空分析，而不适于分析高沸点样品。

目前已开发出多种专用的系列微型 GC，如天然气分析仪、炼厂气分析仪等。

【思考与练习】

1. 操作练习

已知某样品，溶剂是正己烷，其中含有微量苯、甲苯、乙苯、邻二甲苯、间二甲苯、对二甲苯与正丙苯，请设计一合理分析方案和合适色谱操作条件检测该样品微量的苯系物，并利用课余时间在仪器上完成相关操作与数据处理。

2. 思考题

(1) 什么是程序升温？什么样品的分析需进行程序升温？程序升温有什么优点？程序升温的色谱图与恒温的色谱图有什么差别？

(2) 在进行气相色谱分析时，为什么有些峰出现拖尾？

(3) 如何改善峰形（前伸峰、拖尾峰）？

(4) 在进行气相色谱分析时，何时需更换隔垫或衬管？如何更换？

(5) 在进行气相色谱分析时，如何得知分流/不分流进样口的进样体积不超过进样口衬管反应室的容积？

(6) 什么原因导致基线不稳和干扰？

(7) 什么原因导致过大的基线噪声？

(8) 在进行气相色谱分析时，如果分离度下降，如何处理？

(9) 在进行气相色谱分析时，如果出现分裂峰，如何处理？

项目2
用紫外－可见分光光度法对物质进行检测

任务1　认识紫外-可见分光光度室

【能力目标】

1. 进入紫外-可见分光光度室，了解实训室的环境要求、基本布局和实训室管理规范。

2. 初步掌握"5S管理"在紫外-可见分光光度室中的应用。

【紫外-可见分光光度室】

1. 紫外-可见分光光度室的配套设施和仪器（图 2-1）

（1）配套设施

① 实训室供电。实训室的供电包括照明电和动力电两部分。照明电用于实训室的照明，动力电用于各类仪器设备。电源的配备有三相交流电源和单相交流电源，设置有总电源控制开关，当实训室内无人时，应切断室内电源。

② 实训室供水。实训室的供水按用途分为清洗用水和实训用水。清洗用水是指用于各种实验器皿的简单洗涤和实训室的清洁卫生，如自来水等。实训用水是指用于配制溶液和实训过程，如蒸馏水、去离子水、二次重蒸去离子水等。用紫外-可见分光光度法对物质进行检测的实训过程中，一般需配制标准系列溶液和试样，需要洗涤许多容量瓶或比色管，所以在三个紫外-可见分光光度实训室中各配备有一个水槽、一组水龙头和一个总水阀。当实训室长时间不用时，需关闭总水阀。

图 2-1　紫外-可见分光光度室

③ 实训室工作台。紫外-可见分光光度室共有三个实训室，一个实训室用于溶液的配制，另外两个实训室分别配备不同型号的紫外-可见分光光度计。每个实训室内配备有中央实训台和边台。在配制溶液的实训室中，一排边台用于放置公用的标准溶液与试液，边台下面的柜子里面放置比色管架和比色管。中间的两排实训台，分别放置每组学生在实训过程中所用的各种玻璃器皿。另外两间放置紫外-可见分光光度计的实训室中，中央四排实训台分别放置各种型号的紫外-可见分光光度计，一排边台上放置一台计算机，以便于学生进行数据处理。边台的抽屉内放置各种型号的比色皿和擦镜纸。

④ 实训室废液。实训室的废液是在实训过程中产生的，有的废液含有有毒有害重金属离子，如直接排放，会造成严重的环境污染；有的废液含有腐蚀性强的有机溶剂，会腐蚀下水管道。因此，实训室内配有专门的废液贮存器。

⑤ 实训室卫生医疗区。实训室有专门的卫生区，用于放置卫生洁具，如拖把、扫帚等。实训室东南角还配备有医疗急救箱，里面装有红药水、碘酒、棉签等常用的医疗急救配件。

（2）仪器

紫外-可见分光光度实训室的仪器主要有各种不同型号的紫外-可见分光光度计、配套的比色皿、计算机和一些辅助工具，如扳手、螺丝刀等。紫外-可见分光光度计的结构简单，操作方便。

（3）各仪器、设备的识别实训

① 紫外-可见分光光度计（图 2-2）。

(a) Uv754,上海菁华　　　　　　　　(b) Uv7504,上海欣茂

图 2-2　紫外-可见分光光度计

② 各类比色皿（图 2-3）。

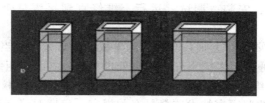

图 2-3　各类比色皿

③ 辅助工具（图 1-8）。

④ 医疗急救箱、灭火器（图 1-9）。

2."5S"管理

详细内容见项目 1 中任务 1。

3.学生实训

详细内容见项目 1 中任务 1。

4.紫外-可见分光光度实训室的环境布置

（1）紫外-可见分光光度实训室的环境要求

紫外-可见分光光度实训室和化学分析实训室一样，具有基本的设备设施，如电、水、工作台等。但紫外-可见分光光度实训室中配有可见分光光度计和紫外分光光度计，因此在环境布置上有其特殊性。这两个实训室的比较如表 2-1 所示。

表 2-1 紫外-可见分光光度实训室与化学分析实训室环境比较

项 目	化学分析实训室	紫外-可见分光光度室
温度	常温,建议安装空调设备,无回风口	常温,建议安装空调设备,无回风口
湿度	常湿	45%～60%
供水	多个水龙头,有化验盆(含水封)、地漏	可配制1～2个水龙头
废液排放	应配置专门废液桶或废液处理管道	配置废液收集桶,集中处理
供电	设置单相插座若干,设置独立的配电盘、通风柜开关;照明灯具不宜用金属制品,以防腐蚀	设置单相插座若干,设置独立的配电盘、通风柜开关;一般需安装稳压电源
供气	无特殊要求不需用气	无特殊要求不需用气
光线	无特殊要求	避免强光照射
工作台防振	合成树脂台面,防振	合成树脂台面,防振,工作台应离墙,以便于检修仪器
防火防爆	配置灭火器	配置灭火器
避雷防护	属于第三类防雷建筑物	属于第三类防雷建筑物
防静电	设置良好接地	设置良好接地
电磁屏蔽	无特殊要求不需电磁屏蔽	有精密电子仪器设备,需进行有效电磁屏蔽
通风设备	配置通风柜,要求具有良好通风	配置通风柜,要求具有良好通风

（2）学生实训：完成紫外-可见分光光度实训室环境设置

学生根据气相色谱实训室的环境要求，设置相关条件（如空调的使用、废液的排放与处理、灭火器的使用、接地、通风柜的使用、水龙头与电源开关的正确使用等）。

5. 紫外-可见分光光度实训室的管理规范

① 仪器的管理和使用必须落实岗位责任制，制定操作规程、使用和保养制度，做到坚持制度，责任到人。

② 熟悉仪器保养的环境要求，努力保证仪器在合适的环境下保养及使用。

③ 熟悉仪器构造，能对仪器进行调试。

④ 熟悉仪器各项性能，并能指导学生进行仪器的正确使用。

⑤ 建立紫外-可见分光光度计的完整技术档案。内容包括产品出厂的技术资料，从可行性论证、购置、验收、安装、调试、运行、维修直到报废整个寿命周期的记录和原始资料。

⑥ 仪器发生故障时要及时上报，对较大的事故，负责人（或当事者）要及时写出报告，组织有关人员分析事故原因，查清责任，提出处理意见，并及时组织力量修复使用。

⑦ 建立仪器使用、维护日记录制度，保证一周开机一次。对仪器进行定期校验与检查，建立定期保养制度，要按照国家技术监督局有关规定，定期对仪器设备的性能、指标进行校验和标定，以确保其准确性和灵敏度。

⑧ 定期对实训室进行水、电、气等安全检查。保证实训室卫生和整洁。

6. 紫外-可见分光光度实训室的安全隐患

紫外-可见分光光度实训室存在的安全隐患主要有以下几点。

① 水，如水管破裂、管道渗水等。

② 火，如实训室着火，衣物着火。

③ 电，如走电失火、触电等。

④ 玻璃仪器破碎所导致的割伤。

⑤ 化学试剂的中毒与腐蚀。

由于上述种种隐患的存在，要求学生在紫外-可见分光光度实训室里学习时应当小心谨慎，严格按照仪器操作规程与实训室规章制度进行仪器的相关操作。此外，还要求学生课后去查阅相关资料以获取出现各种安全隐患后的应急措施。

【思考与练习】

1. 研究性习题

（1）请课后查阅相关资料，分析"5S管理"的理念如何在国内外企业、行政事业单位的实训室或其他行业中应用。

（2）请课后查阅相关资料，了解国家实验室认证委员会的关于实验室认证体系规则 CNAS-17025 在实验室管理中的具体应用。

2. 思考题

如何操作紫外-可见分光光度计？

任务 2　紫外-可见分光光度计的基本操作

【能力目标】

1. 能认知仪器组成、配套部件和控制面板。
2. 能熟练操作紫外-可见分光光度计。
3. 能对仪器进行校验，及对仪器进行日常维护与保养。

【任务分析】

本次课程的任务是以上海欣茂公司型号为 Vis7230 和 UV7504 的可见分光光度计和紫外-可见分光光度计为例，要求学生掌握仪器的基本操作，了解仪器的基本组成部分与各组分的作用，在此基础上能对仪器进行校验，对仪器进行日常维护与保养。

紫外-可见分光光度法是仪器分析中应用最为广泛的分析方法之一。它所测的试液的浓度下限为 $10^{-5} \sim 10^{-6} \, \text{mol/L}$（达 μg 量级），在某些条件下甚至可测定 $10^{-7} \, \text{mol/L}$ 的量级（达 ng 量级）。因而，它具有较高的灵敏度，适用于微量组分的测定。紫外-可见分光光度法测定的相对误差为 $2\% \sim 5\%$，若采用精密分光光度计进行测量，相对误差为 $1\% \sim 2\%$。紫外-可见分光光度法分析速度快，仪器设备不复杂，操作简便，价格低廉，应用广泛。大部分无机离子和许多有机物质的微量成分都可以用这种方法进行测定。紫外吸收光谱法还可用于芳香化合物及含共轭体系化合物的鉴定及结构分析。此外，紫外-可见分光光度法还常用于化学平衡等研究。

总之，紫外-可见分光光度法广泛应用在化工、环境、医药、食品等领域。

【实训 1】

1. **基本操作**

紫外-可见分光光度计的基本操作主要包括以下几个方面：

① 开机关机操作；

② 选择工作波长；

③ 选择测量模式；

④ 润洗比色皿，依次装入参比溶液和待测溶液；

⑤ 用参比溶液进行调 0，调 100%；

⑥ 在吸光度模式下，测定待测溶液的吸光度。

（1）开机关机操作

一般仪器的开机按钮在仪器的侧面或背面。只要插上电源插头，按下开关按钮，显示屏幕产生信号即开机成功，关机的步骤是先关上按钮，再拔下电源插头。

（2）选择工作波长

对于一些像721、UV7504和UV754C等型号仪器，波长调节直接通过手动旋钮进行调节。参照图2-4所示。

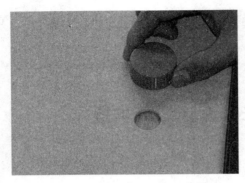 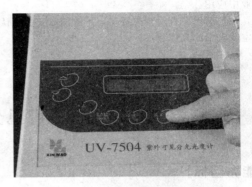

图2-4　手动调节旋钮设定工作波长　　　　　图2-5　手动按键设定工作波长

而对于像7230、UV7504这类型号的仪器，波长调节通过按键操作完成。比如开机自检完成后，按"设定"键一次，一般会出现WL＝×××.×nm。继续按"设定"键一次，会依次出现WL1、WL2、WL3等仪器自身保存的几个波长数值。操作者可根据实际情况，选择一个最接近工作波长的数值进行加减设定（图2-5）。

注：按住向上箭头或向下箭头不动，显示屏的数值将快速改变，方便快速定位波长。

（3）选择测量模式

紫外-可见分光光度计的测量模式有吸光度模式、透射比模式及校准模式。实际测量过程一般需要在吸光度模式与透射比模式下进行转换。只要反复按"方式"键一次或多次即可，如图2-6所示。

（4）润洗比色皿，装入参比溶液和待测溶液

比色皿需要按要求进行洗涤，先用蒸馏水反复润洗3～4次。手拿比色皿，只能用手指接触两侧的毛玻璃，不可接触光学面。再根据实际测定过程，用参比溶液或待测溶液润洗3～4次。润洗完毕，一定用滤纸先吸干比色皿四周及底部的液滴，再用擦镜纸小心地擦拭光学面。

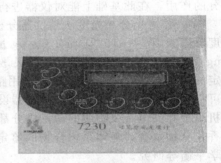

图2-6　手动按键设定测量模式

注：用擦镜纸擦拭时一定要往一个方向进行擦拭；装液高度一般在3/4～4/5之间。

（5）用参比溶液进行调0，调100%

对于型号像UV754C的仪器，需要在透射比模式下，打开暗箱盖子，调0；将参比溶液置于光路中，盖上盖子，调100%。对于像UV754的仪器需要用专门的黑色遮光体置于光路中，调透射比0，然后用参比溶液调透射比为100%。

而像7230、UV7504这类型号的仪器，在透射比模式下，将参比溶液置于光路中，直接按一个键就可完成调0、调100%的操作。

（6）在吸光度模式下，测定待测溶液的吸光度

用参比溶液调0、100%后，直接将待测溶液置于光路中，即可在吸光度模式下读出相应的数值。

2. 学生实训

（1）实训内容

学生按要求规范完成紫外-可见分光光度计 UV7504 的基本操作，包括仪器的开关机、波长设定、测量模式设定、比色皿的润洗、调 0、调 100%、待测样品吸光度的测定。

（2）实训操作注意事项

① 学生操作紫外-可见分光光度计时，一定要动作轻缓。禁止产生剧烈振动。

② 紫外-可见分光光度计的拉杆经常使用，容易使样品架错位，学生上机操作前可提前检查。

【理论提升 1】

紫外-可见分光光度计的基本组成

紫外-可见分光光度计（简称分光光度计）是指在紫外及可见光区用于测定溶液吸光度的分析仪器。目前，紫外-可见分光光度计的型号较多，但它们的基本构造都相似，都由光源、单色器、样品吸收池、检测器和信号显示系统五大部件组成，其组成框图见图 2-7。

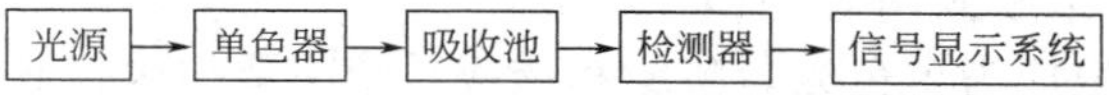

$$光源 \rightarrow 单色器 \rightarrow 吸收池 \rightarrow 检测器 \rightarrow 信号显示系统$$

图 2-7　分光光度计组成部件框图

由光源发出的光，经单色器获得一定波长单色光照射到样品溶液，被吸收后，经检测器将光强度变化转变为电信号变化，并经信号指示系统调制放大后，显示或打印出吸光度 A（或透射比 τ），完成测定。

（1）光源

光源的作用是供给符合要求的入射光。

分光光度计对光源的要求是：在使用波长范围内提供连续的光谱，光强应足够大，有良好的稳定性，使用寿命长。实际应用的光源一般分为紫外线光源和可见光光源。

① 可见光光源。钨丝灯（图 2-8）是最常用的可见光光源，它可发射波长为 325～2500nm 范围的连续光谱，其中最适宜的使用范围为 320～1000nm，除用作可见光源外，还可用作近红外光源。为了保证钨丝灯发光强度稳定，需要采用稳压电源供电，也可用 12V 直流电源供电。

图 2-8　钨丝灯示意图

图 2-9　氘灯示意图

目前不少分光光度计已采用卤钨灯代替钨丝灯，如 7230 型、754 型分光光度计等。所谓卤钨灯是在钨丝中加入适量的卤化物或卤素，灯泡用石英制成。它具有较长的寿命和较高的发光效率。

② 紫外线光源。紫外线光源多为气体放电光源，如氢、氘、氙放电灯等。其中应用最

多的是氢灯及其同位素氘灯（图 2-9），其使用波长范围为 185～375nm。为了保证发光强度稳定，也要用稳压电源供电。氘灯的光谱分布与氢灯相同，但光强比同功率氢灯要大 3～5 倍，寿命比氢灯长。

近年来，具有高强度和高单色性的激光已被开发用作紫外光源。已商品化的激光光源有氩离子激光器和可调谐染料激光器。

（2）单色器

单色器的作用是把光源发出的连续光谱分解成单色光，并能准确方便地"取出"所需要的某一波长的光，它是分光光度计的心脏部分。

单色器主要由狭缝、色散元件和透镜系统组成。其中色散元件是关键部件，色散元件是棱镜和反射光栅或两者的组

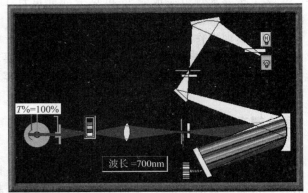

图 2-10　光路示意图

合，它能将连续光谱色散成为单色光。狭缝和透镜系统主要用来控制光的方向，调节光的强度和"取出"所需要的单色光，狭缝对单色器的分辨率起重要作用，它对单色光的纯度在一定范围内起着调节作用（图 2-10）。

① 棱镜单色器。棱镜单色器是利用不同波长的光在棱镜内折射率不同将复合光色散为单色光的。棱镜色散作用的大小与棱镜制作材料及几何形状有关。常用的棱镜用玻璃或石英制成。可见分光光度计可以采用玻璃棱镜，但玻璃吸收紫外线，所以不适用于紫外线区。紫外-可见分光光度计采用石英棱镜，它适用于紫外、可见光整个光谱区。

② 光栅单色器。光栅作为色散元件具有不少独特的优点。光栅可定义为一系列等宽、等距离的平行狭缝。光栅的色散原理是以光的衍射现象和干涉现象为基础的。常用的光栅单色器为反射光栅单色器，它又分为平面反射光栅和凹面反射光栅两种，其中最常用的是平面反射光栅。由于光栅单色器的分辨率比棱镜单色器分辨率高（可达 ± 0.2nm），而且它可用的波长范围也比棱镜单色器宽。因此目前生产的紫外-可见分光光度计大多采用光栅作为色散元件。近年来，光栅的刻制复制技术不断改进，其质量也不断的提高，因而其应用日益广泛。

值得提出的是：无论何种单色器，出射光光束常混有少量与仪器所指示波长十分不同的光波，即"杂散光"。杂散光会影响吸光度的正确测量，其产生的主要原因是光学部件和单色器的外壁内壁的反射和大气或光学部件表面上尘埃的散射等。为了减少杂散光，单色器用涂以黑色的罩壳封起来，通常不允许任意打开罩壳。

（3）吸收池

吸收池又叫比色皿，是用于盛放待测液和决定透光液层厚度的器件。

吸收池一般为长方体（也有圆鼓形或其他形状，但长方体最普遍），其底及二侧为毛玻璃，另两面为光学透光面。

根据光学透光面的材质，吸收池有玻璃吸收池和石英吸收池两种。玻璃吸收池用于可见光光区测定。若在紫外区测定，则必须使用石英吸收池。

吸收池的规格是以光程为标志的。紫外-可见分光光度计常用的吸收池规格有：0.5cm、1.0cm、2.0cm、3.0cm、5.0cm 等（图 2-3）。

由于一般商品吸收池的光程精度往往不是很高，与其标示值有微小误差，即使是同一个厂出品的同规格的吸收池也不一定完全能够互换使用。所以，仪器出厂前吸收池都经过检验

配套，在使用时不应混淆其配套关系。实际工作中，为了消除误差，在测量前还必须对吸收池进行配套性检验，使用吸收池过程中，也应特别注意保护两个光学面。为此，必须做到：

第一，拿取吸收池时，只能用手指接触两侧的毛玻璃面，不可接触光学面。

第二，不能将光学面与硬物或脏物接触，只能用擦镜纸或丝绸擦拭光学面。

第三，凡含有腐蚀玻璃的物质（如 F^-、$SnCl_2$、H_3PO_4 等）的溶液，不得长时间盛放在吸收池中。

第四，吸收池使用后应立即用水冲洗干净。有色物污染可以用 3mol/L HCl 和等体积乙醇的混合液浸泡洗涤。生物样品、胶体或其他在吸收池光学面上形成薄膜的物质要用适当的溶剂洗涤。

第五，不得在火焰或电炉上进行加热或烘烤吸收池。

（4）检测器

检测器又称接收器，其作用是对透过吸收池的光作出响应，并把它转变成电信号输出，其输出电信号大小与透过光的强度成正比。

常用的检测器有光电池、光电管及光电倍增管等，它们都是基于光电效应原理制成的。作为检测器，对光电转换器的要求是：光电转换有恒定的函数关系，响应灵敏度要高、速度要快，噪声低、稳定性高，产生的电信号易于检测放大等。

① 光电池。光电池是由三层物质构成的薄片，表层是导电性能良好的可透光金属薄膜，中层是具有光电效应的半导体材料（如硒、硅等），底层是铁片或铝片，见图 2-11。由于半导体材料的半导体性质，当光照到光电池上时，由半导体材料表面逸出的电子只能单向流动，使金属膜表面带负电，底层铁片带正电，线路接通就有光电流产生。光电流大小与光电池受到光照的强度成正比。

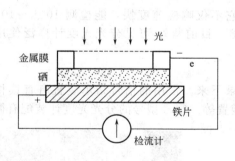

图 2-11　光电池示意图

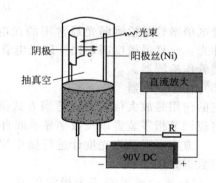

图 2-12　光电管示意图

光电池根据半导体材料来命名，常用的光电池是硒电池和硅光电池。不同的半导体材料制成的光电池，对光的响应波长范围和最灵敏峰波长各不相同。硒光电池对光响应的波长范围一般为 250～750nm，灵敏区为 500～600nm，而最高灵敏峰约在 530nm。

光电池具有不需要外接电源、不需要放大装置而直接测量电流的优点。其不足之处是：由于内阻小，不能用一般的直流放大器放大，因而不适于较微弱光的测量。光电池受光照持续时间太久或受强光照射会产生"疲劳"现象，失去正常的响应，因此一般不能连续使用2h 以上。

② 光电管。光电管在紫外-可见分光光度计中应用广泛。它是在抽成真空或充有惰性气体的玻璃或石英泡内装上 2 个电极构成，由一个阳极和一个光敏阴极组成的真空二极管（图2-12）。

按阴极上光敏材料的不同，光电管分蓝敏和红敏两种，前者可用波长范围为 210～

625nm；后者可用波长范围为 625～1000nm。与光电池比较，它具有灵敏度高、光敏范围广和不易疲劳等优点。

光电管将光强度信号转换成电信号的过程：当一定强度的光照射到阴极上时，光敏物质要放出电子，放出电子的多少与照射到它的光的大小成正比，而放出的电子在电场作用下要流向阳极，从而造成在整个回路中有电流通过。而此电流的大小与照射到光敏物质上的光强度的大小成正比。这就是光电管产生光电效应的原理。

③ 光电倍增管。它是一个非常灵敏的光电器件，可以把微弱的光转换成电流（图 2-13）。其灵敏度比前两种都要高得多。它是利用二次电子发射以放大光电流，放大倍数可达到 10^8 倍。

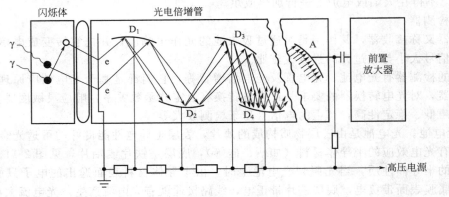

图 2-13　光电倍增管示意图

D_1，D_2，D_3，D_4—打拿极

光电倍增管是检测弱光最常用的光电元件，它不仅响应速度快，能检测 $10^{-8}～10^{-9}$ s 的脉冲光，而且灵敏度高，比一般光电管高 200 倍。目前紫外-可见分光光度计广泛使用光电倍增管作检测器。

（5）信号显示器

它的作用是放大信号并以适当方式指示或记录下来。常用的信号指示装置有直读检流计、电位调节指零装置以及数字显示或自动记录装置等。很多型号的分光光度计装配有微处理机，一方面可对分光光度计进行操作控制，另一方面可进行数据处理。

① 以检流计或微安表为指示仪表。这类指示仪表的表头标尺刻度值分上、下两部分，上半部分是百分透射比 τ（原称透光度 T，目前部分仪器上还在使用"T"表示透射比），均匀刻度；下半部分是与透射比相应的吸光度 A。由于 A 与 τ 是对数关系，所以 A 刻度不均匀，这种指示仪表的信号只能直读，不便自动记录，近年生产的紫外-可见分光光度计已不再使用这类指示仪表了。

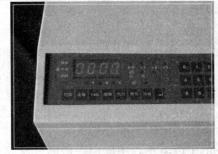

图 2-14　信号显示示意图

② 数字显示和自动记录型装置。用光电管或光电倍增管作检测器，产生的光电流经放大后由数码管直接显示出透射比或吸光度。这种数据显示装置方便、准确，避免了人为读数错误，而且还可以连接数据处理装置，能自动绘制工作曲线，计算分析结果并打印报告，实现分析自动化（图 2-14）。

【开放性训练】

1. 任务

UV754C 与 UV754 型紫外-可见分光光度计的操作训练。

2. 实训过程

（1）给学生仪器使用说明书，让学生自学说明书，对不理解的问题可提问，教师当场解答。

（2）学生独立完成仪器的操作训练。

3. 作业

实训结束，学生编写仪器（UV754 型）操作规程（可作为课后作业）。

【实训 2】

1. 仪器的校验

仪器的校验主要包括以下内容：

① 波长准确度的检验；

② 透射比正确度的检验；

③ 吸收池成套性的检验。

为保证测试结果的准确可靠，新制造、使用中和修理后的分光光度计都应定期进行检定。国家技术监督局批准颁布了各类紫外-可见分光光度计的检定规程。

（1）波长准确度的检验

在可见光区检验波长的准确方法是绘制镨钕滤光片的吸收光谱曲线。镨钕滤光片的吸收峰为 528.7nm 和 807.7nm。如果测出的峰的最大吸收波长与仪器标示值相差 ±3nm 以上，则需要细微调节波长刻度校正螺丝。如果测出的最大吸收波长与仪器波长显示值差大于 ±10nm，则需要重新调整光源位置，或检修单色器的光学系统（应由计量部门或生产厂检修，不可自己打开单色器）。

学生在实训中以空气作为参比，在 520～535nm 之间，每隔一定的波长数，测定镨钕滤光片的吸光度，以波长为横坐标，吸光度为纵坐标，绘制吸收曲线（图 2-15）。如果最大吸收波长数在 528.7nm±3nm，可判断出仪器的波长调节准确。

在紫外线区检验波长准确度比较实用的方法是：用苯蒸气的吸收光谱曲线来检查。具体做法是：在吸收池滴一滴液体苯，盖上吸收池盖，待苯挥发充满整个吸收池后，就可以测绘苯蒸气的吸收光谱（图 2-16）。若实测结果与苯的标准光谱曲线不一致，表示仪器有波长误差，必须进行调整。

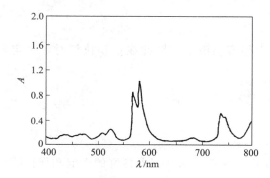

图 2-15　镨钕滤光片吸收光谱曲线

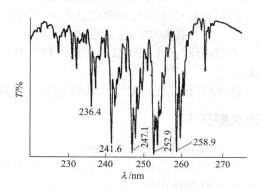

图 2-16　苯蒸气的吸收光谱曲线

（2）透射比正确度的检验

透射比的准确度通常是用硫酸铜、硫酸钴铵、重铬酸钾等标准溶液来检查，其中应用最普遍的是重铬酸钾（$K_2Cr_2O_7$）溶液。

透射比正确度检验的具体操作是：质量分数 $w(K_2Cr_2O_7)=0.006000\%$（即 1000g 溶液中含 $K_2Cr_2O_7$ 0.06000g）的 0.001mol/L $HClO_4$ $K_2Cr_2O_7$ 标准溶液。以 0.001mol/L $HClO_4$ 为参比，以 1cm 的石英吸收池分别在 235nm、257nm、313nm、350nm 波长处测定透射比，与表 2-2 所列标准溶液的标准值比较，根据仪器级别，其差值应在 $0.8\%\sim2.5\%$ 之间。

表 2-2　$w(K_2Cr_2O_7)=0.006000\%$ $K_2Cr_2O_7$ 溶液的透射比

温度/℃	波长/nm			
	235	257	313	350
25	18.2	13.7	51.3	22.9

（3）吸收池成套性检验

在定量工作中，尤其是在紫外线区测定时，需要对吸收池作校准及配对工作，以消除吸收池的误差，提高测量的准确度。

根据 JJG 178—96 规定，石英吸收池在 220nm 处装蒸馏水；在 350nm 处装 $K_2Cr_2O_7$ 0.001mol/L $HClO_4$ 溶液；玻璃吸收池在 600nm 处装蒸馏水；在 400nm 处装 $K_2Cr_2O_7$ 溶液（浓度同上）。以一个吸收池为参比，调节 τ 为 100%，测量其他各池的透射比，透射比的偏差小于 0.5% 的吸收池可配成一套。

学生实训中可采用此简便方法：用铅笔在洗净的吸收池毛面外壁编号并标注光路走向。在吸收池中分别装入测定用溶剂，以其中一个为参比，测定其他吸收池的吸光度。若测定的吸光度为零或两个吸收池吸光度相等，即为配对吸收池。若不相等，可以选出吸光度值最小的吸收池为参比，测定其他吸收池的吸光度，求出修正值。测定样品时，将待测溶液装入校正过的吸收池中，测量其吸光度，所测得的吸光度减去该吸收池的修正值即为此待测液真正的吸光度。

2. 学生实训

（1）实训内容

学生采用绘制镨钕滤光片吸收光谱曲线的方法，按要求完成对 UV7504 型号仪器的波长准确度的检验。

使用：质量分数 $w(K_2Cr_2O_7)=0.006000\%$ 的 0.001mol/L $HClO_4$ $K_2Cr_2O_7$ 标准溶液，完成对 UV7504 型号仪器的透射比正确度的检验。

采用相对校正法完成吸收池的皿差校正。

（2）实训操作中的注意事项

① 镨钕滤光片比较窄小，放入仪器样品架中很容易滑下，因此在拉动拉杆时，一定要轻缓。

② 相对校正法一般在工作波长下进行测定。

【理论提升 2】

1. 仪器的维护与日常保养

分光光度计是精密光学仪器，正确安装、使用和保养对保持仪器良好的性能和保证测试的准确度有重要作用。

（1）仪器工作环境的要求

分光光度计对工作环境的要求如下。

① 仪器应安放在干燥的房间内，使用温度为 5～35℃，相对湿度不超过 85％。

② 仪器应放置在坚固平稳的工作台上，且避免强烈的振动或持续的振动。

③ 室内照明不宜太强，且应避免直射日光的照射。

④ 电扇不宜直接向仪器吹风，以防止光源灯因发光不稳定而影响仪器的正常使用。

⑤ 尽量远离高强度的磁场、电场及发生高频波的电器设备。

⑥ 供给仪器的电源电压为 AC 220V±22V，频率为 50Hz±1Hz，并必须装有良好的接地线。推荐使用功率为 1000W 以上的电子交流稳压器或交流恒压稳压器，以加强仪器的抗干扰性能。

⑦ 避免在有硫化氢等腐蚀性气体的场所使用。

（2）仪器的日常维护和保养

① 光源。光源的寿命有限，为了延长光源使用寿命，在不使用仪器时不要开光源灯，应尽量减少开关次数。在短时间的工作间隔内可以不关灯。刚关闭的光源灯不能立即重新开启。

仪器连续使用时间不应超过 3h。若需长时间使用，最好间歇 30min。

如果光源灯亮度明显减弱或不稳定，应及时更换新灯。更换后要调节好灯丝位置，不要用手直接接触窗口或灯泡，避免油污沾附。若不小心接触过，要用无水乙醇擦拭。

② 单色器。单色器是仪器的核心部分，装在密封盒内，不能拆开。选择波长应平衡地转动，不可用力过猛。为防止色散元件受潮生霉，必须定期更换单色器盒干燥剂（硅胶）。若发现干燥剂变色，应立即更换。

③ 吸收池。必须正确使用吸收池，应特别注意保护吸收池的两个光学面。

④ 检测器。光电转换元件不能长时间曝光，且应避免强光照射或受潮积尘。

⑤ 当仪器停止工作时，必须切断电源。

⑥ 为了避免仪器积灰和沾污，在停止工作时，应盖上防尘罩。

⑦ 仪器若暂时不用要定期通电，每次不少于 20～30min，以保持整机呈干燥状态，并且维持电子元器件的性能。

2. 紫外-可见分光光度计类型

紫外-可见分光光度计按使用波长范围可分为：可见分光光度计和紫外-可见分光光度计两类。前者使用的波长范围为 400～780nm；后者使用的波长范围为 200～1000nm。

按光路紫外-可见分光光度计可分为单光束式及双光束式两类；按测量时提供的波长数又可分为单波长分光光度计和双波长分光光度计两类（图 2-17）。

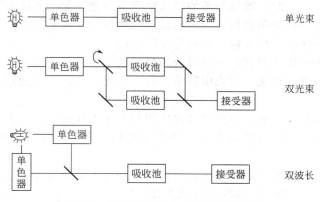

图 2-17　不同类型的分光光度计示意图

所谓单光束是指从光源中发出的光，经过单色器等一系列光学元件及吸收池后，最后照在检测器上时始终为一束光。常用的单光束紫外-可见分光光度计有 751G 型、752 型、754 型、756MC 型等。常用的单光束可见分光光度计有 721 型、722 型、723 型、724 型等。

单光束分光光度计的特点是结构简单、价格低，主要适于作定量分析。其不足之处是测定结果受光源强度波动的影响较大，因而给定量分析结果带来较大误差。

双光束分光光度计是指从光源中发出的光经过单色器后被一个旋转的扇形反射镜（即切光器）分为强度相等的两束光，分别通过参比溶液和样品溶液。利用另一个与前一个切光器同步的切光器，使两束光在不同时间交替地照在同一个检测器上，通过一个同步信号发生器对来自两个光束的信号加以比较，并将两信号的比值经对数变换后转换为相应的吸光度值。

常用的双光束紫外-可见分光光度计有 710 型、730 型、760MC 型、760CRT 型、日本岛津 UV-210 型等。这类仪器的特点是：能连续改变波长，自动地比较样品及参比溶液的透光强度，自动消除光源强度变化所引起的误差。对于必须在较宽的波长范围内获得复杂的吸收光谱曲线的分析，此类仪器极为合适。

双波长分光光度计与单波长分光光度计的主要区别在于采用双单色器，以同时得到两束波长不同的单色光。光源发出的光分成两束，分别经两个可以自由转动的光栅单色器，得到两束具有不同波长 λ_1 和 λ_2 的单色光。借切光器，使两束光以一定的时间间隔交替照射到装有试液的吸收池上，由检测器显示出试液在波长 λ_1 和 λ_2 的透射比差值 $\Delta\tau$ 或吸光度差值 ΔA，则

$$\Delta A = A_{\lambda_1} - A_{\lambda_2} = (\varepsilon_{\lambda_1} - \varepsilon_{\lambda_2})bc$$

由式可知，ΔA 与吸光物质 c 成正比。这就是双波长分光光度进行定量分析的理论根据。

常用的双光束分光光度计有国产 WFZ800S、日本岛津 UV-300、UV-365 等。

这类仪器的特点是：不用参比溶液，只用一个待测溶液，因此可以消除背景吸收干扰，包括待测溶液与参比溶液组成的不同及吸收液厚度的差异的影响，提高了测量的准确度。它特别适合混合物和浑浊样品的定量分析，可进行导数光谱分析等。其不足之处是价格昂贵。

3. 紫外-可见分光光度法的分类

紫外-可见分光光度法（UV-Vis）是基于物质分子对 200～780nm 区域内光辐射的吸收而建立起来的分析方法。由于 200～780nm 光辐射的能量主要与物质中原子的价电子的能级跃迁相适应，可以导致这些电子的跃迁，所以紫外-可见分光光度法又称电子光谱法。

许多物质都具有颜色，例如高锰酸钾水溶液呈紫色，重铬酸钾水溶液呈橙色。当含有这些物质的溶液的浓度改变时，溶液颜色的深浅度也会随之变化。溶液愈浓，颜色愈深。因此利用比较待测溶液本身的颜色或加入试剂后呈现的颜色的深浅来测定溶液中待测物质浓度的方法就称为比色分析法。这种方法仅在可见光区适用。

比色分析中根据所用检测器的不同可分为目视比色法和光电比色法。以人的眼睛来检测颜色深浅的方法称目视比色法；以光电转换器件（如光电池）为检测器来区别颜色深浅的方法称光电比色法。

随着近代测试仪器的发展，目前已普遍使用分光光度计进行。应用分光光度计，根据物质对不同波长的单色光的吸收程度不同而对物质进行定性和定量分析的方法称分光光度法（旧称吸光光度法）。

分光光度法中，按所用光的波谱区域不同又可分为可见分光光度法（400～780nm）、紫外分光光度法（200～400nm）和红外分光光度法（$3 \times 10^3 \sim 3 \times 10^4$ nm）。其中紫外分光光度法和可见分光光度法合称为紫外-可见分光光度法（图 2-18）。

比色分析法 { 目视比色法　　　　　　　　　　　　　　　{ 红外分光光度法
　　　　　　 光电比色法→分光光度法 { 紫外分光光度法 } 紫外-可见分光光度法
　　　　　　　　　　　　　　　　　　　　　　可见分光光度法

图 2-18　比色分析法分类

4. 物质的颜色产生的原因

紫外-可见分光光度法是利用物质对紫外线和可见光的吸收而建立起来的分析方法，而实际生活中的物体呈现出一定的颜色也是与它们对光的选择性吸收有关（图 2-19）。

图 2-19　不同溶液的颜色

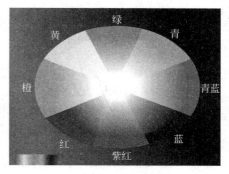

图 2-20　光的互补示意图

为什么在白光下，硫酸铜水溶液呈现蓝色，而高锰酸钾水溶液呈现紫红色呢？下面我们来分析一下这个简单的问题。

主要原因是因为高锰酸钾溶液吸收了白光中的绿色光，而呈现出紫红色；硫酸铜溶液吸收了白光中的黄色光，而呈现出蓝色。

如果将硫酸铜溶液置于钠光灯下，将会呈现黑色；置于暗处时，就什么颜色也看不见。因此，物质的颜色不仅与物质本质有关，也与有无光照和光的组成有关。

单色光是指具有同一波长的光。纯单色光很难获得，激光的单色性虽然很好，但也只接近于单色光。含有多种波长的光称为复合光，白光就是复合光，例如，日光、白炽灯光等白光都是复合光。

人的眼睛对不同波长的光的感觉是不一样的。凡是能被肉眼感觉到的光称为可见光，其波长范围为 400～780nm。凡波长小于 400nm 的紫外线或波长大于 780nm 的红外线均不能被人的眼睛感觉出，所以这些波长范围的光是看不到的。

如果把适当颜色的两种光按一定强度比例混合，可合成白色光，这两种颜色的光称为互补色（图 2-20）。

因此在白光下，高锰酸钾水溶液吸收了白色光中的绿色光，而呈现出互补色紫红色。可见物质的颜色是基于物质对光有选择性吸收的结果。而物质呈现的颜色则是被物质吸收光的互补色。

以上是用溶液对色光的选择性吸收说明溶液的颜色。若要更精确地说明物质具有选择性吸收不同波长范围光的性质，则必须用光吸收曲线来描述。

5. 物质的吸收光谱曲线

物质的吸收光谱曲线是通过实验获得的，具体方法是：将不同波长的光依次通过某一固定浓度和厚度的有色溶液，分别测出它们对各种波长光的吸收程度（用吸光度 A 表示），以波长为横坐标，以吸光度为纵坐标作图，画出曲线，此曲线即称为该物质的光吸收曲线（或吸收光谱曲线），它描述了物质对不同波长光的吸收程度。图 2-21 所示为三种不同浓度的

$KMnO_4$ 溶液的三条光吸收曲线。由图中可以看出：

① 高锰酸钾溶液对不同波长的光的吸收程度是不同的，对波长为 525nm 的绿色光吸收最多，在吸收曲线上有一高峰（称为吸收峰）。光吸收程度最大处的波长称为最大吸收波长（常以 λ_{max} 表示）。在进行光度测定时，通常都是选取在 λ_{max} 的波长处来测量，因为这时可得到最大的灵敏度。

② 不同浓度的高锰酸钾溶液，其吸收曲线的形状相似，最大吸收波长也一样。所不同的是吸收峰峰高随浓度的增加而增高。

③ 不同物质的吸收曲线，其形状和最大吸收波长各不相同。因此，可利用吸收曲线来作为物质定性分析的依据。

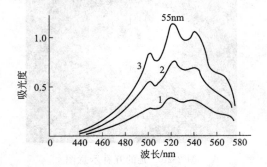

图 2-21　$KMnO_4$ 溶液的光吸收曲线
1—$c(KMnO_4)=1.56\times10^{-4}$mol/L；
2—$c(KMnO_4)=3.12\times10^{-4}$mol/L；
3—$c(KMnO_4)=4.68\times10^{-4}$mol/L

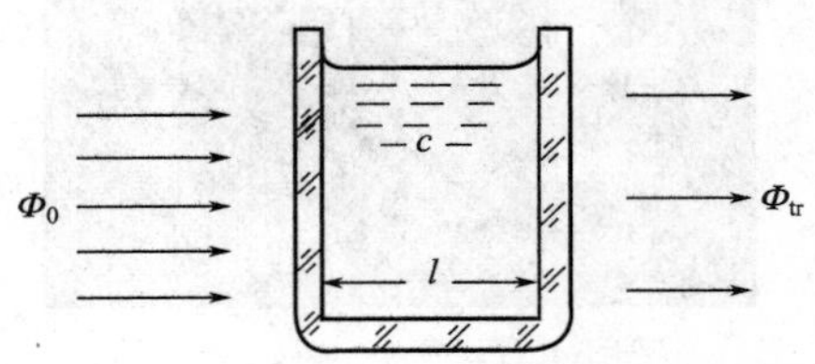

图 2-22　单色光通过盛有
溶液的吸收示意图

6. 光吸收定律

（1）朗伯-比尔定律

朗伯定律：当一束平行的单色光垂直照射到一定浓度的均匀透明溶液时，入射光被溶液吸收的程度与溶液厚度的关系为

$$\lg \frac{\Phi_0}{\Phi_{tr}}=kb \tag{2-1}$$

式中，Φ_0 为入射光通量；Φ_{tr} 为通过溶液后透射光通量；b 为溶液液层厚度，或称光程长度；k 为比例常数，它与入射光波长、溶液性质、浓度和温度有关。这就是朗伯（S. H. Lambert）定律。

透射比或透过率：Φ_{tr}/Φ_0 表示溶液对光的透射程度，称为透射比，用符号 τ 表示。透射比愈大说明透过的光愈多。而 Φ_0/Φ_{tr} 是透射比的倒数，它表示入射光 Φ_0 一定时，透过光通量愈小，即 $\lg \dfrac{\Phi_0}{\Phi_{tr}}$ 愈大，光吸收愈多（图 2-22）。

吸光度：$\lg \dfrac{\Phi_0}{\Phi_{tr}}$ 表示了单色光通过溶液时被吸收的程度，通常称为吸光度，用 A 表示，即

$$A=\lg \frac{\Phi_0}{\Phi_{tr}}=\lg \frac{1}{\tau}=-\lg\tau \tag{2-2}$$

比尔定律：当一束平行单色光垂直照射到同种物质不同浓度、相同液层厚度的均匀透明溶液时，入射光通量与溶液浓度的关系为

$$\lg \frac{\Phi_0}{\Phi_{tr}}=kc \tag{2-3}$$

式中，k 为另一比例常数，它与入射光波长、液层厚度、溶液性质和温度有关；c 为溶液浓度。这就是比尔（Beer）定律。

比尔定律表明；当溶液液层厚度和入射光通量一定时，光吸收的程度与溶液浓度成正比。必须指出的是：比尔定律只能在一定浓度范围内才适用。因为浓度过低或过高时，溶质会发生电离或聚合而产生误差。

光吸收定律（朗伯-比尔定律）：当溶液厚度和浓度都可改变时，这时就要考虑两者同时对透射光通量的影响，则有

$$A = \lg \frac{\Phi_0}{\Phi_{tr}} = \lg \frac{1}{\tau} = Kbc \tag{2-4}$$

式中，K 为比例常数，与入射光的波长、物质的性质和溶液的温度等因素有关。这就是朗伯-比尔定律，即光吸收定律。它是紫外-可见分光光度法进行定量分析的理论基础。

光吸收定律表明：当一束平行单色光垂直入射通过均匀、透明的吸光物质的稀溶液时，溶液对光的吸收程度与溶液的浓度及液层厚度的乘积成正比。

光吸收定律应用的条件：一是必须使用单色光；二是吸收发生在均匀的介质中；三是吸收过程中，吸收物质互相不发生作用。

（2）吸光系数

式（2-4）中的比例常数 K 称为吸光系数，其物理意义是：单位浓度的溶液液层厚度为 1cm 时，在一定波长下测得的吸光度。

K 值的大小取决于吸光物质的性质、入射光波长、溶液温度和溶剂性质等，与溶液浓度大小和液层厚度无关。但 K 值大小因溶液浓度所采用的单位不同而异。

① 摩尔吸光系数 ε。当溶液的浓度以物质的量浓度（mol/L）表示，液层厚度以厘米（cm）表示时，相应的比例常数 K 称为摩尔吸光系数。以 ε 表示，其单位为 L/(mol·cm)。这样，式（2-4）可以改写成

$$A = \varepsilon bc \tag{2-5}$$

摩尔吸光系数的物理意义是：浓度为 1mol/L 的溶液，于厚度为 1cm 的吸收池中，在一定波长下测得的吸光度。

摩尔吸光系数是吸光物质的重要参数之一，它表示物质对某一特定波长光的吸收能力。ε 愈大，表示该物质对某波长光的吸收能力愈强，测定的灵敏度也就愈高。因此，测定时，为了提高分析的灵敏度，通常选择摩尔吸光系数大的有色化合物进行测定，选择具有最大 ε 值的波长作入射光。一般认为 $\varepsilon < 1 \times 10^4$ L/(mol·cm) 灵敏度较低；ε 在 $1 \times 10^4 \sim 6 \times 10^4$ L/(mol·cm) 之间属中等灵敏度；$\varepsilon > 6 \times 10^4$ L/(mol·cm) 属高灵敏度。

摩尔吸光系数由实验测得。在实际测量中，不能直接取 1mol/L 这样高浓度的溶液去测量摩尔吸光系数，只能在稀溶液中测量后，换算成摩尔吸光系数。

【例 2-1】　已知含 Fe^{3+} 浓度为 $500\mu g/L$ 溶液用 KCNS 显色，在波长 480nm 处用 2cm 吸收池测得 $A = 0.197$，计算摩尔吸光系数。

$$c(Fe^{3+}) = \frac{500 \times 10^{-6}}{55.85} = 8.95 \times 10^{-6} \, mol/L$$

$$\varepsilon = \frac{A}{bc}$$

$$\varepsilon = \frac{0.197}{8.95 \times 10^{-6} \times 2} = 1.1 \times 10^4 \, L/(mol \cdot cm)$$

② 质量吸光系数。质量吸光系数适用于摩尔质量未知的化合物。若溶液浓度以质量浓度 ρ(g/L) 表示，液层厚度以厘米（cm）表示，相应的吸光度则为质量吸光度，以 a 表示，其单位为 L/(g·cm)。这样式(2-4) 可表示为

$$A = ab\rho \tag{2-6}$$

（3）吸光度的加和性

在多组分体系中，在某一波长下，如果各种对光有吸收的物质之间没有相互作用，则体系在该波长处的总吸光度等于各组分吸光度的和，即吸光度具有加和性，称为吸光度加和性原理。可表示如下：

$$A_{总} = A_1 + A_2 + \cdots + A_n = \sum_{i=1}^{n} A_i \tag{2-7}$$

式中，各吸光度的下标表示组分 1，2，$\cdots$，n。吸光度的加和性对多组分同时定量测定、校正干扰等都极为有用。

（4）影响吸收定律的主要因素

根据光吸收定律，在理论上，吸光度对溶液浓度作图所得的直线的截距为零，斜率为 εb。实际上吸光度与浓度关系有时是非线性的，或者不通过零点，这种现象称为偏离光吸收定律（图 2-23）。

如果溶液的实际吸光度比理论值大，则为正偏离吸收定律；吸光度比理论值小，为负偏离吸收定律，如图 2-23 所示。

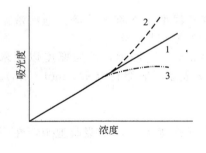

图 2-23　偏离光吸收定律示意图
1—无偏离；2—正偏离；3—负偏离

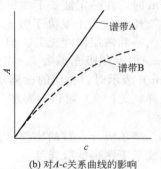

(a) 对 A-λ 关系曲线的影响　　(b) 对 A-c 关系曲线的影响

图 2-24　入射光的非单色性对吸收
定律的影响示意图

引起偏离光吸收定律的原因主要有下面几方面。

① 入射光非单色性引起偏离。吸收定律成立的前提是：入射光是单色光。但实际上，一般单色器所提供的入射光并非是纯单色光，而是由波长范围较窄的光带组成的复合光。而物质对不同波长光的吸收程度不同（即吸光系数不同），因而导致了对吸光定律的偏离（图 2-24）。入射光中不同波长的摩尔吸光系数差别愈大，偏离光吸收定律就愈严重。实验证明，只要所选的入射光，其所含的波长范围在被测溶液的吸收曲线较平坦的部分，偏离程度就要小。

② 溶液的化学因素引起偏离。溶液中的吸光物质因离解、缔合，形成新的化合物而改变了吸光物质的浓度，导致偏离吸收定律。因此，测量前的化学预处理工作是十分重要的，如控制好显色反应条件，控制溶液的化学平衡等，以防止产生偏离。

③ 比尔定律的局限性引起偏离。严格说，比尔定律是一个有限定律，它只适用于浓度小于 0.01mol/L 的稀溶液。因为浓度高时，吸光粒子间平均距离减小，以致每个粒子都会影响其邻近粒子的电荷分布。这种相互作用使它们的摩尔吸光系数 ε 发生改

变，因而导致偏离比尔定律。为此，在实际工作中，待测溶液的浓度应控制在 0.01mol/L 以下。

【理论拓展】

分子吸收光谱产生的机理

（1）分子运动及其能级跃迁

物质总是在不断运动着，而构成物质的分子及原子具有一定的运动方式。通常认为分子内部运动方式有三种，即分子内电子相对原子核的运动（称为电子运动）、分子内原子在其平衡位置上的振动（称分子振动）以及分子本身绕其重心的转动（称分子转动）。分子以不同方式运动时所具有的能量也不相同，这样分子内就对应三种不同的能级，即电子能级、振动能级和转动能级。图 2-25 是双原子分子能级分布示意图。

由图 2-25 可知，在同一电子能级中因分子的振动能量不同，分为几个振动能级。而在同一振动能级中，也因为转动能量不同，又分为几个转动能级。因此每种分子运动的能量都是不连续的，即量子化的。也就是说，每种分子运动所吸收（或发射）的能量，必须等于其能级差的特定值（光能量 $h\nu$ 的整数倍）。否则它就不吸收（或发射）能量。

通常化合物的分子处于稳定的基态，但当它受光照射时，则根据分子吸收光能的大小，引起分子转动、振动或电子跃迁，同时产生三种吸收光谱。分子由一个能级 E_1 跃迁到另一个能级 E_2 时的能量变化 ΔE 为二能级之差，即

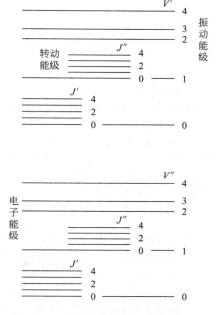

图 2-25　双原子分子能级分布示意图
0—基态；1，2，3，4—激发态

$$\Delta E = E_2 - E_1 = \frac{h\nu}{\lambda} \tag{2-8}$$

（2）分子吸收光谱的产生

一个分子的内能 E 是它的转动能 $E_{转}$、振动能 $E_{振}$ 和电子能 $E_{电子}$ 之和，即

$$E = E_{转} + E_{振} + E_{电子} \tag{2-9}$$

分子跃迁的总能量变化为

$$\Delta E = \Delta E_{转} + \Delta E_{振} + \Delta E_{电子} \tag{2-10}$$

由图 2-25 可知，转动能级间隔 $\Delta E_{转}$ 最小，一般小于 0.05eV，因此分子转动能级产生的转动光谱处于远红外和微波区。

由于振动能级的间隔 $\Delta E_{振}$ 比转动能级间隔大得多，一般为 0.05～1eV，因此分子振动所需能量较大，其能级跃迁产生的振动光谱处于近红外和中红外区。

由于分子中原子价电子的跃迁所需的能量 $\Delta E_{电子}$ 比分子振动所需的能量大得多，一般为 1～20eV，因此分子中电子跃迁产生的电子光谱处于紫外和可见光区。

由于 $\Delta E_{电子} > \Delta E_{振} > \Delta E_{转}$，因此在振动能级跃迁时也伴有转动能级跃迁；在电子能级跃迁时，同时伴有振动能级、转动能级的跃迁。所以分子光谱是由密集谱线组成的"带"光谱，而不是"线"光谱。

综上所述，由于各种分子运动所处的能级和产生能级跃迁时能量变化都是量子化的，因

此在分子运动产生能级跃迁时，只能吸收分子运动相对应的特定频率（或波长）的光能。而不同物质分子内部结构不同，分子的能级也千差万别，各种能级之间的间隔也互不相同，这样就决定了它们对不同波长光的选择性吸收。

【思考与练习】

1. 操作练习

（1）基本操作训练不熟练的同学，可利用"实训室开放"的机会重复练习。

（2）了解本实训室其他各型号的紫外-可见分光光度计，利用"实训室开放"的机会独立完成其基本操作的训练。

2. 研究性习题

查阅资料，了解目前本地区企事业单位最常用的紫外-可见分光光度计的型号，认识该仪器并编写相关操作规程。

3. 练习题

（1）解释下列名词术语

比色分析法　分光光度法　目视比色法　单色光　复合光　互补光　吸收光谱曲线　透射比　吸光度　摩尔吸光系数　质量吸光系数　光程长度

（2）朗伯定律是说明在一定条件下，光的吸收与_____成正比；比尔定律是说明在一定条件下，光的吸收与_____成正比，二者合为一体称为朗伯-比尔定律，其数学表达式为_____。

（3）摩尔吸光系数的单位是_____，它表示物质的浓度_____、液层厚度为_____时，在一定波长下溶液的吸光度。常用符号_____表示。因此光的吸收定律的表达式可写为_____。

（4）吸光度和透射比的关系是：_____。

（5）人眼能感觉到的光称为可见光，其波长范围是（　　）。

    A. 400～780nm　　　　　　　　　　　B. 200～400nm

    C. 200～1000nm　　　　　　　　　　　D. 100～400nm

（6）物质吸收光辐射后产生紫外-可见吸收光谱，这是由于（　　）。

    A. 分子的振动　　　　　　　　　　　B. 分子的转动

    C. 原子核外层电子的跃迁　　　　　　D. 分子的振动和转动跃迁

（7）物质的颜色是由于选择性吸收了白光中某些波长的光所致。$CuSO_4$溶液呈现蓝色是由于它吸收白光中的（　　）。

    A. 蓝色光波　　　B. 绿色光波　　　　C. 黄色光波　　　　　　D. 青色光波

（8）吸光物质的摩尔吸光系数与下面因素中有关的是（　　）。

    A. 吸收池材料　　B. 吸收池厚度　　　C. 吸光物质浓度　　　　D. 入射光波长

（9）符合吸收定律的溶液稀释时，其最大吸收峰波长位置（　　）。

    A. 向长波移动　　　　　　　　　　　B. 向短波移动

    C. 不移动　　　　　　　　　　　　　D. 不移动，吸收峰值降低

（10）当吸光度 $A=0$ 时，$\tau(\%)$ 为（　　）。

    A. 0　　　　　　　B. 10　　　　　　　C. 100　　　　　　　　D. ∞

（11）某试液显色后用 2.0cm 吸收池测量时，$\tau=50.0\%$。若用 1.0cm 或 5.0cm 吸收池测量，τ 及 A 各为多少？

（12）某一溶液含 47.0mg/L Fe。吸取此溶液 5.0mL 于 100mL 容量瓶中，以邻二氮菲分光光度法测定铁，用 1.0cm 吸收池于 508nm 处测得吸光度为 0.467。计算质量吸光系数 a 和摩尔吸光系数 ε。已知 $M(Fe)=55.85g/mol$。

（13）请翻译下列内容，并进行课外学习。

Typical UV-Vis Spectrophotometers：

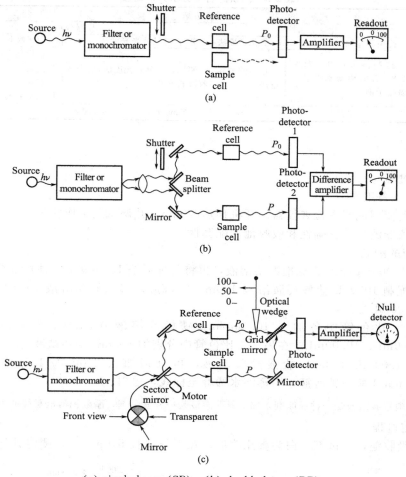

(a) single beam (SB)；(b) double-beam (DB)-
in-space；(c) doublebeam-in-time

任务 3　工作曲线法定量

【能力目标】

　　能利用可见分光光度计，采用工作曲线法测定样品中某种单一组分的含量并对测定数据进行处理。要求测定结果相对误差小于 2%。

【任务分析】

　　任务：如何测定一瓶未知水样中微量铁离子的含量（包括 Fe^{2+}、Fe^{3+}）？

　　一般可采用化学分析法和仪器分析法进行测定，化学分析法适用于常量分析（>1%），对于含量较低时，应选择仪器分析法。测铁的各种分析方法比较见表 2-3。

　　而原子吸收光谱法的设备运行成本比紫外-可见分光光度法高，因此在一些企业中，广泛使用紫外-可见分光光度法测定水中微量铁离子。

表 2-3　测铁的各种分析方法比较

类型	化学分析法		仪器分析法	
方法	配位滴定法	氧化还原法	紫外-可见分光光度法	原子吸收光谱法
原理	控制溶液酸度 pH = 1.8～2.0,用磺基水杨酸做指示剂	重铬酸钾容量法	邻二氮菲分光光度法,最大吸收波长 510nm	将样品直接吸入火焰中,于波长 248.3nm 处测量铁基态原子对其空心阴极灯特征辐射的吸收
最低检测限	>1%	>1%	0.05mg/L,0.0010%～1.00%	0.03mg/L

【实训】

1. 测定过程

（1）仪器准备工作

① 按仪器使用说明书检查仪器。开机预热 20min,并调试至工作状态。

② 检查仪器波长的正确性和吸收池的配套性。

（2）溶液的配制

① 配制 1.000mg/mL 铁标准贮备溶液,再将其稀释至 10.0μg/mL 铁标准溶液。

② 分别配制 100g/L 盐酸羟胺溶液 100mL、1.5g/L 邻二氮菲溶液 100mL、1.0mol/L 醋酸钠溶液 100mL。

③ 在 6 支比色管中各加入 10.0μg/mL 铁标准溶液 0.00mL、2.00mL、4.00mL、6.00mL、8.00mL、10.00mL;在另 2 支比色管中分别加入 5mL 未知试液。

④ 加入 1.00mL 100g/L 盐酸羟胺溶液,再分别加入 2.00mL 1.5g/L 邻二氮菲,5.00mL 1.0 mol/L醋酸钠溶液,用蒸馏水稀释至标线,摇匀。

> 注:盐酸羟胺溶液是一种还原剂,邻二氮菲溶液是一种显色剂,醋酸钠溶液是缓冲溶液。

（3）测定过程

用 2cm 吸收池,以试剂空白为参比溶液,在工作波长 510nm 下,测定并记录各溶液的吸光度。

（4）数据处理

① 绘制工作曲线。由公式 $A=\varepsilon bc$,在测量条件一致的条件下（λ、b 不变）,吸光度 A 与浓度 c 呈正比关系,若以 A 为纵坐标,以 c 为横坐标,可得一条直线（图 2-26）。

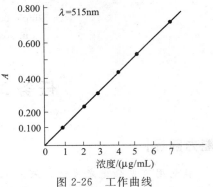

图 2-26　工作曲线

工作曲线法又称标准曲线法,它是实际工作中使用最多的一种定量方法。工作曲线的绘制方法是:配制 4 个以上浓度不同的待测组分的标准溶液,以空白溶液为参比溶液,在选定的波长下,分别测定各标准溶液的吸光度。以标准溶液浓度为横坐标,吸光度为纵坐标,在坐标纸上绘制曲线。工作曲线上必须标明标准曲线的名称、所用标准溶液（或标样）的名称和浓度、坐标分度和单位、测量条件（仪器型号、入射光波长、吸收池厚度、参比液名称）以及制作日期和制作者姓名。

> 注:工作曲线绘制不可太随意,否则导致线性不好,计算结果不准确;工作曲线应为一条直线,不是折线或曲线;工作曲线的绘制时,要使实验数据点均匀分布在直线的两边。

② 利用工作曲线计算试样中被测组分的含量。

计算公式:

$$\rho_{\text{试}} = \frac{V \rho_{\text{标}}}{V_{\text{移}}}$$

式中，$\rho_{\text{试}}$ 为试样中被测组分的浓度；V 为工作曲线上查出的体积；$\rho_{\text{标}}$ 为标准溶液的浓度；$V_{\text{移}}$ 为试样移取的体积。

（5）结束工作

① 关闭电源，拔下插头，填写仪器使用记录。

② 清洗玻璃器皿并清理工作台。

2. 学生实训

（1）实训内容

学生按要求规范完成采用可见分光光度计，工作曲线法定量测定水中微量铁，包括可见分光光度计的开机、工作波长的设置、标准溶液与测试样品溶液的配制、工作曲线的绘制、数据处理和结束工作。

（2）实训过程注意事项

① 显色过程中，加入每一种试剂后一定要摇匀，否则浓度不均匀，产生误差。

② 显色过程中，加入每一种试剂的作用不同，其加入顺序不能颠倒。

③ 试样和工作曲线测定的实验条件应保持一致，所以最好两者同时显色同时测定。

（3）职业素质训练

① 实践过程强化"3S"成果，维持规范、整洁、有序的实训室工作环境。

② 实训过程实验小组成员相互配合，培养团队合作精神。

③ 统筹安排实训各环节，合理安排各实训环节时间，快速准确地完成分析任务。

④ 实训过程学会估算和控制实验试剂的用量，合理处理废液，以培养个人的节约与环保意识。

3. 相关知识

（1）显色剂：邻二氮菲

当水溶液中的铁含量很低时，溶液本身的颜色很浅，此时无法直接利用可见分光光度法对溶液中的铁进行分析测定。加入 2mL 1.5g/L 邻二氮菲溶液后，溶液中的 Fe^{2+} 将与其反应生成橘红色化合物，这样就可以用可见分光光度法进行测定了。邻二氮菲就是一种显色剂。将待测组分转变成有色化合物的反应称为显色反应；与待测组分生成有色化合物的试剂称为显色剂。

（2）显色反应

在可见分光光度法实验中，选择合适的显色反应，并严格控制反应条件是十分重要的实验技术。显色反应可以是氧化还原反应，也可以是配位反应，或是兼有上述两种反应，其中配位反应应用最普遍。同一种组分可与多种显色剂反应生成不同的有色物质。在分析时，究竟选用何种显色反应较适宜，应考虑下面几个因素：

① 选择性好；

② 灵敏度高；

③ 生成的有色化合物组成恒定，化学性质稳定；

④ 如果显色剂有色，则要求有色化合物与显色剂之间的颜色差别要大，以减小试剂空白值，提高测定的准确度；

⑤ 显色条件要易于控制，以保证其有较好的再现性。

样品中的 Fe^{2+} 与邻二氮菲生成橘红色化合物，配合物的 $\varepsilon = 1.1 \times 10^4 \, L/(mol \cdot cm)$，pH 在 2～9（一般维持在 pH 5～6）之间，在还原剂存在下，颜色可保持几个月不变。

（3）还原剂与缓冲剂：盐酸羟胺与醋酸钠

① 盐酸羟胺的作用是将溶液中的 Fe^{3+} 还原成可与邻二氮菲反应的 Fe^{2+}，便于测定溶液中总铁含量。

② 醋酸钠溶液的作用是作为缓冲剂，调节溶液合适的 pH，以保持邻二氮菲显色剂的稳定性。

【开放性训练】

结合本实验，请查阅相关资料，完成工作曲线法测定水中微量铬的分析方案，并利用课余时间在实训室完成相关操作。

【理论提升】

1. 可见分光光度法

可见分光光度法是利用测量有色物质对某一单色光（可见光范围）的吸收程度来进行测定的定性定量分析方法。而许多物质本身无色或颜色很浅，也就是说它们对可见光不产生吸收或吸收不大，这就必须事先通过适当的化学处理，使该物质转变为能对可见光产生较强吸收的有色化合物，然后再进行光度分析。

2. 显色剂的种类

与待测组分形成有色化合物的试剂称为显色剂。常用的显色剂可分为无机显色剂和有机显色剂两大类。

（1）无机显色剂

许多无机试剂能与金属离子发生显色反应，但由于灵敏度和选择性都不高，具有实际应用价值的品种很有限。表 2-4 列出了几种常用的无机显色剂。

表 2-4　几种常用的无机显色剂

显色剂	测定元素	反应介质	有色化合物组成	颜色	λ_{max}/nm
硫氰酸盐	铁	0.1～0.8mol/L HNO_3	$[Fe(CNS)_5]^{2-}$	红	480
	钼	1.5～2mol/L H_2SO_4	$[Mo(CNS)_6]^-$ 或 $[MoO(CNS)_5]^{2-}$	橙	460
	钨	1.5～2mol/L H_2SO_4	$[W(CNS)_6]^-$ 或 $[MO(CNS)_5]^{2-}$	黄	405
	铌	3～4mol/L HCl	$[NbO(CNS)_4]^-$	黄	420
	铼	6mol/L HCl	$[ReO(CNS)_4]^-$	黄	420
钼酸铵	硅	0.15～0.3mol/L H_2SO_4	硅钼蓝	蓝	670～820
	磷	0.15mol/L H_2SO_4	磷钼蓝	蓝	670～820
	钨	4～6mol/L HCl	磷钨蓝	蓝	660
	硅	稀酸性	硅钼杂多酸	黄	420
	磷	稀 HNO_3	磷钼钒杂多酸	黄	430
	钒	酸性	磷钼钒杂多酸	黄	420
氨水	铜	浓氨水	$[Cu(NH_3)_4]^{2+}$	蓝	620
	钴	浓氨水	$[Co(NH_3)_6]^{2+}$	红	500
	镍	浓氨水	$[Ni(NH_3)_6]^{2+}$	紫	580
过氧化氢	钛	1～2mol/L H_2SO_4	$[TiO(H_2O_2)]^{2+}$	黄	420
	钒	6.5～3mol/L H_2SO_4	$[VO(H_2O_2)]^{3+}$	红橙	400～450
	铌	18mol/L H_2SO_4	$Nb_2O_3(SO_4)_2(H_2O_2)$	黄	365

（2）有机显色剂

有机显色剂与金属离子形成的配合物的稳定性、灵敏度和选择性都比较高，而且有机显色剂的种类较多，实际应用广。表 2-5 列出了几种常用的有机显色剂。

表 2-5　几种常用的有机显色剂

显色剂	测定元素	反应介质	λ_{max}/nm	$\varepsilon/[L/(mol \cdot cm)]$
磺基水杨酸	Fe^{2+}	pH 2～3	520	1.6×10^3
邻二氮菲	Fe^{2+} Cu^+	pH 3～9	510 435	1.1×10^4 7×10^3
丁二酮肟	$Ni(IV)$	氧化剂存在、碱性	470	1.3×10^4
1-亚硝基-2 苯酚	Co^{2+}		415	2.9×10^4
钴试剂	Co^{2+}		570	1.13×10^5
双硫腙	Cu^{2+}、Pb^{2+}、Zn^{2+}、Cd^{2+}、Hg^{2+}	不同酸度	490～550 (Pb 520)	$4.5 \times 10^4 \sim 3 \times 10^4$ (Pb 6.8×10^4)
偶氮砷（Ⅲ）	$Th(IV)$、$Zr(IV)$、La^{3+}、Ce^{4+}、Ca^{2+}、Pb^{2+} 等	强酸至弱酸	665～675 (Th 665)	$10^4 \sim 1.3 \times 10^5$ (Th 1.3×10^5)
RAR（吡啶偶氮间苯二酚）	Co,Pd,Nb,Ta,Th,In,Mn	不同酸度	(Nb 550)	(Nb 3.6×10^4)
二甲酚橙	$Zr(IV)$、$Hf(IV)$、$Nb(V)$、UO_2^{2+}、Bi^{3+}、Pb^{2+} 等	不同酸度	530～580 (Hf 530)	$1.6 \times 10^4 \sim 5.5 \times 10^4$ Hf 4.7×10^4
铬天青 S	Al	pH 5～5.8	530	5.9×10^4
结晶紫	Ca	7mol/L HCl $CHCl_3$-丙酮萃取		5.4×10^4
罗丹明 B	Ca、Tl	6mol/L HCl 苯萃取 1mol/L HBr 异丙醚萃取		6×10^4 1×10^5
孔雀绿	Ca	6mol/L HCl，C_6H_5Cl-CCl_4 萃取		9.9×10^4
亮绿	Tl B	0.01～0.1mol/L HBr 乙酸乙酯萃取 pH 3.5 苯萃取		7×10^4 5.2×10^4

随着科学技术的发展，还在不断地合成出各种新的高灵敏度、高选择性的显色剂。显色剂的种类、性能及其应用可查阅有关手册。

3. 显色条件、测量条件

可见分光光度法测定无机离子，通常要经过两个过程，一是显色过程，二是测量过程。为了使测定结果有较高的灵敏度和准确度，必须选择合适的显色条件和测量条件。具体如何控制好显色条件与测量条件的方法见任务 4 中的内容。

4. 定量分析方法

可见分光光度法的最广泛和最重要的用途是作微量成分的定量分析，它在工业生产和科学研究中都占有十分重要的地位。进行定量分析时，由于样品的组成情况及分析要求不同，因此分析方法也有所不同。

（1）工作曲线法

如果样品是单组分的，且遵守吸收定律，这时只要测出被测吸光物质的最大吸收波长（λ_{max}），就可在此波长下，选用适当的参比溶液测量试液的吸光度，然后再用工作曲线法或比较法求得分析结果。

其中采用工作曲线法测定样品时，应按相同方法制备待测试液（为了保证显色条件一致，操作时一般是试样与标样同时显色），在相同测量条件下测量试液的吸光度，然后在工作曲线上查出待测试液的浓度。为了保证测定准确度，要求标样与试样溶液的组成保持一致，待测试液的浓度应在工作曲线线性范围内，最好在工作曲线中部。

由于受到各种因素的影响，实验测出的各点可能不完全在一条直线上，这时"画"直线的方法就显得随意性大了一些，若采用最小二乘法来确定直线回归方程，将要准确多了。工作曲线可以用一元线性方程表示，即：

$$y = a + bx \tag{2-11}$$

式中，x 为标准溶液的浓度；y 为相应的吸光度；a、b 称回归系数，直线称回归直线。b 为直线斜率，a 为直线截距，分别由下式求出：

$$b = \frac{\sum\limits_{i=1}^{n}(x_i - \overline{x})(y_i - \overline{y})}{\sum\limits_{i=1}^{n}(x_i - \overline{x})^2} \qquad a = \frac{\sum\limits_{i=1}^{n} y_i - b \sum\limits_{i=1}^{n} x_i}{n} = \overline{y} - b\overline{x}$$

式中，$\overline{x}$、$\overline{y}$ 分别为 x 和 y 的平均值；x_i 为第 i 个点的标准溶液的浓度；y_i 为第 i 个点的吸光度。工作曲线线性的好坏可以用回归直线的相关系数来表示，相关系数 r 可用下式求得。

$$\gamma = b\sqrt{\frac{\sum\limits_{i=1}^{n}(x_i - \overline{x})^2}{\sum\limits_{i=1}^{n}(y_i - \overline{y})^2}}$$

相关系数接近于 1，说明工作曲线线性好，一般要求所作工作曲线的相关系数 r 要大于 0.999。

（2）比较法

这种方法是用一个已知浓度的标准溶液（c_s），在一定条件下，测得其吸光度 A_s，然后在相同条件下测得试液 c_x 的吸光度 A_x，设试液、标准溶液完全符合朗伯-比尔定律，则

$$c_x = \frac{A_x}{A_s} c_s \tag{2-12}$$

使用这方法要求：c_x 与 c_s 浓度应接近，且都符合吸收定律。比较法适于个别样品的测定。

【理论拓展】

1. 多组分定量测定

多组分是指在被测溶液中含有两个或两个以上的吸光组分。进行多组分混合物定量分析的依据是吸光度的加和性。假设溶液中同时存在两种组分 x 和 y，它们的吸收光谱一般有下面两种情况。

① 吸收光谱曲线不重叠 [见图 2-27(a)]，或至少可找到在某一波长处 x 有吸收而 y 不吸收，在另一波长处 y 有吸收，x 不吸收 [见图 2-27(b)]，则可分别在波长 λ_1 和 λ_2 处测定组分 x 和 y，而相互不产生干扰。

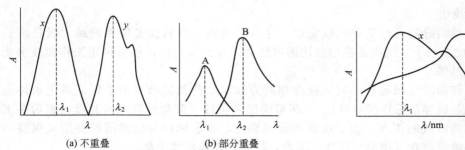

(a) 不重叠　　　　(b) 部分重叠
图 2-27　吸收光谱不重叠或部分重叠

图 2-28　吸收光谱重叠

② 吸收光谱曲线重叠（图 2-28）时，可选定两个波长 λ_1 和 λ_2 并分别在 λ_1 和 λ_2 处测定吸光度 A_1 和 A_2，根据吸光度的加和性，列出如下方程组：

$$\begin{cases} A_1 = \varepsilon_{x1} b c_x + \varepsilon_{y1} b c_y \\ A_2 = \varepsilon_{x2} b c_x + \varepsilon_{y2} b c_y \end{cases} \tag{2-13}$$

式中，c_x、c_y 分别为 x 组分和 y 组分的浓度；ε_{x1}、ε_{y1} 分别为 x 组分和 y 组分在波长 λ_1 和 λ_2 处的摩尔吸光系数；ε_{x2}、ε_{y2} 分别为 x 组分和 y 组分在波长 λ_2 处的摩尔吸光系数；ε_{x1}、ε_{y1}、ε_{x2}、ε_{y2} 可以用 x、y 的标准溶液分别在 λ_1 和 λ_2 处测定吸光度后计算求得。将 ε_{x1}、ε_{y1}、ε_{x2}、ε_{y2} 代入方程组，可得两组分的浓度。

用这种方法虽可以用于溶液中两种以上组分的同时测定，但组分数 $n > 3$ 结果误差增大。近年来由于电子计算机的广泛应用，多组分的各种计算方法得到快速发展，提供了一种快速分析的服务。

【例 2-2】　为测定含 A 和 B 两种有色物质中 A 和 B 的浓度，先以纯 A 物质作工作曲线，求得 A 在 λ_1 和 λ_2 时 $\varepsilon_{A1} = 4800$ 和 $\varepsilon_{A2} = 700$；再以纯 B 物质作工作曲线，求得 $\varepsilon_{B1} = 800$ 和 $\varepsilon_{B2} = 4200$。对试液进行测定，得 $A_1 = 0.580$ 与 $A_2 = 1.10$。求试液中的 A 和 B 的浓度。在上述测定时均用 1cm 比色皿。

由题意根据式（2-13）可以列出如下方程组：

$$\begin{cases} A_1 = \varepsilon_{A1} b c_A + \varepsilon_{B1} b c_B \\ A_2 = \varepsilon_{A2} b c_A + \varepsilon_{B2} b c_B \end{cases}$$

代入数据得

$$\begin{cases} 0.580 = 4800 c_A + 800 c_B \\ 1.10 = 700 c_A + 4200 c_B \end{cases}$$

解方程组得　　$c_A = 7.94 \times 10^{-5} \, \text{mol/L}$　　$c_B = 2.48 \times 10^{-4} \, \text{mol/L}$

2. 高含量组分的测定

紫外-可见分光光度法一般适用于含量为 $10^{-2} \sim 10^{-6} \, \text{mol/L}$ 浓度范围的测定。过高或过低含量的组分，由于溶液偏离吸收定律或因仪器本身灵敏度的限制，会使测定产生较大误差，此时若使用示差法就可以解决这个问题。

示差法又称示差分光光度法。它与一般分光光度法区别仅仅在于它采用一个已知浓度、成分与待测溶液相同的溶液作参比溶液（称参比标准溶液），而其测定过程与一般分光光度法相同。然而正是由于使用了这种参比标准溶液，才大大地提高测定的准确度，使其可用于测定过高或过低含量的组分。这种以改进吸光度测量方法来扩大测量范围并提高灵敏度和准确度的方法称为示差法，示差法又可分为高吸光度示差法、低吸光度示差法、精密示差法和全示差光度测量法四种类型。

【思考与练习】

1. 思考题

本次实训过程中的显色条件和测量条件如何进行选择？

2. 操作练习

利用实训室开放的时间，继续巩固紫外-可见分光光度计的基本操作。

3. 研究性习题

利用课余时间采用可见分光光度法，运用工作曲线法完成水中微量铬的测定。

4. 习题

（1）在 456nm 处，用 1cm 吸收池测定显色的锌配合物标准溶液，得到下列数据：

Zn/(μg/mL)	2.00	4.00	6.00	8.00	10.00
A	0.105	0.205	0.310	0.415	0.515

要求：① 绘制工作曲线；

② 求摩尔吸光系数；

③ 求吸光度为 0.260 的未知试液的浓度。

(2) 用磺基水杨酸法测定微量铁。称取 0.2160g 的 $NH_4Fe(SO_4)_2 \cdot 12H_2O$，溶于水稀释至 500mL，得铁标准溶液。按下表所列数据取不同体积标准溶液，显色后稀释至相同体积，在相同条件下分别测定各吸光值数据如下：

V/mL	0.00	2.00	4.00	6.00	8.00	10.00
A	2.00	0.165	0.320	0.480	0.630	0.790

取待测试液 5.00mL，稀释至 250mL。移取 2.00mL，在与绘制工作曲线相同的条件下显色后测其吸光度得 $A = 0.500$。用工作曲线法求试液中铁含量（以 mg/mL 表示）。已知 $M[NH_4Fe(SO_4)_2 \cdot 12H_2O] = 482.178g/mol$。

(3) 称取 0.5000g 钢样溶解后将其中 Mn^{2+} 氧化为 MnO_4^-，在 100mL 容量瓶中稀释至标线。将此溶液在 525nm 处用 2cm 吸收池测得其吸光度为 0.620，已知 MnO_4^- 在 525nm 处的 $\varepsilon = 2235L/(mol \cdot cm)$，计算钢样中锰的含量。

(4) The molar absorptivity for the complex formed between bismuth (Ⅲ) and thiourea is $9.32 \times 10^3 L/(cm \cdot mol)$ at 470nm. Calculate the range of permissible concentrations for the complex if the absorbance is to be no less than 0.15 nor greater than 0.80 when measurements are made in 1.00cm cells.

(5) A. J. Mukhedkar and N. V. Deshpande (Anal. Chem., 1963, 35, 47) report on a simultaneous determination for linol complexes. Molar absorptivities are $\varepsilon_{Co} = 3529$ and $= \varepsilon_{Ni} 3228$ at 365 nm, and $= \varepsilon_{Co} 428.9$ and $= \varepsilon_{Ni} 0$ at 700 nm. Calculate the concentration of nickel and cobalt in each of the following solutions (1.00cm cells)：

Solution	A_{365}	A_{700}
1	0.0235	0.617
2	0.0714	0.755
3	0.0945	0.920
4	0.0147	0.592

任务 4　分析测试条件的选择

【能力目标】

1. 能正确选择显色条件（显色剂的用量和酸度的控制）和测量条件（工作波长和参比溶液）。

2. 能正确分析测定过程中可能产生的测定误差。

【任务分析】

采用可见分光光度法进行测定时，为了使测定结果有较高的灵敏度和准确度，必须选择合适的分析测试条件，也就是合适的显色条件和测量条件。具体来说主要包括入射光波长、显色剂用量、有色溶液稳定性、溶液酸度等。

【实训】

1. 测定过程

(1) 仪器准备工作

① 按仪器使用说明书检查仪器。开机预热 20min，并调试至工作状态。

② 检查仪器波长的正确性和吸收池的配套性。

(2) 溶液的配制

① 配制 1.000mg/mL 铁标准贮备溶液，再将其稀释至 10.0μg/mL 铁标准操作溶液。

② 分别配制 100g/L 盐酸羟胺溶液 100mL、1.5g/L 邻二氮菲溶液 100mL、1.0mol/L 醋酸钠溶液 100mL。

（3）最大吸收波长的测定

取两个 50mL 干净容量瓶；移取 10.00μg/mL 铁标准溶液 5.00mL 于其中一个 50mL 容量瓶中，然后在两容量瓶中各加入 1mL 100g/L 盐酸羟胺溶液，摇匀。放置 2min 后，各加入 2mL 1.5g/L 邻二氮菲溶液，5mL 醋酸钠（1.0mol/L）溶液，用蒸馏水稀至刻度，摇匀。用 2cm 吸收池，以试剂空白为参比，在 440～540nm 间，每隔 10nm 测量一次吸光度。在峰值附近每间隔 5nm 测量一次。以波长为横坐标，吸光度为纵坐标确定最大吸收波长 λ_{max}。

注：每加入一种试剂都必须摇匀。改变入射光波长时，必须重新调节参比溶液的吸光度至零。

（4）显色剂用量的选择

取 6 只洁净的 50mL 容量瓶，各加入 10.00μg/mL 铁标准溶液 5.00mL，1mL 100g/L 盐酸羟胺溶液，摇匀。分别加入 0.0mL、0.5mL、1.0mL、2.0mL、3.0mL、4.0mL 1.5g/L 邻二氮菲，5mL 醋酸钠溶液，用蒸馏水稀至标线，摇匀。用 2cm 吸收池，以试剂空白为参比溶液，在选定的波长下测定吸光度。

（5）溶液酸度的选择

在 6 只洁净的 50mL 容量瓶中，各加入 10.00μg/mL 铁标准溶液 5.00mL，1mL 100g/L 盐酸羟胺溶液，摇匀。再分别加入 2mL 1.5g/L 邻二氮菲溶液，摇匀。用吸量管分别加入 1mol/L NaOH 溶液 0.0mL、0.5mL、1.0mL、1.5mL、2.0mL、2.5mL，用蒸馏水稀释至标线，摇匀。用精密 pH 试纸（或酸度计）测定各溶液的 pH 后，用 2cm 吸收池，以试剂空白为参比溶液，在选定波长下，测定各溶液的吸光度。

（6）数据处理

① 绘制 A-λ 曲线，分析最佳工作波长；

② 绘制 A-c_R 曲线，分析最佳显色剂用量；

③ 绘制 A-pH 曲线。分析最佳酸度范围。

（7）结束工作

① 关闭电源，拔下插头，填写仪器使用记录。

② 清洗玻璃器皿并清理工作台。

2. 学生实训

（1）实训内容

学生按照上述要求实训，绘制 A-λ 曲线、A-c_R 曲线和 A-pH 曲线，分析合理的显色条件和测量条件。

（2）实训过程注意事项

① 在考察同一因素对显色反应的影响时，应保持仪器的测定条件。

② 待测试样应完全透明，如有浑浊，应预先过滤。

（3）职业素质训练

① 实践过程强化"3S"成果，维持规范、整洁、有序的实训室工作环境。

② 实训过程实验小组成员相互配合，培养团队合作精神。

③ 对数据一丝不苟的态度，促使学生养成科学务实的工作作风。

④ 通过对水中微量铁的测定的分析条件的选择训练，培养学生根据数据，进行判断并解决实际问题的能力。

3. 相关知识

（1）显色条件的选择

显色反应是否满足分光光度法的要求，除了与显色剂性质有关以外，控制好显色条件是十分重要的。

① 显色剂用量。设 M 为被测物质，R 为显色剂，MR 为反应生成的有色配合物，则此显色反应可以用下式表示：

$$M + R \rightleftharpoons MR$$

从反应平衡角度上看，加入过量的显色剂显然有利于 MR 的生成，但过量太多也会带来副作用，例如增加了试剂空白或改变了配合物的组成等。因此显色剂一般应适当过量。在具体工作中显色剂用量具体是多少需要经实验来确定，即通过作 A-c_R 曲线，来获得显色剂的适宜用量。其方法是：固定被测组分浓度和其他条件，然后加入不同量的显色剂，分别测定吸光度 A 值，绘制吸光度 （A）-显色剂浓度 （c_R） 曲线，一般可得如图 2-29 所示的三种曲线。

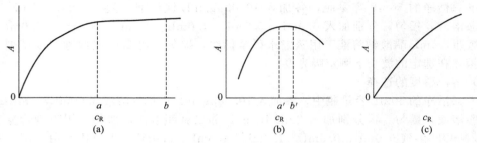

图 2-29　吸光度与显色剂浓度的关系曲线

若得到是图 2-29(a) 的曲线，则表明显色剂浓度在 $a \sim b$ 范围内吸光度出现稳定值，因此可以在 $a \sim b$ 间选择合适的显色剂用量。这类显色反应生成的配合物稳定，对显色剂浓度控制不太严格。若出现的是图 2-29(b) 的曲线，则表明显色剂浓度在 $a' \sim b'$ 这一段范围内吸光度值比较稳定，因此在显色时要严格控制显色剂用量。而图 2-29(c) 曲线表明，随着显色剂浓度增大，吸光度不断增大，这种情况下必须十分严格控制显色剂加入量或者另换合适的显色剂。

② 溶液酸度。酸度是显色反应的重要条件，它对显色反应的影响主要有以下几方面。

a. 当酸度不同时，同种金属离子与同种显色剂反应，可以生成不同配位数的不同颜色的配合物。可见只有控制溶液的 pH 在一定范围内，才能获得组成恒定的有色配合物，得到正确的测定结果。

b. 溶液酸度过高会降低配合物的稳定性，特别是对弱酸型有机显色剂和金属离子形成的配合物的影响较大。因此显色时，必须将酸度控制在某一适当范围内。溶液酸度变化，显色剂的颜色可能发生变化。

c. 溶液酸度过低可能引起被测金属离子水解，因而破坏了有色配合物，使溶液颜色发生变化，甚至无法测定。

综上所述，酸度对显色反应的影响是很大的而且是多方面的。显色反应适宜的酸度必须通过实验来确定。其方法是：固定待测组分及显色剂浓度，改变溶液 pH，制得数个显色液。在相同测定条件下分别测定其吸光度，作出 A-pH 关系曲线，如图 2-30 所示。选择曲线平坦部分对应的 pH 作为应该控制的 pH 范围。

③ 显色温度。不同的显色反应对温度的要求不同。

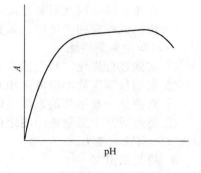

图 2-30　吸光度 A 与 pH 的关系曲线

大多数显色反应是在常温下进行的，但有些反应必须在较高温度下才能进行或进行得比较快。因此对不同的反应，应通过实验找出各自适宜的显色温度范围。由于温度对光的吸收及颜色的深浅都有影响，因此在绘制工作曲线和进行样品测定时应该使溶液温度保持一致。

④ 显色时间。在显色反应中应该从两个方面来考虑时间的影响。一是显色反应完成所需要的时间，称为"显色（或发色）时间"；二是显色后有色物质色泽保持稳定的时间，称为"稳定时间"。确定适宜时间的方法：配制一份显色溶液，从加入显色剂开始，每隔一定时间测吸光度一次，绘制吸光度-时间关系曲线。曲线平坦部分对应的时间就是测定吸光度的最适宜时间。

⑤ 溶剂的选择。有机溶剂常常可以降低有色物质的离解度，增加有色物质的溶解，从而提高了测定的灵敏度，例如 $[Fe(CNS)]^{2+}$ 在水中的 $K_{稳}$ 为 200。而在 90% 乙醇中，$K_{稳}$ 为 5×10^4。可见 $[Fe(CNS)]^{2+}$ 的稳定性大大提高，颜色也明显加深。因此，利用有色化合物在有机溶剂中稳定性好、溶解度大的特点，可以选择合适的有机溶剂，采用萃取光度法来提高方法的灵敏度和选择性。

（2）测量条件的选择

在测量吸光物质的吸光度时，测量准确度往往受多方面因素的影响。如仪器波长准确度、吸收池性能、参比溶液、入射光波长、测量的吸光度范围、测量组分的浓度范围等都会对分析结果的准确度产生影响，必须加以控制。

① 入射光波长的选择。当用分光光度计测定被测溶液的吸光度时，首先需要选择合适的入射光波长。一般情况下，应选择被测物质的最大吸收波长的光为入射光。干扰物质存在时，依据"吸收最大，干扰最小"。选择入射波长的最佳方法是绘制光的吸收曲线，确定最佳波长。

② 参比溶液的选择。在分光光度分析中测定吸光度时，由于入射光的反射，以及溶剂、试剂等对光的吸收会造成透射光通量的减弱。为了使光通量的减弱仅与溶液中待测物质的浓度有关，需要选择合适组分的溶液作参比溶液，先以它来调节透射比 100%（$A=0$），然后再测定待测溶液的吸光度。这实际上是以通过参比池的光作为入射光来测定试液的吸光度。这样就可以消除显色溶液中其他有色物质的干扰，抵消吸收池和试剂对入射光的吸收，比较真实地反映了待测物质对光的吸收，因而也就比较真实地反映了待测物质的浓度。

a. 溶剂参比。当试样溶液的组成比较简单，共存的其他组分很少且对测定波长的光几乎没有吸收，仅有待测物质与显色剂的反应产物有吸收时，可采用溶剂作参比溶液，这样可以消除溶剂、吸收池等因素的影响。

b. 试剂参比。如果显色剂或其他试剂在测定波长有吸收，此时应采用试剂参比溶液。即按显色反应相同条件，只不加入试样，同样加入试剂和溶剂作为参比溶液。这种参比溶液可消除试剂中的组分产生的影响。

c. 试液参比。如果试样中其他共存组分有吸收，但不与显色剂反应，则当显色剂在测定波长无吸收时，可用试样溶液作参比溶液，即将试液与显色溶液作相同处理，只是不加显色剂。这种参比溶液可以消除有色离子的影响。

d. 褪色参比。如果显色剂及样品基体有吸收，这时可以在显色液中加入某种褪色剂，选择性地与被测离子配位（或改变其价态），生成稳定无色的配合物，使已显色的产物褪色，用此溶液作参比溶液，称为褪色参比溶液。例如用铬天青 S 与 Al^{3+} 反应显色后，可以加入 NH_4F 夺取 Al^{3+}，形成无色的 $[AlF_6]^{3-}$。将此褪色后的溶液作参比可以消除显色剂的颜色及样品中微量共存离子的干扰。褪色参比是一种比较理想的参比溶液，但遗憾的是并非任何显色溶液都能找到适当的褪色方法。

总之，选择参比溶液时，应尽可能全部抵消各种共存有色物质的干扰，使试液的吸光度真正反映待测物的浓度。

【理论提升】

1. 显色反应中的干扰及消除

分光光度法中干扰主要来自于共存离子。一是干扰离子本身有颜色，二是与显色剂或被测组分反应。为了获得准确的结果，需要采取适当的措施来消除这些影响。消除共存离子干扰的方法很多，主要有控制酸度、加入掩蔽剂、加入氧化还原剂、改变入射波长、改变参比溶液和分离法。

2. 吸光度测量范围的选择

任何类型的分光光度计都有一定的测量误差，但对一个给定的分光光度计来说，透射比读数误差 $\Delta\tau$ 都是一个常数（其值大约为 $\pm 0.2\% \sim \pm 2\%$）。但透射比读数误差不能代表测定结果误差，测定结果误差常用浓度的相对误差 $\Delta c/c$ 来表示。由于透射比 τ 与浓度之间为负对数关系，故同样透射比读数误差 $\Delta\tau$ 在不同透射比处所造成的 $\Delta c/c$ 是不同的，那么 τ 为多少时 $\Delta c/c$ 最小？

根据朗伯-比尔定律，则 $-\lg\tau = \varepsilon bc$，经过微分，求导后可求出当 $\tau = 0.368(A = 0.434)$ 时，$\Delta c/c$ 最小 $\left(\dfrac{\Delta c}{c} = 1.4\%\right)$。经过计算，测量吸光度过高或过低，误差都很大，一般适宜的吸光度范围是 $0.2 \sim 0.8$。

实际工作中，可以通过调节被测溶液的浓度（如改变取样量、改变显色后溶液的总体积等）、使用厚度不同的吸收池来调整待测溶液吸光度，使其在适宜的吸光度范围内。

3. 分析误差

一种分析方法的准确度，往往受多方面的因素影响，对于分光光度法来说也不例外。影响分析结果准确度的因素主要是溶液因素误差和仪器因素误差两方面。

（1）溶液因素误差

溶液因素误差主要是指溶液中有关化学方面的原因，它包含如下两方面。

① 待测物质本身的因素引起误差。待测物本身的因素是指在一定条件下，待测物参与了某化学反应，包括与溶剂或其他离子发生化学反应，以及本身发生离解或聚合等。本身浓度发生了改变，导致偏离光吸收定律。

② 溶液中其他因素引起误差。除了待测组分本身的原因外，溶液中其他因素，例如溶剂的性质及共存物质的不同，都会引起溶液误差。减除这类误差的方法，一般是选择合适的参比溶液，而最有效的方法是使用双波长分光光度计。

（2）仪器因素误差

仪器因素误差是指由使用分光光度计所引入的误差。它包括如下几方面。

① 仪器的非理想性引起的误差。例如，非单色光引起对光吸收定律的偏离；波长标尺来作校正时引起光谱测量的误差；吸光度受吸光度标尺误差的影响等。

② 仪器噪声的影响。例如，光源强度波动、光电管噪声、电子元件噪声等。

③ 吸收池引起的误差。吸收池不匹配或吸收池透光面不平行，吸收池定位不确定或吸收池对光方向不同均会使透射比产生差异，结果产生误差。

总之，实际工作中所遇到情况各不相同，这就要求操作者要在工作中积累经验，以便作出得当的处理。

【开放性训练】

1. 任务

查阅文献资料，自行设计实验方案，确定可见分光光度法测定水中微量镍离子的分析条件。

2. 实训过程

（1）查阅相关资料，4 人一组制订分析方案，讨论方案的可行性，与教师一起确定分析方案。

（2）学生按小组独立完成相应的实训方案。

3. 总结

实训结束，学生按小组总结实训过程，并撰写相关小论文。

【理论拓展】

实训过程中，采用单因素法（即改变一个因素，其他因素不变）进行条件实验研究，可以准确地分析某一个因子对实验结果的影响规律。这种研究方法在科学研究中广泛使用。

另外一种经常使用的研究方法是正交实验法。希望学生课后查阅有关书籍，了解如何设计正交实验方案。

【思考与练习】

1. 思考题

（1）为什么本实训过程中采用不加试样，其他相关物质均加入的试剂空白作为参比溶液？

（2）对于一些有机物质在可见光区没有吸收，且找不到合适的显色剂进行显色，但其在紫外线区可产生吸收，你如何设计方案进行测定？

2. 操作练习

（1）在开放实训室内熟练掌握可见分光光度计的基本操作。

（2）利用课余时间自行设计实验方案，确定可见分光光度法测定水中微量镍离子的分析条件。

任务 5　紫外分光光度法的应用

【能力目标】

1. 能采用工作曲线法，对有机物紫外区域进行定量分析。

2. 能绘制吸收曲线进行定性判断。

3. 能根据紫外吸收光谱图的信息，对分子结构进行初步判断。

【任务分析】

任务：运用紫外分光光度法，制定粗品蒽醌纯度的测定方案，进行测定，合理使用定性和定量分析方法对所测数据进行处理，得出粗品蒽醌的纯度。

由于蒽醌难溶于水，一般准确称量后溶于甲醇中。试样的定性分析采用标准对照法，即绘制试样的吸收光谱曲线，与标准紫外光谱图对照，分析各个吸收峰的位置与强度是否一致。或在相同条件下，配制标样和试样的溶液，在同样条件下绘制吸收光谱曲线，进行比较分析。试样中蒽醌的定量分析，采用工作曲线法分析。即先配制蒽醌的标准溶液，测出吸光度对浓度的工作曲线。再将试样在相同条件下，测出吸光度值，计算出相应的浓度。

【实训】

1. 测定过程

（1）仪器准备工作

① 检查仪器，开机预热 20min，并调试至工作状态。

② 检查仪器波长的正确性和石英吸收池的配套性。

（2）配制蒽醌与邻苯二甲酸酐标准溶液

① 0.100mg/mL 的蒽醌标准溶液。准确称取 0.1000g 蒽醌，加甲醇溶解后，定量转移至 1000mL 容量瓶中，用甲醇稀释至标线，摇匀。

注：蒽醌用甲醇溶解时，应采用回流装置，水浴加热回流方能完全溶解。或用超声法加速溶解。

② 0.0400mg/mL 的蒽醌标准溶液。移取 20.00mL 质量浓度为 0.100mg/mL 的蒽醌标准溶液于 50mL 容量瓶中，用甲醇稀至标线，混匀。

③ 0.0900mg/mL 邻苯二甲酸酐标准溶液。准确称取 0.0900g 邻苯二甲酸酐，加甲醇溶解后，定量转移至 1000mL 容量瓶中，用甲醇稀释至标线，摇匀。

（3）吸收曲线的绘制

移取 0.0400mg/mL 的蒽醌标准溶液 2.00mL 于 10mL 容量瓶中，用甲醇稀至标线，摇匀。用 1cm 吸收池，以甲醇为参比，在 200～380nm 波段内，每隔 10nm 测定一次吸光度（峰值附近每隔 2nm 测一次），绘出吸收曲线，确定最大吸收波长。

（4）绘制蒽醌工作曲线

用吸量管分别吸取 0.0400mg/mL 的蒽醌标准溶液 2.00mL、4.00mL、6.00mL、8.00mL 于 4 个 10mL 容量瓶中，用甲醇稀释至标线，摇匀。用 1cm 吸收池，以甲醇为参比，在最大吸收波长处，分别测定吸光度，并记录之。

取 0.0900mg/mL 的邻苯二甲酸酐标准溶液于 1cm 吸收池中，以甲醇为参比，在 240～330nm 波段为，每隔 10nm 测定一次吸光度（峰值附近每隔 2nm 测一次），绘出吸收曲线，确定最大吸收波长。

（5）测定蒽醌试样中蒽醌含量

准确称取蒽醌试样 0.0100g，按溶解标样的方法溶解并转移至 100mL 容量瓶中，用甲醇稀释至标线，摇匀。吸取 3 份 4.00mL 该溶液于 3 个 10mL 容量瓶中，再以甲醇稀释至标线，摇匀。用 1cm 吸收池，以甲醇为参比，在确定的入射光波长处测定吸光度，并记录之。

（6）数据处理

① 绘制蒽醌和邻苯二甲酸酐的吸收曲线，确定入射光波长。

② 绘制蒽醌的 A-c 工作曲线，计算回归方程和相关系数。

③ 利用工作曲线，由试样的测定结果，求出试样中蒽醌的平均含量，计算测定标准偏差。

（7）结束工作

① 实验完毕，关闭电源，取出吸收池，清洗晾干后放入盒内保存。

② 清理工作台，罩上仪器防尘罩，填写仪器使用记录。

2. 学生实训

（1）实训内容

学生按要求规范完成标准溶液与测试样品溶液的配制、吸收曲线的绘制、工作曲线的绘制、数据处理和结束工作。

（2）实训过程注意事项

① 本实验应完全无水，故所有玻璃器皿干燥。

② 甲醇易挥发，对眼睛有害，使用时应注意安全。

（3）职业素质训练

① 实践过程强化"3S"成果，维持规范、整洁、有序的实训室工作环境。

② 实训过程实验小组成员相互配合，培养团队合作精神。

③ 统筹安排实训各环节，合理安排各实训环节时间，快速准确地完成分析任务。

④ 实训过程合理处理废液，以培养个人的安全意识与环保意识。

3. 相关知识——工作波长的确定

由于蒽醌分子会产生 $\pi \rightarrow \pi^*$ 跃迁和 $n \rightarrow \pi^*$ 跃迁。蒽醌在 λ_{251} 处有强吸收，其 $\varepsilon = 45820$，在 λ_{323} 处还有一中强吸收，其 $\varepsilon = 4700$。然而，工业生产的蒽醌中常常混有副产品邻苯二甲酸酐，在 λ_{251} 处会对蒽醌吸收产生干扰。因此，实际定量测定时选择的波长是 λ_{323} 的吸收，这样可避免干扰。

紫外分光光度法是基于物质对紫外线的选择性吸收来进行分析测定的方法。根据电磁波谱，紫外区的波长范围是 $10 \sim 400nm$，紫外分光光度法主要是利用 $200 \sim 400nm$ 的近紫外区的辐射（200nm 以下远紫外辐射会被空气强烈吸收）进行测定。

紫外吸收光谱与可见吸收光谱同属电子光谱，都是由分子中价电子能级跃迁产生的，不过紫外吸收光谱与可见吸收光谱相比，却具有一些突出的特点。一是它可用来对在紫外光区有吸收峰的物质进行鉴定和结构分析，能提供分子中具有助色团、生色团和共轭程度的一些信息。二是紫外分光光度法可以直接测定在近紫外区有吸收的无色透明的化合物，而不像可见光光度法那样需要加显色剂显色后再测定，因此它的测定方法简便且快速。三是具有 π 电子和共轭双键的化合物，在紫外区会产生强烈的吸收，其摩尔吸光系数可达 $10^4 \sim 10^5$，使得紫外分光光度法的定量分析具有很高的灵敏度和准确度。

紫外吸收光谱与可见吸收光谱一样，常用吸收光谱曲线来描述。即用一束具有连续波长的紫外线照射一定浓度的样品溶液，分别测量不同波长下溶液的吸光度，以吸光度对波长作图得到该化合物的紫外吸收光谱。图 2-31 所示的紫外吸收光谱可以用曲线上吸收峰所对应的最大吸收波长 λ_{max} 和该波长下的摩尔吸光系数 ε_{max} 来表示茴香醛的紫外吸收特征。

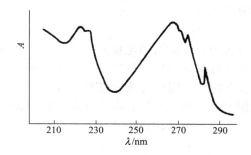

图 2-31　茴香醛紫外吸收光谱

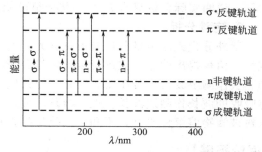

图 2-32　分子轨道能级图及电子跃迁形式

紫外吸收光谱的产生主要是由化合物分子中三种不同类型的价电子，在各种不同能级上跃迁产生的。这三种不同类型的价电子是：形成单键的 σ 电子、形成双键的 π 电子和氧或氮、硫、卤素等含未成键的 n 电子。三种价电子可能产生 $\sigma \rightarrow \sigma^*$、$\sigma \rightarrow \pi^*$、$\pi \rightarrow \pi^*$、$\pi \rightarrow \sigma^*$、$n \rightarrow \sigma^*$、$n \rightarrow \pi^*$ 等六种形式电子跃迁，其中较为常见是 $\sigma \rightarrow \sigma^*$ 跃迁、$n \rightarrow \sigma^*$ 跃迁、$\pi \rightarrow \pi^*$ 跃迁和 $n \rightarrow \pi^*$ 跃迁等四种类型，这些跃迁所需能量大小为 $\sigma \rightarrow \sigma^* > n \rightarrow \sigma^* > \pi \rightarrow \pi^* > n \rightarrow \pi^*$（图 2-32）。

【理论提升】

1. 定性鉴定

不同的有机化合物具有不同的吸收光谱，因此根据化合物的紫外吸收光谱中特征吸收峰的波长和强度可以进行物质的鉴定和纯度检查。

（1）未知试样的定性鉴定

紫外吸收光谱定性分析一般采用比较光谱法。所谓比较光谱法是将经提纯的样品和标准物用相同溶剂配成溶液，并在相同条件下绘制吸收光谱曲线，比较其吸收光谱是否一致。如果紫外光谱曲线完全相同（包括曲线形状、λ_{max}、λ_{min}、吸收峰数目、拐点及 ε_{max} 等），则可初步认为是同一种化合物。为了进一步确认，可更换一种溶剂重新测定后再作比较。

如果没有标准物，则可借助各种有机化合物的紫外可见标准谱图及有关电子光谱的文献资料进行比较。最常用的谱图资料是萨特勒标准谱图及手册。

（2）推测化合物的分子结构

紫外吸收光谱在研究化合物结构中的主要作用是推测官能团、结构中的共轭关系和共轭体系中取代基的位置、种类和数目：

① 推定化合物的共轭体系、部分骨架；

② 区分化合物的构型；

③ 互变异构体的鉴别。

（3）化合物纯度的检测

紫外吸收光谱能检查化合物中是否含有具有紫外吸收的杂质，如果化合物在紫外光区没有明显的吸收峰，而它所含的杂质在紫外区有较强的吸收峰，就可以检测出该化合物所含的杂质。例如要检查乙醇中的杂质苯，由于苯在 256nm 处有吸收，而乙醇在此波长下无吸收，因此可利用这特征检定乙醇中杂质苯。又如要检测四氯化碳中有无 CS_2 杂质，只要观察在 318nm 处有无 CS_2 的吸收峰就可以确定。

另外，还可以用吸光系数来检查物质的纯度。一般认为，当试样测出的摩尔吸光系数比标准样品测出的摩尔吸光系数小时，其纯度不如标样。相差越大，试样纯度越低。例如菲的氯仿溶液，在 296nm 处有强吸收（$lg\varepsilon = 4.10$），用某方法精制的菲测得 ε 值比标准菲低10%，说明实际含量只有90%，其余很可能是蒽醌等杂质。

2. 定量分析

紫外分光光度定量分析与可见分光光度定量分析的定量依据和定量方法相同，这里不再重复。值得提出的是，在进行紫外定量分析时应选择好测定波长和溶剂。通常情况下一般选择 λ_{max} 作测定波长，若在 λ_{max} 处共存的其他物质也有吸收，则应另选 ε 较大，而共存物质没有吸收的波长作测定波长。选择溶剂时要注意所用溶剂在测定波长处应没有明显的吸收，而且对被测物溶解性要好，不和被测物发生作用，不含干扰测定的物质。

【理论拓展】

1. 生色团和助色团

所谓生色团是指在 $200 \sim 1000nm$ 波长范围内产生特征吸收带的具有一个或多个不饱和键和未共用电子对的基团。如 $\begin{matrix} \diagdown \\ \diagup \end{matrix} C = C \diagup$ 、$\begin{matrix} \diagdown \\ \diagup \end{matrix} C = O$ 、$-N = N-$、$-C \equiv N$、$-C \equiv C-$、$-COOH$、$-N = O$ 等。

所谓助色团是一些含有未共用电子对的氧原子、氮原子或卤素原子的基团。如$-OH$、$-OR$、$-NH_2$、$-NHR$、$-SH$、$-Cl$、$-Br$、$-I$ 等。助色团不会使物质具有颜色，但引进这些基团能增加生色团的生色能力，使其吸收波长向长波方向移动，并增加了吸收强度。

2. 红移和蓝移

由于取代基或溶剂的影响造成有机化合物结构的变化，使吸收峰向长波方向移动的现象称为吸收峰"红移"。

由于取代基或溶液的影响造成有机化合物结构的变化，使吸收峰向短波方向移动的现象称为吸收峰"蓝移"。

3. 增色效应和减色效应

由于有机化合物的结构变化使吸收峰摩尔吸光系数增加的现象称为增色效应。

由于有机化合物的结构变化使吸收峰的摩尔吸光系数减小的现象称为减色效应。

4. 溶剂效应

由于溶剂的极性不同引起某些化合物吸收峰的波长、强度及形状产生变化，这种现象称为溶剂效应。例如异亚丙基丙酮[$H_3C(CH_3)C=CHCOCH_3$]分子中有 $\pi \rightarrow \pi^*$ 跃迁和 $n \rightarrow \pi^*$ 跃迁，当用非极性溶剂正己烷时，$\pi \rightarrow \pi^*$ 跃迁的 $\lambda_{max}=230nm$，而用水作溶剂时，$\lambda_{max}=243nm$，可见在极性溶剂中 $\pi \rightarrow \pi^*$ 跃迁产生的吸收带红移了。而 $n \rightarrow \pi^*$ 跃迁产生的吸收峰却恰恰相反，以正己烷作溶剂时，$\lambda_{max}=329nm$，而用水作溶剂时，$\lambda_{max}=305nm$，吸收峰产生蓝移。

又如苯在非极性溶剂庚烷中（或气态存在）时，在 $230 \sim 270nm$ 处，有一系列中等强度吸收峰并有精细结构，但在极性溶剂中，精细结构变得不明显或全部消失，呈现一宽峰。

5. 吸收带的类型

吸收带是指吸收峰在紫外光谱中的谱带的位置。化合物的结构不同，跃迁的类型不同，吸收带的位置、形状、强度均不相同。根据电子及分子轨道的种类，吸收带可分为如下四种类型。

（1）R 吸收带

R 吸收带由德文 Radikal（基团）而得名。它是由 $n \rightarrow \pi^*$ 跃迁产生的。特点是强度弱（$\varepsilon < 100$），吸收波长较长（>270nm）。例如 $CH_2=CH-CHO$ 的 $\lambda_{max}=315nm(\varepsilon=14)$ 的吸收带为 $n \rightarrow \pi^*$ 跃迁产生，属 R 吸收带。

（2）K 吸收带

K 吸收带由德文 Konjugation（共轭作用）得名。它是由 $\pi \rightarrow \pi^*$ 跃迁产生的。其特点是强度高（$\varepsilon > 10^4$），吸收波长比 R 吸收带短（$217 \sim 280nm$），并且随共轭双键数的增加，产生红移和增色效应。共轭烯烃和取代的芳香化合物可以产生这类谱带。例如：$CH_2=CH-CH=CH_2$，$\lambda_{max}=217nm(\varepsilon=10000)$，属 K 吸收带。

（3）B 吸收带

B 吸收带由德文 Benzenoid(苯的) 得名。它是由苯环振动和 $\pi \rightarrow \pi^*$ 跃迁重叠引起的芳香族化合物的特征吸收带。其特点是：在 $230 \sim 270nm(\varepsilon=200)$ 谱带上出现苯的精细结构吸收峰，可用于辨识芳香族化合物。当在极性溶剂中测定时，B 吸收带会出现一宽峰，产生红移，当苯环上氢被取代后，苯的精细结构也会消失，并发生红移和增色效应（见图 2-33）。

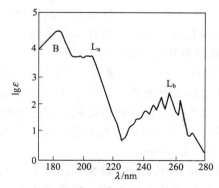

图 2-33　苯的紫外吸收光谱曲线（正己烷为溶剂）

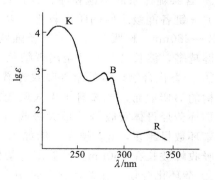

图 2-34　乙酰苯的紫外吸收光谱

（4）E 吸收带

E 吸收带由德文 Kthylenicband（乙烯型）而得名。它属于 $\pi \rightarrow \pi^*$ 跃迁，也是芳香族化合物的特征吸收带。苯的 E 带分为 E_1 带和 E_2 带。E_1 带 $\lambda_{max} = 184nm(\varepsilon = 60000)$，$E_2$ 带 $\lambda_{max} = 204nm(\varepsilon = 7900)$。当苯环上的氢被助色团取代时，$E_2$ 带红移，一般在 210nm 左右；当苯环上氢被发色团取代，并与苯环共轭时，E_2 带和 K 带合并，吸收峰红移。例如乙酰苯可产生 K 吸收带（$\pi \rightarrow \pi^*$），其 $\lambda_{max} = 240nm$（图 2-34）。此时 B 吸收带（$\pi \rightarrow \pi^*$）也发生红移（$\lambda_{max} = 278nm$）。可见 K 吸收带与苯的 E 带相比显著红移，这是由于苯乙酮中羰基与苯环形成共轭体系的缘故。

6. 常见有机化合物的紫外吸收光谱

（1）饱和烃

饱和单键碳氢化合物只有 σ 电子，因而只能产生 $\sigma \rightarrow \sigma^*$ 跃迁。由于 σ 电子最不易激发，需要吸收很大的能量，才能产生 $\sigma \rightarrow \sigma^*$ 跃迁，因而这类化合物在 200nm 以上无吸收。所以它们在紫外光谱分析中常用作溶剂使用，如正己烷、环己烷、庚烷等。表 2-6 列出常用的紫外吸收光谱溶剂允许使用的截止波长。

表 2-6 紫外吸收光谱中常用的溶剂

溶 剂	截止波长/nm	溶 剂	截止波长/nm	溶 剂	截止波长/nm
十氢萘	200	正丁醇	210	N,N-二甲基甲酰胺	270
十二烷	200	乙腈	210	苯	280
正己烷	210	甲醇	215	四氯乙烯	290
环己烷	210	异丙醇	215	二甲苯	295
庚烷	210	1,4-二噁烷	225	苄腈	300
异辛烷	210	二氯甲烷	235	吡啶	305
甲基环己烷	210	1,2-二氯乙烷	235	丙酮	330
水	210	氯仿	245	溴仿	335
乙醇	210	甲酸甲酯	260	二硫化碳	380
乙醚	210	四氯化碳	265	硝基苯	380

（2）不饱和脂肪烃

① 含孤立不饱和键的烃类化合物。具有孤立双键或三键的烯烃或炔烃，它们都产生 $\pi \rightarrow \pi^*$ 跃迁，但多数在 200nm 以上无吸收。如乙烯吸收峰在 171nm，乙炔吸收峰在 173nm，丁烯在 178nm。若烯分子中氢被助色团如—OH、—NH_2、—Cl 等取代时，吸收峰发生红移，吸收强度也有所增加。

② 含共轭体系的不饱和烃。具有共轭双键的化合物，相间的 π 键相互作用生成大 π 键，由于大 π 键各能级之间的距离较近，电子易被激发，所以产生了 K 吸收带，其吸收峰一般在 217~280nm。K 吸收带的波长及强度与共轭体系的长短、位置、取代基种类等有关，共轭双键越多，波长越长，甚至出现颜色。因此可据此判断共轭体系的存在情况。

③ 芳香化合物。苯的紫外吸收光谱是由 $\pi \rightarrow \pi^*$ 跃迁组成的三个谱带，即 E_1、E_2 具有精细结构的 B 吸收带。当苯环上引入取代苯时，E_2 吸收带和 B 吸收带一般产生红移且强度加强。稠环芳烃母体吸收带的最大吸收波长大于苯，这是由于它有两个或两个以上共轭的苯环，苯环数目越多，λ_{max} 越大。例如苯（255nm）和萘（275nm）均为无色，而并四苯为橙色，吸收峰波长在 460nm。并五苯为紫色，吸收峰波长为 580nm。

④ 杂环化合物。在杂环化合物中，只有不饱和的杂环化合物在近紫外区才有吸收。以 O、S 或 NH 取代环戊二烯的 CH_2 的五元不饱和杂环化合物，如呋喃、噻吩和吡咯等，既有 $\pi \rightarrow \pi^*$ 跃迁引起的吸收谱带，又有 $n \rightarrow \pi^*$ 跃迁引起的谱带。

【思考与练习】

1. 思考题

请比较紫外分光光度法与可见分光光度法的相同点与不同点。

2. 操作练习

设计实验方案检查乙醇中的杂质苯。

提示：苯在 256nm 处有紫外吸收，而乙醇在此波长下无吸收。

3. 研究性习题

请了解常见的双光束分光光度计型号有哪些？列举出日本岛津公司以及北京普析公司制造的双光束分光光度计的主要性能及指标。

4. 习题

（1）解释下列名词术语

生色团和助色团，红移和蓝移，增色效应和减色效应　溶剂效应

（2）下列含有杂质原子的饱和有机化合物均有 n→σ* 电子跃迁，试指出哪种化合物出现此吸收带的波长较长？

　　　A. 甲醇　　　　　　B. 氯仿　　　　　　C. 一氟甲烷　　　　　　D. 碘仿

（3）在紫外可见光区有吸收的化合物是：

　　　A. $CH_3-CH_2-CH_3$　　　　　　　　　B. CH_3-CH_2-OH

　　　C. $CH_2=CH-CH_2-CH=CH_2$　　　D. $CH_3-CH=CH-CH=CH-CH_3$

（4）下列化合物中，吸收波长最长的是：

　　　A.　　　　　　　　　B.　

　　　C.　　　　　　　　　D.　

（5）某非水溶性化合物，在 200～250nm 有吸收，当测定其紫外可见光谱时，应选用的合适溶剂是：

　　　A. 正己烷　　　　B. 丙酮　　　　　C. 甲酸甲酯　　　　　D. 四氯乙烯

（6）在异亚丙基丙酮 中，n→π* 跃迁的吸收带，在下述哪一种溶剂中测定时，其最大吸收的波长最长？

　　　A. 水　　　　　B. 甲醇　　　　C. 正己烷　　　　　D. 氯仿

任务 6　饮用水原水中 Cr(Ⅵ) 和酚类物质的检测

【能力目标】

1. 能利用各种资源进行信息检索和处理的能力。

2. 能综合运用紫外-可见分光光度法、目视比色法对复杂样品进行检测的能力。

【任务分析】

国家关于生活饮用水质的标准中，对一些重金属离子和有机物的含量都有明确的限量要求。我们对生活饮用水的原水的水质进行分析，可以了解原水的水质状况和自来水公司进行水质处理的意义。

【实训】

1. 测定过程

学生查阅相关文献，了解国家对于生活饮用水的相关标准以及相关物质的检测方法。

① 学生查阅文献针对原水中六价铬的测定，分组设计方案，可采用可见分光光度法和目视比色法；

② 针对原水中的酚类物质进行测定，分组设计方案，可采用可见分光光度法（寻找合适的显色剂）和紫外分光光度法；

③ 采集试样，配制标准溶液及相关辅助溶液；

④ 样品测试并进行数据处理。

2. 学生实训

（1）实训内容

学生综合运用前面各次实训过程中的分析方法进行实训。

（2）实训过程注意事项

严格按照前面有关可见分光光度法和紫外分光光度法的实训过程的规范要求操作。

（3）职业素质训练

① 实践过程强化"3S"成果，维持规范、整洁、有序的实训室工作环境。

② 实训过程实验小组成员相互配合，培养团队合作精神。

③ 通过原始数据的规范记录，培养学生实事求是的工作作风。

3. 相关知识

（1）文献的检索途径

文献检索的途径一是通过图书馆馆藏的各种书籍、手册、纸质标准等；二是通过网络资源中的各项搜索引擎，如百度、谷歌；三是通过一些光盘数据库，如中国期刊网、万方数据库中的电子资源，包括国家标准、专利、学术论文等。

（2）生活饮用水水质标准

生活饮用水水质标准中，感官性状指标为：色度不超过 15 度，并不得呈现其他异色；浑浊度不超过 5 度；不得有异臭异味；不得含有肉眼可见物。化学指标为：pH 为 6.5～8.5；总硬度（以 CaO 计）不超过 250mg/L；铁含量不超过 0.3mg/L；锰不超过 0.1mg/L；铜不超过 1.0mg/L；锌不超过 1.0mg/L；挥发酚类不超过 0.002mg/L；阴离子合成洗涤剂不超过 0.3mg/L。

病理学指标为：氟化物不超过 1.0mg/L，适宜浓度 0.5～1.0mg/L；氰化物不超过 0.05mg/L；砷不超过 0.04mg/L；硒不超过 0.01mg/L；汞不超过 0.001mg/L；镉不超过 0.01mg/L；铬（6 价）不超过 0.05mg/L；铅不超过 0.1mg/L；细菌学指标等。

（3）酚类

酚根据所含羟基数目可分为一元酚、二元酚和多元酚。不同的酚类化合物具有不同的沸点。酚类又由其能否与水蒸气一起挥发而分为挥发酚与不挥发酚，通常认为沸点在 230℃ 以下的为挥发酚，而沸点在 230℃ 以上的为不挥发酚。水质标准中的挥发酚即指在蒸馏时能与水蒸气一并挥发的这一类酚类化合物。水中酚类与氯化物作用会产生恶臭。

【理论提升】

1. 目视比色法

用眼睛观察比较溶液颜色深浅，来确定物质含量的分析方法称为目视比色法，虽然目视比色法测定的准确度较差（相对误差为 5%～20%），但由于它所需要的仪器简单、操作简便，仍然广泛地应用于准确度要求不高的一些中间控制分析中，更主要的是应用在限界分析中。限界分析是指要求确定样品中待测杂质含量是否在规定的最高含量限界以下。

（1）方法原理

目视比色法原理是：将有色的标准溶液和被测溶液在相同条件下对颜色进行比较，当溶液液层厚度相同、颜色深度一样时，两者的浓度相等。

根据光吸收定律：

$$A_s = \varepsilon_s c_s b_s$$
$$A_x = \varepsilon_x c_x b_x$$

当被测溶液的颜色深浅度与标准溶液相同时，则 $A_s = A_x$；又因为是同一种有色物质，同样的光源（太阳光或普通灯光），所以 $\varepsilon_s = \varepsilon_x$，而且液层厚度相等，即 $b_s = b_x$，因此 $c_s = c_x$。

（2）测定方法

目视比色法常用标准系列法进行定量。具体方法是：向插在比色管架中的一套直径、长度、玻璃厚度、玻璃成分等都相同的平底比色管中，依次加入不同量的待测组分标准溶液和一定量显色剂及其他辅助试剂，并用蒸馏水或其他溶剂稀释到同样体积，配成一套颜色逐渐加深的标准色阶。将一定量待测试液在同样条件下显色，并同样稀释至相同体积。然后从管口垂直向下观察，比较待测溶液与标准色阶中各标准溶液的颜色。如果待测溶液与标准色阶中某一标准溶液颜色深度相同，则其浓度亦相同。如果介于相邻两标准溶液之间，则被测溶液浓度为这两标准溶液浓度的平均值。

如果需要进行的是"限界分析"，即要求某组分含量应在某浓度以下，那么只需要配制浓度为该限界浓度的标准溶液，并与试样同时显色后进行比较。若试样的颜色比标准溶液深，则说明试样中待测组分含量已超出允许的限界。

【开放性训练】

1. 任务

查阅文献资料，自行设计实验方案，分析原水中铜离子的含量。

2. 实训过程

（1）查阅相关资料，4人一组制订分析方案，讨论方案的可行性，与教师一起确定分析方案。

（2）学生按小组独立完成相应的实训方案。

3. 总结

实训结束，学生按小组总结实训过程，并撰写相关小论文。

【思考与练习】

1. 思考题

如果所采集的原水有一定颜色，请查阅资料设计检测色度的方法。

2. 操作练习

根据所查的文献资料的方法，测定原水的色度。

项目 3
用电位分析法对物质进行检测

任务 1　认识电化学分析实训室

【能力目标】

1. 了解实训室的基本布局和实训室管理规范，能按环境要求布置实训室。
2. 初步掌握"5S管理"在电化学分析实训室中的应用。

【电化学分析实训室】

1. 电化学实训室的配套设施和仪器（图 3-1）

（1）配套设施

① 实训室的供电。实训室的供电包括照明电和动力电两部分，动力电主要用于各类仪器设备用电，电源的配备有三相交流电源和单相交流电源，设置有总电源控制开关，当实训室内无人时，应切断室内电源。

图 3-1　电化学实训室

② 实训室的供水。实训室的供水按用途分为清洗用水和实验用水，清洗用水主要是指各种试验器皿的洗涤、清洁卫生等，如自来水。实验用水则是有一定要求，配制溶液和试验过程用水，如蒸馏水、重蒸水等。因此，电化学分析实训室配备有总水阀、多个水龙头，当实训室长时间不用时，需关闭总水阀。

③ 实训室的工作台。电化学分析实训室内配备有中央实验台和边台实验台。在中央实验台上设有药品架和电源插座，两端设有水池，实验台下是抽屉和器具柜，可放置电化学分析的仪器设备。边台实验台与中央实验台配套，可以放置实训所用的公用试剂。

④ 实训室的废液收集区。实训室的废液是在试验操作过程中产生的，有的废液含有有害有毒物质，如直接排放，会造成环境污染；有的废液含有腐蚀性极强的有机溶剂，会腐蚀下水管道，因此，实训室内配有专门的废液贮存器。

⑤ 实训室的卫生医疗区。实训室内有专门的卫生区，放置卫生洁具，如拖把、扫帚等。实训室还配备有医疗急救箱，里面装有红药水、碘酒、棉签等常用的医疗急救配件。

（2）仪器

　　电化学分析实训室的仪器主要有酸度计、离子计、各种类型的电极和一些辅助设备，如电磁搅拌器、升降台等。电化学分析仪器的特点是结构简单，多为小型仪器，可以携带到野外现场去进行测试。

　　（3）各仪器、设备的识别实训

　　① pH 计和离子计（图 3-2～图 3-5）。

图 3-2　pHSJ-3F 型 pH 计

图 3-3　pHS-3C 型 pH 计

图 3-4　pHS-3F 型 pH 计

图 3-5　pXSJ-216 型离子计

　　② 电极与电磁搅拌器（图 3-6～图 3-8）。

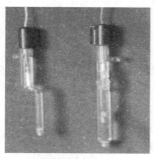

（a）甘汞电极

（b）pH 玻璃电极

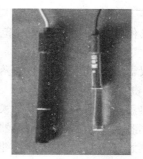

（c）氟离子选择性电极

图 3-6　电极（一）

　　2. "5S 管理"

　　详细内容见项目 1 中任务 1。

　　3. 学生实训

　　详细内容见项目 1 中任务 1。

(a)铂电极

(b)pH复合玻璃电极

图 3-7　电极（二）

图 3-8　电磁搅拌器

4. 电化学分析实训室的环境布置

电化学分析实训室和化学分析实训室一样，具有基本的设备设施，如电、水、工作台等。但电化学分析实训室含有酸度计等现代分析仪器，因此在环境布置上有其特殊性。这两个实训室的比较如表 3-1 所示。

表 3-1　电化学分析实训室和化学分析实训室的环境设置比较

项　目	电化学分析实训室	化学分析实训室
温度	0~40℃	常温,建议安装空调设备,无回风口
湿度	不大于85%	常湿
供水	多个水龙头,有化验盆(含水封)、地漏	多个水龙头,有化验盆(含水封)、地漏
废液排放	应配置专门废液桶或废液处理管道	应配置专门废液桶或废液处理管道
供电	设置单相插座若干,设置独立的配电盘;照明灯具不宜用金属制品,以防腐蚀	设置单相插座若干,设置独立的配电盘、通风柜开关;照明灯具不宜用金属制品,以防腐蚀
工作台防振	合成树脂台面,防振	合成树脂台面,防振
防火防爆	配置灭火器	配置灭火器
避雷防护	属于第三类防雷建筑物	属于第三类防雷建筑物
防静电	设置良好接地	设置良好接地
电磁屏蔽	无特殊要求无需电磁屏蔽	无特殊要求无需电磁屏蔽
放射性辐射	无特殊情况不产生放射性辐射	无特殊情况不产生放射性辐射
通风设备	一般不需要	配置通风柜,要求具有良好通风

5. 电化学实训室的管理规范

（1）实训室管理员

① 仪器的管理和使用必须落实岗位责任制，制定操作规程、使用和保养制度，做到坚持制度，责任到人。

② 熟悉仪器保养的环境要求，努力保证仪器在合适的环境下保养及使用。

③ 熟悉仪器构造，能对仪器进行调试及辅助零部件的更换。

④ 熟悉仪器各项性能，并能指导学生进行仪器的正确使用。

⑤ 建立 pH 计、永停仪、电位滴定仪等仪器的完整技术档案。内容包括产品出厂的技术资料，从可行性论证、购置、验收、安装、调试、运行、维修直到报废整个寿命周期的记录和原始资料。

⑥ 仪器发生故障时要及时上报，对较大的事故，负责人（或当事者）要及时写出报告，组织有关人员分析事故原因，查清责任，提出处理意见，并及时组织力量修复使用。

⑦ 建立仪器使用、维护日记录制度，保证一周开机一次。对仪器进行定期校验与检查，建立定期保养制度，要按照国家技术监督局有关规定，定期对仪器设备的性能、指标进行校

验和标定，以确保其准确性和灵敏度。

⑧ 定期对实训室进行水、电、气等安全检查，保证实训室卫生和整洁。

（2）学生

① 学生应按照课程教学计划，准时上实验课，不得迟到早退。违反者应视其情节轻重给予批评教育，直至令其停止实验。

② 严格遵守课堂纪律。实验前要做好预习准备工作，明确实验目的，理解实验原理，掌握实验步骤，经指导教师检查合格后方可做实验，没有预习报告一律不许进实训室；听从指挥，服从安排；按时交实验报告。

③ 进实训室必须统一穿白大褂。在实验课时准备好白大褂，进实训室统一服装；不得穿拖鞋进实训室。

④ 加强品德修养，树立良好学风。进入实训室必须遵守实训室的规章制度。不得高声喧哗和打闹，不准抽烟、随地吐痰和乱丢纸屑杂物。

⑤ 注意实验安全。爱护实验器材，节约药品和材料，使用教学仪器设备时要严格遵守操作规程，仪器设备发生故障、损坏、丢失及时报告指导教师，并按有关规定进行处理。

⑥ 按指定位置做指定实验，不得擅自离岗。非本次实验所用的仪器、设备，未经教师允许不得动用，做实验时要精心操作，细心观察实验现象，认真记录各种原始实验数据，原始记录要真实完整。

⑦ 实验时必须注意安全，防止人身和设备事故的发生。若出现事故，应立即切断电源，及时向指导教师报告，并保护现场，不得自行处理。

⑧ 完成实验后所得数据必须经指导教师签字，认真清理实验器材，将仪器恢复原状后，方可离开实训室。

⑨ 要独立完成实验，按时完成实验报告，包括分析结果、处理数据、绘制曲线及图表。在规定的时间内交指导教师批改。

⑩ 凡违反操作规程、擅自动用与本实验无关的仪器设备、私自拆卸仪器而造成事故和损失的，肇事者必须写出书面检查，视情节轻重和认识程度，按有关规定予以赔偿。

⑪ 实验课一般不允许请假，如必须请假需经教师同意。无故缺课者以旷课论处，缺做实验一般不予补做，成绩以零分计；对请假缺做实验的学生要另行安排时间补做。

⑫ 学生请假缺做实验或实验结果不符合要求需补做、重做者，应按材料成本价交纳材料消耗费。

6. 实训室的卫生管理

① 实训室工作人员和教师应树立牢固的安全观念，应认真学习用电常识和消防知识与技能，遵守安全用电操作制度和消防规定。

② 实验前，应对学生进行严格的安全用电、防火、防爆教育，避免发生触电、失火和爆炸事故。

③ 实训室内对带有火种、易燃品、易爆品、腐蚀性物品及放射性同位素的存放和使用严格按安全规定操作。

④ 严禁违章用电，严格遵守仪器设备操作规程，墙上电源未经管理部门许可，任何人不得拆装、改线。

⑤ 非工作需要严禁在实训室使用电炉等电热器和空调，使用电炉和空调等电器时，使用完毕必须切断电源。不准超负荷使用电源，对电线老化等隐患要定期检查，及时排除。

⑥ 对易燃、易爆、有毒等危险品的管理按有关管理办法执行。

⑦ 实训室根据实际情况必须配备一定的消防器材和防盗装置。

⑧ 严禁在实训室内吸烟。

⑨ 实验工作结束后，必须关好水、电、门、窗。

⑩ 定期进行安全检查，排除不安全因素。

【思考与练习】

1. 研究性习题

请课后查阅资料，运用"5S 管理"对所在教室进行整理、整顿和清扫。

2. 思考题

如何操作 pH 计？

3. 请翻译并利用课外时间自学下列内容。

Electrochemical Cells：

Oxidation and reduction（redox）reactions

Separate species to prevent direct reaction

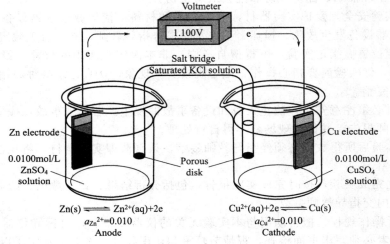

Most contain

- external wires（electrons carry current）
- ion solutions（ions carry current）
- interfaces or junctions

All contain

- complete electrical circuit
- conducting electrodes（metal，carbon）

4. 课外参考书

刘珍主编. 化验员读本. 北京：化学工业出版社，1998.

任务 2　pH 计和离子计的基本操作

【能力目标】

1. 能掌握 pH 计、离子计及电极的基本操作。

2. 能编写仪器操作规程。

3. 能识别参比电极和指示电极。

4. 能解释能斯特方程式。

【任务分析】

百事可乐本色有颜色，用 pH 试纸无法测量其准确的 pH，同样，指示液也不能确定其 pH。可在百事可乐中插入两根电极，连接上酸度计，此时，酸度计将显示百事可乐的 pH。可见，用酸度计可以准确测量百事可乐的 pH，如图 3-9 所示。酸度计和离子计是电位分析中的常用仪器，在本次任务中，要学会仪器的基本操作。

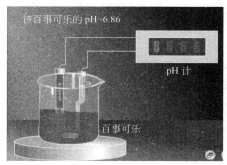

图 3-9 百事可乐的 pH 测定

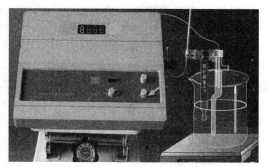

图 3-10 溶液 pH 测定装置

【实训】

1. 电位分析法测定装置的组建

（1）直接电位法测量溶液 pH

① 准备饱和甘汞电极和 pH 玻璃电极。

② 将两电极夹在电极夹上，电极导线与仪器相对应的接口相连，如图 3-10 所示。

③ 用蒸馏水清洗两电极需要插入溶液的部分，并用滤纸吸干电极外壁上的水，将两电极插入水溶液中。

（2）直接电位法测定牙膏中氟含量

① 将铁芯搅拌棒洗净，放入盛有试样的烧杯中，把烧杯置于电磁搅拌器上。

② 准备饱和甘汞电极和氟离子选择性电极。

③ 将两电极夹在电极夹上，电极导线与仪器相对应的接口相连，如图 3-11 所示。

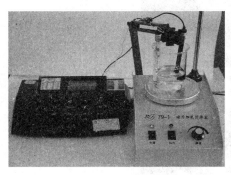

图 3-11 氟离子含量测定装置

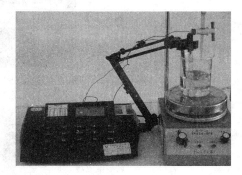

图 3-12 电位滴定实验装置

④ 用蒸馏水清洗两电极需要插入溶液的部分，并用滤纸吸干电极外壁上的水，将两电极插入烧杯中。

（3）电位滴定法测定硫酸亚铁铵中铁含量

① 将铁芯搅拌棒洗净，放入盛有试样的烧杯中，把烧杯置于电磁搅拌器上。

② 准备双盐桥甘汞电极和铂电极。

③ 将两电极夹在电极夹上，电极导线与仪器相对应的接口相连，如图 3-12 所示。

④ 在滴定管中装入滴定液，将滴定管夹在滴定管夹上，调整高度，有利于操作方便。

⑤ 用蒸馏水清洗两电极需要插入溶液的部分，将两电极插入烧杯中。

2. 学生实训

（1）实训内容

根据上述实验装置的组建过程，搭建直接电位法和电位滴定法实验装置。

（2）实训过程注意事项

① 电极导线绝缘部分及电极插杆应保持清洁干燥。

② 仪器应在通电预热后进行测量，长时间不使用的仪器预热时间要长些，平时不用时，最好每隔 1～2 周通电一次，以防因潮湿而影响仪器的性能。

③ 仪器使用时，各调节旋钮的旋动不可用力过猛，按钮不要频繁按动，以防止机械故障或破损。微电脑控制的仪器，不可随意按面板上的控制钮，以防止发生程序混乱。

④ 仪器不能随便拆卸，每隔一年应由计量部门对仪器性能进行一次检定。

（3）职业素质训练

根据电化学实训室管理规范和仪器的标准操作规程，文明规范操作，认真仔细地安装实验装置。

【理论知识】

1. pH 计的基本操作

（1）pHS-3F 型 pH 计

pHS-3F 型 pH 计是一种典型的酸度计（pH 计），其外形如图 3-13 与图 3-14 所示。

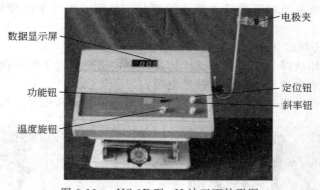

图 3-13　pHS-3F 型 pH 计正面外形图

图 3-14　pHS-3F 型 pH 计背面示意图

① 仪器使用前准备。打开仪器电源开关预热 20min。将两电极夹在电极架上，接上电极导线。用蒸馏水清洗两电极需要插入溶液的部分，并用滤纸吸干电极外壁上的水。将仪器选择按键置"pH"位置。

② 溶液 pH 的测量。

a. 仪器的校正（以二点校正法为例）。将二电极插入一 pH 已知且接近 pH7 的标准缓冲溶液（pH＝6.86，25℃）中。将功能选择按键置"pH"位置，调节"温度"调节器使所指示的温度刻度为该标准缓冲溶液的温度值。将"斜率"旋钮顺时针转到底（最大）。轻摇烧杯，待电极达到平衡后，调节"定位"调节器，使仪器读数为该缓冲溶液在当时温度下的 pH。取出电极，移去标准缓冲溶液，清洗两电极后，再插入另一接近被测溶液 pH 的标准缓冲溶液中。旋动"斜率"旋钮，使仪器显示该标准缓冲液的 pH（此时"定位"钮不可动）。若调不到，应重复上面的定位操作。调好后，"定位"和"斜率"二旋钮不可再动。

b. 测量溶液的 pH。移去标准缓冲溶液，清洗两电极后，将其插入待测试液中，轻摇试杯，待电极平衡后，读取被测试液的 pH。

（2）pHSJ-3F 型 pH 计

pHSJ-3F 型 pH 计采用微处理器技术，点阵式蓝背光液晶显示，中文操作界面，使用方便，具有自动温度补偿、自动校准、自动计算电极百分理论斜率的功能。其外形如图 3-15 所示。

图 3-15　pHSJ-3F 型 pH 计

① 仪器使用前的准备。打开仪器电源开关预热 20min。将 pH 复合电极和温度传感器夹在电极架上，接上两者的导线。用蒸馏水清洗电极和温度传感器需要插入溶液的部分，并用滤纸吸干电极外壁上的水。将仪器选择按键置"pH"位置。

② 溶液 pH 的测量。仪器的校正（以二点校正法为例）：将电极和温度传感器插入一 pH 已知且接近 pH7 的标准缓冲溶液（pH＝6.86，25℃）中，振摇均匀，按"校正"钮，进行手动"定位"。调节"▲"或"▼"，将 pH 调至溶液温度下的 pH。取出电极和温度传感器，移去标准缓冲溶液，清洗电极和温度传感器后，再插入另一接近被测溶液 pH 的标准缓冲溶液中。振摇均匀，再次按"校正"钮，进行手动调"斜率"。调节"▲"或"▼"，将 pH 调至溶液温度下的 pH，校正完毕后，仪器显示校正系数 K，测定要求 K 值在 90％～100％之间，否则不能准确测定。

③ 测量溶液的 pH。移去标准缓冲溶液，清洗电极和温度传感器后，将其插入待测试液中，轻摇试杯，待电极平衡后，按仪器控制面板上的"pH"钮，此时屏幕显示的数值即为待测液的 pH。

2. 离子计的基本操作

图 3-16 是 821 型数字式 pH 离子计的仪器面板示意图。使用该仪器进行 pX 测量的方法如下。

① 将选择开关拨至 pX 挡，接上电极，电源开关置"开"位置。调节温度补偿至溶液的温度。

② 两种已知 pX 的标准溶液，例如溶液 A 为 pX＝5.00，溶液 B 为 pX＝3.00。选择的

依据是被测对象的 pX 在两者之间。

③ 将电极浸入较浓的一种标准溶液 B 中，调节定位旋钮使仪器显示为零。

④ 将电极用蒸馏水冲洗干净，吸干外壁的水，插入较稀的溶液 A 中，如果电极的斜率符合理论值，则此时显示应为两种标准溶液的 pX 值的差（即 $\Delta pX = 5.00 \sim 3.00$）。如果仪器显示值不符合 ΔpX 值，可调节斜率旋钮使显示器上指示值为 ΔpX 值。接着进行定位，用定位调节器使显示器指示出溶液 A 的 pX 值 5.00，此时斜率补偿及定位完毕。在测量过程中该两旋钮应保持不动。

⑤ 定位完毕后，用去离子水洗净电极，吸干外壁水，浸入被测溶液中，即显示出被测溶液的 pX 值。

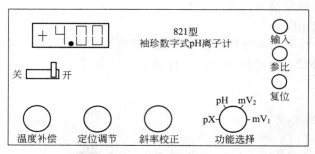

图 3-16   数字式 pH 离子计

3. 电位分析法中常用的电极

（1）参比电极

定义：电极电位不随测定溶液和浓度变化而变化的电极。

条件：可逆性、重现性、稳定性。

常用的参比电极有甘汞电极和银-氯化银电极。

① 甘汞电极。甘汞电极有两个玻璃套管，结构见图 3-17，内套管封接一根铂丝，铂丝插入纯汞中，汞下装有甘汞和汞（Hg_2Cl_2-Hg）的糊状物；外套管装入 KCl 溶液，电极下端与待测溶液接触处是熔接陶瓷芯或玻璃砂芯等多孔物质。

② 银-氯化银电极。将表面镀有 AgCl 层的金属银丝，浸入一定浓度的 KCl 溶液中，即构成银-氯化银电极，其结构如图 3-18 所示。

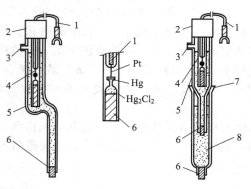

(a) 单盐桥型   (b) 电极内部结构   (c) 双盐桥型

图 3-17   甘汞电极的结构示意图

1—导线；2—绝缘帽；3—加液口；4—内电极；
5—饱和 KCl 溶液；6—多孔性物质；7—可卸盐
桥磨口套管；8—盐桥内充液

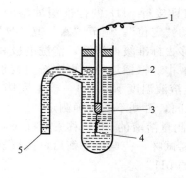

图 3-18   银-氯化银电极示意图

1—导线；2—KCl 溶液；3—Hg；
4—镀 AgCl 的 Ag 丝；5—多孔物质

银-氯化银电极常在 pH 玻璃电极和其他各种离子选择性电极中用作内参比电极。银-氯化银电极不像甘汞电极那样有较大的温度滞后效应，在高达 275℃ 左右的温度下仍能使用，而且有足够的稳定性，因此可在高温下替代甘汞电极。

银-氯化银电极用作外参比电极使用时，使用前必须除去电极内的气泡。内参比溶液应有足够高度，否则应添加 KCl 溶液。应该指出，银-氯化银电极所用的 KCl 溶液必须事先用 AgCl 饱和，否则会使电极上的 AgCl 溶解。因为 AgCl 在 KCl 溶液中有一定溶解度。

（2）指示电极

定义：电极电位随电解质溶液的浓度或活度变化而改变的电极。电极电位与待测离子浓度或活度的关系符合 Nernst 方程。

分类：金属基电极和膜电极。

① 金属基电极。

第一类电极——金属-金属离子电极，例如：$Ag-AgNO_3$ 电极（银电极），$Zn-ZnSO_4$ 电极（锌电极）等。图 3-19 为银电极。

第二类电极——金属-金属难溶盐电极。它由金属、该金属难溶盐和难溶盐的阴离子溶液组成。甘汞电极和银-氯化银电极就属于这类电极，其电极电位随所在溶液中的难溶盐阴离子活度变化而变化。

第三类电极——金属与两种具有相同阴离子难溶盐（或难离解络合物）以及第二种难溶盐（或络合物）的阳离子所组成体系的电极。

惰性金属电极——电极不参与反应，但其晶格间的自由电子可与溶液进行交换，故惰性金属电极可作为溶液中氧化态和还原态获得电子或释放电子的场所。常用的铂电极就是惰性金属电极。图 3-20 所示为铂电极，使用前，先要在 $w(HNO_3)=10\%$ 硝酸溶液中浸泡数分钟，然后清洗干净后再用。

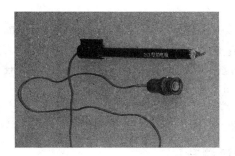

图 3-19　银电极外形图　　　　　　　图 3-20　铂电极外形图

② pH 玻璃电极。pH 玻璃电极是测定溶液 pH 的一种常用指示电极，其外形如图 3-21 所示。

pH 玻璃电极的构造见图 3-22 所示，软质球状玻璃膜含 Na_2O、CaO 和 SiO_2，厚度小于 0.1mm，对 H^+ 选择性响应；内部溶液为 pH 6～7 的膜内缓冲溶液，0.1mol/L 的 KCl 内参比溶液；内参比电极为 Ag-AgCl 电极。

随着仪器设计的先进性及人性化，配套的电极设计得越来越简约化，如图 3-7 所示的 pH 复合电极，它把甘汞电极与 pH 玻璃电极设计在一起，操作起来方便快速。

③ 离子选择性电极。离子选择性电极是一种电化学传感器，它是由对溶液中某种特定离子具有选择性响应的敏感膜及其他辅助部分组成。前面所讨论的 pH 玻璃电极就是对 H^+ 有响应的氢离子选择性电极，其敏感膜就是玻璃膜。与 pH 玻璃电极相似，其他各类离子选择性电极在其敏感膜上同样也不发生电子转移，而只是在膜表面上发生离子交换而形成膜电

位。因此这类电极与金属基电极在原理上有本质区别。由于离子选择性电极都具有一个传感膜，所以又称为膜电极，常用符号"SIE"表示。如图 3-23 为氟离子选择性电极。

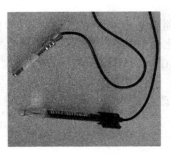

图 3-21　pH 玻璃电极的外形

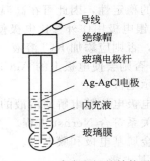

图 3-22　pH 玻璃电极的结构示意图

导线
绝缘帽
玻璃电极杆
Ag-AgCl电极
内充液
玻璃膜

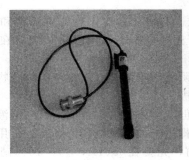

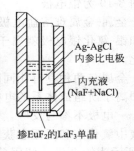

Ag-AgCl
内参比电极

内充液
(NaF+NaCl)

掺EuF₂的LaF₃单晶

图 3-23　氟离子选择性电极
（内充液为 0.1mol/L NaF＋0.1mol/L NaCl 溶液）

　　氟离子选择性电极的电极膜为 LaF_3 单晶，为了改善导电性，晶体中还掺入少量的 EuF_2 和 CaF_2。单晶膜封在硬塑料管的一端，管内装有 0.1mol/L NaF-0.1mol/L NaCl 溶液作内参比溶液，以 Ag-AgCl 电极作内参比电极。

　　4. 编写仪器操作规程

　　学习了仪器的结构和基本操作，比较 pH 计和离子计的不同，尝试编写两种仪器的操作规程。

【理论提升】

　　1. 电化学分析法

　　定义：电化学分析法是利用物质的电学及电化学性质进行分析的一类分析方法，是仪器分析的一个重要分支。

　　分类：根据所测电池的电物理量性质不同可分为电导分析法、电解分析法、电位分析法、库仑分析法、极谱分析法和伏安分析法（本教材只介绍电位分析法）。这些电化学分析尽管在测量原理、测量对象及测量方式上都有很大差别，但它们都是在一种电化学反应装置上进行的，这反应装置就是电化学电池。

　　化学电池是一种电化学反应器，由两个电极插入适当电解质溶液中组成。化学电池可分为原电池和电解池。

　　原电池：将化学能转化为电能的装置（自发进行），主要应用有直接电位法和电位滴定法。图 3-24 是 Cu-Zn 原电池示意图。

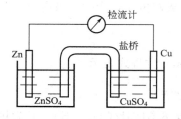

图 3-24　Cu-Zn 原电池示意图

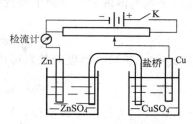

图 3-25　Cu-Zn 电解池示意图

电解池：将电能转化为化学能的装置（非自发进行），主要应用在库仑分析法、极谱分析法和电解分析法。图 3-25 是 Cu-Zn 电解池示意图。

电池的表现形式（以铜-锌原电池为例）：

$$(-)Zn \mid ZnSO_4(x \text{ mol/L}) \parallel CuSO_4(y \text{ mol/L}) \mid Cu(+)$$

注意：① 溶液注明活度；
② 用 | 表示电池组成的每个接界面；
③ 用 ‖ 表示盐桥，表明具有两个接界面；
④ 发生氧化反应的一极写在左，发生还原反应的一极写在右。

2. 电位分析法

定义：将一支电极电位与被测物质的活（浓）度有关的电极（称指示电极）和另一支电位已知且保持恒定的电极（称参比电极）插入待测溶液中组成一个化学电池，在零电流条件下，通过测定电池电动势进而测得溶液中待测组分含量的方法。

特点：① 准确度高，重现性和稳定性好；
② 灵敏度高，$10^{-4} \sim 10^{-8}$ mol/L、$10^{-10} \sim 10^{-12}$ mol/L（极谱，伏安）；
③ 选择性好（排除干扰）；
④ 应用广泛（可用于常量、微量和痕量分析）；
⑤ 仪器设备简单，易于实现自动化，适合自动控制和在线分析。图 3-26 和图 3-27 为实际生产中常用的仪器。

图 3-26　便携式 pH 计

图 3-27　在线检测 pH 计

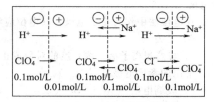

图 3-28　离子的迁移示意图

3. 电位分析法的相关术语

① 相界电位。两个不同物相接触的界面上的电位差。
② 液接电位。两个组成或浓度不同的电解质溶液相，接触的界面间所存在的微小电位差。它是由各种离子具有不同的迁移速率而引起，如图 3-28 所示。
③ 金属的电极电位。金属电极插入含该金属的电解质溶液中产生的金属与溶液的相界电位。

$$Zn \rightarrow Zn^{2+} \Rightarrow 双电层 \Rightarrow 动态平衡 \Rightarrow 稳定的电位差$$

④ 电池电动势。构成化学电池的相互接触的各相界电位的代数和。

4. 电位分析法的理论依据——能斯特方程

金属的电极电位可以通过能斯特方程求出，将金属片 M 插入含有该金属离子 M^{n+} 的溶液中，此时金属与溶液的接界面上将发生电子的转移形成双电层，产生电极电位，其电极半反应为：

$$M^{n+} + ne \rightleftharpoons M$$

电极电位 $\varphi_{M^{n+}/M}$ 与 M^{n+} 活度的关系可用能斯特（Nernst）方程式表示：

$$\varphi_{M^{n+}/M} = \varphi_{M^{n+}/M}^{\ominus} + \frac{RT}{nF} \ln a_{M^{n+}} \tag{3-1}$$

式中，$\varphi_{M^{n+}/M}^{\ominus}$ 为标准电极电位，V；R 为气体常数，8.3145J/(mol·K)；T 为热力学温度，K；n 为电极反应中转移的电子数；F 为法拉第（Faraday）常数，96486.7C/mol；$a_{M^{n+}}$ 为金属离子 M^{n+} 的活度，mol/L。

为了便于使用，用常用对数代替自然对数。因此在温度为25℃时，能斯特方程式可近似地简化成下式：

$$\varphi_{M^{n+}/M} = \varphi_{M^{n+}/M}^{\ominus} + \frac{00592}{n} \lg a_{M^{n+}} \tag{3-2}$$

当溶液浓度很小时，式中活度可以用浓度代替。

【开放性训练】

1. 任务
pHS-2C 型 pH 计的操作训练。

2. 实训过程
（1）根据仪器使用说明书，熟悉仪器各个部件，与 pHSJ-3F 和 pHS-3F 进行比较。
（2）独立完成仪器的操作训练。

3. 作业
实训结束，编写 pHS-2C 型 pH 计的操作规程。

【思考与练习】

1. 请解释下列名词术语

电化学分析法　电位分析法　直接电位法　电位滴定法　参比电极　指示电极　不对称电位　离子选择性电极

2. 在电位法中作为指示电极，其电位应与被测离子的活（浓）度的关系是（　　）。

    A. 无关　　　　　　　　　　　　B. 成正比

    C. 与被测离子活（浓）度的对数成正比　　　D. 符合能斯特方程

3. 常用的参比电极是（　　）。

    A. 玻璃电极　　　　B. 气敏电极　　　　C. 饱和甘汞电极　　　　D. 银-氯化银电极

4. 请翻译并利用课外时间自学下列内容。

What happens at electrode surface?

Electrons transferred at electrode surface by redox reactions - occur at liquid/solid interface (solution/electrode) Electrical double layer formed (Fig 22-2)

（ⅰ）Tightly bound inner layer

（ⅱ）Loosely bound outer layer

Faradaic currents：

    proportional to species concentration

    due to redox reaction

Non-faradaic currents：

    charging of double layer (capacitance)

    not due to redox reactions

Redox reactions happen close to electrode surface (inner part of double layer ＜1nm)

Continual mass transport of ions to electrode surface by

（ⅰ）convection (stirring, liquid currents)

（ⅱ）diffusion (concentration gradient)

（ⅲ）migration (electrostatic force)

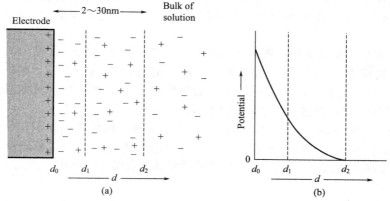

5. 课外参考书

陈培榕，邓勃主编. 现代仪器分析实验与技术. 北京：清华大学出版社，1999.

任务 3　饮用水 pH 的测定

【能力目标】

1. 能测定水溶液的 pH，通过操作训练，能掌握溶液 pH 测定的机理。

2. 能初步了解膜电位的产生机理。

【任务分析】

饮用水的 pH 能影响到水的口感，酸度过高过低，均会造成酸味或涩味，因此，无论是自来水、矿泉水和纯净水，都必须控制其 pH，通常测量水溶液 pH 的方法有以下两种。①pH 试纸法：用玻璃棒蘸取少量水试样于一张 pH 试纸上，试纸变色，将 pH 试纸上的色斑与标准色卡对比，即可知道水试样的 pH。②指示液法：把对硝基酚指示液和甲基橙指示液分别滴加到两杯水试样中，根据水试样颜色的变化，可以判断水试样的 pH 范围。

上述两种检测方法均有快速、方便的优点，缺点是检测精度不高。那么如何提高测量的精度呢？可以采用酸度计来完成这一任务。

【实训】

1. **测定过程**（以 pHS-3F 型 pH 计为例）

（1）标准缓冲溶液的配制

① pH＝4.00 的标准缓冲液。称取在 110℃下干燥过 1h 的邻苯二甲酸氢钾 5.11g，用无 CO_2 的水溶解并稀释至 500mL。贮于用所配溶液荡洗过的聚乙烯试剂瓶中，贴上标签。

② pH＝6.86 标准缓冲液。称取已于（120±10）℃下干燥过 2h 的磷酸二氢钾 1.70g 和磷酸氢二钠 1.78g，用无 CO_2 水溶解并稀释至 500mL。贮于用所配溶液荡洗过的聚乙烯试剂瓶中贴上标签。

③ pH＝9.18 标准缓冲液。称取 1.91g 四硼酸钠，用无 CO_2 水溶解并稀释至 500mL。贮于用所配溶液荡洗过的聚乙烯试剂瓶中，贴上标签。

（2）水溶液 pH 的测量

① 打开电源开关，预热 20min。

② 置选择按键开关于"mV"位置（注意：此时暂不要把玻璃电极插入座内），若仪器显示不为"0.00"，可调节仪器"调零"电位器，使其显示为正或负"0.00"，然后锁紧电位器。

③ 选择、处理并安装电极，搭建实验装置，如图 3-10 所示。

④ 选择功能钮为 pH 挡，取一洁净塑料试杯，用 pH＝6.86（25℃）的标准缓冲溶液荡洗三次，倒入 50mL 左右该标准缓冲溶液。用温度计测量标准缓冲溶液的温度，调节"温度"调节器，使指示的温度刻度为所测得的温度。

⑤ 将电极插入标准缓冲溶液中，小心轻摇几下试杯，以促使电极平衡。将"斜率"调节器顺时针旋足，调节"定位"调节器，使仪器显示值为此温度下该标准缓冲溶液的 pH。随后将电极从标准缓冲溶液中取出，移去试杯，用蒸馏水清洗二电极，并用滤纸吸干电极外壁上的水。

⑥ 另取一洁净试杯（或 100mL 小烧杯），用另一种与待测试液（A）pH 相接近的标准缓冲溶液荡洗三次后，倒入 50mL 左右该标准缓冲溶液。将电极插入溶液中，小心轻摇几下试杯，使电极平衡。调节"斜率"调节器，使仪器显示值为此温度下该标准缓冲溶液的 pH。

⑦ 移去标准缓冲溶液，清洗电极，并用滤纸吸干电极外壁水。取一洁净试杯（或 100mL 小烧杯），用待测试液（A）荡洗三次后倒入 50mL 左右试液。用温度计测量试液的温度，并将温度调节器置此温度位置上。将电极插入被测试液中，轻摇试杯以促使电极平衡。待数字显示稳定后读取并记录被测试液的 pH。平行测定两次，并记录。

2. 学生实训

（1）实训内容

独立完成水试样的 pH 测量，处理数据。

（2）实训过程注意事项

① 玻璃电极球泡易碎，操作要仔细。电极引线插头应干燥、清洁，不能有油污。

② pH 电极不要触及杯底，插入深度以溶液浸没玻璃球泡为限。

③ 校正后的仪器即可用于测量待测溶液的 pH，但测量过程中不应再动"定位"调节器，若不小心碰动"定位"或"斜率"调节器，应重新校正。

④ 待测试液温度应与标准缓冲溶液温度相同或接近。若温度差别大，则应待温度相近时再测量。

⑤ 酸度计的输入端（即测量电极插座）必须保持干燥清洁。在环境湿度较高的场所使用时，应将电极插座和电极引线柱用干净纱布擦干。读数时电极引入导线和溶液应保持静止，否则会引起仪器读数不稳定。

⑥ 若要测定某固体样品水溶液的 pH，除特殊说明外，一般应称取 5g 样品（称准至 0.01g），用无 CO_2 的水溶解并稀释至 100mL，配成试样溶液，然后再进行测量。

⑦ 由于待测试样的 pH 常随空气中 CO_2 等因素的变化而改变，因此采集试样后应立即测定，不宜久存。

（3）职业素质训练

① 严格按照实训室管理规范和标准操作规程进行实训，针对所使用的仪器，实行我使用我爱护，我使用我负责的良好素养。

② 准确记录数据，以科学、严谨的态度对待实训每一过程。

3. 相关知识

（1）甘汞电极（图 3-29）

在使用饱和甘汞电极时，需要注意下面几个问题。

① 使用前应先取下电极下端口和上测加液口的小胶帽，不用时戴上。

② 电极内饱和 KCl 溶液的液位应保持有足够的高度（以浸没内电极为度），不足时要补加。为了保证内参比溶液是饱和溶液，电极下端要保持有少量

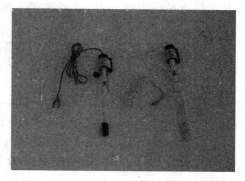

图 3-29　甘汞电极外形图

KCl 晶体存在，否则必须由上加液口补加少量 KCl 晶体。

③ 使用前应检查玻璃弯管处是否有气泡，若有气泡应及时排除掉，否则将引起电路断路或仪器读数不稳定。

④ 使用前要检查电极下端陶瓷芯毛细管是否畅通。检查方法是：先将电极外部擦干，然后用滤纸紧贴瓷芯下端片刻，若滤纸上出现湿印，则证明毛细管未堵塞。

⑤ 安装电极时，电极应垂直置于溶液中，内参比溶液的液面应较待测溶液的液面高，以防止待测溶液向电极内渗透。

⑥ 饱和甘汞电极在温度改变时常显示出滞后效应（如温度改变 8℃ 时，3h 后电极电位仍偏离平衡电位 0.2～0.3mV），因此不宜在温度变化太大的环境中使用。但若使用双盐桥型电极（图 3-29），加置盐桥可减小温度滞后效应所引起的电位漂移。饱和甘汞电极在 80℃ 以上时电位值不稳定，此时应改用银-氯化银电极。

⑦ 当待测溶液中含有 Ag^+、S^{2-}、Cl^- 及高氯酸等物质时，应加置 KNO_3 盐桥。

（2）pH 玻璃电极（图 3-21）

使用玻璃电极时还应注意如下事项。

① 使用前要仔细检查所选电极的球泡是否有裂纹，内参比电极是否浸入内参比溶液中，内参比溶液内是否有气泡。有裂纹或内参比电极未浸入内参比溶液的电极不能使用。若内参比溶液内有气泡，应稍晃动以除去气泡。

② 玻璃电极在长期使用或贮存中会"老化"，老化的电极不能再使用。玻璃电极的使用期一般为一年。

③ 玻璃电极玻璃膜很薄，容易因为碰撞或受压而破裂，使用时必须特别注意。

④ 玻璃球泡沾湿时可以用滤纸吸去水分，但不能擦拭。玻璃球泡不能用浓 H_2SO_4 溶液、洗液或浓乙醇洗涤，也不能用于含氟较高的溶液中，否则电极将失去功能。

⑤ 电极导线绝缘部分及电极插杆应保持清洁干燥。

【理论提升】

1. 甘汞电极

甘汞电极的半电池为：Hg，Hg_2Cl_2（固）| KCl（液）

电极反应为：$Hg_2Cl_2 + 2e \rightleftharpoons 2Hg + 2Cl^-$

25℃ 时电极电位为：

$$\varphi_{Hg_2Cl_2/Hg} = \varphi^{\ominus}_{Hg_2Cl_2/Hg} - \frac{0.0592}{2}\lg a^2_{Cl^-} = \varphi^{\ominus}_{Hg_2Cl_2/Hg} - 0.0592\lg a_{Cl^-} \qquad (3\text{-}3)$$

可见，在一定温度下，甘汞电极的电位取决于 KCl 溶液的浓度，当 Cl^- 活度一定时，

其电位值是一定的。表 3-2 给出了不同浓度 KCl 溶液制得的甘汞电极的电位值。

表 3-2 25℃时甘汞电极的电极电位

名　　称	KCl 溶液浓度/(mol/L)	电极电位/V
饱和甘汞电极（SCE）	饱和溶液	0.2438
标准甘汞电极（NCE）	1.0	0.2828
0.1mol/L 甘汞电极	0.10	0.3365

由于 KCl 的溶解度随温度而变化，电极电位与温度有关。因此，只要内充 KCl 溶液浓度、温度一定，其电位值就保持恒定。

电位分析法最常用的甘汞电极的 KCl 溶液为饱和溶液，因此称为饱和甘汞电极（SCE）。

2. pH 玻璃电极

当电极浸入水溶液中时，玻璃外表面吸收水产生溶胀，形成很薄的水合硅胶层（图 3-30）。水合硅胶层只容许氢离子扩散进入玻璃结构的空隙并与 Na^+ 发生交换反应。

（1）膜电位

由图 3-30 可见：

玻璃膜＝水化层＋干玻璃层＋水化层

电极的相＝内参比液相＋内水化层＋干玻璃相＋外水化层＋试液相膜电位

$\varphi_M = \varphi_{外}$（外部试液与外水化层之间）$+ \varphi_g$（外水化层与干玻璃之间）$- \varphi_g'$（干玻璃与内水化层之间）$- \varphi_{内}$（内水化层与内部试液之间）

设膜内外表面结构相同（$\varphi_g = \varphi_g'$），即

$$\varphi_{膜} = \varphi_{外} - \varphi_{内} = 0.0592 \lg a_{H^+(外)} / a_{H^+(内)} \qquad (3\text{-}4)$$

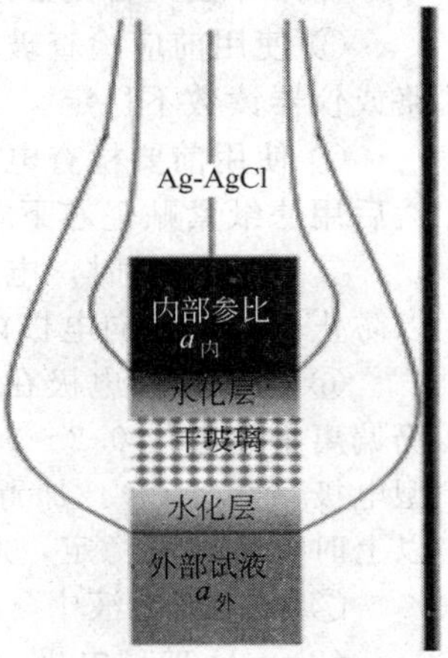

由于内参比溶液的 H^+ 活度 $a_{H^+(内)}$ 恒定，因此，25℃时式(3-4)可表示为

$$\varphi_{膜} = K' + 0.0592 \lg a_{H^+外}$$

或

$$\varphi_{膜} = K' - 0.0592 pH_{外} \qquad (3\text{-}5)$$

式(3-5) 为 pH 溶液的膜电位表达式或采用玻璃电极进行 pH 测定的理论依据！

式(3-5) 中 K' 由玻璃膜电极本身的性质决定，对于某一确定的玻璃电极，其 K' 是一个常数。由式(3-5) 可以看出，在一定温度下，玻璃电极的膜电位与外部溶液的 pH 呈线性关系。

从以上分析可以看到，pH 玻璃电极膜电位是由于玻璃膜上的钠离子与水溶液中的氢离子以及玻璃水化层中氢离子与溶液中氢离子之间交换的结果。

（2）不对称电位

当玻璃膜内外溶液 H^+ 浓度或 pH 相等时，从前述公式可知，$\varphi_M = 0$，但实际上 φ_M 不为 0，这说明玻璃膜内外表面性质是有差异的，如表面的几何形状不同、结构上的微小差异、水化作用的不同等。由此引起的电位差称为不对称电位。其对 pH 测定的影响可通过充分浸泡电极和用 pH 标准缓冲溶液校正的方法加以消除。

测定 pH 的电池组成表达式为：

$$\text{Ag} | \text{AgCl}, [\text{Cl}^-] = 1.0 \text{mol/L} \parallel [\text{H}_3\text{O}^+]$$

外参比电极

$$ax | \text{玻璃膜} \parallel [\text{H}_3\text{O}^+] = a, [\text{Cl}^-] = 1.0\text{mol/L}, \text{AgCl} | \text{Ag}$$

待测液　　　　　　　　玻璃电极（含内参比液）

图 3-30 pH 玻璃电极膜电位形成示意图

由于 Ag-AgCl 电极的电位是恒定的，与待测 pH 无关。所以玻璃电极的电极电位应是内参比电极电位和膜电位之和：

$$\varphi_{玻璃} = K_{玻} - 0.0592pH_{外} \tag{3-6}$$

式中

$$K_{玻} = \varphi_{AgCl/Ag} + K'$$

可见，当温度等实验条件一定时，pH 玻璃电极的电极电位与试液的 pH 呈线性关系。

pH 玻璃电极测定溶液 pH 的优点是不受溶液中氧化剂或还原剂的影响，玻璃膜不易因杂质的作用而中毒，能在胶体溶液和有色溶液中应用。缺点是本身具有很高的电阻，必须辅以电子放大装置才能测定，其电阻又随温度而变化，一般只能在 5～60℃ 使用。

在测定酸度过高（pH＜1）和碱度过高（pH＞9）的溶液时，其电位响应会偏离线性，产生 pH 测定误差。在酸度过高的溶液中测得的 pH 偏高，这种误差称为"酸差"。在碱度过高的溶液中，由于 a_{H^+} 太小，其他阳离子在溶液和界面间可能进行交换而使得 pH 偏低，尤其是 Na$^+$ 的干扰较显著，这种误差称为"碱差"或"钠差"。现在商品 pH 玻璃电极中，231 型玻璃电极在 pH＞13 时才发生较显著碱差，其使用 pH 范围是 pH 1～13；221 型玻璃电极使用 pH 范围则为 1～10。因此应根据被测溶液具体情况选择合适型号的 pH 玻璃电极。

3. 标准缓冲溶液

pH 标准缓冲溶液是具有准确 pH 的缓冲溶液，是 pH 测定的基准，故缓冲溶液的配制及 pH 的确定是至关重要的。我国国家标准物质研究中心通过长期工作，采用尽可能完善的方法，确定 30～95℃ 水溶液的 pH 工作基准，它们分别由七种六类标准缓冲物质组成。这七种六类标准缓冲物质具体见表 3-3，这些标准缓冲物质按 GB 11076—89《pH 测量用缓冲溶液制备方法》配制出的标准缓冲溶液的 pH 均匀地分布在 0～13 的 pH 范围内。标准缓冲溶液的 pH 随温度变化而改变。表 3-3 列出了六类标准缓冲溶液 10～35℃ 时相应的 pH，以便使用时查阅。

表 3-3　pH 标准缓冲溶液在通常温度下的 pH

试　　剂	浓度 $c/(mol/L)$	pH					
		10℃	15℃	20℃	25℃	30℃	35℃
四草酸钾	0.05	1.67	1.67	1.68	1.68	1.68	1.69
酒石酸氢钾	饱和	—	—	—	3.56	3.55	3.55
邻苯二甲酸氢钾	0.05	4.00	4.00	4.00	4.00	4.01	4.02
磷酸氢二钠	0.025	6.92	6.90	6.88	6.86	6.86	6.84
磷酸二氢钾	0.025						
四硼酸钠	0.01	9.33	9.28	9.23	9.18	9.14	9.11
氢氧化钙	饱和	13.01	12.82	12.64	12.46	12.29	12.13

注：表中数据引自国家标准 GB 11076—89。

配制标准缓冲溶液的实验用水应符合 GB 668—92 中三级水的规格。配好的 pH 标准缓冲溶液应贮存在玻璃试剂瓶或聚乙烯试剂瓶中，硼酸盐和氢氧化钙标准缓冲溶液存放时应防止空气中 CO$_2$ 进入。标准缓冲溶液一般可保存 2～3 个月。若发现溶液中出现浑浊等现象，不能再使用，应重新配制。

4. pH 测量原理

（1）直接电位法定量依据

由能斯特方程式得知，如果测量出 $\varphi_{M^{n+}/M}$，那么就可以确定 M^{n+} 的活度。但实际上，单支电极的电位是无法测量的，它必须用一支电极电位随待测离子活度变化而变化的指示电极和一支电极电位已知且恒定的参比电极与待测溶液组成工作电池，通过测量工作电池的电动势来获得 $\varphi_{M^{n+}/M}$ 的电位。设电池为：

$$(-)M|M^{n+} \parallel 参比电极(+)$$

$$E = \varphi_{\text{参比}} - \varphi_{M^{n+}/M} = \varphi_{\text{参比}} - \varphi_{M^{n+}/M}^{\ominus} - \frac{00592}{n} \lg a_{M^{n+}} \tag{3-7}$$

式中，$\varphi_{\text{参比}}$、$\varphi_{M^{n+}/M}^{\ominus}$在一定温度下都是常数，因此，只要测量出电池电动势，就可以求出待测离子 M^{n+} 的活度，这是直接电位法的定量依据。

（2）pH 实用定义

pH 是氢离子活度的负对数，即 $pH = -\lg[H^+]$。测定溶液的 pH 通常用 pH 玻璃电极作指示电极（负极），甘汞电极作参比电极（正极），与待测溶液组成工作电池，用精密毫伏计测量电池的电动势（图 3-31）。工作电池可表示为：

$$\underbrace{Ag, AgCl \mid HCl \mid \text{玻璃膜} \mid \text{试液溶液}}_{E_{\text{玻璃}}} \underbrace{\| KCl(\text{饱和}) \mid Hg_2Cl_2}_{E_{\text{甘汞}}}(\text{固})$$

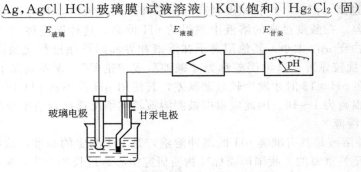

图 3-31　pH 的电位法测定示意图

由直接电位法定量依据，即式(3-7) 可得：

$$E = \varphi_{\text{甘汞}} - \varphi_{\text{玻璃}} + \varphi_{\text{液接}}$$
$$= \varphi_{\text{甘汞}} - K_{\text{玻}} + 0.0592 pH_{\text{外}} + \varphi_{\text{液接}}$$
$$= K + 0.0592 pH_{\text{外}}$$

即

$$E = K + 0.0592 pH_{\text{外}} \tag{3-8}$$

常数 K' 是个十分复杂的项目，它包括了饱和甘汞电极的电位、内参比电极电位、玻璃膜的不对称电位及参比电极与溶液间的接界电位，其中有些电位很难测出。因此实际工作中不可能采用式(3-8) 直接计算 pH，而是用已知 pH 的标准缓冲溶液为基准，通过比较由标准缓冲溶液参与组成和待测溶液参与组成的两个工作电池的电动势来确定待测溶液的 pH。即测定一标准缓冲溶液（pH_s）的电动势 E_s，然后测定试液（pH_x）的电动势 E_x。

$$E_s = K_s' + 0.0592 pH_s \qquad E_x = K_x' + 0.0592 pH_x$$

可得到：

$$pH_x = pH_s + \frac{E_x - E_s}{0.0592} \tag{3-9}$$

式(3-9) 称为 pH 实用定义或 pH 标度。

（3）酸度计的校正

① 一点校正法。一点校正法的具体方法是：制备两种标准缓冲溶液，使其中一种的 pH 大于并接近试液的 pH，另一种小于并接近试液的 pH。先用其中一种标准缓冲液与电极对组成工作电池，调节温度补偿器至测量温度，调节"定位"调节器，使仪器显示出标准缓冲液在该温度下的 pH。保持定位调节器不动，再用另一标准缓冲液与电极对组成工作电池，调节温度补偿钮至溶液的温度处，此时仪器显示的 pH 应是该缓冲液在此温度下的 pH。两次相对校正误差在不大于 0.1pH 单位时，才可进行试液的测量。

② 二点校正法。二点校正法是先用一种接近 pH7 的标准缓冲溶液"定位"，再用另一种接近被测溶液 pH 的标准缓冲液调节"斜率"调节器，使仪器显示值与第二种标准缓冲液的 pH 相同（此时不动定位调节器）。经过校正后的仪器就可以直接测量被测试液。

【开放性训练】

查阅资料，选择合适的电极测定百事可乐的 pH。

【思考与练习】

1. 请解释：pH 实用定义。

2. 用玻璃电极测量溶液的 pH 时，采用的定量分析方法为

    A. 标准曲线法　　　　　　B. 直接比较法　　　　　C. 一次标准加入法　　　　　D. 增量法

3. 关于 pH 玻璃电极膜电位的产生原因，下列说法何种是正确的？

    A. 氢离子在玻璃表面还原而传递电子

    B. 钠离子在玻璃膜中移动

    C. 氢离子穿透玻璃膜而使膜内外氢离子产生浓度差

    D. 氢离子在玻璃膜表面进行离子交换和扩散的结果

4. 玻璃电极在使用前，需在蒸馏水中浸泡 24h 以上，目的是_____；饱和甘汞电极使用温度不得超过_____℃，这是因为温度较高时，_____。

5. pH 玻璃电极和饱和甘汞电极组成工作电池，25℃时测定 pH＝9.18 的硼酸标准溶液时，电池电动势为 0.220V；而测定一未知 pH 试液时，电池电动势是 0.180V。求未知试液的 pH。

6. 当下列电池中的溶液是 pH＝4.00 的缓冲溶液时，在 25℃测得电池电动势 0.209V

$$玻璃电极 | H^+(a=x) \| SCE$$

当缓冲溶液由未知溶液代替时，测得电动势为：（1）0.312V；（2）0.088V；（3）−0.17V，求每种溶液的 pH。

7. pH 玻璃电极对溶液中氢离子活度的响应，在酸度计上显示的 pH 与 mV 数之间有何定量关系？

8. 在测量溶液的 pH 时，既然有用标准缓冲溶液"定位"这一操作步骤，为什么在酸度计上还要有温度补偿装置？

9. 测量过程中，读数前轻摇试杯起什么作用？读数时是否还要继续晃动溶液？为什么？

10. The cell

$$SCE \| H^+(a=x) | glass \ electrode$$

has a potential of 0.2094 V when the solution in the right-hand compartment is a buffer of pH 4.006. The following potentials are obtained when the buffer is replaced with unknowns：　（a）−0.3011 V and （b）+0.1163 V. Calculate the pH and the hydrogen ion activity of each unknown . （c）Assuming an uncertainty of ±0.002 V in the junction potential，what is the range of hydrogen ion activities within the true might be expected to lie ?

任务 4　饮用水中氟离子含量的测定

【能力目标】

1. 测定饮用水中氟离子含量，能准确处理实验数据。

2. 通过实训，理解离子选择性电极的性能及影响测定因素；掌握 TISAB 的组成及作用。

【任务分析】

饮用水中含有适量的氟离子，是对人体有益的，但如果超过标准，则会对人体的骨骼健康产生不利因素，尤其是牙齿，会产生斑釉齿而影响美观，因此控制饮用水中的氟离子含量是非常重要的，那么如何测定氟离子含量呢？

目前，常用的氟含量测定方法有离子色谱法和电位分析法，由于离子色谱法需要用到价格昂贵的仪器，很难普遍使用。而电位分析法具有方便、快速、高灵敏度和高准确度的特点，且仪器价格相对较便宜，因此在企事业单位是常用的仪器分析方法。

【实训】

1. 测定过程

① 溶液的配制。

a. 总离子强度调节剂（TISAB）的配制。称取氯化钠 58g、柠檬酸钠 10g，溶于 800mL 蒸馏水中，再加冰醋酸 57mL，用 6mol/L NaOH 溶液调至 pH 5.0～5.5 之间，然后稀释至 1000mL。

b. 1.000×10^{-1} mol/L F$^-$ 标准贮备液。准确称取 NaF（120℃烘 1h）4.199g 溶于 1000mL 容量瓶中，用蒸馏水稀释至刻线，摇匀。贮于聚乙烯瓶中待用。

② 电极的选择、准备。氟电极在使用前，宜在 10^{-3} mol/L 的 NaF 溶液中浸泡活化 1～2h，然后用蒸馏水清洗电极数次，直至测得的电位值约为 -300mV（此值各支电极不同）。饱和甘汞电极的检查、预处理见任务 3。

③ 安装电极、连接仪器，接通电源，预热 20min。如图 3-13 所示。

④ 标准曲线的绘制。在 5 只 100mL 容量瓶中，用 1.000×10^{-1} mol/L 的 F$^-$ 标准贮备液分别配制内含 10mL TISAB 的 1.000×10^{-2}～1.000×10^{-6} mol/L F$^-$ 标准溶液。

将适量所配制的标准溶液（浸没电极的晶片即可）分别倒入 5 只洁净的塑料烧杯中，插入氟离子选择性电极和饱和甘汞电极，放入搅拌子。启动搅拌器，在搅拌条件下，由稀至浓分别测量标准溶液的电位值 E。

⑤ 准确移取自来水水样 50mL 于 100mL 容量瓶中，加入 10mL TISAB，用蒸馏水稀释至刻度，摇匀，然后倒入一干燥的塑料杯中，插入电极。在搅拌条件下待电位稳定后读出电位值 E_x。重复测定 2 次，取平均值。

2. 学生实训

（1）实训内容

每组学生共同完成标准曲线的绘制，独立完成自来水样中氟离子含量的测定。

（2）实训过程注意事项

① 测量时浓度应由稀至浓，每次测定前要用被测试液清洗电极、烧杯及搅拌子。

② 测定过程中搅拌溶液的速度应恒定。

③ 读数时应停止搅拌，每测完一次均要用去离子水清洗至原空白电位值。

（3）职业素质训练

① 计算标准曲线的相关系数，如达不到实训要求，查找实训过程可能出现的问题，予以解决，求得更精确的数据。

② 实训过程中，时刻保持安全用电意识，防止水溅到电磁搅拌器上，否则容易断路或烧坏电器。

③ 二人一组，默契配合，合理安排时间，完成实训项目，养成良好的团队合作精神。

3. 相关知识

（1）测定原理

以氟离子选择性电极为指示电极，饱和甘汞电极为参比电极，可测定溶液中氟离子含量。工作电池的电动势 E，在一定条件下与氟离子活度 a_{F^-} 的对数值成直线关系，测量时，若指示电极接正极，则

$$E = K' - 0.0592 \lg a_{F^-} \quad (25℃)$$

（3-10）

当溶液的总离子强度不变时，上式可改写为

$$E = K - 0.0592 \lg c_{F^-} \tag{3-11}$$

因此在一定条件下，电池电动势与试液中的氟离子浓度的对数呈线性关系，可用标准曲线法和标准加入法进行测定。

　　（2）定量方法之一——标准曲线法

　　① 以所测得电动势 E 为纵坐标，浓度 c 的负对数 $-\lg c_{F^-}$ 为横坐标，绘制标准曲线，如图 3-32 所示。（提示：可通过 Excel 软件绘制。）

　　② 根据测定的自来水的 E_x 值，从图 3-32 中即可查得 $-\lg c_{F^-}$，从而求得自来水中氟离子的含量。

　　（3）氟离子选择性电极的使用注意事项

　　当氟电极插入含氟溶液中时，F^- 在膜表面交换。溶液中 F^- 活度较高时，F^- 可以进入单晶的空穴，单晶表面 F^- 也可进入溶液。由此产生的膜电位与溶液中 F^- 活度的关系在氟离子活度为 $10 \sim 10^{-6}$ mol/L 范围内遵守能斯特方程式。

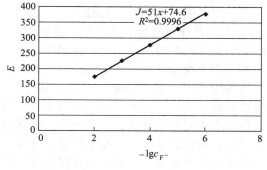

图 3-32　标准曲线图

　　氟离子选择性电极对 F^- 有很好的选择性，阴离子中除 OH^- 外，均无明显干扰。为了避免 OH^- 的干扰，测定时需要控制 pH 在 $5 \sim 6$ 之间。当被测溶液中存在能与 F^- 生成稳定配合物或难溶化合物的阳离子（如 Al^{3+}、Ca^{2+}）时，会造成干扰，需加入掩蔽剂消除。但切不可使用能与 La^{3+} 形成稳定配合物的配位剂，以免溶解 LaF_3 而使电极灵敏度降低。

　　（4）总离子强度调节剂（TISAB）

　　离子选择性电极响应的是离子的活度，活度与浓度的关系是：

$$a_i = \gamma_i c_i \tag{3-12}$$

　　式中，γ_i 为 i 离子的活度系数；c_i 为 i 离子的浓度。

　　因此，要用离子选择性电极测定溶液中被测离子浓度的条件是：在使用标准溶液校正电极和用此电极测定试液这两个步骤中，必须保持溶液中离子活度系数不变。由于活度系数是离子强度的函数，因此也就要求保持溶液的离子强度不变。要达到这一目的的常用方法是：在试液和标准溶液中加入相同量的惰性电解质，称为离子强度调节剂。有时将离子强度调节剂、pH 缓冲溶液和消除干扰的掩蔽剂等事先混合在一起，这种混合液称为总离子强度调节缓冲剂，其英文缩写为"TISAB"。TISAB 的作用主要有：第一，维持试液和标准溶液恒定的离子强度；第二，保持试液在离子选择性电极适合的 pH 范围内，避免 H^+ 或 OH^- 的干扰；第三，使被测离子释放成为可检测的游离离子。例如用氟离子选择性电极测定水中的 F^-，所加入的 TISAB 的组成为 NaCl(1mol/L)、HAc(0.25mol/L)、NaAc(0.75mol/L) 及柠檬酸钠（0.001mol/L）。其中 NaCl 溶液用于调节离子强度；HAc-NaAc 组成缓冲体系，使溶液 pH 保持在氟离子选择性电极适合的 pH(5~5.5) 范围之内；柠檬酸作为掩蔽剂消除 Fe^{3+}、Al^{3+} 的干扰。

【理论提升】

离子选择性电极

　　（1）膜电位

　　离子选择性电极浸入含有一定活度的待测离子溶液中时，由于离子交换和扩散，产生了膜电位。膜电位与溶液中待测离子活度的关系符合能斯特方程。

即 25℃时

$$\varphi_{膜} = K \pm \frac{0.0592}{n_i} \lg a_i \tag{3-13}$$

式中，K 为离子选择性电极常数，在一定实验条件下为一常数，它与电极的敏感膜、内参比电极、内参比溶液及温度等有关。

当 i 为阳离子时，式中第二项取正值；当 i 为阴离子时该项取负值。

对于氟离子选择性电极：$\Phi_{膜} = K + 0.0592 pF$

（2）离子选择性电极的性能

① 离子选择性电极的选择性。理想的离子选择性电极应是只对特定的一种离子产生电位响应，其他共存离子不干扰。但实际上，目前所使用的各种离子选择性电极都不可能只对一种离子产生响应，而是或多或少地对共存干扰离子产生不同程度的响应。

② 响应时间。电极的响应时间又称电位平衡时间，它是指离子选择性电极和参比电极一起接触试液开始，到电池电动势达到稳定值（波动在 1mV 以内）所需的时间。离子选择性电极的响应时间愈短愈好。电极响应时间的长短与测量溶液的浓度、试液中其他电解质的存在情况、测量的顺序（由高浓度到低浓度或者相反）及前后两种溶液之间浓度差等有关；也与参比电极的稳定性、溶液的搅拌速度等有关。一般可以通过搅拌溶液来缩短响应时间。如果测定浓溶液后再测稀溶液，则应使用纯水清洗数次后再测定，以恢复电极的正常响应时间。

③ 温度和 pH 范围。使用电极时，温度的变化不仅影响测定的电位值，而且还会影响电极正常的响应性能。各类选择性电极都有一定的温度使用范围。电极允许使用的温度范围与膜的类型有关。一般使用温度下限为 -5℃左右，上限为 80~100℃，有些液膜电极只能用到 50℃左右。

离子选择性电极在测量时允许的 pH 范围与电极的类型和所测溶液浓度有关。大多数电极在接近中性的介质中进行测量，而且有较宽的 pH 范围。如氯电极适用的 pH 范围为 2~11，硝酸银电极对于 0.1mol/L NO_3^- 适用 pH 为 2.5~10.0，而对 10^{-3}mol/L NO_3^- 时适用 pH 为 3.5~8.5。

④ 线性范围及检测下限。离子选择性电极的电位与待测离子活度的对数值只在一定的范围内呈线性关系，该范围称作线性范围。线性范围测量方法是：将离子选择性电极和参比电极与不同活度（浓度）的待测离子的标准溶液组成电池并测出相应的电池电动势 E，然后以 E 值为纵坐标，$\lg a_i$（或 pa_i）值为横坐标绘制曲线（图 3-33）。图中直线部分 ab 相对应的活（浓）度即为线性范围。离子选择性电极的线性范围通常为 $10^{-1} \sim 10^{-6}$ mol/L。

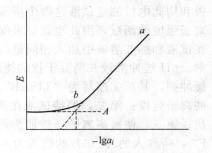

图 3-33 线性范围与检测下限

根据 IUPAC 的建议，曲线（见图 3-33）两直线部分外延的交点 A 所对后的离子活（浓）度称为检测下限。在检测下限附近，电极电位不稳定，测量结果的重现性和准确度较差。

电极的线性范围检测下限会受实验条件、溶液组成（尤其是溶液酸度和干扰离子含量）以及电极预处理情况等的影响而发生变化，在实际应用时必须予以注意。

⑤ 电极的斜率。在电极的测定线性范围内，离子活度变化 10 倍所引起的电位变化值称为电极的斜率。电极斜率的理论值为 $2.303RT/nF$，在一定温度下为常数。如在 25℃时，

对一价正离子是 59.2mV；对二价离子是 29.6mV。在实际测量中，电极斜率与理论值有一定的偏差，但只有实际值达到理论值的 95％以上的电极才可以进行准确的测定。

⑥ 电极的稳定性。电极的稳定性是指一定时间（如 8h 或 24h）内，电极在同一溶液中的响应值变化，也称为响应值的漂移。电极表面的沾污或物质性质的变化，影响电极的稳定性。电极的良好清洗、浸泡处理等能改善这种情况。电极密封不良，黏结剂选择不当，或内部导线接触不良等也导致电位不稳定。对于稳定性较差的电极需要在测定前后对响应值进行校正。

（3）影响离子活度测定的因素

在直接电位法中影响离子活（浓）度测定的因素主要有以下几种。

① 温度。根据式（3-13）温度的变化会引起直线斜率和截距的变化，而 K' 值所包括的参比电极电位、膜电位、液接电位等均与温度有关。因此在整个测量过程中应保持温度恒定，以提高测量的准确度。

② 电动势的测量。电动势测量的准确度直接影响测定结果准确度，电动势测量误差 ΔE 与分析测定误差的关系是

$$相对误差 = \frac{\Delta c}{c} = 0.039 n \Delta E \tag{3-14}$$

式中，n 为被离子电荷数；ΔE 为电动势测量绝对误差，mV。由式（3-14）可知，对一价离子，当 $\Delta E = 1$mV 时，浓度相对误差可达 3.9％；对二价离子，则高达 7.8％。因此，测量电动势所用的仪器必须具有较高的精度，通常要求电动势测量误差小于 0.01～0.1mV。

③ 干扰离子。干扰离子能直接为电极响应的，则其干扰效应为正误差；干扰离子与被测离子反应生成一种在电极上不产生响应的物质，则其干扰效应为负误差。例如 Al^{3+} 对氟离子选择性电极无直接影响，但它能与待测离子 F^- 生成不为电极所响应的稳定的配离子 $[AlF_6]^{3-}$，因而造成负误差。消除共存干扰离子的简便方法是，加入适当的掩蔽剂掩蔽干扰离子，必要时则需要预分离。

④ 溶液的酸度。溶液测量的酸度范围与电极类型和被测溶液浓度有关，在测定过程中必须保持恒定的 pH 范围，必要时使用缓冲溶液来维持。例如氟离子选择性电极测氟时 pH 控制在 pH 5～7。

⑤ 待测离子浓度。离子选择性电极可以测定的浓度范围为 10^{-1}～10^{-6}mol/L。检测下限主要决定于组成电极膜的活性物质性质，此外还与共存离子的干扰、溶液 pH 等因素有关。

⑥ 迟滞效应。迟滞效应是指对同一活度值的离子试液测出的电位值与电极在测定前接触的试液成分有关的现象。也称为电极存储效应，它是直接电位法出现误差的主要原因之一。如果每次测量前都用去离子水将电极电位清洗至一定值，则可有效地减免此类误差。

（4）定量方法之二——标准加入法

在一定实验条件下，先测定体积为 V_x、浓度为 c_x 的试液电池的电动势 E_x，然后在其中加入浓度为 c_s、体积为 V_s 的含待测离子的标准溶液（要求：V_s 为试液体积，而 c_s 则为 c_x 的 100 倍左右），在同一实验条件下再测其电池的电动势 E_{x+s}，则 25℃时，

$$c_x = \Delta c (10^{\Delta E/S} - 1)^{-1} \tag{3-15}$$

其中，$\Delta c = \dfrac{c_s V_s}{V_x}$。斜率 S 需要在相同实验条件下测量求得。

（5）实例

用氯离子选择性电极测定果汁中氯化物含量时，在 100mL 的果汁中测得电动势为

-26.8mV，加入 1.00mL、0.500mol/L 经酸化的 NaCl 溶液，测得电动势为 -54.2mV。计算果汁中氯化物浓度（假定加入 NaCl 前后离子强度不变）。

解：

$$\Delta c = \frac{c_s V_s}{V_x}$$

则

$$\Delta c = \frac{0.500 \times 1.00}{100}$$

利用式

$$c_x = \Delta c (10^{\Delta E/S} - 1)^{-1}$$

则

$$c_x = \frac{0.500 \times 1.00}{100}[10^{\frac{(54.2-26.8)\times 10^{-3}}{0.0592}} - 1]^{-1}$$

$$= 2.63 \times 10^{-3}\text{mol/L}$$

【开放性训练】

前面已学习了直接电位法测定水中氟离子浓度的方法及实验操作，运用所学的知识，选择合适的电极，测定蜂蜜中还原糖的含量。

【理论拓展】

离子选择性电极是一种电化学传感器，它是由对溶液中某种特定离子具有选择性响应的敏感膜及其他辅助部分组成。

pH 玻璃电极就是对 H^+ 有响应的氢离子选择性电极，其敏感膜就是玻璃膜。与 pH 玻璃电极相似，其他各类离子选择性电极在其敏感膜上同样也不发生电子转移，而只是在膜表面上发生离子交换而形成膜电位。因此这类电极与金属基电极在原理上有本质区别。由于离子选择性电极都具有一个传感膜，所以又称为膜电极，常用符号"SIE"表示。

离子选择性电极的具体分类见图 3-34。

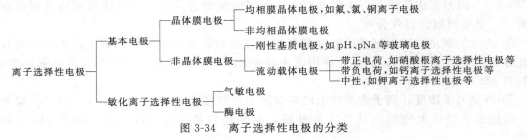

图 3-34　离子选择性电极的分类

（1）晶体膜电极

均相与非均相晶体膜电极的原理及应用相同，表 3-4 列出了常用晶体膜电极的品种和性能。

表 3-4　晶体膜电极的品种和性能

电极	膜材料	线性响应浓度范围 $c/(\text{mol/L})$	适用 pH 范围	主要干扰离子	可测定离子
F^-	$LaF_3 + Eu^{2+}$	$5\times10^{-7} \sim 1\times10^{-1}$	$5 \sim 6.5$	OH^-	F^-
Cl^-	$AgCl + Ag_2S$	$5\times10^{-5} \sim 1\times10^{-1}$	$2 \sim 12$	$Br^-, S_2O_3^{2-}, I^-, CN^-, S^{2-}$	Ag^+, Cl^-
Br^-	$AgBr + Ag_2S$	$5\times10^{-6} \sim 1\times10^{-1}$	$2 \sim 12$	$S_2O_3^{2-}, I^-, CN^-, S^{2-}$	Ag^+, Br^-
I^-	$AgI + Ag_2S$	$1\times10^{-7} \sim 1\times10^{-1}$	$2 \sim 11$	S^{2-}	Ag^+, I^-, CN^-
CN^-	AgI	$1\times10^{-6} \sim 1\times10^{-2}$	>10	I^-	Ag^+, I^-, CN^-
Ag^+, S^{2-}	Ag_2S	$1\times10^{-7} \sim 1\times10^{-1}$	$2 \sim 12$	Hg^{2+}	Ag^+, S^{2-}
Cu^{2+}	$CuS + Ag_2S$	$5\times10^{-7} \sim 1\times10^{-1}$	$2 \sim 10$	$Ag^+, Hg^{2+}, Fe^{3+}, Cl^-$	Cu^{2+}
Pb^{2+}	$PbS + Ag_2S$	$5\times10^{-7} \sim 1\times10^{-1}$	$3 \sim 6$	$Cd^{2+}, Ag^+, Hg^{2+}, Cu^{2+}, Fe^{3+}, Cl^-$	Pb^{2+}
Cd^{2+}	$CdS + Ag_2S$	$5\times10^{-7} \sim 1\times10^{-1}$	$3 \sim 10$	$Pb^{2+}, Ag^+, Hg^{2+}, Cu^{2+}, Fe^{3+}$	Cd^{2+}

（2）非晶体膜电极

非晶体膜电极主要包括刚性基质电极和流动载体电极两类。

① 刚性基质电极。这类电极主要是指以玻璃膜为敏感膜的玻璃电极。改变玻璃膜的组分和含量，可以制成对不同阳离子有响应的离子选择性电极，如对溶液中 H^+ 有响应的 pH 玻璃电极（前面已讨论过）和对 K^+、Na^+、Ag^+、Li^+、Rb^+、Cs^+、NH_4^+ 等有响应的 pLi、pNa、pK、pAg、pRb、pCs 等电极。

② 流动载体电极。这类电极又称液态膜电极或离子交换膜电极。这类电极的敏感膜是液体，它是由电活性物质金属配位剂（即载体）溶在与水不相混溶的有机溶剂中，并渗透在多孔性支持体中构成。敏感膜将试液与内充液分开，膜上的电活性物质与被测离子进行离子交换。

根据电活性配位剂在有机溶剂中所存在的型态，可将液膜电极分为带正电荷流动载体电极、带负电荷流动载体电极和中性流动载体电极三种。

（3）敏化离子选择性电极

敏化离子选择性电极是在基本电极上覆盖一层膜或其他活性物质，通过某种界面的敏化反应（如气敏反应或酶敏反应）将试剂中被测物质转变成能被原电极响应的离子。这类电极包括气敏电极和酶电极。

① 气敏电极。气敏电极是对某气体敏感的电极，用于测定试液中气体含量，其结构是一个化学电池复合体。它以离子选择性电极与参比电极组成复合电极，将此复合电极置于塑料管内，再在管内注入电解质溶液，并在管的端部紧贴离子选择性电极的敏感膜处装只让待测气体通过的透气膜，使电解质和外部试液隔开。图 3-35 是气敏氨电极的结构示意图。

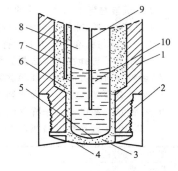

图 3-35　气敏氨电极的
结构示意图
1—电极管；2—电极头；3,6—中介液；
4—透气膜；5—离子电极的敏感膜；
7—参比电极；8—pH 玻璃膜电极；
9—内参比电极；10—内参比液

气敏氨电极是以 pH 玻璃电极为指示电极，Ag-AgCl 电极为参比电极组成复合电极，复合电极置于装有 0.1mol/L NH_4Cl 溶液（内充溶液）的塑料套管中，管底用一层极薄的透气膜与试液隔开。测定试样中的氨时，向试液中加入强碱，使其中铵盐转化为氨，氨气通过透气膜进入 NH_4Cl 溶液中，并建立了下列平衡关系：

$$NH_3 + H_2O \Longrightarrow NH_4^+ + OH^-$$

由于气体与内充溶液发生反应，使内充溶液中 OH^- 活度发生变化，即内充溶液 pH 发生变化。pH 的变化由内部 pH 复合电极测出，其电位与 a_{NH_3} 的关系符合能斯特方程。即

25℃时　　　　　　　　$\varphi = K - 0.0592 \lg a_{NH_3}$ 　　　　　　　　（3-16）

已研制成的气敏电极，除氨电极外还有 CO_2、NO_2、SO_2、H_2S、HCN 等电极。

需要指出的是，气敏电极实际上已将外参比电极装在内充溶液中成为一个工作电池，因此称它为"电极"并不确切。

② 酶电极。酶电极将酶的活性物质覆盖在离子选择性电极的敏感膜表面上。当某些待测物与电极接触时在酶的催化作用下，被测物质转变成一种基本电极可以响应的物质。由于酶是具有特殊生物活性的催化剂，它的催化反应具有选择性强、催化效率高、绝大多数催化反应能在常温下进行等优点，其催化反应的产物如 CO_2、NH_3、CN^-、S^{2-} 等，大多能被现有的离子选择性电极所响应。特别是它能测定生物体液的组分，所以备受生物化学和医学界的关注。近年来发展了不少新型电极，已发展为系列的生物电化学传感器如组织传感器、微

生物传感器、免疫传感器和场效应晶体管生物传感器等。

由于酶的活性不易保存，酶电极的使用寿命短，这就使酶电极的制备的确不容易。但随着科学技术的发展，适合于各种需要的传感器一定会不断地制造出来。

【思考与练习】

1. 请解释下列名词术语

离子强度调节剂　　离子强度调节缓冲剂　　迟滞效应

2. 用氟离子选择性电极测定水中（含微量的 Fe^{3+}、Al^{3+}、Ca^{2+}、Cl^-）的氟离子时，应选用的离子强度调节缓冲液为

A. 0.1mol/L KNO_3 B. 0.1mol/L NaOH

C. 0.05mol/L 柠檬酸钠（pH 调至 5～6）   D. 0.1mol/L NaAc（pH 调至 5～6）

3. 离子选择性电极的选择系数可用于

A. 估计电极的检测限   B. 估计共存离子的干扰程度

C. 校正方法误差   D. 估计电极的线性响应范围

4. 用离子选择性电极进行测量时，需用磁力搅拌器搅拌溶液这是为了：

A. 减小浓差极化   B. 加快响应速度

C. 使电极表面保持干净   D. 降低电极电阻

5. 用离子选择性电极以标准曲线法进行定量分析时，应要求

A. 试液与标准系列溶液的离子强度相一致

B. 试液与标准系列溶液的离子强度大于 1

C. 试液与标准系列溶液中待测离子活度相一致

D. 试液与标准系列溶液中待测离子强度相一致

6. 在用离子选择性电极法测量离子浓度时，加入 TISAB 的作用是什么？

7. 影响直接电位法测定准确度的因素有哪些？

8. 为什么要加入总离子强度调节剂？

9. 在测量前氟电极应怎样处理，应达到什么要求？

10. 以 Pb^{2+} 选择性电极测定 Pb^{2+} 标准溶液，得如下数据：

$Pb^{2+}/(mol/L)$	1.00×10^{-5}	1.00×10^{-4}	1.00×10^{-3}	1.00×10^{-2}
E/mV	−208.0	−181.6	−158.0	−132.2

求：① 绘制标准曲线；② 若对未知试液测定得 $E = -154.0mV$，求未知试液 Pb^{2+} 浓度。

11. 以氟离子选择性电极用标准加入法测定试样中 F^- 浓度时，原试样是 5.00mL，测定时是 100mV，在加入 1.00mL 0.0100mol/L NaF 标准溶液后测得电池电动势改变了 18.0mV。求试样溶液中 F^- 的含量。

12. 课外参考书

董惠茹主编. 仪器分析. 北京：化学工业出版社，2000.

任务 5　饮用水中 Fe^{2+} 含量的测定

【能力目标】

1. 能用电位滴定法测定水溶液中离子含量。

2. 能正确确定电位滴定法的滴定终点。

【任务分析】

饮用水中如果含有大量的 Fe^{2+}，那么在一定的条件下，它会被氧化成高价铁离子，高

价铁离子的产生，不仅使饮用水有铁锈味，而且会在衣服上留下锈斑，因此除了高价铁离子含量外，亚铁离子的含量也应该严格控制。

Fe^{2+} 测定方法有分光光度法、原子吸收法和原子发射法等，分光光度法是依据 Fe^{2+} 和邻二氮菲生成稳定的橙色配合物，在一定波长下有吸收，从而求得其含量。原子吸收法和原子发射法均需要特殊的仪器设备，价格较昂贵。这几种方法比较适合测定痕量的 Fe^{2+}，如果 Fe^{2+} 的含量较高，那么可以采用滴定法。

化学滴定法是一种常用的定量方法，定量的关键是选择一种合适的指示剂指示终点的到达，如果样品溶液有颜色，采用一般的指示剂就无法正确指示终点。当然可以对样品进行脱色，如吸附、萃取等方法使样品溶液退去颜色。然后加指示剂滴定。此方法操作繁琐，在脱色过程中可能引入污染或样品损失引起误差。因此，我们采用电位滴定法来测定溶液中 Fe^{2+} 的含量。

【实训】

1. 测定过程

① 溶液的配制。

a. $c(1/6\ K_2Cr_2O_7)=0.1000mol/L$ 重铬酸钾标准溶液。准确称取在 120℃ 干燥过的基准试剂重铬酸钾 4.9033g，溶于水中后，定量移入 1000mL 容量瓶中，稀释至刻线。

b. H_2SO_4-H_3PO_4 混合酸（1+1）。

c. 邻苯氨基苯甲酸指示液（2g/L）。

d. $w(HNO_3)=10\%$ 硝酸溶液。

② 电极的选择、准备。

a. 铂电极预处理。将铂电极浸入热的 $w(HNO_3)=10\%$ 硝酸溶液中数分钟，取出用水冲洗干净，再用蒸馏水冲洗，置电极夹上。

b. 双盐桥饱和甘汞电极的准备。检查饱和甘汞电极内液位、晶体、气泡及微孔砂芯渗漏情况并作适当处理后，用蒸馏水清洗外壁，并吸干外壁上水珠，套上充满饱和氯化钾溶液的盐桥套管，用橡皮圈扣紧，置电极夹上。

③ 在洗净的滴定管中加入重铬酸钾标准滴定溶液，并将液面调至 0.00 刻线上。

④ 安装电极、搭建仪器，接通电源，预热 20min。如图 3-14 所示。

⑤ 移取 20.00mL 试液于 250mL 的高型烧杯中，加入硫酸和磷酸混合酸 10mL，稀释至约 50mL。加一滴邻氨基苯甲酸指示液，放入洗净的搅拌子，将烧杯放在搅拌器盘上，插入两电极，电极对正确连接于测量仪器上。

⑥ 开启搅拌器，将选择开关置"mV"位置上，记录溶液的起始电位，首先需要快速滴定寻找化学计量点所在的大致范围，即预滴定。

⑦ 正式滴定时，开始时每加 5mL 标准滴定溶液记一次数，然后依次减少体积加入量为 1.0mL、0.5mL 后记录。在化学计量点附近（电位突跃前后 1mL 左右），每加 0.1mL 记一次，过化学计量点后再每加 0.5mL 或 1mL 记录一次，直至电位变化不再大为止。观察并记录溶液颜色变化和对应的电位值及滴定体积，平行测定两次。

2. 学生实训

（1）实训内容

按上述操作步骤，独立完成饮用水中 Fe^{2+} 含量的测定实训。

（2）实训过程注意事项

① 滴定速度不宜过快，尤其是接近化学计量点处，否则体积不准。

② 滴入滴定剂后，继续搅拌至仪器显示的电位值基本稳定，然后停止搅拌，放置至电位值稳定后，再读数。

③ 滴定过程的关键是确定滴定反应的化学计量点时，所消耗的滴定剂的体积。首先需要做预滴定，以确定化学计量点所在的大致范围，正式滴定时，滴定突跃范围前后每次加入的滴定剂体积可以较大，突跃范围内每次滴加体积控制在 0.1mL。

（3）职业素质训练

① 实训过程中产生的废液需要有专门的收集器，集中处理。

② 本实训采用的两种滴定终点指示方法，观察哪一种指示灵敏准确且不受试液底色的影响？

③ 查阅国家饮用水水质标准，了解国家饮用水中各指标的限值。

3. 相关知识

（1）电位滴定法测定 Fe^{2+} 的工作原理

电位滴定法是氧化还原滴定法中最理想的方法。用 $K_2Cr_2O_7$ 滴定 Fe^{2+}，反应如下：

$$Cr_2O_7^{2-} + 6Fe^{2+} + 14H^+ \longrightarrow 2Cr^{3+} + 6Fe^{3+} + 7H_2O$$

本实训利用铂电极作指示电极，饱和甘汞电极作参比电极，与被测溶液组成工作电池。在滴定过程中，由于滴定剂（$Cr_2O_7^{2-}$）加入，待测离子氧化态（Fe^{3+}）与还原态（Fe^{2+}）的活度比值发生变化，因此铂电极的电位也发生变化，在化学计量点附近产生电位突跃，可用作图法或二阶微商法确定滴定终点。

（2）滴定终点的确定

电位滴定终点的确定方法通常有三种，即 $E\text{-}V$ 曲线法、$\Delta E/\Delta V\text{-}V$ 曲线法和二阶微商法。表 3-5 内所列为以铂电极为指示电极，饱和甘汞电极为参比电极，用 0.1000mol/L $K_2Cr_2O_7$ 溶液滴定 $(NH_4)_2Fe(SO_4)_2$ 溶液的实验数据。

表 3-5　以 0.1000mol/L $K_2Cr_2O_7$ 溶液滴定含 Fe^{2+} 溶液

$V(K_2Cr_2O_7)$/mL	E/mV	$\Delta E/\Delta V$	ΔV	$\Delta^2 E/\Delta V^2$
0.00	306			
		9.800	2.50	
5.00	355			
		5.600	7.50	
10.00	383			
		6.600	12.50	
15.00	416			
		10.500	16.00	
17.00	437			
		50.000	17.50	
18.00	487			
		100.000	18.05	
18.10	497			
		210.000	18.15	1100
18.20	518			
		2270.000	18.25	20600
18.30	745			
		260.000	18.35	−20100
18.40	771			
		140.000	18.45	−1200
18.50	785			
		140.000	18.55	
18.60	799			
		12.500	18.80	
19.00	804			

① $E\text{-}V$ 曲线法。以加入滴定剂的体积 V(mL) 为横坐标，以相应的电动势 E(mV) 为纵坐标，绘制 $E\text{-}V$ 曲线。$E\text{-}V$ 曲线上的拐点（曲线斜率最大处）所对应的滴定体积即为终点时滴定剂所消耗体积（V_{ep}）。拐点的位置可用下面的方法来确定：做两条与横坐标成 45°的 $E\text{-}V$ 曲线的平行切线，并在两条切线间作一与两切线等距离的平行线（见图 3-36），该线与 $E\text{-}V$ 曲线交点即为拐点。$E\text{-}V$ 曲线法适于滴定曲线对称的情况，而对滴定突跃不十分明显的体系误差大。

② $\Delta E/\Delta V\text{-}V$ 曲线法。此法又称一阶微商法。$\Delta E/\Delta V$ 是 E 的变化值与相应的加入标准滴定溶液体积的增量比。如表 3-5 中，在加入 $K_2Cr_2O_7$ 溶液体积为 24.10mol/mL 和 24.20mol/mL 之间，相应的

$$\frac{\Delta E}{\Delta V} = \frac{745-518}{18.30-18.20} = 2270$$

其对应的体积 $V = \dfrac{18.30 + 18.20}{2} = 18.25\text{mL}$。

　　将 V 对 $\Delta E / \Delta V$ 作图，可得到一呈峰状曲线（见图 3-37），曲线最高点由实验点连线外推得到，其对应的体积为滴定终点时标准滴定溶液所消耗的体积（即 V_{ep}）。用此法作图确定终点比较准确，但手续较烦。

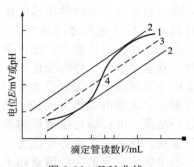

图 3-36　E-V 曲线

1—滴定曲线；2—切线；3—平行等

距离线；4—滴定终点

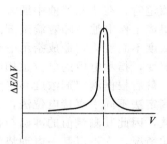

图 3-37　$\Delta E / \Delta V$-V 曲线

　　③ 二阶微商法。此法依据是一阶微商曲线的极大点对应的是终点体积，则二阶微商（$\Delta^2 E / \Delta V^2$）等于零处对应的体积也是终点体积。二阶微商法有作图法和计算法两种。

　　a. 计算法。如表 3-5 中，加入 $K_2Cr_2O_7$ 溶液体积为 18.20mL 时

$$\frac{\Delta^2 E}{\Delta V^2} = \frac{\left(\dfrac{\Delta E}{\Delta V}\right)_{18.25} - \left(\dfrac{\Delta E}{\Delta V}\right)_{18.15}}{V_{18.25} - V_{18.15}}$$

$$= \frac{2270 - 210}{18.25 - 18.15} = 20600$$

同理，加入体积为 18.30mL 时

$$\frac{\Delta^2 E}{\Delta V^2} = \frac{260 - 2270}{18.35 - 18.25} = -20100$$

　　则终点必然在 $\dfrac{\Delta^2 E}{\Delta V^2}$ 为 $+20600$ 和 -20100 所对应的体积之间，即在 $18.20 \sim 18.30\text{mL}$ 之间。可以用内插法计算，即

滴定体积	18.20	V_{ep}	18.30
$\Delta^2 E / \Delta V^2$	$+20600$	0	-20100

$$\frac{18.30 - 18.20}{-20100 - 20600} = \frac{V_{ep} - 18.20}{0 - 20600}$$

$$V_{ep} = 18.20 + \frac{0 - 20600}{-20100 - 20600} \times 0.10 = 18.25\text{mL}$$

　　b. $\Delta^2 E / \Delta V^2$-V 曲线法。以 $\Delta^2 E / \Delta V^2$ 对 V 作图，得图 3-38 曲线，曲线最高点与最低点连线与横坐标的交点即为滴定终点体积。

　　GB 9725—88 规定确定滴定终点可以采用二阶微商计算法，也可以用作图法，但实际工作中一般多采用二阶微商计算法求得。

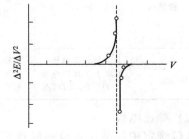

图 3-38　$\Delta^2 E / \Delta V^2$-V 曲线

【理论提升】

1. 电位滴定法

电位滴定法是根据滴定过程中指示电极电位的突跃来确定滴定终点的一种滴定分析方法。

进行滴定时，在待测溶液中插入一支对待测离子或滴定剂有电位响应的指示电极，并与参比电极组成工作电池。随着滴定剂的加入，则由于待测离子与滴定剂之间发生化学反应，待测离子浓度不断变化，造成指示电极电位也相应发生变化。在化学计量点附近，待测离子活度发生突变，指示电极的电位也相应发生突变。因此，测量电池电动势的变化，可以确定滴定终点。最后根据滴定剂浓度和终点时滴定剂消耗体积计算试液中待测组分含量。

电位滴定法不同于直接电位法，直接电位法是以所测得的电池电动势（或其变化量）作为定量参数，因此其测量值的准确与否直接影响定量分析结果。电位滴定法测量的是电池电动势的变化情况，它不以某一电动势的变化量作为定量参数，只根据电动势变化情况确定滴定终点，其定量参数是滴定剂的体积，因此在直接电位法中影响测定的一些因素如不对称电位、液接电位、电动势测量误差等在电位滴定法中可得以抵消。

电位滴定法与化学分析法的区别是终点指示方法不同。普通的滴定法是利用指示剂颜色的变化来指示滴定终点；电位滴定法是利用电池电动势的突跃来指示终点。因此，电位滴定法虽然没有用指示剂确定终点那样方便，但可以用在浑浊、有色溶液以及找不到合适指示剂的滴定分析中。另外，电位滴定的显著优点是可以连续滴定和自动滴定。

2. 电位滴定法电极的选择

（1）指示电极

电位滴定法在滴定分析中应用广泛，可用于酸碱滴定、沉淀滴定、氧化还原滴定及配位滴定。不同类型滴定需要选用不同的指示电极，表 3-6 列出各类滴定常用的电极和电极预处理方法，以供参考。

表 3-6　各类滴定常用电极

序号	滴定类型	电极系数		预处理
		指示电极	参比电极	
1	酸碱滴定（水溶液中）	玻璃电极 锑电极	饱和甘汞电极 饱和甘汞电极	（1）玻璃电极：使用前须在水中浸泡 24h 以上，使用后立即清洗并浸于水中保存 （2）锑电极：使用前用砂纸将表面擦亮，使用后应冲洗并擦干
2	氧化还原滴定	铂电极	饱和甘汞电极	铂电极：使用前应注意电极表面不能有油污物质，必要时可在丙酮或硝酸溶液中浸洗，再用水洗涤干净
3	银量法	银电极	饱和甘汞电极（双盐桥型）	（1）银电极：使用前应用细砂纸将表面擦亮，然后浸入含有少量硝酸钠的稀硝酸（1+1）溶液中，直到有气体放出为止，取出用水洗干净 （2）双盐桥型饱和甘汞电极：盐桥套管内装饱和硝酸钠或硝酸钾溶液。其他注意事项与饱和甘汞电极相同
4	EDTA 配位滴定	金属基电极 离子选择性电极 Hg/Hg-EDTA	饱和甘汞电极 饱和甘汞电极 饱和甘汞电极	

（2）参比电极

电位滴定中的参比电极一般选用 SCE。实际工作中应使用产品分析标准规定的指示电极和参比电极。

【开放性训练】

前面已学习了直接电位法测定水中亚铁离子浓度的方法及实验操作，运用所学的知识，选择合适的电极，测定饮用水中氯离子的含量。

【思考与练习】

1. 为什么氧化还原滴定可以用铂电极作指示电极？滴定前为什么也能测得一定的电位？

2. 本实验采用的两种滴定终点指示方法，哪一种指示灵敏准确且不受试液底色的影响？

3. 用 0.1052mol/L NaOH 标准溶液电位滴定 25.00mL HCl 溶液，以玻璃电极作指示电极，饱和甘汞电极作参比电极，测得以下数据：

V(NaOH)/mL	0.55	24.50	25.50	25.60	25.70	25.80	25.90	26.00
pH	1.70	3.00	3.37	3.41	3.45	3.50	3.75	7.50
V(NaOH)/mL	26.10	26.20	26.30	26.40	26.50	27.00	27.50	
pH	10.20	10.35	10.47	10.52	10.56	10.74	10.92	

计算：① 用二阶微商计算法确定滴定终点体积；② 计算 HCl 溶液的浓度。

4. 测定海带中 I^- 含量时，称取 10.56g 海带，经化学处理制成溶液，稀释至约 200mL，用银电极-双盐桥饱和甘汞电极，以 0.1026mol/L $AgNO_3$ 标准溶液进行滴定，数据如下：

V($AgNO_3$)/mL	0.00	5.00	10.00	15.00	16.00	16.50	16.60	16.70
E/mV	−253	−234	−210	−175	−166	−160	−153	−142
V($AgNO_3$)/mL	16.80	16.90	17.00	17.10	17.20	18.00	20.00	
E/mV	−123	+244	+312	+332	+338	+363	+375	

计算：①用二阶微商计算法确定终点体积；②海带试样中 KI 的含量 ［已知 M(KI)＝166.0g·mol/L］；③滴定终点时电池电动势。

5. 用银电极作指示电极，双盐桥饱和甘汞电极作参比电极，以 0.1000mol/L $AgNO_3$ 标准滴定溶液滴定 10.00mL Cl^- 和 I^- 的混合液，测得以下数据：

V($AgNO_3$)/mL	0.00	0.50	1.50	2.00	2.10	2.20	2.30	2.40
E/mV	−218	−214	−194	−173	−163	−148	−108	83
V($AgNO_3$)/mL	2.50	2.60	3.00	3.50	4.50	5.00	5.50	5.60
E/mV	108	116	125	133	148	158	177	183
V($AgNO_3$)/mL	5.70	5.80	5.90	6.00	6.10	6.20	7.00	7.50
E/mV	190	201	219	285	315	328	365	377

① 根据 E-V_{AgNO_3} 曲线，从曲线拐点确定终点；

② 绘制 $\Delta E/\Delta V$-V 曲线，确定终点；

③ 用二阶微商计算法，确定终点时滴定剂的体积；

④ 根据③的值，计算 Cl^- 及 I^- 的含量（以 mg/mL 表示）。

6. 课外参考书

施荫玉，冯亚菲编. 仪器分析解题指南与习题. 北京：高等教育出版社，1996 (1).

任务 6　牙膏中氟离子含量的测定

【能力目标】

1. 通过所查阅的资料，能建立分析方案。

2. 按照方案，完成牙膏中氟离子含量的测定。

【任务分析】

氟具有防龋齿作用，广泛用于牙膏及漱口水中。但过高的氟含量可能会引起中毒，从而损害神经系统，引发骨质疏松症，因此有必要对牙膏中的氟离子含量进行测定，运用所学知识，测定儿童牙膏中的氟离子含量。

【实训】

1. **项目完成过程——单元 1**

（1）查阅资料，讨论并汇总资料，确定分析方案。以 2 人一组，通过图书、网络搜索工具，查阅相关资料，整理并确定最终方案。

（2）样品处理。根据所查资料，选择合适方法处理样品，使其成为可分析的溶液。

（3）溶液配制（TISAB、标准溶液等）。将前面所学知识，综合运用于本次任务中。

2. **项目完成过程——单元 2**

（1）完成牙膏中氟离子含量的测定。

（2）对照国家相关标准，评价儿童牙膏中氟离子的含量。

3. **数据处理**

选用合适定量方法，对数据进行正确处理（建议采用标准曲线法或标准加入法）。

【讨论】

每个小组介绍本组的实验设计、实验结果、数据的评价情况。其他组同学对他们的实验提出问题，进行评价。

【思考与练习】

评价查阅强制性国家标准《牙膏》并利用课外时间进行自学。

项目4
用原子吸收光谱法对物质中微量元素进行检测

任务1　认识原子吸收实训室

【能力目标】

1. 进入原子吸收实训室，了解实训室的环境要求、基本布局和实训室管理规范。
2. 初步掌握"5S管理"在原子吸收实训室中的应用。

【原子吸收实训室】

1. 原子吸收实训室的配套设施和仪器（图4-1）

（1）配套设施

① 实训室供电。原子吸收实训室的电源分照明电和动力电两部分。实训室常用设备为单相交流电，电压220V；50Hz。原子吸收分光光度计在测量时受电压的影响较大，供电电源的电压变化应不大于220V±10V，频率变化不超过（50±1）Hz。因此通常配备与仪器功率相对应的稳压电源。另外整个实训室的电器设备应配备良好的接地装置。实训室门口设有总电源控制开关，实训完毕，离开实训室前应切断室内电源。

② 实训室供水。原子吸收分析时需要洗涤玻璃仪器，清洁实训室，石墨炉原子吸收法在使用时还需要通入冷却水，因此原子吸收实训室需要配备相应的供水系统。可采用城市自来水供水管路，并配备阀门、水槽、水龙头。实训过程配制溶液用水采用蒸馏水、去离子水、二次重蒸去离子水等。通常原子吸收分析用标准溶液及样品溶液的配制用水应符合 GB 6688 分析实训室用水二级水标准。

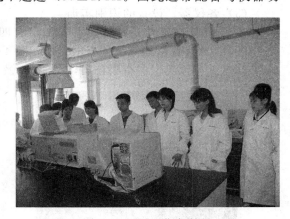

图4-1　原子吸收实训室

石墨炉原子吸收冷却水应符合水温 20~40℃，水压250~350kPa，流速 2L/min，pH 6.5~7.5，硬度<250mg/L。学生在实训中应养成良好的节约用水的习惯，不用时随手关闭水龙头。

③ 实训室工作台。原子吸收实训室内配备有中央实验台和边台。中央实验台中间设置有用于维修仪器的长约60cm的通道，平时上面可用盖板盖上。通道内侧两边均配置有多个电源插座。通道内还配备有 4 根不锈钢材料制作的高压气体管道，由气源室

将乙炔（C₂H₂）、氩气（Ar）与空气（Air）等高压气体送至原子吸收分光光度计。每一个实训台的靠墙处均设有气体进出总阀，每一台原子吸收分光光度计旁均设有气体控制阀，以便每一台仪器均可单独使用高压气体。在靠近实训室东侧的边台一端设有一个水池，水池上配备有多个水龙头，下面有总水阀。实训台下是抽屉和器具柜，可放置相关仪器设备。

原子吸收分光光度计属精密光学仪器，任何震动或位移都会使其光路偏离，造成测量误差。要求实验台面稳定、牢固、平整，避免由于压力产生机械变形。

④ 实训室废液。原子吸收实训室的废液分为两种，一种是在配制溶液过程中产生的，另一种是在仪器吸喷试液时未经雾化的废液。原子吸收常测定重金属元素，溶剂常用酸、碱等试剂配制，废液有很强的腐蚀性及毒性，不能直接排放，可集中处理后排放。

⑤ 实训室排风。在进行原子吸收分析时产生废气，必须及时排除到室外。在原子吸收池上方安装有排风装置。排风罩的排风口距实验台约975cm，排气管道支于室外的应加支防雨罩，防止雨水顺管道流入室内，排风口前沿应与工作台前沿在同一垂直平面内。

原子吸收的前处理室是进行样品消化、溶液配制的场所。样品消化过程中也会产生废气，因此配备了通风柜。

⑥ 实训室卫生医疗区。实训室有专门的卫生区，用于放置卫生洁具，如拖把、扫帚等。实训室还配备有医疗急救箱，里面装有红药水、碘酒、棉签等常用的医疗急救配件。

（2）仪器

原子吸收实训室配备有原子吸收分光光度计、石墨炉供电电源、计算机（装有专用操作软件）、稳压电源、空气压缩机、多种元素空心阴极灯、石墨管、进样器、维修专用工具。

气源室配有各种高压钢瓶、减压阀。

溶液配制室有常用玻璃仪器，如容量瓶、移液管、烧杯、量筒、天平、电炉等。

（3）各仪器、设备的识别实训

① 原子吸收分光光度计。本实训室有四种型号的原子吸收分光光度计，它们分别为TAS990F(北京普析通用仪器有限公司，图4-2)、TAS990G(北京普析通用仪器有限公司)、AA6000(上海天美仪器有限公司，图4-3) 及 AA320（上海分析仪器厂）。

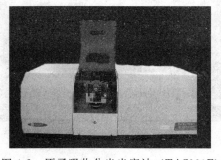

图4-2 原子吸收分光光度计（TAS990F）

图4-3 原子吸收分光光度计（AA6000）

② 石墨炉供电电源（图4-4）。

③ 稳压电源（图4-5）。

④ 高压钢瓶（图4-6）。

⑤ 空气压缩机（图4-7）。

⑥ 空心阴极灯及其他配件（图4-8～图4-10）。

图 4-4　石墨炉供电电源

图 4-5　稳压电源

图 4-6　各种高压钢瓶（右为乙炔钢瓶）

图 4-7　两种型号无油空气压缩机

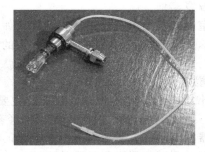

图 4-8　空心阴极灯　　　　　　图 4-9　雾化器　　　　　　图 4-10　石墨管

⑦ 常用玻璃仪器（图 4-11 和图 4-12）。

图 4-11 容量瓶

图 4-12 试剂瓶

2. "5S 管理"

详细内容见项目 1 中任务 1。

3. 学生实训

详细内容见项目 1 中任务 1。

4. 原子吸收实训室环境条件

（1）原子吸收实训室要求

原子吸收实训室要求见表 4-1。

表 4-1 原子吸收实训室的要求

项 目	原 子 吸 收 实 训 室
温度	恒温 10～30℃
湿度	＜70％
供水	多个水龙头，有化验盆（含水封）、有地漏，石墨炉原子吸收应有专用上下水装置
废液排放	实训室备有专用废液收集桶，原子吸收仪器废液排放在与仪器配套的废液桶中
供电	原子吸收设置单相插座若干，供电脑、主机使用。要求 220V±10％，如达不到要求配备稳压电源，通风柜单独供电；石墨炉电源要求 220V/40A 电源，专用插座
供气	空气由空气压缩机提供，乙炔、氩气由高压钢瓶提供，纯度 99.99％
工作台防振	坚固、防振
防火防爆	配备二氧化碳灭火器
避雷防护	属于第三类防雷建筑物
防静电	设置良好接地
电磁屏蔽	有精密电子仪器设备，需进行有效电磁屏蔽
光照	配有窗帘，避免阳光直射
通风设备	配有排风管，仪器工作时产生的废气及时排出室外

（2）学生完成环境条件设置实训

学生根据原子吸收实训室的环境要求，设置相关条件，如空调的使用、废液的排放与处理、高压气源室的防火防爆、灭火器的使用、接地、通风柜的使用、水龙头与电源开关的正确使用等。

5. 原子吸收实训室管理规范

① 了解有关分析方法及仪器结构的基本原理、仪器的主要组成部件和它们的操作过程。

② 掌握有关分析方法的实验技术，正确使用仪器。未经教师允许，不得随意改变操作参数。更不得改换、拆卸仪器的零部件。了解有关分析方法的特点、应用范围及局限性，掌握有关分析方法的分析步骤和对测试数据进行处理的方法。

③ 维护实训室的仪器设备。在每次实验完成后，要将仪器复原，罩好防尘罩。如发现仪器工作不正常，要做好记录，并及时报告。由教师及实训室工作人员进行处理实训室安全

包括人身安全及实验仪器设备的安全。在实验过程中必须杜绝化学药品中毒、烫伤、割伤、腐蚀等涉及人身安全事故及由燃气、高压气体、高压电源、易燃易爆化学品等导致的火灾、爆炸事故以及自来水泄漏等事故。

④ 实训室内禁止饮食、吸烟，切勿以实验用容器代替水杯、餐具使用，防止化学试剂入口，试验结束后要洗手。在实验之前，要仔细阅读仪器操作规程或认真听取教师讲解，然后再动手操作仪器。不要随便拨弄仪器，以免损坏或发生意外事故。使用高压气体钢瓶时，要严格按操作规程进行操作。例如，原子吸收光谱实验所用的各种火焰，其点燃与熄灭的原则是：先开助燃气，再开燃气；先关燃气，再关助燃气（即按"迟到早退"的原则开启和关闭燃气）。应将乙炔钢瓶存放在远离明火、通风良好、温度低于 35℃ 的地方。

6. 原子吸收实训室的安全事项

原子吸收光谱分析法经常使用高压气体、易燃易爆气体及有害气体等，必须注意下列事项。

① 在原子吸收池上方要安装排风装置。

② 电源线不得置于暖气、散热器上。确认电路连接无误时，方可接电源。地线不能与其他仪器共用，应使用接地良好的专用地线。

③ 气源离仪器应有适当距离，高压气瓶尽量放在户外，不得暴露于直射阳光、风雨冰雪下，同时保持于 40℃ 以下，为防止可燃性气体瓶带静电，应放置在橡胶或合成树脂板等绝缘物上面，并将钢瓶固定在钢瓶架上，由管道将气体导入仪器，定期检查管道，防止气体泄漏，严格遵守有关操作规程。

④ 使用乙炔气钢瓶时，管路不得靠近热源和电气设备，与明火的距离一般不小于 10m。必须装有专用的减压阀、回火防止器。防止倾倒，严禁卧放使用。输入主机的压力不得超过 15MPa。严禁纯铜、纯银等及其制品与乙炔接触。必须使用铜合金时，含铜量应低于 10%。瓶内气体严禁用尽，一般低于 0.3MPa 时，要更换钢瓶。凡对乙炔压力有特殊要求的仪器，应按说明书规定及时更换钢瓶。有关乙炔气瓶使用规定可参见国家劳动总局《溶解乙炔气瓶安全监察规程》。

⑤ 不得在使用可燃性气体或氧气的设备附近处理自燃或易燃物质，并不得放置这些物质。

⑥ 燃烧点火时，应先导入助燃气，后导入燃气，关闭时，先停燃气，后停助燃气。遇特殊情况，如突然停电时，应立即关闭乙炔阀门，避免回火事故发生。

【思考与练习】

1. 研究性习题

(1) 请课后查阅资料，谈谈"5S 管理"在企业化验室中的应用，并将其与原子吸收实训室的管理进行对比。

(2) 结合自己的实际，谈谈生活中的安全隐患及应对措施（按照"5S 管理"知识，对所在宿舍进行整理、整顿和清扫）。

2. 思考题

原子吸收实训室存在哪些安全隐患，如何排除？

任务 2　原子吸收分光光度计的基本操作

【能力目标】

1. 能够正确使用原子吸收分光光度计、空气压缩机及乙炔钢瓶。

2. 能进行仪器简单故障的排除。

【任务分析】

本次课程的任务是以北京普析通用公司的 TAS990 型原子吸收分光光度计为例练习原子吸收分光光度计的基本操作，理解原子吸收光谱法的分析流程，了解原子吸收分光光度计的基本组成及作用。

原子吸收光谱法是基于测量蒸气中基态原子对特征光波的吸收，测定化学元素含量的方法。是 20 世纪 50 年代中期出现并在以后逐渐发展起来的一种新型仪器分析方法，它在地质、冶金、机械、化工、农业、食品、轻工、生物医药、环境保护、材料科学等各个领域有广泛的应用。

【实训】

1. 原子吸收分析的流程

原子吸收分光光度计由光源→原子化器→分光系统→检测系统组成。试液经吸样毛细管吸入原子化器，在高速气流作用下喷射成细雾，与燃气混合后进入燃烧的火焰中，被测元素在火焰中转化为原子蒸气。气态的基态原子吸收从光源发射出的与被测元素吸收波长相同的特征谱线，使该谱线的强度减弱，再经分光系统分光后，由检测器接收。产生的电信号经放大器放大，由显示系统显示吸光度或光谱图。

2. 原子吸收分光光度计基本操作 （TAS990）

检查仪器的电路、气路连接是否正常→接通电源→打开电脑→安装空心阴极灯→开主机→燃烧器对光→打开操作软件→初始化→设置实验条件→选择分析线→寻峰→检查排水安全联锁装置→打开排风→开空气压缩机（调节出口压力为 0.25MPa）→开乙炔钢瓶（调节出口压力为 0.05MPa）→点火→样品测定→数据保存→测定完毕→关闭乙炔钢瓶→火焰熄灭后关空气压缩机→关排风→退出工作软件→关闭主机电源→关闭电脑→填写仪器使用记录。

① 检查仪器的电路、气路连接是否正常。

TAS990 型原子吸收分光光度计采用 220V±10%，50Hz 单相交流电，仪器应有良好的接地。

乙炔气体由乙炔钢瓶提供（纯度大于等于99.9%），空气由无油空气压缩机提供。气体管路连接应严密，防泄漏。检查方法可用皂膜法。

② 打开电脑，进入 Windows 操作系统。

③ 根据测量的元素选择并安装合适的空心阴极灯。

将空心阴极灯的灯脚突出部分对准灯座的凹陷处轻轻插入。注意：空心阴极灯使用时应轻拿轻放，特别是灯的石英窗应保持干净，避免划伤。

TAS990 型原子吸收分光光度计可安装八只空心阴极灯，安装时应记住工作灯的灯位编号（图 4-13）。

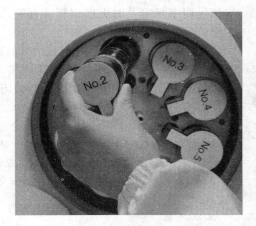

图 4-13 空心阴极灯的安装

注意：空心阴极灯使用前应预热 20～30min 以上；灯在点燃后可从灯的阴极辉光的颜色判断灯的工作是否正常（充氖气，橙红色；充氩气，淡紫色；汞灯是蓝色。灯内有杂质气体时，负辉光颜色变淡，如充氖气的灯颜色可变为粉红，发蓝或发白，此时应对灯进行处理）。元素灯长期不用，应定期（每月或每隔二三个月）点燃处理，即在工作电流下点燃 1h。若灯内有杂质气体，辉光不正常，可进行反接处理。使用元素灯时，应轻拿轻放。低熔点的灯用完后，要等冷却后才能移动。为了使空心阴极灯发射强度稳定，要保持空心阴极灯石英窗口洁净，点亮后要盖好灯室盖。

④ 按原子吸收分光光度计主机的电源开关打开主机（图4-14）。

⑤ 双击电脑桌面的AAWin图标，打开仪器操作软件，选择联机运行模式。

⑥ 系统自动进行初始化，初始化成功标记为√，否则标记为×。只有初始化的项目全部成功才可进行下一步操作，否则应检查前几步的操作是否正确（图4-15）。

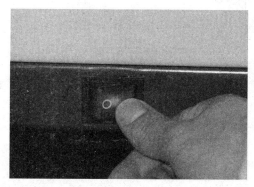

图4-14　打开主机电源

图4-15　初始化过程

⑦ 设置元素灯：初始化成功后进入灯选择界面，选择测定元素的空心阴极灯，点击下一步。

如灯位对应的元素符号与实际不符，可双击该灯位进行更改（图4-16）。

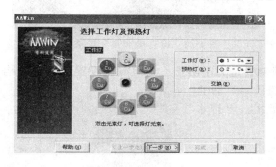

图4-16　选择元素灯

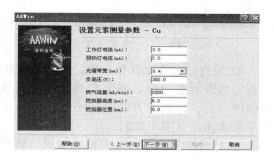

图4-17　设置测量参数

⑧ 元素灯选择好后点击"下一步"设置元素测量参数，内容包括：灯电流、光谱带宽、负高压、燃气流量、燃烧器高度等项。仪器默认值为厂家推荐值，可根据自己需要进行更改。测量参数确定后单击"下一步"，系统发出指令调节仪器的参数（图4-17）。

⑨ 燃烧器对光：调节燃烧器旋转、前后调节钮使从光源发出的光斑在燃烧缝的正上方，与燃烧缝平行（图4-18）。

⑩ 选择分析线：参数设置完成后进入分析线设置页。

在下拉菜单中系统提供了所分析元素可供选择的分析线，这些分析线有多条，选中后点击"寻峰"（图4-19）。

图4-18　燃烧器对光

⑪ 寻峰：当在上一步点击了寻峰操作后系统自动进入了寻峰界面，仪器自动将波长调节到所需分析线位置，待出现峰形图，"关闭"变黑，寻峰完成（图4-20）。

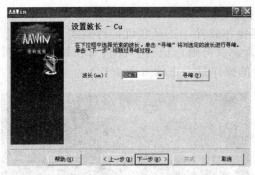

图 4-19　寻峰

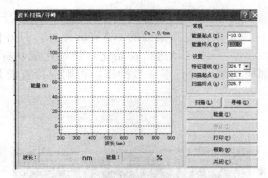

图 4-20　寻峰过程

⑫ 测量界面：寻峰完成后点击"关闭"、"下一步"、"完成"进入元素测量界面（图 4-21）。

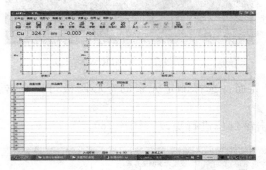

图 4-21　测量界面

图 4-22　检查排水安全联锁装置

⑬ 检查排水安全联锁装置：排水安全联锁装置是为了防止乙炔泄漏而设置的安全机构。当有乙炔泄漏危险时，系统会自动切断乙炔的供给，防止事故的发生。检查的方法是向小孔中倒入少量水，至排水管中有水流出（图 4-22）。

⑭ 打开排风，点火之前打开排风，将燃烧产生的废气排出室外（图 4-23）。

⑮ 开启空气压缩机（调节出口压力为 0.25～0.3MPa）（图 4-24）。

⑯ 开启乙炔钢瓶（调节出口压力 0.07MPa），检查减压阀是否处在关闭状态，打开乙炔总阀（钢瓶总阀顺时针为关，逆时针为开。减压阀相反，顺时针为开，逆时针为关）（图 4-25）。

图 4-23　开启排风

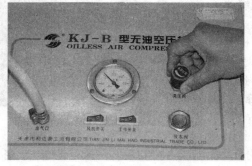

图 4-24　打开空气压缩机

图 4-25　开启乙炔钢瓶

⑰ 点火。点击电脑操作界面"点火"按钮，点燃火焰（初次点火由于乙炔管路中有空气存在，点不着，重复 2～3 次即可点燃）（图 4-26 和图 4-27）。

图 4-26　点火操作

图 4-27　点燃的火焰

⑱ 测量吸光度：在测量界面上部是测量的元素、分析线、原子吸收与背景吸光度。吸入空白溶液，按校零吸光度显示为零，吸入待测溶液，吸光度值显示在上方 ABS 栏内。

⑲ 关机顺序：测量完毕首先吸喷蒸馏水 5min，清洗燃烧器，顺时针关闭乙炔钢瓶总阀，待火焰熄灭后逆时针旋松减压阀，关闭空气压缩机，关排风，退出工作软件，关闭原子吸收分光光度计主机电源，填写仪器使用记录。

3. 学生实训

（1）实训内容

学生按要求规范完成原子吸收分光光度计的基本操作，包括空气、乙炔管路的检漏，空气压缩机的开关操作、压力调节，乙炔钢瓶的开关及压力调节，原子吸收分光光度计的基本操作、操作软件的使用。

（2）实训注意事项

① 点火时先开空气，后开乙炔。关机时先关乙炔后关空气。

② 完成寻峰，点火之前有时需要调节燃烧器的位置，使空心阴极灯发出的光线在燃烧缝的正上方，并与之平行。

③ 与氮气、空气、氧气钢瓶不同，乙炔钢瓶内充活性炭与丙酮，乙炔溶解在丙酮中，使用时不可完全用完，必须留出 0.5MPa，否则丙酮挥发进入火焰使背景增大，燃烧不稳定。

④ 仪器在接入电源时应有良好的接地。

⑤ 原子吸收分析中经常接触电器设备及高压钢瓶，使用明火，因此应时刻注意安全，掌握必要的电器常识、急救知识及灭火器的使用知识。

⑥ 安装好空心阴极灯后应将灯室门关闭，灯在转动时不得将手放入灯室内。

⑦ 当按下点火按钮时应确保其他人员手、脸不在燃烧室上方，最好关闭燃烧室防护罩。

⑧ 不得在火焰上放置任何东西，或将火焰挪作他用。

⑨ 在燃烧过程中不可用手接触燃烧器。测定过程中最好将燃烧室防护罩关闭，高温火焰可能产生紫外线，灼伤人的眼睛。

⑩ 火焰熄灭后燃烧器仍有高温，20min 内不可触摸。

（3）职业素质训练

① 实训过程中渗透和强化实训室操作规范，逐步树立个人自我约束能力，形成良好的实验工作素养。

② 严格要求实训过程，形成文明规范操作、认真仔细、实事求是的工作态度。

③ 安全使用高压及易燃气体、电加热设备，树立个人的安全操作意识。

4. 相关知识

（1）高压气瓶安全使用

乙炔属易燃易爆危险气体，使用中应严格按照规范进行操作。

① 乙炔气瓶应放在通风良好、无阳光直射的场所，用管道引入仪器室，管道不可使用铜、银、汞等制品（这些材料会生成金属乙炔化合物，受冲击后可能引起分解而爆炸）。

② 乙炔钢瓶应避免接近高温热源，绝对不能接近明火。

③ 气瓶应固定在墙壁或其他稳固的装置上，直立放置，以免翻倒。

④ 乙炔气瓶应配备专用减压阀，经减压后引入仪器室，减压阀应定期检查，确保正常使用。安装减压阀前应检查钢瓶出气口确保其光滑无灰尘。

⑤ 减压阀安装好后用肥皂水检查漏气情况，确保密封良好。

⑥ 开启钢瓶前检查减压阀的压力调节阀在关闭位置（逆时针旋松），逆时针缓慢旋开总阀，然后顺时针转动压力调节杆至所需压力。

⑦ 严禁调节出口压力大于 0.1MPa，可能使乙炔分解产生爆炸危险。

（2）紧急情况处理

① 试验过程中如发生气体泄漏、停电等紧急情况应首先按下紧急熄火开关，关闭乙炔钢瓶总阀，打开实训室窗户，检查事故的原因，排除后重新开始。

表 4-2　原子吸收分析法中常见故障及排除

故障现象	可能原因	解决办法
仪器不通电	1. 室内总电源无电 2. 电源插头脱落、松动 3. 仪器保险丝熔断	检查电路中的各个环节，更换保险丝
初始化中波长电机出现"×"	1. 检查空心阴极灯是否安装并点亮 2. 光路中有物体挡光 3. 主机与计算机通信系统联系中断	1. 重新安装灯 2. 取出光路中的挡光物 3. 重新启动仪器
元素灯不亮	1. 检查灯电源连线是否脱焊 2. 灯电源插座松动 3. 空心阴极灯损坏	1. 重新安装空心阴极灯 2. 更换灯位重新安装 3. 换另一只灯重试
寻峰时能量过低，能量超上限	1. 元素灯不亮 2. 元素灯位置不对 3. 分析线选择错误 4. 光路中有挡光物 5. 灯老化，发射强度低	1. 重新安装空心阴极灯 2. 重新设置灯位 3. 选择最灵敏线 4. 移开挡光物 5. 更换新灯
点击"点火"按钮，点火器无高压放电打火	1. 空气无压力或压力不足 2. 乙炔未开启或压力过小 3. 废液液位过低 4. 紧急灭火开关点亮 5. 乙炔泄漏，报警 6. 有强光照射在火焰探头上	1. 检查空气压缩机出口压力 2. 检查乙炔出口压力 3. 向废液排放安全联锁装置中倒入蒸馏水 4. 按紧急灭火开关，使其熄灭 5. 乙炔泄漏，检查管路，打开门窗 6. 移开强光源
点击"点火"按钮，点火器有高压放电打火，但燃烧器火焰不能点燃	1. 乙炔未开启或压力过小 2. 管路过长，乙炔未进入仪器 3. 有强光照射在火焰探头上 4. 燃气流量不合适	1. 检查并调节乙炔压力至正常值 2. 重复多次点火 3. 挡住照射在火焰探头上的强光 4. 调整燃气流量
测试基线不稳定、噪声大	1. 仪器能量低，光电倍增管负高压过高 2. 波长不准确 3. 元素灯发射不稳定 4. 外电压不稳定、工作台振动	1. 检查灯能量是否合适，如不正常重新设置 2. 寻峰是否正常，如不正常重新寻峰 3. 更换已知灯重试 4. 检查稳压电源保证其正常工作，移开振源
测试时吸光度很低或无吸光度	1. 燃烧缝没有对准光路 2. 燃烧器高度不合适 3. 乙炔流量不合适 4. 分析波长不正确 5. 能量值很低或已经饱和 6. 吸液毛细管堵塞，雾化器不喷雾 7. 样品含量过低	1. 调整燃烧器 2. 升高燃烧器高度 3. 调整乙炔流量 4. 检查调整分析波长 5. 进行能量平衡 6. 拆下并清洗毛细管 7. 重新处理样品
测试时火焰不稳定	1. 空压机出口压力不稳 2. 乙炔压力很低、流量不稳 3. 燃烧缝有盐类结晶，火焰呈锯齿状 4. 仪器周围有风	1. 检查空压机压力表 2. 更换乙炔钢瓶 3. 清洗燃烧器 4. 打开排风，关闭门窗
点击计算机功能键，仪器不执行命令	1. 计算机与主机处于脱机工作状态 2. 主机在执行其他命令还没有结束 3. 通信电缆松动 4. 计算机死机，病毒侵害	1. 重新开机 2. 关闭其他命令或等待 3. 重新连接通信电缆 4. 重启计算机

② 仪器内部设置了完整的安全保护装置，包括燃气泄漏报警器（当有燃气泄漏时仪器会发出警报声）、空气压力检测（当空气压力低于 2.0bar，1bar＝10^5Pa，仪器报警）、废液液位检测、火焰状态监测。只有当全部的安全装置都处在正常状态时，仪器才能点火测量。任何异常情况都可能使火焰熄灭，并提供报警信号。

（3）常见故障及排除

原子吸收分析法中常见故障及排除方法见表 4-2。

【理论提升】

1. 原子吸收分光光度计的基本结构

原子吸收分光光度计主要由光源、原子化器、单色器和检测系统四个部分组成。

2. 光源

作用：发射待测元素的特征光谱，供测量用。

要求：能发射出比吸收线宽度更窄，并且强度大而稳定、背景低、噪声小、使用寿命长的线光谱。

种类：空心阴极灯、无极放电灯、蒸气放电灯及激光光源灯。

（1）空心阴极灯

① 结构。空心阴极灯结构见图 4-28，图 4-29 显示了两种常见的空心阴极灯的外形。

阴极：由发射所需特征谱线的金属或合金制成的空心筒状。

阳极：在钨棒上镶钛丝或钽片。

其他：硬质玻璃管外壳，内充有几百帕低压惰性气体（氖或氩），石英光学窗口。

② 工作原理。当在两电极上施加 300～500V 电压时，阴极灯开始辉光放电。电子从空心阴极射向阳极，并与周围惰性气体碰撞使之电离。所产生的惰性气体的阳离子获得足够能量，在电场作用下撞击阴极内壁，使阴极表面上的自由原子溅射出来，溅射出的金属原子再与电子、正离子、气体原子碰撞而被激发，当激发态原子返回基态时，辐射出特征频率的锐线光谱。

图 4-28　空心阴极灯结构

1—紫外玻璃窗口；2—石英窗口；3—密封；4—玻璃套；5—云母屏蔽；6—阳极；7—阴极；8—支架；9—管套；10—连接管套；11,13—阴极位降区；12—负辉光区

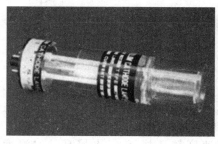 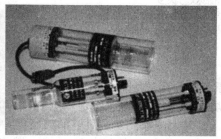

图 4-29　空心阴极灯外形

③ 操作参数。空心阴极灯常采用直流供电与脉冲供电两种方式，脉冲供电可以改善放电特性，同时便于使有用的原子吸收信号与原子化池的直流发射信号区分开，称为光源调制。当采用直流供电时可采用机械调制。在实际工作中，应选择合适的工作电流，使用灯电流过小，放电不稳定；灯电流过大，溅射作用增加，原子蒸气密度增大，谱线变宽，甚至引

起自吸，导致测定灵敏度降低，灯寿命缩短。灯电流的设置一般在 1～20mA。不同的元素灯根据需要选用合适的灯电流。

（2）无极放电灯

无极放电灯也是原子吸收光谱仪中常见的一种光源，其结构如图 4-30 所示。

3. 原子化器

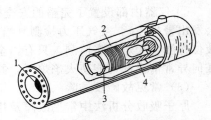

图 4-30　无极放电灯结构示意图
1—石英窗；2—螺旋振荡线圈；
3—陶瓷管；4—石英灯管

作用：原子化器的功能是提供能量，使试样干燥、蒸发和原子化。在原子吸收光谱分析中，试样中被测元素的原子化是整个分析过程的关键环节。

要求：高效，稳定。

分类：按实现原子化的方法分，可分为两种：火焰原子化法，是原子吸收光谱分析中最早使用的原子化方法，至今仍在广泛地应用；非火焰原子化法，其中应用最广的是石墨炉电热原子化法。

（1）火焰原子化器（图 4-31）

火焰原子化器由雾化器、预混合室和燃烧器 3 个部分组成。

① 雾化器。雾化器的作用是将试液雾化成微小的雾滴，要求其喷雾稳定、雾滴细微均匀和雾化效率高，目前多使用气动型雾化器。

② 预混合室。预混合室的作用是进一步细化雾滴，并使之与燃料气均匀混合后进入火焰。部分未细化的雾滴在预混合室凝结下来成为残液。残液由预混室排出口排出，以减少前试样被测组分对后试样被测组分记忆效应的影响。为了避免回火爆炸的危险，预混合室的残液排出管必须采用导管弯曲或将导管插入水中等水封方式。

③ 燃烧器。燃烧器的作用是使燃气在助燃气的作用下形成火焰，使进入火焰的试样微粒原子化。燃烧器应能使火焰燃烧稳定，原子化程度高，并能耐高温耐腐蚀。预混合型原子化器通常采用不锈钢制成长缝型燃烧器（图 4-32）。

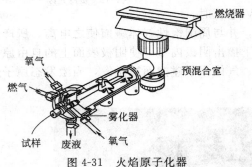

图 4-31　火焰原子化器

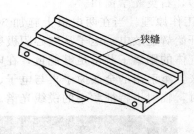

图 4-32　燃烧器

（2）原子吸收测定中最常用的火焰

① 乙炔-空气火焰。燃烧稳定，重现性好，噪声低，燃烧速度不是很大，温度足够高（约 2300℃），对大多数元素有足够的灵敏度，应用最广泛。

② 氢气-空气火焰。是氧化性火焰，燃烧速度较乙炔-空气火焰高，但温度较低（约 2050℃），优点是背景发射较弱，透射性能好，适合于测定短波长区域的元素，如砷、硒等。

③ 乙炔-氧化亚氮火焰。其特点是火焰温度高（约 2955℃），而燃烧速度并不快，是目前应用较广泛的一种高温火焰，用它可测定 70 多种元素。

乙炔-空气火焰中乙炔由高压钢瓶提供，空气由无油空气压缩机提供。

（3）火焰原子化过程

火焰原子化过程包括雾滴脱溶剂、蒸发、解离等阶段（图 4-33）。

（4）火焰原子化法的特点

火焰原子化法的操作简便，重现性好，有效光程大，对大多数元素有较高灵敏度，因此应用广泛。但火焰原子化法原子化效率低，灵敏度不够高，而且一般不能直接分析固体样品。

（5）石墨炉原子化器（图 4-34）

石墨炉原子化器的特点是：检出限很低，对许多元素的测定比火焰法低 2～3 个数量级；试样用量少，每次测定仅需 $5\sim100\mu L$；能直接进行黏度很大的样液、悬浮液和固体样品的分析；干扰大，常需要基体改进剂；背景严重，必须有扣除背景装置；测定的精密度较差（相对偏差约等于 3%）；分析所需的时间长；设备复杂、昂贵。

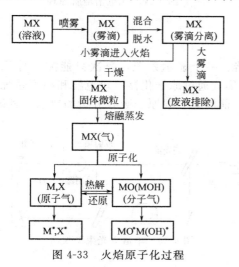

图 4-33　火焰原子化过程

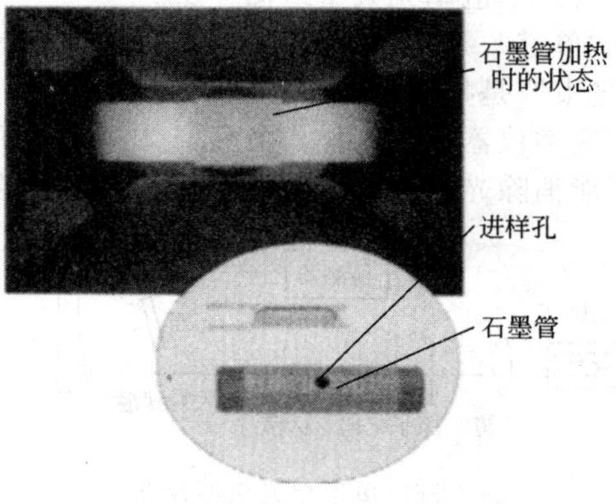

图 4-34　石墨炉原子化器

4. 单色器

作用：其作用是将待测元素的吸收线与邻近谱线分开。

要求：在进行原子吸收测定时，单色器既要将谱线分开，又要有一定的出射光强度。分辨率 $R\geqslant0.3nm$，能分辨 Mn 279.5nm、Mn 279.8nm 两条谱线。

结构：单色器由入射狭缝、出射狭缝和色散元件（棱镜或光栅，图 4-35 和图 4-36）组成。

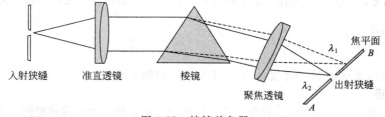

图 4-35　棱镜单色器

出射狭缝的宽度决定了进入检测器的光通量，由于不同仪器的色散能力不同，常用光谱通带表示。光谱通带是指单色器出射光谱所包含的波长范围，它由光栅线色散率的倒数（又称倒线色散率）和出射狭缝宽度所决定，其关系为：

$$光谱通带＝缝宽(mm)\times线色散率倒数(nm/mm)$$

5. 检测系统

检测系统由光电元件、放大器和显示装置等组成。光电元件包括光电倍增管（图4-37）、二极管阵列等。

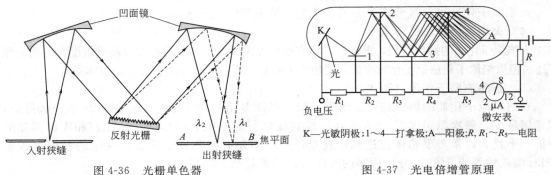

图 4-36 光栅单色器

图 4-37 光电倍增管原理

K—光敏阴极;1~4—打拿极;A—阳极;R, R₁~R₅—电阻

6. 原子吸收分光光度计的类型和主要性能

（1）单道单光束型（图 4-38）

"单道"是指仪器只有一个光源、一个单色器、一个显示系统，每次只能测一种元素。"单光束"是指从光源中发出的光仅以单一光束的形式通过原子化器、单色器和检测系统。

这类仪器简单，操作方便，体积小，价格低，能满足一般原子吸收分析的要求。其缺点是不能消除光源波动造成的影响，基线漂移。

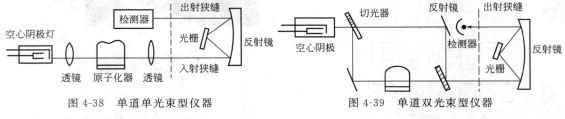

图 4-38 单道单光束型仪器

图 4-39 单道双光束型仪器

（2）单道双光束型（图 4-39）

双光束型是指从光源发出的光被切光器分成两束强度相等的光，一束为样品光束，通过原子化器被基态原子部分吸收；另一束只作为参比光束，不通过原子化器，其光强度不被减弱。两束光被原子化器后面的反射镜反射后，交替地进入同一单色器和检测器。检测器将接收到的脉冲信号进行光电转换，并由放大器放大，最后由读出装置显示。

由于两光束来源于同一个光源，光源的漂移通过参比光束的作用而得到补偿，所以能获得一个稳定的输出信号。不过由于参比光束不通过火焰，火焰扰动和背景吸收影响无法消除。

【开放性训练】

1. 任务

AA6000 型原子吸收分光光度计（上海天美）的操作训练。

2. 实训过程

（1）给学生仪器使用说明书，让学生自学说明书，对不理解的问题可提问，教师当场解答。

（2）学生独立完成仪器的操作训练。

3. 作业

实训结束，学生通过阅读说明书，总结实验过程，编写仪器（AA6000 型）操作规程。

【理论拓展】

1. 石墨炉原子化法

非火焰原子化法中，常用的是管式石墨炉原子化器。

管式石墨炉原子化器由加热电源、保护气控制系统和石墨管状炉组成。加热电源供给原子化器能量，电流通过石墨管产生高热高温，最高温度可达到 3000℃。保护气控制系统是控制保护气的，仪器启动，保护气 Ar 流通，空烧完毕，切断 Ar 气流。外气路中的 Ar 气沿石墨管外壁流动，以保护石墨管不被烧蚀，内气路中 Ar 气从管两端流向管中心，由管中心孔流出，以有效地除去在干燥的基体蒸气，同时保护已原子化了的原子不再被氧化。在原子化阶段，停止通气，以延长原子在吸收区内的平均停留时间，避免对原子蒸气的稀释。

石墨炉原子化器的操作分为干燥、灰化、原子化和净化四步，由微机控制实行程序升温。石墨炉原子化法的优点是，试样原子化是在惰性气体保护下于强还原性介质内进行的，有利于氧化物分解和自由原子的生成。用样量小，样品利用率高，原子在吸收区内平均停留时间较长，绝对灵敏度高。液体和固体试样均可直接进样。缺点是试样组成不均匀性影响较大，有强的背景吸收，测定精密度不如火焰原子化法。

2. 低温原子化法

低温原子化是利用某些元素（如 Hg）本身或元素的氢化物（如 AsH_3）在低温下的易挥发性，将其导入气体流动吸收池内进行原子化。目前通过该原子化方式测定的元素有 Hg、As、Sb、Se、Sn、Bi、Ge、Pb、Te 等。生成氢化物是一个氧化还原过程，所生成的氢化物是共价分子型化合物，沸点低、易挥发分离分解。以 As 为例，反应过程可表示如下：

$$AsCl_3 + 4NaBH_4 + HCl + 8H_2O \Longrightarrow AsH_3 + 4NaCl + 4HBO_2 + 13H_2$$

AsH_3 在热力学上是不稳定的，在 900℃ 温度下就能分解析出自由 As 原子，实现快速原子化。

【思考与练习】

1. 思考题
(1) 简述原子吸收分光光度计的开关机顺序。
(2) 乙炔钢瓶如何打开，如何关闭？
(3) 火焰原子化器排水装置的作用是什么？如何检查其是否处于正常工作状态？
(4) 空心阴极灯的使用注意事项有哪些？
(5) 关机前为什么要吸喷蒸馏水清洗燃烧头？
(6) 乙炔钢瓶使用中有哪些注意事项？
(7) 如何调节燃烧器的前后上下的位置，使空心阴极灯光束通过燃烧缝正上方？
(8) 试验过程中突然停电，应如何处置这一紧急情况？
(9) 在初始化阶段波长电机不通过，可能是什么原因造成的？如何解决？
(10) 点火不着的原因有哪些？怎样针对性解决？
2. 操作练习
利用课余时间练习不同型号的原子吸收分光光度计基本操作。
3. 翻译下列内容，并利用课外时间进行自学。
Hollow Cathode Lamp：

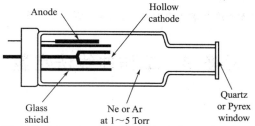

- 300 V applied between anode（＋）and metal cathode（－）
- Ar ions bombard cathode and sputter cathode atoms
- Fraction of sputtered atoms excited, then fluoresce
- Cathode made of metal of interest（Na，Ca，K，Fe···）
  different lamp for each element
  restricts multielement detection
- Hollow cathode to
  maximize probability of redeposition on cathode
  restricts light direction

Electrodeless Discharge Lamp

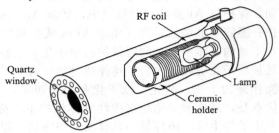

Electrothermal Atomizers：

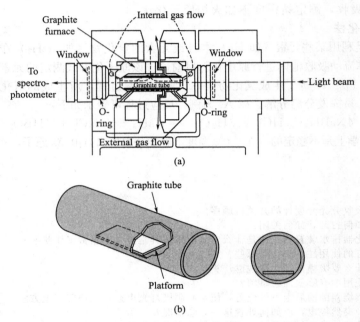

(a)

(b)

- entire sample atomized short time （2000～3000℃）
- sample spends up to 1s in analysis volume
- superior sensitivity （$10^{-10} \sim 10^{-13}$ g analyte）
- less reproducible （5%～10%）

4. 研究性习题

比较不同型号原子吸收分光光度计操作的异同，总结原子吸收操作的一般规律。

任务 3　工作曲线法定量

【能力目标】

1. 能用工作曲线法测量元素含量。
2. 理解工作曲线法的特点及适用范围。

【任务分析】

本次课程的任务是采用工作曲线法测定水中微量镁，要求掌握工作曲线法的定量原理，标准系列溶液的配制，工作曲线的绘制方法，仪器条件的设置，样品含量的测定，理解工作曲线法的特点及适用范围。

原子吸收光谱法的基本原理是测量气态的基态原子对特征波长光的吸收，吸收的程度服从光吸收定律，通过测量吸光度求得待测溶液的浓度。工作曲线法定量涉及标准溶液的配制、工作曲线的绘制及样品测定。

【实训】

1. 工作曲线法定量

工作曲线法是原子吸收分析中最常用、最基本的定量方法。在测定的线性范围内，制备含待测元素的系列标准溶液，浓度依次递增。将仪器按规定启动后按需要设置实验条件，然后浓度由小到大依次喷入每一标准系列溶液，读取吸光度，绘制工作曲线。

样品制备成溶液，并使待测元素的浓度在工作曲线浓度范围内，喷入火焰，读取样品吸光度值，从工作曲线上查得相应的浓度，计算元素的含量。

（1）工作曲线的绘制方法

配制一组合适的标准样品，在最佳测定条件下，由低浓度到高浓度依次测定它们的吸光度 A，以吸光度 A 对浓度 c 作图（图 4-40）。

（2）试样的测定

用与绘制工作曲线相同的条件测定样品的吸光度，利用工作曲线以内插法求出被测元素的浓度。

2. 实训仪器、试剂

（1）仪器

原子吸收分光光度计（型号 TAS990，北京普析通用仪器公司）；空气压缩机；乙炔钢瓶；镁空心阴极灯；玻璃量器、容器：100mL 容量瓶 2 个；50mL 容量瓶 7 个；5mL、10mL 移液管各一支；100mL 烧杯一个。

（2）镁标准贮备溶液

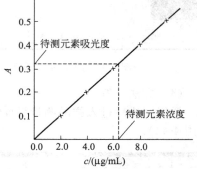

图 4-40　工作曲线法定量

准确称取 800℃ 灼烧至恒重的氧化镁（分析纯）1.6583g，滴加 1mol/L HCl 至完全溶解，移入 1000mL 容量瓶中，稀释至标线，摇匀。此溶液镁的浓度为 $\rho(Mg)=1.000\text{mg/mL}$。

3. 测定过程

根据工作曲线法的原理，测定水中镁含量包括如下步骤：

① 配制标准系列；

② 制备样品溶液；

③ 开机预热，设置仪器条件；

④ 测量标准系列及样品溶液的吸光度；

⑤ 绘制工作曲线；

⑥ 利用内插法查得试液浓度。

（1）标准系列溶液的配制（根据已经学过的知识，配制下列镁标准溶液）

配制 50mL 标准系列溶液：浓度 $\rho(Mg)=0.100\mu g/mL$、$0.200\mu g/mL$、$0.300\mu g/mL$、$0.400\mu g/mL$、$0.500\mu g/mL$ 标准系列溶液。

配制参考方案：首先配制 $\rho(Mg)=100.0\mu g/mL$ 标准工作液：吸取 10.00mL 镁标准贮备溶液 $\rho(Mg)=1.000\text{mg/mL}$，放入 100mL 容量瓶中，以蒸馏水定容。配制 $\rho(Mg)=$

5.00μg/mL 标准工作液：吸取 5.00mL 镁标准工作液 $\rho(\mathrm{Mg})=100.0\mu\mathrm{g/mL}$，放入 100mL 容量瓶中，以蒸馏水定容，摇匀。分别吸取 1.00mL、2.00mL、3.00mL、4.00mL、5.00mL $\rho(\mathrm{Mg})=5.00\mu\mathrm{g/mL}$ 标准工作液于 5 个 50mL 容量瓶中，用水定容至刻度。

（2）试样制备

移取水样 10mL，加入 100mL 容量瓶中，用蒸馏水稀释至标线，摇匀。

（3）开机、设置实验条件

按照任务 2 中的方法打开原子吸收分光光度计，在元素测量参数页设置下列实验条件（图 4-41 和图 4-42）：分析线 285.2nm；光谱通带 0.4nm；空心阴极灯电流 2mA；乙炔流量 2000mL/min；燃烧器高度 6mm。

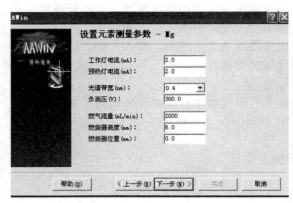

图 4-41　设置元素条件

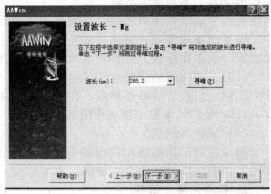

图 4-42　设置分析线

（4）方法设置

寻峰完成后进入样品测量界面，在测量界面点击"样品"进入样品设置向导（图 4-43 和图 4-44）。

图 4-43　样品测量界面

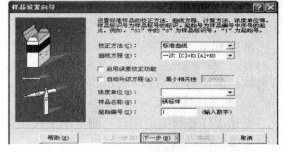

图 4-44　样品设置向导

① 在校正方法中选择"标准曲线法"。

② 曲线方程中选择"一次方程"。

③ 浓度单位选择"μg/mL"。

④ 输入标准样品名称，本实验为"镁标样"。

⑤ 起始编号为"1"。

⑥ 单击"下一步"，设置标准样品的浓度及个数：输入标准系列的浓度，可利用增加或减少设置样品个数（本例中样品个数为 5），直接输入标准系列浓度（本例为 0.100μg/mL、0.200μg/mL、0.300μg/mL、0.400μg/mL、0.500μg/mL）（图 4-45）。

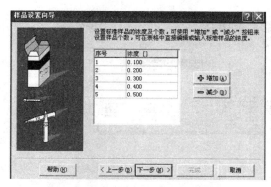

图 4-45　设置标准系列数目及浓度

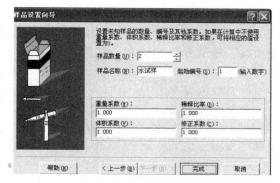

图 4-46　设置未知样品名称、数量

⑦ 单击"下一步"再单击"下一步"设置未知样品名称（本实验为"镁水样"）、数量、编号等信息（图 4-46）。

⑧ 单击"完成"结束样品设置向导，返回测量界面（图 4-47）。

（5）样品测量

① 单击"点火"，火焰点燃，待燃烧稳定后吸入蒸馏水"校零"。

② 吸入标准镁溶液（浓度从小到大），点击"测量"，待吸光度稳定后点击"开始"采样读取吸光度值（图 4-48），5 个标准完成后仪器会根据浓度与吸光度值绘制工作曲线。

图 4-47　完成样品设置

图 4-48　样品测量

③ 吸入未知样品溶液，重复上述操作，测量样品吸光度，显示在测量表格中，并自动计算出未知样品浓度（图 4-49）。

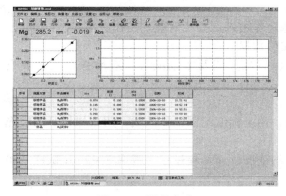

图 4-49　测量完成

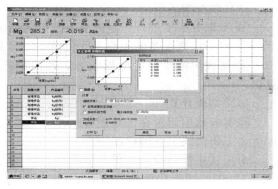

图 4-50　显示工作曲线

④ 工作曲线建立后可以查看其线性方程、相关系数等参数：点击"视图"、"校准曲线"显示方程的斜率、截距及相关系数（图 4-50）。

（6）数据保存

全部测量完成后选择主菜单"文件""保存"，输入文件名、选择保存路径，确定即可（图 4-51）。

（7）关机

最后一组学生完成实验后按照正常关机顺序关闭仪器。填写仪器使用记录。

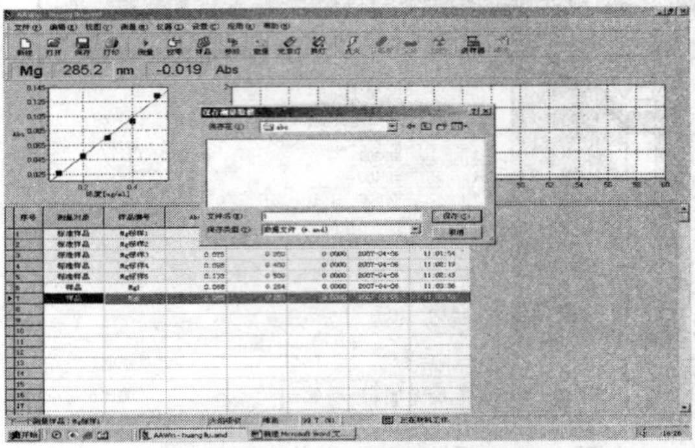

图 4-51　数据保存

4. 学生实训

（1）实训内容

学生按照教师的示范、讲解完成水中微量镁的测定，包括：

① 设置仪器实验条件、预热仪器；

② 配制标准系列溶液：$\rho(\mathrm{Mg}) = 0.100\mu g/mL$、$0.200\mu g/mL$、$0.300\mu g/mL$、$0.400\mu g/mL$、$0.500\mu g/mL$；

③ 配制样品溶液：吸取 5.00mL 含镁水样，加入 50mL 容量瓶中，用蒸馏水定容，平行测定两次；

④ 点火，完成测量操作：点火，待仪器稳定后按浓度由小到大的顺序测量标准系列溶液的吸光度及样品吸光度；

⑤ 记录实验数据：记录测量标准系列溶液及样品溶液的吸光度，工作曲线的线性相关系数，仪器显示的样品浓度。

（2）注意事项

① 标准溶液与试液的基体要相似，以消除基体效应。

② 标准系列溶液的浓度一定保证使工作曲线呈线性。线性范围可查阅相关标准或方法资料。

③ 标准溶液浓度范围应将试液中待测元素的浓度包括在内。浓度范围大小应以获得合适的吸光度读数为准。

④ 在测量过程中要吸喷去离子水或空白溶液来校正零点漂移。

⑤ 由于燃气和助燃气流量变化会引起工作曲线斜率变化，因此每次分析都应重新绘制工作曲线。

（3）职业素质训练

① 实训分小组进行，组内应有良好的团队合作精神，分工明确，工作有序。

② 本着实事求是的工作态度记录、处理实验数据。

③ 实训中需要接触电器设备、乙炔钢瓶、高温火焰及浓硝酸等，应增强个人的安全意识。

（4）结果计算

将实验数据记录在试验报告的原始记录处，用坐标纸绘制工作曲线，用未知样品的吸光度值在工作曲线上查得样品浓度。

由于从工作曲线上查得的浓度是经稀释后的浓度。而稀释过程为吸取 5.00mL 试样，稀释至 50mL。因此计算公式如下：

$$\rho(\mathrm{Mg}) = \frac{cV_0}{V_1}$$

式中，$\rho(Mg)$ 为水样中镁含量，$\mu g/mL$；c 为工作曲线查得数值，$\mu g/mL$；V_0 为样品溶液定容体积，mL；V_1 为取样量，mL。

影响工作曲线法测定准确度的主要因素如下：

① 标准系列及样品溶液的制备（移液管、容量瓶的正确使用）；

② 测量条件设置；

③ 吸喷溶液时毛细管的位置；

④ 空气对流对火焰的影响；

⑤ 读数开始的时间；

⑥ 每次分析前应该用标准溶液对系统进行校正；

⑦ 整个分析过程中操作条件保持不变；

⑧ 标准系列与被分析样品溶液的组成应该尽可能一致；

⑨ 标准和试样溶液的吸光度应在 $0.2\sim0.8$ 之间；

⑩ 当样品的情况不清或很复杂时分析误差较大，可用其他方法定量。

【理论提升】

1. 原子吸收标准溶液的配制

配制标准溶液可直接溶解相应的高纯（99.99%）金属丝、棒、片于合适的溶剂中，然后稀释成所需浓度范围的标准溶液，但不能使用海绵状金属或金属粉末来配制。金属在溶解之前，要磨光后再用稀酸清洗，以除去表面氧化层。标准溶液也可使用各元素合适的盐类来配制。

所需标准溶液的浓度在低于 $0.1mg/mL$ 时，应先配成比使用的浓度高 $1\sim3$ 个数量级的浓溶液（大于 $1mg/mL$）作为储备液，然后经稀释配成。储备液配制时一般要维持一定酸度（可以用 1% 的稀硝酸或盐酸），以免器皿表面吸附。配好的储备液应储于聚四氟乙烯、聚乙烯或硬质玻璃容器中。浓度很小（小于 $1\mu g/mL$）的标准溶液不稳定，使用时间不应超过 $1\sim2d$。

标准溶液的浓度下限取决于检出限，从测定精度的观点出发，合适的浓度范围应该是在能产生 $0.2\sim0.8$ 单位吸光度或 $15\%\sim65\%$ 透射比之间的浓度。

工作曲线法简便、快速，适于组成较简单的大批样品的分析。

2. 例题

制成的钙标准工作溶液含钙 $0.100mg/mL$。取一系列不同体积的钙标准工作溶液于 50mL 容量瓶中，以蒸馏水稀释刻度。将 5.00mL 天然水样品置于 50mL 容量瓶中，并以蒸馏水稀释至刻度。上述系列溶液的吸光度的测量结果列于下表，试计算天然水样中钙的含量。

加入钙工作液的体积 V/mL	1.00	2.00	3.00	4.00	5.00
吸光度 A	0.056	0.114	0.167	0.226	0.290
水样测得的吸光度			0.150		

解：将上表中加入钙工作液的体积换算成浓度为

$$1.00mL\times0.100mg/mL/50.00=2.00\mu g/mL$$

同理，标准系列浓度依次为：$2.00\mu g/mL$、$4.00\mu g/mL$、$6.00\mu g/mL$、$8.00\mu g/mL$、$10.00\mu g/mL$。

工作曲线如图 4-52 所示：当 $A_x=0.157$ 时，由工作曲线可以查出 $\rho_x=5.51\mu g/mL$

水样中钙含量 $=5.51\times50.00/5.00=51.5\mu g/mL$

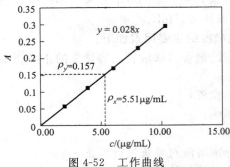

图 4-52　工作曲线

【开放性训练】

1. 任务

饮用水中镁含量的测定。

2. 实训过程

学生根据实训学习的内容完成饮用水中镁含量的测定。

3. 作业

实训结束，完成实验报告。

【思考与练习】

（1）取一系列不同体积的浓度为 0.1mg/mL 的钙储存溶液于 50mL 容量瓶中，以蒸馏水稀释刻度。将 5mL 天然水样品置于 50mL 容量瓶中，并以蒸馏水稀释至刻度。上述系列溶液吸光度的测量结果列于下表，试计算天然水样中钙的含量。

储存溶液体积/mL	吸光度（A）	储存溶液体积/mL	吸光度（A）
1.00	0.224	4.00	0.900
2.00	0.447	5.00	1.122
3.00	0.675	稀释的天然水溶液	0.475

（2）用原子吸收法测定试样溶液中的钙含量。制备钙的储备溶液，在水中溶解 1.834g $CaCl_2 \cdot 2H_2O$ 稀释至 1L，再将此溶液稀释 10 倍。作为 Ca 的标准溶液。吸取此标准溶液不同体积（见下表）定容至 100mL。测定结果如下：

V/mL	0.00	1.00	2.00	3.00	4.00	5.00
A	0.000	0.108	0.215	0.326	0.433	0.542

试样吸取 5.00mL，稀释至 100mL，测得吸光度为 0.256。计算试样中钙浓度。

（3）测定硅酸盐试样中的钛。称取 1.000g 试样，经溶解处理后，转移至 100mL 容量瓶中，稀释至刻度。吸取 10.00mL 该试液于 50mL 容量瓶中，用去离子水稀释至刻度，测得吸光度为 0.238。取一系列不同体积的钛标准溶液（浓度为 $10\mu g/mL$）于 50mL 容量瓶中。同样用去离子水稀释至刻度。测量各溶液的吸光度如下。计算硅酸盐试样中钛的含量。

V/mL	0.00	1.00	2.00	3.00	4.00	5.00
A	0.000	0.112	0.225	0.336	0.453	0.562

（4）The sodium in aseries of cement sample was determined by flame emission calibrated with a series of standards containing 0，$20.0\mu g$，$40.0\mu g$，$60.0\mu g$，and $80.0\mu g$ Na_2O per milliliter. The instrument readings for these solutions were 3.1，21.5，40.9，57.1，and 77.3.

（a）Plot the data.

（b）Derive a least-squares line for the data.

（c）Calculate standard deviations for the slope and the slope and the intercept for the line in（b）.

（d）The following data were obtained for replicate 1.00g samples of cement dissolved in HCl and diluted to 100.0mL after neutralization.

	Blank	Emission Reading		
		Sample A	Sample B	Sample C
Replicate 1	5.1	28.6	40.7	73.1
Replicate 2	4.8	28.2	41.2	72.1
Replicate 3	4.9	28.9	40.2	spilled

Calculate the ‰ Na_2O in each sample. What are the absolute and relative standard deviations for the average of each determination?

任务 4　标准加入法定量

【能力目标】

1. 能理解标准加入法定量原理及适用范围。
2. 能利用标准加入法测定元素含量。

【任务分析】

本次课程的任务是采用标准加入法测定水中微量铜。要求掌握标准加入法的定量原理，标准加入系列溶液的配制，标准加入工作曲线的绘制方法，仪器条件的设置，样品含量的测定，理解标准加入法的特点及适用范围。

当试样中共存物不明或基体复杂而又无法配制与试样组成相匹配的标准溶液时，或样品中存在干扰时测量会产生系统误差，这时使用标准加入法进行分析是合适的。

【实训】

1. 标准加入法定量

标准加入法是原子吸收分析中常用的一种定量方法，吸取试液四份以上，第一份不加待测元素标准溶液，从第二份开始，依次按比例加入不同量待测组分标准溶液，用溶剂稀释至同一体积，以空白为参比，在相同测量条件下，分别测量各份试液的吸光度，绘出工作曲线，并将它外推至浓度轴，则在浓度轴上的截距，即为未知浓度 c_x，如图 4-53 所示。

2. 实训仪器、试剂

（1）仪器

TAS990 型原子吸收分光光度计（北京普析通用仪器有限公司）；铜空心阴极灯；容量瓶（50mL 7 个，100mL 2 个，1000mL 1 个）；移液管。

（2）试剂

铜标准贮备溶液的配制：称取光谱纯金属铜 0.1000g，置于 100mL 烧杯中，加入 HNO_3（1＋1）20mL，加热溶解。置电炉上小火蒸发近干，冷却后加入 HNO_3（1＋1）5mL，用二级水煮沸，溶解，冷却，转入 1000mL 容量瓶中，用水稀释至标线，摇匀。

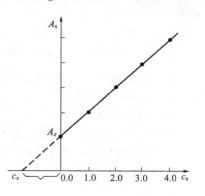

图 4-53　标准加入法工作曲线

3. 测定过程

根据标准加入法的原理, 测定水中微量铜包括如下内容:

① 配制标准加入系列溶液;

② 开机预热, 设置仪器条件;

③ 测量标准系列及样品溶液的吸光度;

④ 绘制工作曲线;

⑤ 利用外推法查得试液浓度。

(1) 标准加入系列溶液的配制

为了保证测量的准确度, 标准加入法定量要求如下:

① 相应的标准曲线应是一条通过原点的直线, 待测组分的浓度应在此线性范围之内。

② 第二份中加入的标准溶液的浓度与试样的浓度应当接近, 以免曲线的斜率过大或过小, 使测定误差较大。

③ 为了保证能得到较为准确的外推结果, 至少应采用四个点来制作外推曲线。

针对本实验, 你能否设计一个溶液配制方案完成试液中铜的测定? 已知试样的浓度为 $2 \sim 3\mu g/mL$, 铜的线性范围为 $0 \sim 5\mu g/mL$。标准加入系列溶液配制参考方案见表 4-3。

表 4-3　标准加入系列溶液配制参考方案

容量瓶编号	1	2	3	4
加入试样体积 V_1/mL	25.00	25.00	25.00	25.00
加入 $\rho = 100\mu g/mL$ 铜标液的体积/mL	0.00	0.50	1.00	1.50
定容体积/mL	50.00	50.00	50.00	50.00

注意: 这里是使用硝酸 (2+100) 定容, 目的是避免铜的水解, 使其稳定。

(2) 设置实验条件

按照正常程序开机, 在元素测量参数页设置下列实验条件 (图 4-54 和图 4-55)。

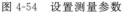

图 4-54　设置测量参数

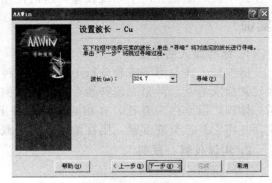

图 4-55　设置波长

设定仪器条件: 分析线 324.8nm; 谱带宽 0.4nm; 空心阴极灯电流 3mA; 乙炔流量 2000mL/min; 燃烧器高度 6mm。

(3) 进入样品设置向导

在测量界面点击 "样品" 进入样品设置向导 (图 4-56 和图 4-57)。

① 在校正方法中选择 "标准加入法";

② 曲线方程中选择 "一次方程";

③ 浓度单位选择 "$\mu g/mL$";

④ 输入标准样品名称, 本实验为 "铜标样";

⑤ 起始编号为："1"。

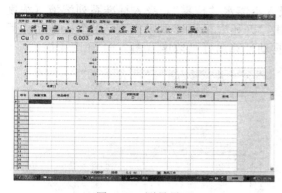

图 4-56　测量界面

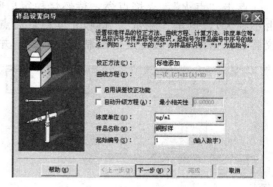

图 4-57　设置标准系列参数

⑥ 单击"下一步"设置标准样品的浓度及个数；输入标准系列的浓度，可利用增加或减少设置样品个数，直接输入标准加入系列浓度（本例为 0.00、1.00μg/mL、2.00μg/mL、3.00μg/mL）（图 4-58）。

⑦ 单击"下一步"再单击"下一步"设置未知样品名称（本实验为"水试样"）、数量（标准加入法样品数量为 1）、编号等信息（图 4-59）。

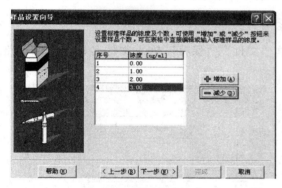

图 4-58　设置标准浓度

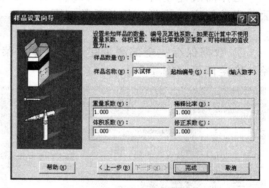

图 4-59　设置样品参数

⑧ 单击"完成"结束样品设置向导，返回测量界面（图 4-60）。

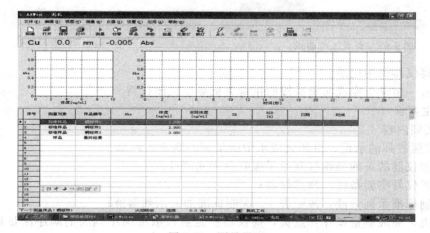

图 4-60　测量界面

（4）点火

点击"点火"，火焰点燃，待燃烧稳定后吸入蒸馏水"校零"，吸入标准系列溶液（浓度由小到大），点击"测量"，待吸光度稳定后点击"开始"采样读取吸光度，4 个标准完成后仪器会根据浓度与吸光度值绘制工作曲线，并自动计算出样品浓度（图 4-61 和图 4-62）。

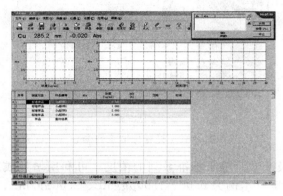

图 4-61　样品测量

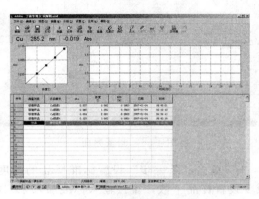

图 4-62　测量完成

（5）建立工作曲线

工作曲线建立后可以查看其线性方程、相关系数等参数：点击"视图""校准曲线"显示方程的斜率、截距、相关系数（图 4-63）。

（6）实验结束

① 数据保存：全部测量完成后选择主菜单"文件""保存"输入文件名、选择保存路径，确定即可（图 4-64）。

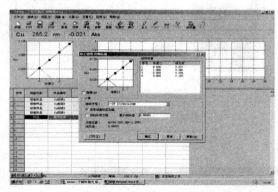

图 4-63　查看工作曲线

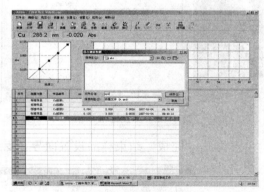

图 4-64　数据保存

② 填写仪器使用记录。

③ 最后一组学生完成实验后按照正常关机顺序关闭仪器。

4. 学生实训

（1）实训内容

学生按照教师的示范、讲解完成水中微量铜的测定，包括：

① 按照仪器的正确操作打开原子吸收分光光度计；

② 设置仪器实验条件、预热仪器；

③ 配制标准系列溶液：按照表 4-3 配制标准加入系列溶液；

④ 点火，完成测量操作：点火，待仪器稳定后按浓度由小到大的顺序测量标准系列溶液的吸光度；

　　⑤ 记录实验数据：记录测量标准加入系列溶液的吸光度，工作曲线的线性相关系数，仪器显示的样品浓度。

　　（2）注意事项

　　① 溶液配制一定要准确，玻璃仪器的操作要规范。

　　② 设计的溶液配制方案要合理，满足标准加入系列溶液配制的原则，如有困难也可采用教师提供的参考方案。

　　③ 2+100 的硝酸可用 2000mL 烧杯配制，供各组共同使用。

　　④ 注意实验环境对样品的污染，实验台面、仪器等都可能是污染源。

　　⑤ 严格按照原子吸收分光光度计的操作步骤开关仪器。

　　⑥ 遇有不明白的问题请教指导教师，切不可擅做主张，否则可能造成安全事故。

　　（3）职业素质训练

　　① 实训分小组进行，组内应有良好的团队合作精神，分工明确，工作有序。

　　② 本着实事求是的工作态度记录处理实验数据。

　　③ 实训中需要接触电器设备、乙炔钢瓶、高温火焰、浓硝酸，应增强个人的安全意识。

　　（4）结果计算

　　将实验数据记录在试验报告的原始记录处，用坐标纸绘制工作曲线，用未知样品的吸光度值在工作曲线上查得样品浓度。

　　将加入铜标准溶液体积换算成溶液浓度增量填入下表，将测量的吸光度值也填入下表。

容量瓶编号	1	2	3	4
加入试样体积 V_1/mL	25.00	25.00	25.00	25.00
加入 $\rho=100\mu g/mL$ 铜标液的体积/mL	0.00	0.50	1.00	1.50
定容体积/mL	50.00	50.00	50.00	50.00
铜浓度的增加量 $\Delta c(Cu)$ /($\mu g/mL$)	0.00	1.00	2.00	3.00
吸光度 A	A_x	A_1	A_2	A_3

　　绘制标准加入曲线（Δc-A 曲线）。

　　由标准加入曲线的延长线与浓度轴的交点查得样品浓度。

　　由于从工作曲线上查得的浓度是经稀释后的浓度。而稀释过程为 25.00mL→50.00mL。因此计算公式为：

　　试样中铜含量：

$$\rho(Cu)=c\frac{V_0}{V_1}$$

　　式中，$\rho(Cu)$ 为水样中铜含量，$\mu g/mL$；c 为标准加入曲线与浓度轴的交点，$\mu g/mL$；V_0 为样品溶液定容体积，50mL；V_1 为取样量，25mL。

【理论提升】

　　1. 标准加入法的特点

　　标准加入法的特点及使用条件：由上面标准加入法的实验原理及操作过程可以看出：与工作曲线法不同，标准加入法将样品与标准混合后测定吸光度，达到了标准与样品基体的相似，因此消除了基体干扰，这些基体干扰包括物理干扰、部分电离干扰和化学干扰。但是它不能消除背景干扰，消除背景干扰需采用背景校正技术。另外标准加入法每测定一个样品，需要制作一条标准曲线，不适合大批量样品的测定。而工作曲线法的特点是适合组成简单、大批量样品的测定。

　　2. 例题

　　称取某含铬试样 1.4340g，经处理溶解后，移入 50mL 容量瓶中，稀释至刻度。在四个

50mL 容量瓶内，分别精确移入上述样品溶液 10.00mL，然后再依次加入浓度为 100.0μg/mL 的铬标准溶液 0.00、0.50mL、1.00mL、1.50mL，稀释至刻度，摇匀，在原子吸收分光光度计上测得相应吸光度分别为 0.082、0.162、0.245、0.328。试计算试样中铬的质量分数。

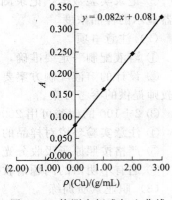

图 4-65　铬测定标准加入曲线

解：将加入铬标液的体积换算为铬浓度增加值：0.00、1.00μg/mL、2.00μg/mL、3.00μg/mL。

绘制标准加入曲线，见图 4-65。曲线与浓度轴交点为 0.988μg/mL。

试样中铬的质量分数为：

$$w = \frac{0.988 \times 50 \times 50}{10 \times 1.4340} = 1.72 \times 10^2 \mu g/g$$

【开放性训练】

1. 任务
废水样品中铜含量的测定。

2. 实训过程
学生根据实训学习的内容完成废水样品中铜的测定。

3. 作业
实训结束，完成实验报告。

【理论拓展】

标准曲线偏离的原因如下：根据光吸收定律，原子吸收吸光度与试液中待测元素的浓度呈正比，因此工作曲线是一条过原点的直线，但是由于下列原因会使工作曲线弯曲。

① 光谱通带内非吸收线的影响。由于光谱通带内有非吸收线，工作曲线向浓度轴弯曲。

② 共振线变宽的影响。工作曲线向浓度轴弯曲，相当于非单色光的影响。

③ 发射线与吸收线相对宽度的影响。光源发出的特征光谱与吸收线的比值影响工作曲线的线性：

当发射线宽度/吸收线宽度<1/5 时，吸光度与浓度呈线性；

当发射线宽度/吸收线宽度<1 时，在高浓度区向浓度轴弯曲；

当发射线宽度/吸收线宽度>1 时，吸光度与浓度不呈线性。

④ 电离效应的影响。浓度低时，电离较大，基态原子的数目相对减小，曲线偏向浓度轴；浓度高时，电离减小，基态原子的数目相对增多，曲线离开浓度轴。

【思考与练习】

1. 研究性习题
用标准加入法完成任务 3 中镁的测定，比较两种定量方法的优劣。

2. 思考题
(1) 在什么情况下需采用标准加入法定量？

(2) 当存在背景干扰时会对标准加入法测定结果产生什么样的影响？

3. 计算题
(1) 测定某试液中的铬，取 5 份 10.00mL 的未知铬试液，注入 5 个 50mL 容量瓶中，再加入不同体积的标准铬溶液，稀释至刻度。测定吸光度如下：

V/mL	0.00	10.00	20.00	30.00	40.00
A	0.186	0.278	0.365	0.453	0.538

计算试样中铬的浓度。

（2）用火焰原子吸收法测定血清中的钾（人正常血清中含钾量为 $3.5\sim8.5mol/L$）。将 4 份 $0.20mL$ 血清试样分别加入 $25mL$ 容量瓶中，再分别加入浓度为 $40\mu g/mL$ 的钾标准溶液如下表，用去离子水稀释至刻度。测得吸光度如下：

V/mL	0.00	1.00	2.00	4.00
A	0.105	0.216	0.328	0.550

计算血清中钾的含量，并说明是否在正常范围？[已知 $M(K)=39.10g/mol$]

（3）用原子吸收法测定水样中铁，吸取水样 $50.0mL$，置于 $100mL$ 容量瓶中，稀释至刻度，然后在 5 个 $50mL$ 容量瓶中各加入 $10.00mL$ 稀释后的样品，从第一个容量瓶开始，分别依次加入铁标准溶液，稀释至刻度，测得吸光度如下：

$\rho/(\mu g/mL)$	0.00	1.00	2.00	3.00	4.00
A	0.086	0.176	0.265	0.353	0.438

计算每升水样中铁的质量。

（4）测定粉末状镍试样中的铜：称取试样 $0.9125g$ 溶解于 $6mol/L$ 的硝酸中，转移至 $100mL$ 容量瓶中，稀释至刻度。标准铜的质量是 $0.2214g$，同样溶解于 $6mol/L$ 的硝酸中，转移至 $100mL$ 容量瓶中，稀释至刻度。再吸 $10mL$ 稀释至 $100mL$。重复测定两次作为标准操作液。吸取 4 份 $10mL$ 试样溶液，分别加入下列不同体积的标准操作液，最后都稀释至 $50mL$，测得数据如下，计算试样中铜的含量。

加入标准操作液的体积 V/mL	0.00	3.00	6.00	9.00
吸光度 A	0.146	0.295	0.438	0.587

（5）用标准加入法测定血浆中锂的含量，取 4 份 $0.500mL$ 血浆试样，分别加入 $5.00mL$ 水中，然后分别加入 $0.0500mol/L$ LiCl 标准溶液 0.0、10.0mL、20.0mL、30.0mL，摇匀，在 670.8nm 处测得吸光度依次为 0.201、0.414、0.622、0.835。计算此血浆中锂的含量，以 mg/mL 表示。

（6）The chromium of an aqueous sample was determined by pipetting 10.0mL of the unknown into each of five 50.0mL volumetric flasks. Various volumes of a standard containing 12.2 ppm Cr were added to the flasks, and the solutions were then diluted to volume.

Unknown/mL	Standard/mL	Absorbance	Unknown/mL	Standard/mL	Absorbance
10.0	0.0	0.201	10.0	30.0	0.467
10.0	10.0	0.297	10.0	40.0	0.554
10.0	20.0	0.378			

(a) Plot absorbance as a function of volume of standard V_S.

(b) Derive an expression relating absorbance to the concentrations of standard and unknown(c_S and c_X) and the volumes of the standards an unknown(V_S and V_X) as well as the volume to which the solution were dilute(V_t).

(c) Derive expressions for the slope and the intercept of the straight obtained in(a) in terms of the variab leslisted in(b).

(d) Show that the concentration of the analyte is given by the relationship $c_X=bc_S/mV_X$, where m and b are the slope an the intercept of the straight line in(a).

(e) Determine values for m and b by the method of least squares.

(f) Calculate the standard deviation for the slope an the intercept in(e).

Calculate the ppm Cr in the sample using the relationship given in(d).

任务 5　原子吸收光谱法基本原理

【能力目标】

1. 理解原子吸收光谱法测定镁、铜的基本原理。

2. 能解释原子吸收光谱法灵敏度高、干扰小的原因。

3. 了解原子吸收分光光度计光源选择的依据。

【任务分析】

问题：如何测定天体的组成？

天文学研究中经常需要测定各种恒星、行星的组成和结构，然而，这些星球距离我们非常遥远并且恒星表面具有极高的温度，使我们无法接近，不可能直接取样进行测定，天文学家是如何知道天体组成的呢？

【技术知识】

1. 原子吸收现象

1802 年，伍朗斯顿在研究太阳连续光谱时，发现了太阳连续光谱中出现的暗线，见图 4-66。后来克希荷夫与本生用图 4-67 的试验装置研究了碱金属和碱土金属的火焰光谱，发现钠蒸气发出的光通过温度较低的钠蒸气时，会引起钠光的吸收，并且根据钠发射线与暗线在光谱中位置相同这一事实，断定太阳连续光谱中的暗线，正是太阳外围大气圈中的钠原子对太阳光谱中的钠辐射吸收的结果。

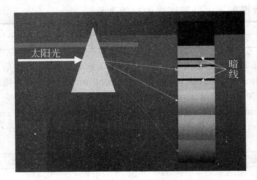
图 4-66　太阳光谱中的暗线

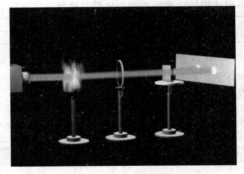
图 4-67　碱金属光谱研究

进一步研究表明原子对光的吸收具有选择性，并且吸收的多少与原子的浓度有关。在此基础上逐渐发展形成了原子吸收光谱分析法。

2. 原子吸收法概述

依据原子蒸气对特征谱线的吸收进行定量分析，测定对象为：金属元素及少数非金属元素。

3. 原子吸收光谱法的特点和应用范围

原子吸收光谱法是根据基态原子对特征波长光的吸收，来测定试样中待测元素含量的分析方法。它是 20 世纪 50 年代中期出现并在以后逐渐发展起来的一种新型的仪器分析方法，它在地质、冶金、机械、化工、农业、食品、轻工、生物医药、环境保护、材料科学等各领域有广泛的应用。

① 灵敏度高、检出限低。火焰原子吸收法的检出限可达到 1ng/mL 级，石墨炉原子吸收法的检出限可达到 $10^{-10} \sim 10^{-14}$ g。

② 准确度好。火焰原子吸收法测定中等和高含量元素的相对标准偏差可小于 1%，其准确度已接近于经典化学方法。石墨炉原子吸收法的分析精度一般为 3%～5%。

③ 选择性好。原子吸收光谱简单，共存成分的干扰小。因各原子均具有自己的固有能级，每个元素的气态基态原子只对某些具有特定波长的光有吸收。所以，原子吸收分光光度

法的选择性很高，在无机分析中，不必经任何分离即可进行测定。

④ 操作简便，分析速度快。原子吸收光谱仪在 35min 内，能连续测定 50 个试样中的 6 种元素。

⑤ 应用广泛。可测定的元素达 70 多个，不仅可以测定金属元素，也可以用间接原子吸收法测定非金属元素和有机化合物。

⑥ 分析不同元素，必须使用不同的元素灯。

⑦ 有些元素的灵敏度还比较低，对于复杂样品测定的干扰比较严重。

4. 原子吸收的产生

当有光辐射通过自由原子蒸气，且入射光辐射的频率等于原子中的电子由基态跃迁到较高能态（一般情况下都是第一激发态）所需要的能量频率时，原子就要从辐射场中吸收能量，产生吸收，电子由基态跃迁到激发态，同时伴随着原子吸收光谱的产生。

基态：自由原子、离子或分子内能最低的能级状态。

激发态：与基态相对应，原子处于较高能级状态。激发态一般不稳定，在短时间内会跃迁回基态。

共振吸收线：当电子吸收一定能量从基态跃迁到能量最低的激发态时所产生的吸收谱线，称为共振吸收线，简称共振线。

共振发射线：当电子从第一激发态跃回基态时，则发射出同样频率的光辐射，其对应的谱线称为共振发射线，也简称共振线。

由于原子能级是量子化的，因此，在所有情况下，原子对辐射的吸收都是有选择性的。由于各元素的原子结构和外层电子的排布不同，元素从基态跃迁至第一激发态时吸收的能量不同，因而各元素的共振吸收线具有不同的特征。其频率（波长）服从下列关系：

$$\Delta E = h\nu = h\frac{c}{\lambda}$$

式中，ΔE 为基态与激发态的能级差；ν 为原子吸收光的频率；λ 为光的波长；h 为普朗克常数；c 为真空中光速。

原子吸收光谱属电子光谱，位于光谱的紫外区和可见区。

5. 原子吸收光谱的轮廓

从前面太阳光谱的暗线可知，原子对光的吸收是一系列不连续的线，即原子吸收光谱。但当进一步研究会发现原子吸收光谱线并不是严格几何意义上的线，而是占据着有限的相当窄的频率或波长范围，即有一定的宽度。

谱线轮廓：描绘发射辐射强度随频率或波长变化的曲线称为发射线轮廓。描绘吸收率随频率或波长变化的曲线称为吸收线轮廓（图 4-68）。

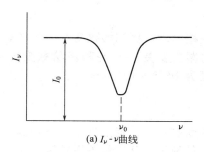
(a) I_ν-ν曲线

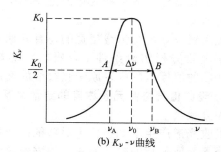
(b) K_ν-ν曲线

图 4-68　吸收线轮廓

原子吸收光谱的轮廓以原子吸收谱线的中心波长和半宽度来表征。中心波长由原子能级决定。半宽度是指在中心波长的地方，极大吸收系数一半处，吸收光谱线轮廓上两点之间的频率差或波长差。半宽度受到很多实验因素的影响。

曲线极大值对应的频率 ν_0 称为中心频率。中心频率所对应的吸收系数称为峰值吸收系数。在峰值吸收系数一半（$K_0/2$）处，吸收曲线呈现的宽度称为吸收曲线半宽度，以频率差 $\Delta\nu$ 表示。吸收曲线的半宽度 $\Delta\nu$ 的数量级为 $10^{-3}\sim10^{-2}\,\text{nm}$。

6. 影响原子吸收谱线轮廓的主要因素

（1）自然变宽 $\Delta\nu_N$

在没有外界因素影响的情况下，谱线本身固有的宽度称为自然宽度，对原子吸收测定所常用的共振吸收线而言，谱线宽度仅与激发态原子的平均寿命有关，平均寿命越长，则谱线宽度越窄。谱线自然宽度造成的影响较小，一般为 $10^{-5}\,\text{nm}$ 数量级。

（2）多普勒变宽 $\Delta\nu_D$

多普勒变宽是由于原子在空间作无规则热运动而引起的，所以又称热变宽。从物理学中可知，从一个运动着的原子发出的光，如果运动方向离开观测者，则在观测者看来，其频率较静止原子所发的光的频率低；反之，如原子向着观测者运动，则其频率较静止原子发出的光的频率为高，这就是多普勒效应。其变宽程度可用下式表示：

$$\Delta\nu_D = 0.716\times10^{-6}\,\nu_0\sqrt{\frac{T}{A_r}}$$

式中，ν_0 为中心频率；T 为热力学温度；A_r 为相对原子质量。

影响多普勒变宽的因素：多普勒宽度与元素的相对原子质量、温度和谱线频率有关。随温度升高和相对原子质量减小，多普勒宽度增加。

多普勒变宽的特点：中心频率无位移，只是两侧对称变宽，但 K_0 值减少。$\Delta\nu_D$ 为 10^{-3} nm 数量级。

（3）压力变宽

压力变宽是由产生吸收的原子与蒸气中原子或分子相互碰撞而引起谱线的变宽，所以又称为碰撞变宽，碰撞变宽分为两种：赫尔兹马克变宽和洛伦兹变宽。

洛伦兹变宽：它是产生吸收的原子与其他粒子碰撞而引起的谱线变宽。洛伦兹变宽随原子区内原子蒸气压力的增大和温度升高而增大。

赫尔兹马克变宽：又称共振变宽，它是由同种原子之间发生碰撞而引起的谱线变宽。在通常的原子吸收测定条件下，被测元素的原子蒸气压力很少超过 10^{-3} mmHg，共振变宽效应可以不予考虑，而当蒸气压力达到 0.1mmHg 时，共振变宽效应则明显地表现出来。

常压下压力变宽在 10^{-3} nm 数量级。

在通常的原子吸收实验条件下，当采用火焰原子化器时，洛伦兹变宽为主要因素；当采用无火焰原子化器时，多普勒变宽占主要地位。

（4）其他变宽

除上述因素外，影响谱线变宽的还有其他一些因素，例如场致变宽、自吸效应等。但在通常的原子吸收分析实验条件下，吸收线的轮廓主要受多普勒和洛伦兹变宽的影响。在 2000～3000K 的温度范围内，原子吸收线的宽度为 $10^{-3}\sim10^{-2}$ nm。

7. 原子吸收值与待测元素浓度的定量关系

（1）积分吸收

原子吸收光谱产生于基态原子对特征谱线的吸收。在一定条件下，基态原子数 N_0 正比于吸收曲线下面所包括的整个面积。根据经典色散理论，其定量关系式为：

$$\int K_\nu \mathrm{d}\nu = \frac{\pi e^2}{mc} N_0 f$$

式中，e 为电子电荷；m 为电子质量；c 为光速；N_0 为单位体积原子蒸气中吸收辐射的基态原子数，亦即基态原子密度；f 为振子强度，代表每个原子中能够吸收或发射特定频率光的平均电子数，对某一元素，f 可视为一定值。

一定实验条件下，基态原子蒸气的积分吸收与试液中待测元素的浓度成正比（图 4-69）。由于吸收线的宽度只有 $10^{-3} \sim 10^{-2}$ nm，若采用连续光源，要达到能分辨半宽度为 10^{-3} nm、波长为 500nm 的谱线，按计算需要有分辨率高达 50 万的单色器，这在目前的技术条件下还十分困难。因此无法通过测量积分吸收求出被测元素的浓度。通常以测量峰值吸收代替测量积分吸收。

（2）峰值吸收

峰值吸收是指基态原子蒸气对入射光中心频率线的吸收。峰值吸收的大小以峰值吸收系数 K_0 表示（见图 4-70）。

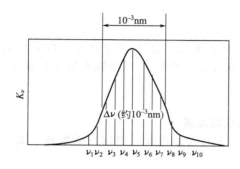

图 4-69　积分吸收的测量

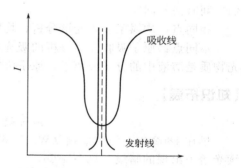

图 4-70　峰值吸收测量示意图

假如仅考虑原子热运动，并且吸收线的轮廓取决于多普勒变宽，则在一定实验条件下，基态原子蒸气的峰值吸收与试液中待测元素的浓度成正比，因此可以通过峰值吸收的测量进行定量分析。

在通常的原子吸收分析条件下，若吸收线的轮廓主要取决于多普勒变宽，则峰值吸收系数 K_0 与基态原子数 N_0 之间存在如下关系：

$$K_0 = \frac{2b}{\Delta \nu} \int_{-\infty}^{\infty} K_\nu \mathrm{d}\nu = \frac{2b}{\Delta \nu} \times \frac{\pi e^2}{mc} f N_0 = K N_0$$

根据玻耳兹曼分布：

$$\frac{N_i}{N_j} = \frac{g_i}{g_j} e^{-\frac{E_i - E_j}{kT}}$$

激发态原子数只占基态原子数的 1% 以下，因此可以认为基态原子数 N_j 约等于原子总数 N。

实现峰值吸收测量的条件是：光源发射线的半宽度应小于吸收线的半宽度，且通过原子蒸气发射线的中心频率恰好与吸收线的中心频率 ν_0 相重合。

（3）定量分析的依据

设待测元素的锐线光通量为 Φ_0，当其垂直通过光程为 b 的均匀基态原子蒸气时，由于被试样中待测元素的基态原子蒸气吸收，光通量减小为 Φ_t，根据吸收定律（图 4-71），有

$$\frac{\Phi_t}{\Phi_0} = e^{-K_0 b}$$

$$A = \lg \frac{\Phi_0}{\Phi_t} = K_0 b \lg \varepsilon$$

则　　　　　　　　　　$A = \lg \varepsilon K_0 b$

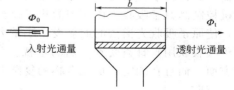

图 4-71　吸光度测量

溶液中被测元素的含量 c 与蒸气相中原子浓度 N 之间保持一稳定的比例关系时，有

$$N \propto c$$

当实验条件一定时，各有关参数为常数，上式可以简写为：

$$A = kc$$

式中，k 为与实验条件有关的常数。上式即为原子吸收测量的基本关系式。即在一定的实验条件下（一定的原子化率和一定的火焰宽度），吸光度与试样中待测元素的浓度成正比。

【知识应用】

原子吸收光谱法与紫外-可见分光光度法的比较：

既然原子吸收与紫外-可见分光光度法都是基于物质对光的选择性吸收建立起来的，他们之间有何异同？

相同点：均属于吸收光谱分析；均服从光吸收定律。

不同点：原子吸收光谱分析的吸光物质是基态原子蒸气，紫外-可见分光光度分析的吸光物质是溶液中的分子或离子；原子吸收光谱是线状光谱，紫外-可见吸收光谱是带状光谱。

【知识拓展】

原子吸收光谱的发现与发展

早在 1802 年，伍朗斯顿（W. H. Wollaston）在研究太阳连续光谱时，就发现了太阳连续光谱中出现的暗线，见图 4-66。

1859 年，克希荷夫（G. Kirchhoff）与本生（R. Bunson）在研究碱金属和碱土金属的火焰光谱时，发现钠蒸气发出的光通过温度较低的钠蒸气时，会引起钠光的吸收，并且根据钠发射线与暗线在光谱中位置相同这一事实，断定太阳连续光谱中的暗线，正是太阳外围大气圈中的钠原子对太阳光谱中的钠辐射吸收的结果。

1955 年，澳大利亚的瓦尔西（A. Walsh）发表了他的著名论文"原子吸收光谱在化学分析中的应用"，奠定了原子吸收光谱法的基础。

20 世纪 50 年代末和 60 年代初，Hilger、Varian Techtron 及 Perkin-Elm1er 公司先后推出了原子吸收光谱商品仪器，发展了瓦尔西的设计思想。到了 60 年代中期，原子吸收光谱开始进入迅速发展的时期。

1959 年，前苏联里沃夫提出了电热原子化技术。电热原子吸收光谱法的绝对灵敏度可达到 $10^{-12} \sim 10^{-14}$ g，使原子吸收光谱法向前发展了一步。

近年来，塞曼效应和自吸效应扣除背景技术的发展，使在很高的的背景下亦可顺利地实现原子吸收测定。

近年来，计算机、微电子、自动化、人工智能技术和化学计量等的发展，各种新材料与元器件的出现，大大改善了仪器性能，使原子吸收分光光度计的精度和准确度及自动化程度有了极大提高，使原子吸收光谱法成为痕量元素分析的灵敏且有效的方法之一，广泛地应用于各个领域。使用连续光源和中阶梯光栅，结合使用光导摄像管、二极管阵列多元素分析检测器，设计出了微机控制的原子吸收分光光度计，为解决多元素同时测定开辟了新的前景。微机控制的原子吸收光谱系统简化了仪器结构，提高了仪器的自动化程度，改善了测定准确度，使原子吸收光谱法的面貌发生了重大变化。联用技术（色谱-原子吸收联用、流动注射-原子吸收联用）日益受到人们的重视。色谱-原子吸收联用，不仅在解决元素的化学形态分析方面，而且在测定有机化合物的复杂混合物方面，都有着重要的用途，是一个很有前途的发展方向。

【思考与练习】

1. 研究性习题

查找有关资料解释原子吸收灵敏度高、干扰小的原因。

2. 思考题

(1) 何谓原子吸收光谱法？

(2) 利用学过的知识解释原子吸收光谱法灵敏度高、选择性好的原因。

(3) 空心阴极灯结构是怎样的？为何做如此设计？

(4) 用原子吸收光谱法基本原理解释镁和铜的测定流程。为什么原子吸收分光光度计的光源不能用氖灯或钨灯？

任务 6　火焰原子吸收最佳实验条件的选择

【能力目标】

1. 能根据具体的测定对象选择火焰原子吸收测量的最佳条件。

2. 能对原子吸收分析中的化学干扰进行有效消除。

3. 掌握原子吸收条件选择的一般原则。

【任务分析】

本次课程的任务是对火焰原子吸收分析测定钙的实验条件进行优化选择，内容包括火焰原子吸收最佳分析线、空心阴极灯电流、燃气流量、燃烧器高度、光谱带宽的选择。通过实验寻找磷酸根离子的干扰规律及消除方法，总结原子吸收最佳实验条件选择的一般原则。

原子吸收分析成功的重要因素是测量条件的选择，不同的测量条件可能得出不同的测量结果，这些测量条件包括分析线、光谱带宽、空心阴极灯电流、燃气流量、燃烧器高度。这些测量条件又根据仪器不同、实训室环境不同而有所变化，如何通过试验选出最佳实验条件是原子吸收分析工作者必须掌握的基本技能。

【实训】

1. **基本操作**

火焰原子吸收实验条件的选择包括：①分析线选择；②光谱带宽选择；③空心阴极灯电流选择；④燃气流量选择；⑤燃烧器高度选择；⑥干扰及消除。

(1) 选择依据

分析化学中衡量测量数据的两个重要因素是准确度与精密度。由于原子吸收测量的元素多为微量成分，为了保证数据的准确度与精密度，最佳实验条件的选择以获得最高灵敏度、最佳稳定性为依据。

(2) 基本实验条件

元素灯——钙空心阴极灯；

火焰类型——空气-乙炔火焰；

$\rho(Ca) = 100\mu g/mL$ 钙标准溶液；

固定的实验条件：灯电流 3mA；分析线 422.7nm；光谱带宽 0.7nm；燃气流量 2100mL/min；燃烧器高度 6mm。

(3) 开机、安装调节空心阴极灯

　　按照正常开机顺序打开仪器，安装空心阴极灯，调节好灯位置，点燃预热；实验条件按照上面的"固定的实验条件"设置。调节燃烧器位置；打开空气压缩机，乙炔钢瓶调节空气-乙炔压力，点火。

　　（4）配制钙标准溶液

　　配制 $\rho(Ca)=5.00\mu g/mL$ 钙标准溶液：移取 5mL $\rho(Ca)=100\mu g/mL$ 钙标准溶液于 100mL 容量瓶中，用蒸馏水稀释至标线，摇匀。

　　（5）分析线选择

　　① 在样品测量界面上点击"仪器"下拉菜单中"光学系统"，在工作波长一栏选择需要的分析线（见图 4-72 和图 4-73）。

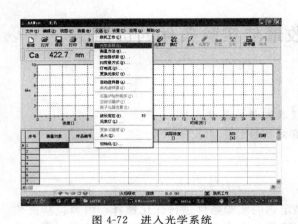

图 4-72　进入光学系统

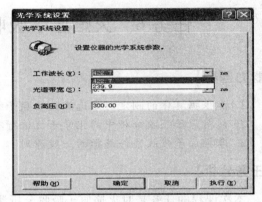

图 4-73　选择分析线

　　② 分析线可选择波长为 422.7nm、239.9nm。

　　③ 在其他实验条件固定的情况下选择上述两条分析线，分别测量 $\rho(Ca)=5.00\mu g/mL$ 钙标准溶液的吸光度。以吸光度最大者为最灵敏线。

　　（6）空心阴极灯灯电流的选择

　　① 在样品测量界面点击"仪器"下拉菜单中"灯电流"，选择需要的灯电流（图 4-74）。

　　② 灯电流可选择 2mA、4mA、6mA、8mA、10mA。

　　③ 在不同灯电流下分别测量 $\rho(Ca)=5.00\mu g/mL$ 钙标准溶液的吸光度。以吸光度最大且稳定者为最佳灯电流。

　　（7）燃气流量（燃助比）的选择

　　① 在"固定实验条件"下改变乙炔流量，测定不同乙炔流量时 $\rho(Ca)=5.00\mu g/mL$ 钙标准溶液的吸光度，绘制吸光度-燃气流量曲线，以吸光度最大值所对应的燃气流量为最佳值。

　　② 乙炔流量设定为 1800mL/min、2000mL/min、2200mL/min、2400mL/min、2600mL/min。

　　③ 在样品测量界面点击"仪器"下拉菜单中"燃烧器参数"，在"燃气流量"一栏输入需要的乙炔流量（图 4-75）。

图 4-74　选择灯电流

　　（8）燃烧器高度的选择

　　燃烧器高度是燃烧缝平面与空心阴极灯光束的垂直距离。

① 在"固定实验条件"下改变燃烧器高度，测定不同燃烧器高度时 $\rho(Ca)=5.00$ $\mu g/mL$ 钙标准溶液的吸光度，绘制吸光度-燃烧器高度曲线，以吸光度最大值所对应的燃烧器高度为最佳值。

② 燃烧器高度可设置为 2.0mm、4.0mm、6.0mm、8.0mm、10.0mm。

③ 在样品测量界面点击"仪器"下拉菜单中"燃烧器参数"，在"高度"一栏输入需要的燃烧器高度值（图 4-76）。

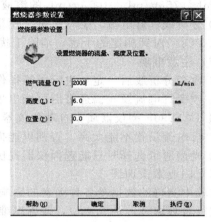

图 4-75　选择燃气流量　　　　　　　　图 4-76　选择燃烧器高度

（9）光谱通带的选择

光谱通带是指单色器出射光谱所包含的波长范围。

① 在"固定实验条件"下改变光谱通带，测定不同光谱通带时 $\rho(Ca)=5.00\mu g/mL$ 钙标准溶液的吸光度，绘制吸光度-光谱通带曲线，以吸光度最大值所对应的光谱通带为最佳值。

② 光谱通带宽度可设置为 0.1nm、0.2nm、0.4nm、1nm、2nm。

③ 在样品测量界面点击"仪器"下拉菜单中"光学系统"，在"光谱带宽"一栏输入需要的光谱通带值（图 4-77）。

（10）PO_4^{3-} 对钙测定的干扰

用上述试验选出的最佳实验条件下进行干扰试验。

① 配制溶液。配制钙的质量浓度为 $5\mu g/mL$，PO_4^{3-} 的质量浓度分别为 0、$2\mu g/mL$、$4\mu g/mL$、$6\mu g/mL$、$8\mu g/mL$ 的 5 个溶液。

② 测定上述溶液的吸光度。记录并绘制干扰曲线（$A\text{-}\rho_{PO_4^{3-}}$）。

（11）消除干扰

① 配制溶液。Ca 的质量浓度为 $5\mu g/mL$，含 PO_4^{3-} $10\mu g/mL$，含 Sr 分别为 0、$25\mu g/mL$、$50\mu g/mL$、$75\mu g/mL$、$100\mu g/mL$ 的溶液。

② 测定上述溶液的吸光度。记录并绘制消除干扰曲线（$A\text{-}\rho_{Sr}$）。

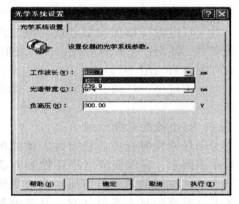

图 4-77　选择光谱通带

2. 学生实训

（1）实训内容

学生按照教师的示范、讲解通过实验选择火焰原子吸收测钙最佳实验条件，包括：

① 开机，预热仪器；

② 配制 $\rho(Ca)=5.00\mu g/mL$ 钙标准溶液；

③ 配制钙的质量浓度为 $5\mu g/mL$，PO_4^{3-} 的质量浓度分别为 0、$2\mu g/mL$、$4\mu g/mL$、$6\mu g/mL$、$8\mu g/mL$ 的 5 个溶液；

④ 配制 Ca 的质量浓度为 $5\mu g/mL$，含 PO_4^{3-} $10\mu g/mL$，含 Sr 分别为 0、$25\mu g/mL$、$50\mu g/mL$、$75\mu g/mL$、$100\mu g/mL$ 的溶液；

⑤ 分析线、灯电流、燃气流量、燃烧器高度、光谱通带的选择；

⑥ PO_4^{3-} 对钙测定的干扰，消除干扰实验。

（2）注意事项

① 改变分析线后一定要进行寻峰操作。

② 改变灯电流及光谱通带后可能出现能量超上限，需要进行自动能量平衡。

③ TAS990F 型仪器属半自动化仪器，燃烧器位置的调节通过手动进行。

④ 灯电流设置不能太高，否则可能损坏空心阴极灯。

⑤ 光谱通带选择时只能选择仪器提供的固定值，无法连续改变。

（3）职业素质训练

实验中测得的数据受各种因素的影响，个别实验点与整个实验得出的规律不一致，通过分析进行合理取舍，补充实验，锻炼思维能力和判断能力。

【理论提升】

原子吸收光谱法中，最佳实验条件的选择如下。

1. 分析线选择原则

① 每个元素都有若干条可供选择的分析线，为了提高测定的灵敏度，一般情况下应选用其中最灵敏线作分析线。

② 有时为了消除邻近光谱线的干扰等，也可以选用次灵敏线。

③ 当待测元素含量较高时也选择次灵敏线。

2. 空心阴极灯电流的选择

（1）灯电流与灯的发射强度的关系

增大灯电流可增加发射强度，但工作电流过大使光谱线变宽，甚至产生自吸效应，灯的发射强度反而降低，影响灯的寿命（图 4-78）。

灯电流过小，灯的发射强度小，稳定性差，信噪比下降。

（2）灯电流的选择原则

考虑灯的发射强度、稳定性、谱线的宽度、灯的使用寿命等因素。在保证放电稳定性和有适当光强输出情况下，尽量选用低的工作电流。空心阴极灯上都标明了最大工作电流，对大多数元素，日常分析的工作电流建议采用额定电流的 $40\%\sim60\%$。对高熔点的镍、钴、钛

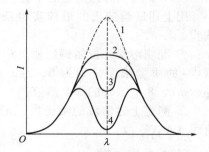

图 4-78　产生自吸后的谱线轮廓
1—无自吸；2—有自吸；
3—自蚀；4—严重自蚀

等空心阴极灯，工作电流可以调大些；对低熔点易溅射的铋、钾、钠、铯等空心阴极灯，使用时工作电流小些为宜。

3. 燃气流量的选择

① 原子化方式有两种，即火焰原子化和电热原子化。

② 火焰中燃烧气体由燃气与助燃气混合组成。不同种类火焰，其性质各不相同，应该根据测定需要，选择合适种类的火焰，空气-乙炔火焰原子化是最常用的原子化方式。

③ 根据燃助比（乙炔/空气）的不同，空气-乙炔火焰又分为化学计量火焰、贫燃焰和富燃焰。

贫燃焰〔燃助比＝1∶（4～6）〕的特点是：温度较高，氧化性强。适用于不易生成难熔氧化物的元素，如 Ag、Cu、Fe、Co、Ni、Mg、Pb、Zn、Cd、Mn 等。

富燃焰〔燃助比＝（1.2～1.5）∶4〕的特点是：温度较低，还原性强，噪声大。适用于易生成难解离高温氧化物的元素，如 Ca、Sr、Ba、Cr、Mo 等。

化学计量火焰〔燃助比＝（1∶3）～（1∶4）〕适合于大部分元素的测定。

④ 燃气流量（燃助比）的选择可通过实验进行：固定其他实验条件，改变燃气流量，测量吸光度，绘制吸光度-燃气流量曲线，以吸光度最大值所对应的燃气流量为最佳值。

4. 燃烧器高度的选择

预混合型火焰分为预热区、第一燃烧区、中间区及第二燃烧区（图 4-79）。由于火焰中温度的分布不均匀（图 4-80），在焰心位置温度较高而四周温度较低，造成基态原子在火焰中的分布不均匀，这种不均匀与燃烧器高度有关。不同的燃烧器高度产生的吸光度存在差异，不同元素在火焰中形成的基态原子的最佳浓度区域高度不同，因而灵敏度也不同。一般地讲，约在燃烧器狭缝口上方 2～5mm 附近处火焰具有最大的基态原子密度，灵敏度最高。但对于不同测定元素和不同性质的火焰而有所不同（图 4-81）。

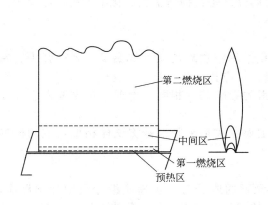

图 4-79　预混焰结构

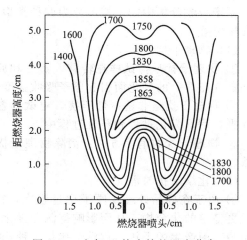

图 4-80　空气-乙炔火焰的温度分布

燃烧器高度选择的原则是使空心阴极灯发出的光从基态原子浓度最大的区域通过。这时吸光度最大，灵敏度最高。

选择方法：固定其他实验条件，改变燃烧器高度测量一溶液的吸光度，绘制吸光度-燃烧器高度曲线，选择吸光度最大值对应的燃烧器高度。

5. 光谱带宽的选择

增大光谱带宽，出射光的强度增大，减小光电倍增管的放大倍数，读数稳定。减少光谱通带宽度，出射光的强度减弱，可提高分辨能力，有利于消除干扰谱线。但若太小，透过光强度减弱，灵敏度下降。

光谱带宽选择的一般规律：对于原子结构简单、谱线较少的元素，如碱金属、碱土金属，吸收线附近无干扰线存在时，可选择较大的光谱通带。反之，谱线较多的元素，如 Fe、Co、Ni、稀土元素等，若吸收线附近存在光谱干扰则选择较窄的通带宽度（图 4-82）。

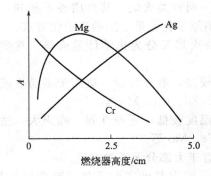

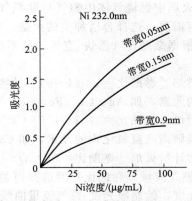

图 4-81　三种元素受燃烧器高度的影响　　　　图 4-82　光谱带宽对工作曲线的影响

光谱通带通常选择 0.5～4nm 之间。

光谱通带的实验选择：固定其他实验条件，改变光谱通带，测定标准溶液的吸光度，绘制光谱通带-吸光度曲线，取吸光度最大者为最佳光谱通带宽度。

6. 原子吸收光谱分析的干扰

干扰：原子吸收测量过程中有些因素会使原子吸收信号降低或增大，导致测量结果偏低或偏高的现象称为干扰。

原子吸收分析中的干扰可分为四种类型，它们分别是：物理干扰、化学干扰、电离干扰和光谱干扰。

（1）物理干扰与消除

① 物理干扰是指试样在转移、蒸发和原子化过程中物理性质（如黏度、表面张力、密度和蒸气压等）的变化而引起原子吸收强度下降的效应。

② 物理干扰是非选择性干扰，对试样各元素的影响基本相同。物理干扰主要发生在试液抽吸过程、雾化过程和蒸发过程中。

③ 物理干扰的消除方法：消除物理干扰的主要方法是配制与被测试样相似组成的标准溶液。

（2）化学干扰与消除

① 由于在样品处理及原子化过程中，待测元素的原子与干扰物质组分发生化学反应，生成更稳定的化合物，从而影响待测元素化合物的解离及其原子化，致使火焰中基态原子数目减少，而产生的干扰。化学干扰是一种选择性干扰。

② 化学干扰消除方法为：a. 使用高温火焰，使化合物在较高温度下解离，如使用氧化亚氮-乙炔火焰；b. 加入释放剂（如镧盐）；c. 加入保护剂（如 EDTA）；d. 化学分离干扰物质；e. 加入基体改进剂（用于石墨炉原子化法）。

（3）电离干扰与消除

高温下，原子电离成离子，而使基态原子数目减少，导致测定结果偏低，此种干扰称电离干扰。电离干扰主要发生在电离能较低的碱金属和部分碱土金属中，这些元素具有较低的电离能。温度越高干扰越严重。

消除方法：消除电离干扰最有效的方法是在试液中加入过量的比待测元素电离电位低的其他元素（通常为碱金属元素）。由于加入的元素在火焰中强烈电离，产生大量电子，而抑制了待测元素基态原子的电离。

（4）光谱干扰与消除

a. 光谱干扰是由于分析元素吸收线与其他吸收线或辐射不能完全分开而产生的干扰。

　　b. 光谱干扰包括谱线干扰和背景干扰两种，主要来源于光源和原子化器，也与共存元素有关。消除方法如下。

　　① 谱线干扰的消除。

　　a. 吸收线重叠。当共存元素吸收线与待测元素吸收波长很接近时，两谱线重叠，使测定结果偏高。这时应另选其他无干扰的分析线进行测定或预先分离干扰元素。

　　b. 光谱通带内存在的非吸收线。这些非吸收线可能出自待测元素的其他共振线与非共振线，也可能是光源中所含杂质的发射线。消除这种干扰的方法是减小狭缝，使光谱通带小到可以分开这种干扰。另外也可适当减小灯电流，以降低灯内干扰元素的发光强度。

　　c. 原子化器内直流发射干扰。为了消除原子化器内的直流发射干扰，可以对光源进行机械调制，或者是对空心阴极灯采用脉冲供电。

　　② 背景干扰的消除。

　　背景干扰是指在原子化过程中，由于分子吸收和光散射作用而产生的干扰（图 4-83 和图 4-84）。背景干扰使吸光度增加，因而导致测定结果偏高。

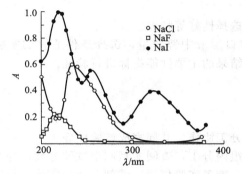

图 4-83　钠化合物的分子吸收

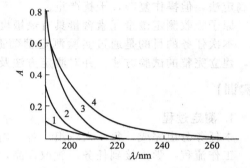

图 4-84　不同火焰的背景吸收
1—N_2O-C_2H_2 焰（N_2O 7L/min，C_2H_2 6L/min）；
2—Ar-H_2 焰（Ar 8.6L/min，H_2 10L/min）；
3—空气-H_2 焰（空气 10L/min，H_2 28L/min）；
4—空气-C_2H_2 焰（空气 10L/min，C_2H_2 2.3L/min）

　　消除背景干扰的方法有以下几种。

　　a. 用邻近非吸收线扣除背景。

　　b. 用氘灯校正背景：空心阴极灯测量的是 AA＋BG，氘灯测量的是 BG。因此用空心阴极灯的测量信号减去氘灯测量的信号即为原子吸收信号（AA 为原子吸收信号与背景吸收信号之和，BG 为背景吸收信号）。

　　c. 自吸校正背景，塞曼效应校正背景。

【思考与练习】

　　1. 研究性习题

　　通过实验选择出原子吸收测镁、铜的条件，判断任务 3、任务 4 中的实验条件是否最佳？不同仪器最佳实验条件是否一致？

　　2. 思考题

　　(1) 原子吸收光谱分析中的干扰是怎样产生的？如何判断干扰效应的性质？简述消除各种干扰的方法，并说明之所以能消除干扰的原因。

　　(2) 原子吸收光谱中背景是怎样产生的？如何校正背景？试比较各种校正背景方法的优缺点。

　　(3) 化学火焰的特性和影响它的因素是什么？在火焰原子吸收法中为什么要调节燃气和助燃气的比例？

任务 7　葡萄糖酸锌口服液中锌含量的测定

【能力目标】

1. 能够针对元素选择合适的实验条件。
2. 学会原子吸收分析的样品处理方法。
3. 能用原子吸收法进行实际样品的测定。

【任务分析】

葡萄糖酸锌口服液是一种常用的小儿补锌制剂。处方中含有葡萄糖酸锌、蔗糖、蜂蜜、枸橼酸等多种组分。每 100mL 中含锌 30～40mg。葡萄糖酸锌口服液中锌的测定可以采用配位滴定法，但操作复杂，干扰严重。

原子吸收测定微量元素含量具有灵敏度高、选择性好等特点。

本次任务的目的是通过实验测定葡萄糖酸锌口服液中锌含量，选择条件适宜的实验条件，建立完整的试验方法。并对测定方法及测定结果的主要性能指标进行验证。

【实训】

1. 测定过程

本任务分组完成，每 4 人一组，各组内人员分工协作，共同完成试验任务。

工作流程：学生接到任务，领取样品，进行组内分工，查阅文献制定试验方案，经全组讨论并不断完善实验方案。经教师检查确定方案，准备实验仪器、试剂，开始实施。最后完成实验报告。

任务内容：选择最佳实验条件；寻找对测定产生干扰的因素，消除干扰的方法；完成样品处理；锌含量测定；对测定结果进行验证。

结果验证内容：灵敏度、检出限、精密度、回收率。

2. 学生实训

（1）实训内容

学生按照实训要求完成葡萄糖酸锌口服液中锌含量的测定实训。

（2）实训过程注意事项

① 实训过程各组成员应密切合作，团结一致，分工明确。每组可选出一名组长，协调组内的各项工作。

② 实训中可能用到各种化学试剂，应严格按照规范操作取用。

③ 一些浓酸、浓碱具有很强的腐蚀性，不小心撒到皮肤上会引起烧伤。

④ 在使用电炉、马弗炉时应注意安全用电，避免烫伤。

⑤ 实训过程中遇有困难可与指导教师联系。

（3）实验结果集中展示

每组选出一名代表介绍本组的实验设计、实验结果、实验验证的情况。其他组成员对他们的实验提出问题，进行评价，由组内成员解答。

讨论总结实验的成功与不足，找出原因，提出解决方法。

（4）教师解疑

集中回答学生的疑问，结合理论与实际操作分析实验中的现象与结论。

（5）职业素质训练

① 多人一组，分工合作，合理安排工作内容和时间，培养团队精神。

② 练习综合运用理论知识，操作技能完成复杂任务。

③ 实事求是地记录数据，模仿企业的化验报告单，书写实验结果。

【理论知识】

1. 原子吸收分析的取样技术

样品的采集是获得准确测量结果的前提。取样应注意如下事项。

① 取样要有代表性，即从整体中取出的少量样品能够反映被测对象的总体状况。

② 取样量大小要适当，取决于试样中被测元素的含量、分析方法和所要求的测量精度。

③ 用于原子吸收分析的样品在采样、包装、运输、碎样等过程中要防止污染，污染主要来源于容器、空气、水和所用试剂。

④ 样品保存：样品通过加工制成分析试样后，其化学组成必须与原始样一致。样品溶液应置于聚乙烯容器中，并维持必要的酸度，存放于清洁、低温、阴暗处。

2. 样品制备

（1）样品溶解

对无机试样，首先考虑能否溶于水，若能溶于水，应首选去离子水为溶剂来溶解样品，并配成合适的浓度范围。

若样品不能溶于水，则考虑用稀酸、浓酸或混合酸处理后配成合适浓度的溶液。常用的酸是 HCl、H_2SO_4、H_3PO_4、HNO_3、$HClO_4$，H_3PO_4 常与 H_2SO_4 混合用于某些合金试样的溶解，氢氟酸常与另一种酸生成氟化物而促进溶解。

用酸不能溶解或溶解不完全的样品采用熔融法。熔剂的选择原则是：酸性试样用碱性熔剂，碱性试样用酸性熔剂。

常用的酸性熔剂有 $NaHSO_4$、$KHSO_4$、$K_2S_2O_7$、酸性氟化物等。常用的碱性溶剂有 Na_2CO_3、K_2CO_3、$NaOH$、Na_2O_2、$LiBO_2$（偏硼酸锂）、$Li_2B_4O_7$（四硼酸锂），其中偏硼酸锂和四硼酸锂应用广泛。

（2）干法灰化

干法灰化是在较高温度下，用氧来氧化样品。具体做法是：准确称取一定量样品，放在石英坩埚或铂坩埚中，于 $80\sim150℃$ 低温加热，赶去大量有机物，然后放于高温炉中，加热至 $450\sim550℃$ 进行灰化处理。冷却后再将灰分用 HNO_3、HCl 或其他溶剂进行溶解。如有必要则加热溶液以使残渣溶解完全，最后转移到容量瓶中，稀释至标线。

干法灰化技术简单，可处理大量样品，一般不受污染。广泛用于无机分析前破坏样品中有机物。这种方法不适于易挥发元素，如 Hg、As、Pb、Sn、Sb 等的测定，因为这些元素在灰化过程中损失严重。

（3）湿法消化

湿法消化是在样品升温下用合适的酸加以氧化。

最常用的氧化剂是：HNO_3、H_2SO_4 和 $HClO_4$，它们可以单独使用，也可以混合使用，如 HNO_3+HCl、HNO_3+HClO_4 和 $HNO_3+H_2SO_4$ 等，其中最常用的混合酸是 $HNO_3+H_2SO_4+HClO_4$（体积比为 $3:1:1$）。

湿法消化样品损失少，不过 Hg、Se、As 等易挥发元素不能完全避免。湿法消化时由于加入试剂，故污染可能性比干法灰化大，而且需要小心操作。

（4）微波消解法

微波消解法，即将样品放在聚四氟乙烯焖罐中，于专用微波炉中加热，这种方法样品消解快、分解完全、损失少、适合大批量样品的处理工作，对微量、痕量元素的测定结果好。

3. 试验方法的验证

通过实验建立起来的分析方法是否能够满足测试要求，需要进行方法的验证。验证的内容主要有灵敏度、检出限、精密度和回收率。

(1) 灵敏度

工作曲线的斜率 $S = \dfrac{dA}{dc}$ 或 $S = \dfrac{dA}{dm}$。

火焰原子吸收分析中常用特征浓度表示 $c_c = \dfrac{c \times 0.0044}{A}$，即能产生1%吸收所对应的待测溶液的浓度（$\mu g/mL$）。

(2) 检出限

指能给出3倍空白标准偏差的吸光度所对应的待测元素浓度。

$$D_c = \frac{c \times 3\sigma}{A}$$

式中，$\sigma = \sqrt{\dfrac{\sum (A_i - \bar{A})^2}{n-1}}$，空白溶液经多次测量计算得出。

检出限与仪器噪声有关，噪声越大，检出限越高。

(3) 回收率

用于评价方法的准确度，有以下两种表示方法：

$$回收率 = \frac{含量测定值}{含量真实值} \times 100\%$$

$$回收率 = \frac{加标测定值 - 未加标测定值}{加标量} \times 100\%$$

回收率越接近100%，方法越准确。

【开放性训练】

对于在规定课时内无法完成实训或实验结果不理想的实验小组，可利用实训室开放时间继续完成本实训。

【思考与练习】

1. 研究性习题

归纳总结建立原子吸收分析方法的一般步骤。

2. 思考题

本实训完成的关键环节有哪些？实训过程中应特别注意什么？

3. 计算题

以 $4\mu g/mL$ 的钙溶液，用火焰原子吸收法测得透射比为48%，试计算钙的特征浓度。

项目 5
用高效液相色谱法对物质进行检测

任务 1　认识液相色谱实训室

【能力目标】

1. 进入液相色谱实训室，了解实训室的环境要求、基本布局和实训室管理规范。
2. 初步掌握"5S管理"在液相色谱实训室中的应用。

【液相色谱实训室】

1. 液相色谱实训室的配套设施和仪器（图 5-1）

（1）配套设施

① 实训室的供电。实训室的供电包括照明电和动力电两部分，动力电主要用于各类仪器设备用电，电源的配备有三相交流电源和单相交流电源，设置有总电源控制开关，当实训室内无人时，应切断室内电源。

② 实训室的供水。按用途分为清洗用水和实验用水，清洗用水主要是指各种试验器皿的洗涤、清洁卫生等，如自来水。实验用水则是有一定要求、配制溶液和试验过程中的用水，如蒸馏水、重蒸水等。因此，液相色谱实训室配备有总水阀、多个水龙头，当实训室长时间不用时，需关闭总水阀。

③ 准备室。液相色谱仪属于大型仪器，价格比较昂贵，为了正常使用仪器，通常要求环境温

图 5-1　液相色谱实训室

度在 4~40℃之间，温度波动要求小于±2℃/h，房间内相对湿度应低于80%。另外，尽量避免腐蚀性气体或废液接触仪器。因此，在放置仪器的房间内不能配制溶液和设置水池等设施。故和液相色谱实训室配套的应有一个准备室，用于配制溶液和处理样品。准备室内有真空泵和超声波振荡器等。

④ 实训室的配置。液相色谱仪安装在平整、无振动的坚固台面上，实验台下是抽屉和器具柜，可放置液相色谱仪的配套器材（如色谱柱、进样针、工具等）。液相色谱实训室内配备有空调，可控制室内温度。窗户安装有窗帘，避免太阳直射仪器，导致仪器性能不稳定。

⑤ 实训室的废液收集区。实训室的废液是在试验操作过程中产生的，液相色谱实训室

内的废液多为有机溶剂，如甲醇、乙腈和芳烃类物质。直接排放，会造成环境污染；有的废液含有腐蚀性极强的有机溶剂，会腐蚀下水管道，因此，与实训室配备的准备室内应配有专门的废液贮存器。

⑥ 实训室的卫生医疗区。实训室所属的准备室内有专门的卫生区，放置卫生洁具，如拖把、扫帚等。实训室还配备有医疗急救箱，里面装有红药水、碘酒、棉签等常用的医疗急救配件。

（2）仪器

液相色谱实训室的仪器主要有液相色谱仪、真空泵、超声波振荡仪、电脑（含色谱工作站）、微量注射器和一些辅助工具，如扳手、螺丝刀等。液相色谱实训室的特点是仪器结构复杂，多为大型仪器，且小配件多，因此管理时需要小心谨慎。

（3）各仪器、设备的识别实训

① 液相色谱仪（图 5-2～图 5-5）。

图 5-2　天美 LC2000 高效液相色谱仪

图 5-3　福立 FL2200 高效液相色谱仪

图 5-4　PE200 高效液相色谱仪

图 5-5　天美 IC1000 离子色谱仪

② 真空泵和超声波振荡器（图 5-6 和图 5-7）。

图 5-6　真空泵

图 5-7　超声波振荡器

2. "5S 管理"

详细内容见项目 1 中任务 1。

3. 学生实训

详细内容见项目 1 中任务 1。

4. 绘制实训室基本布局图

完成液相色谱实训室整理、整顿与清扫实训后，绘制实训室的布局框图，对液相色谱实训室的设施、仪器及室内环境布置有整体的了解。

5. 液相色谱实训室的环境布置

液相色谱实训室和气相色谱实训室一样，具有基本的设备设施，如电、水、工作台等。实训室内仪器均属于大型仪器，工作原理具有相通性。由于在样品分析过程中，这两种仪器所用的流动相不同，因此在环境布置上各有其特殊性。这两个实训室的比较如表 5-1 所示。

表 5-1　实训室的环境设置比较

项目	液相色谱实训室	气相色谱实训室
温度	常温,建议安装空调设备,无回风口	常温,建议安装空调设备,无回风口
湿度	<60%	<60%
供水	准备室可配置1~2个水龙头	可配置1~2个水龙头
废液排放	应配置专门废液接收器,并能密封	配置废液收集桶,集中处理
供电	设置单相插座若干,设置独立的配电盘、通风柜开关;照明灯具不宜用金属制品,以防腐蚀	设置单相插座若干,设置独立的配电盘、通风柜开关;一般需安装稳压电源
供气	无特殊要求无需用气	需用氮气、氢气与空气等高压气体,需设置专门高压气源室
工作台防振	合成树脂台面,防振	合成树脂台面,防振,工作台应离墙,以便于检修仪器
防火防爆	配置灭火器	配置灭火器,高压气源室应用防爆墙分隔
避雷防护	属于第三类防雷建筑物	属于第三类防雷建筑物
防静电	设置良好接地	设置良好接地
电磁屏蔽	无特殊要求无需电磁屏蔽	有精密电子仪器设备,需进行有效电磁屏蔽
放射性辐射	无特殊情况不产生放射性辐射	使用ECD检测器时需注意放射性辐射
通风设备	准备室可配置通风柜	配置通风柜,要求具有良好通风

6. 液相色谱实训室的管理规范

（1）实训室管理员

① 仪器的管理和使用必须落实岗位责任制，制定操作规程、使用和保养制度，做到坚持制度，责任到人。

② 熟悉仪器保养的环境要求，努力保证仪器在合适的环境下保养及使用。

③ 熟悉仪器构造，能对仪器进行调试及辅助零部件的更换。

④ 熟悉仪器各项性能，并能指导学生进行仪器的正确使用。

⑤ 建立液相色谱仪等仪器的完整技术档案。内容包括产品出厂的技术资料，从可行性论证、购置、验收、安装、调试、运行、维修直到报废整个寿命周期的记录和原始资料。

⑥ 仪器发生故障时要及时上报，对较大的事故，负责人（或当事者）要及时写出报告，组织有关人员分析事故原因，查清责任，提出处理意见，并及时组织力量修复使用。

⑦ 建立仪器使用、维护日记录制度，保证一周开机一次。对仪器进行定期校验与检查，建立定期保养制度，要按照国家技术监督局有关规定，定期对仪器设备的性能、指标进行校验和标定，以确保其准确性和灵敏度。

⑧ 定期对实训室进行水、电、气等安全检查。保证实训室卫生和整洁。

（2）学生

① 学生应按照课程教学计划，准时上实验课，不得迟到早退。违反者应视其情节轻重给予批评教育，直至令其停止实验。

② 严格遵守课堂纪律。实验前要做好预习准备工作，明确实验目的，理解实验原理，掌握实验步骤，经指导教师检查合格方可做实验，没有预习报告一律不许进实训室；听从指挥服从安排；按时交实验报告。

③ 进实训室必须统一穿白大褂。在实验课时准备好白大褂，进实训室统一服装；不得穿拖鞋进实训室。

④ 加强品德修养，树立良好学风。进入实训室必须遵守实训室的规章制度。不得高声喧哗和打闹，不准抽烟、随地吐痰和乱丢纸屑杂物。

⑤ 注意实验安全。爱护实验器材，节约药品和材料，使用教学仪器设备时要严格遵守操作规程，仪器设备发生故障、损坏、丢失应及时报告指导教师，并按学院有关规定进行处理。

⑥ 按指定位置做指定实验，不得擅自离岗。非本次实验所用的仪器和设备，未经教师允许不得动用，做实验时要精心操作，细心观察实验现象，认真记录各种原始实验数据，原始记录要真实完整。

⑦ 实验时必须注意安全，防止人身和设备事故的发生。若出现事故，应立即切断电源，及时向指导教师报告，并保护现场，不得自行处理。

⑧ 完成实验后所得数据必须经指导教师签字，认真清理实验器材，将仪器恢复原状后，方可离开实训室。

⑨ 要独立完成实验，按时完成实验报告，包括分析结果、处理数据、绘制曲线及图表。在规定的时间内交指导教师批改。

⑩ 凡违反操作规程、擅自动用与本实验无关的仪器设备、私自拆卸仪器而造成事故和损失的，肇事者必须写出书面检查，视情节轻重和认识程度，按有关规定予以赔偿。

⑪ 实验课一般不允许请假，如必须请假需经教师同意。无故缺课者以旷课论处，缺做实验一般不予补做，成绩以零分计；对请假缺做实验的学生要另行安排时间补做。

⑫ 学生请假缺做实验或实验结果不符合要求需补做、重做者，应按材料成本价交纳材料消耗费。

7. 实训室的卫生管理

① 实训室工作人员和教师应树立牢固的安全观念，应认真学习用电常识和消防知识与技能，遵守安全用电操作制度和消防规定。

② 实验前，应对学生进行严格的安全用电、防火、防爆教育，避免发生触电、失火和爆炸事故。

③ 实训室内对带有火种、易燃品、易爆品、腐蚀性物品及放射性同位素的存放和使用严格按安全规定操作。

④ 严禁违章用电，严格遵守仪器设备操作规程，墙上电源未经管理部门许可，任何人不得拆装、改线。

⑤ 非工作需要严禁在实训室使用电炉等电热器和空调，使用电炉和空调等电器时，使用完毕必须切断电源。不准超负荷使用电源，对电线老化等隐患要定期检查及时排除。

⑥ 对易燃、易爆、有毒等危险品的管理按有关管理办法执行。

⑦ 实训室根据实际情况必须配备一定的消防器材和防盗装置。

⑧ 严禁在实训室内吸烟。

⑨ 实验工作结束后，必须关好水、电、门、窗。

⑩ 定期进行安全检查，排除不安全因素。

【思考与练习】

1. 研究性习题

请课后查阅资料，运用"5S管理"对所在宿舍进行整理、整顿和清扫。

2. 思考题

如何操作高效液相色谱仪？

任务2　高效液相色谱仪的基本操作

【能力目标】

1. 能基本操作液相色谱仪（图5-8）及描述液相色谱分析流程。
2. 能讲述液相色谱仪的基本组成。

【任务分析】

通过项目1的学习已知，气相色谱是一种良好的分离分析技术，对于占全部有机物约20%的具有较低沸点且加热不易分解的样品具有良好的分离分析性能。但是，对沸点高、相对分子质量大、受热易分解的有机化合物、生物活性物质以及多种天然产物（它们约占全部有机物的80%），又如何分离分析呢？实践证明如果用液体流动相去替代气体流动相，则可达到分离分析的目的，对应的色谱分析方法就称为液相色谱法。

图 5-8　液相色谱仪

【实训】

1. 测定过程

（1）配制流动相

取 HPLC 级甲醇850mL、二次蒸馏水150mL，混合均匀，用0.45μm 或 0.22μm 的无机滤膜过滤后，装入流动相贮液器内，用超声波清洗器脱气10~20min。配制过程如图5-9所示。

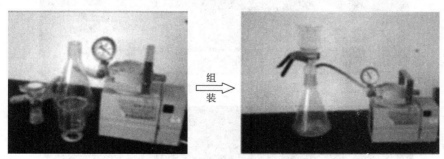

图 5-9　流动相过滤过程

（2）试样的预处理

用微量注射器量取10μL 分析纯苯试样，用 HPLC 级甲醇稀释至50mL，备用。

（3）色谱柱的安装和流动相的更换

将 C_{18} 色谱柱（5μm，4.6mm i.d. ×150mm）安装在色谱仪上，将流动相更换成85%甲醇水溶液。

（4）高效液相色谱仪的开机

① 打开紫外检测器和高压泵的电源开关。

② 设置检测器的检测波长。

③ 打开泵电源开关，逆时针拧开排放阀，设置通道"A"为100%。按"ON/OFF"钮，再按"purge"钮，排除废液约10～20mL，以同样的操作分别清洗B、C、D通道，结束后，顺时针拧紧排放阀（见图5-10～图5-14）。

④ 按"MENU"键，设置流动相比例、流量等参数，仪器在设定条件下平衡。

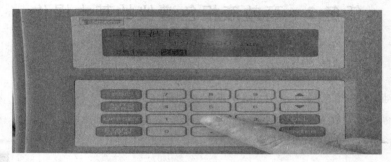

图5-10　检测波长的设置

图5-11　更换流动相

图5-12　打开排放阀

图5-13　流动相比例的设置

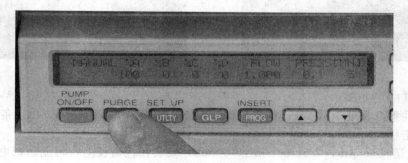

图5-14　高压泵排气清洗

（5）分析样品

① 打开工作站，设置分析方法。

② 等基线平衡后，用微量注射器量取定量环体积的 3～5 倍的苯试样在上述分析条件下进样。

③ 记录下样品名对应的文件名，同时打印出经优化的色谱图和分析结果（图 5-15）。

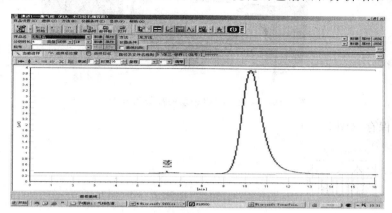

图 5-15　苯试样的色谱图

2. 学生实训

（1）实训内容

学生分组练习，一部分学生练习配制流动相，一部分学生练习操作仪器。

（2）实训过程注意事项

① 如果峰高超出检测器检测范围，可以将苯溶液进行稀释。

② 操作过程中注意流动相的量，以免高压泵抽空，管路中产生气泡。

③ 液相进样针只可用平头微量注射器。

④ 用平头微量注射器吸液时，防止气泡吸入的方法是：将擦净并用样品清洗过的注射器插入样品液面以下，反复提拉数次，驱除气泡，然后缓慢提升针芯至刻度。

（3）职业素质训练

① 在实训过程中严格遵守实训室操作规范，逐步树立自我约束能力，形成良好的实验工作素养。

② 本实训所用的甲醇属于有毒溶剂，因此在实训过程中需要注意安全，实训所产生的废液必须及时清除。

【理论提升】

目前国内外常见的 HPLC 仪器型号有大连依利特公司的 P200 型、北京东西电子研究所的 LC5500 型、美国惠普公司的 HP1100 系列、美国 PE 公司的 LC 200 系列、美国瓦里安公司的 LC Star 型以及日本岛津的 LC 10A 等，品种齐全、种类繁多，使用者可根据需要选购合适的仪器型号。

HPLC 仪器的型号虽然繁多，但仪器所含的各组成部件却几乎都是一致的，因此，下面以天美公司的 LC2000 型为例（图 5-16），介绍其分析流程和各组成部件及其作用。

1. 液相色谱法分析流程

高效液相色谱仪的工作流程为：高压输液泵将贮液器中的流动相以稳定的流速（或压力）输送至分析体系，在色谱柱之前通过进样器将样品导入，流动相将样品依次带入预柱、色谱柱，在色谱柱中各组分被分离，并依次随流动相流至检测器，检测到的信号送至工作站

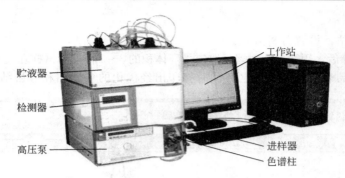

图 5-16 天美 LC2000 系列高效液相色谱仪

记录、处理和保存（图 5-17）。

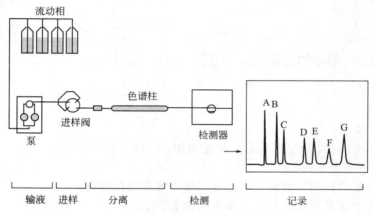

图 5-17 高效液相色谱仪的分析流程

2. 高效液相色谱仪各组成部件及其作用

（1）高压输液系统

高压输液系统包括贮液器和高压泵。

① 贮液器。贮液器主要用来提供足够数量的、符合要求的流动相以完成分析工作，对于贮液器的要求是：第一，必须有足够的容积，以备重复分析时保证供液；第二，脱气方便；第三，能耐一定的压力；第四，所选用的材质对所使用的溶剂都是惰性的。

贮液器一般是以不锈钢、玻璃、聚四氟乙烯或特种塑料聚醚醚酮（PEEK）衬里为材料，容积一般以 0.5～2L 为宜。

② 高压输液泵。高压输液泵是高效液相色谱仪的关键部件，其作用是将流动相以稳定的流速或压力输送到色谱分离系统。对于带有在线脱气装置的色谱仪，流动相先经过脱气装置后再输送到色谱柱。

要求：由于高压输液泵的性能直接影响到分离分析结果的好坏，因此，实际分析过程中为了保证良好的分离分析结果，要求高压输液泵必须满足以下几点要求：第一，泵体材料能耐化学腐蚀；第二，能在高压（30～60MPa）下连续工作；第三，输出流量稳定（±1%），无脉冲，重复性高（±0.5%），而且输出流量范围宽；第四，适用于梯度洗脱。

类型：高压输液泵一般可分为恒压泵和恒流泵两大类，见图 5-18。

恒流泵在一定操作条件下可输出恒定体积流量的流动相。目前常用的恒流泵有往复型泵和注射型泵，其特点是泵的内体积小，用于梯度洗脱尤为理想。

恒压泵又称气动放大泵，是输出恒定压力的泵，其流量随色谱系统阻力的变化而变化。

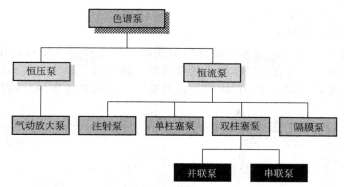

图 5-18　高压输液泵类型

这类泵的优点是输出无脉动，对检测器的噪声低，通过改变气源压力即可改变流速。缺点是流速不够稳定，随溶剂黏度不同而改变。

目前高效液相色谱仪普遍采用的是往复式恒流泵，特别是双柱塞型往复泵。恒压泵在高效液相色谱仪发展初期使用较多，现在主要用于液相色谱柱的制备。

③ 过滤器。在高压输液泵的进口和它的出口与进样阀之间，应设置过滤器。高压输液泵的活塞和进样阀阀芯的机械加工精度非常高，微小的机械杂质进入流动相，会导致上述部件的损坏；同时机械杂质在柱头的积累，会造成柱压升高，使色谱柱不能正常工作。因此管道过滤器的安装是十分必要的。

常见的溶剂过滤器和管道过滤器的结构，见图 5-19。

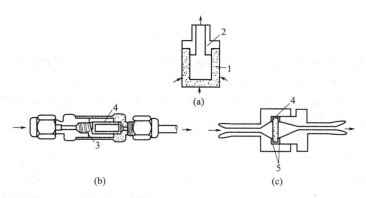

图 5-19　过滤器
（a）溶剂过滤器；（b），（c）管道过滤器
1—过滤芯；2—连接管接头；3—弹簧；4—过滤片；5—密封垫

过滤器的滤芯是用不锈钢烧结构材料制造的，孔径为 $2\sim3\mu m$，耐有机溶剂的侵蚀。若发现过滤器堵塞（发生流量减小的现象），可将其浸入稀 HNO_3 溶液中，在超声波清洗器中用超声波振荡 $10\sim15min$，即可将堵塞的固体杂质洗出。若清洗后仍不能达到要求，则应更换滤芯。

（2）进样系统

液相色谱进样针类似于气相色谱进样针，只是其针头为平头，以免扎破六通阀管路（图 5-20）。

进样器是将样品溶液准确送入色谱柱的装置，要求密封性好，死体积小，重复性好，进样引起色谱分

图 5-20　液相进样针

离系统的压力和流量波动要很小。

常用的进样器有以下两种。

① 六通阀进样器。现在的液相色谱仪所采用的手动进样器几乎都是耐高压、重复性好和操作方便的阀进样器。六通阀进样器是最常用的，进样体积由定量管确定，常规高效液相色谱仪中通常使用的是 $10\mu L$、$20\mu L$ 体积的定量管。六通阀进样器的结构如图 5-21。

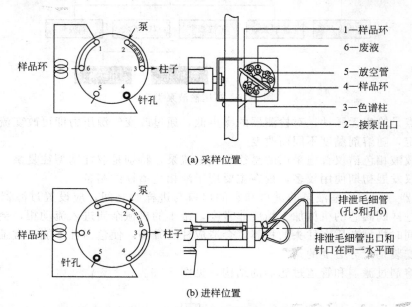

1—样品环
6—废液
5—放空管
4—样品环
3—色谱柱
2—接泵出口

(a) 采样位置

(b) 进样位置

图 5-21　六通阀进样器的流路图

操作时先将阀柄置于图 5-21(a) 所示的采样位置（Load），这时进样口只与定量管接通，处于常压状态。用平头微量注射器（体积应为定量管体积的 3～5 倍）注入样品溶液，样品停留在定量管中，多余的样品溶液从 6 处溢出。将进样器阀柄顺时针转动 60°至图 5-21(b) 所示的进样位置（Inject）时，流动相与定量管接通，样品被流动相带到色谱柱中进行分离分析。

② 自动进样器。自动进样器是由计算机自动控制定量阀，按预先编制的注射样品操作程序进行工作。取样、进样、复位、样品管路清洗和样品盘的转动，全部按预定程序自动进行，一次可进行几十个或上百个样品的分析。自动进样器的进样量可连续调节，进样重复性高，适合于大量样品的分析，节省人力，可实现自动化操作。其外形图如图 5-22 所示。

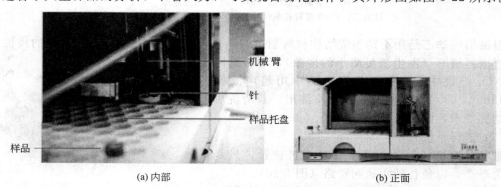

机械臂
针
样品托盘
样品

(a) 内部

(b) 正面

图 5-22　自动进样器外形图

（3）分离系统

分离系统的主要部件是色谱柱，柱效高、选择性好、分析速度快是对色谱柱的一般要求。色谱柱管为内部抛光的不锈钢柱管或塑料柱管，其结构如图 5-23 所示。通过柱两端的接头与其他部件（如前连进样器，后接检测器）连接。通过螺帽将柱管和柱接头牢固地连成一体。从一端柱接头的剖面图可以看出，为了使柱管与柱接头牢固而严密地连接，通常使用一套两个不锈钢垫圈，呈细环状的后垫圈固定在柱管端头合适位置，呈圆锥形的前垫圈再从柱管端头套出，正好与接头的倒锥形相吻合。用连接管将各部件连接时的接头也都采用类似的方法。另外，在色谱柱的两端还需各放置一块由多孔不锈钢材料烧结而成的过滤片，出口端的过滤片起挡住填料的作用，入口端的过滤片既可防止填料倒出，又可保护填充床在进样时不被损坏。

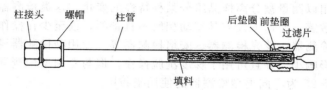

图 5-23　液相色谱柱的示意图

此外，色谱柱在装填料之前是没有方向性的，但填充完毕的色谱柱是有方向的（图 5-24），即流动相的方向应与柱的填充方向（装柱时填充液的流向）一致。色谱柱的管外都以箭头显著地标示了该柱的使用方向，安装和更换色谱柱时一定要使流动相能按箭头所指方向流动。

图 5-24　液相色谱柱外形图

一般在色谱柱前要求安装保护柱，即在分析柱的入口端装有与分析柱相同固定相的短柱（5～30mm 长），可以经常而且方便地更换，因此，起到保护延长分析柱寿命的作用。虽然采用保护柱会使分析柱损失一定的柱效，但是，换一根分析柱不仅浪费（柱子失效往往只在柱端部分），又费事，而保护柱对色谱系统的影响基本上可以忽略不计。所以，即使损失一点柱效也是可取的。

由于分析的需要，色谱柱有时需要有一定的温度，提高柱温有利于降低溶剂黏度和提高样品溶解度，改变分离度，也是保留值重复稳定的必要条件，特别是对需要高精度测定保留体积的样品分析而言尤为重要。

高效液相色谱仪中常用的色谱柱恒温装置有水浴式、电加热式和恒温箱式三种。实际恒温过程中要求最高温度不超过 60℃，否则流动相汽化会使分析工作无法进行。

（4）检测系统

HPLC 检测器是用于连续监测被色谱系统分离后的柱流出物组成和含量变化的装置。其作用是将柱流出物中样品组成和含量的变化转化为可供检测的信号，完成定性定量分析的任务。

① HPLC 检测器的要求。理想的 HPLC 检测器应满足下列要求：第一，具有高灵敏度和可预测的响应；第二，对样品所有组分都有响应，或具有可预测的特异性，适用范围广；第三，温度和流动相流速的变化对响应没有影响；第四，响应与流动相的组成无关，可作梯

度洗脱；第五，死体积小，不造成柱外谱带扩展；第六，使用方便、可靠、耐用，易清洗和检修；第七，响应值随样品组分量的增加而线性增加，线性范围宽；第八，不破坏样品组分；第九，能对被检测的峰提供定性和定量信息；第十，响应时间足够快。

实际过程中很难找到满足上述全部要求的 HPLC 检测器，但可以根据不同的分离目的对这些要求予以取舍，选择合适的检测器。

② HPLC 检测器的分类。HPLC 检测器一般分为两类，通用型检测器和专用型检测器。通用型检测器可连续测量色谱柱流出物（包括流动相和样品组分）的全部特性变化，通常采用差分测量法。这类检测器包括示差折光检测器、电导池检测器和蒸发光散射检测器等。通用型检测器适用范围广，但由于对流动相有响应，因此易受温度变化、流动相流速和组成变化的影响，噪声和漂移都较大，灵敏度较低，不能用于梯度洗脱。

专用型检测器用以测量被分离样品组分某种特性的变化，这类检测器对样品中组分的某种物理或化学性质敏感，而这一性质是流动相所不具备的，或至少在操作条件下不显示。这类检测器包括紫外检测器、荧光检测器、安培检测器等。专用型检测器灵敏度高，受操作条件变化和外界环境影响小，并且可用于梯度洗脱操作。但与专用型检测器相比，应用范围受到一定的限制。图 5-25 为不同类型检测器的使用指数图。

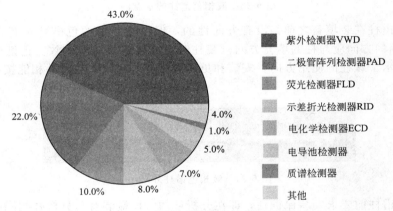

图 5-25　不同类型检测器的使用指数图

③ 几种常见的检测器。用于液相色谱的检测器大约有三四十种，下面简单介绍目前在液相色谱中使用比较广泛的紫外-可见光检测器、示差折光检测器、荧光检测器以及近年来出现的蒸发光散射检测器。其他类型的检测器可参阅有关专著。

a. 紫外-可见光检测器。紫外-可见光检测器（UV-Vis），又称紫外可见吸收检测器、紫外吸收检测器，或直接称为紫外检测器，是目前液相色谱中应用最广泛的检测器。在各种检测器中，其使用率占 70% 左右，对占物质总数约 80% 的有紫外吸收的物质均有影响，既可检测 190～350nm 范围（紫外线区）的光吸收变化，也可向可见光范围 350～700nm 延伸。

几乎所有的液相色谱装置都配有紫外-可见光检测器，紫外-可见光检测器可以用于梯度洗脱技术。

紫外-可见光检测器的基本结构与一般紫外-可见光分光光度计是相同的，均包括光源、分光系统、试样室和检测系统四大部分，如图 5-26 所示。

最近出现的光电二极管阵列检测器（PDA）一般认为是目前液相色谱最有发展前途、最好的检测器。光电二极管阵列检测器与普通紫外检测器的区别主要在于进入流通池的不再是单色光，获得的检测信号不再是单一波长上的，而是在全部紫外波段上的色谱信号。因此PDA 得到的不是一般意义上的色谱图，而是具有三维空间的立体色谱光谱图，如图 5-27

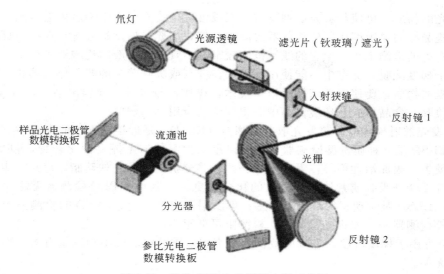

图 5-26　紫外-可见光检测器光学系统图

所示。

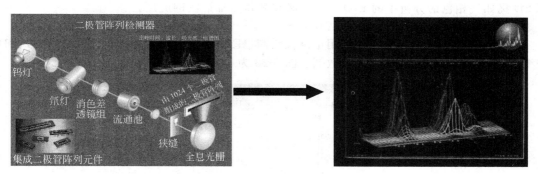

图 5-27　PDA 测定的色谱光谱图

　　PDA 不仅可用于被测组分的定性检测，还可得到被测组分的光谱定性信息，其全部检测过程均由计算机控制完成。

　　b. 示差折光检测器。示差折光检测器（RID），又称折光指数检测器，是一种通用型检测器，它是通过连续监测参比池和测量池中溶液的折射率之差来测定试样浓度的检测器。表5-2 列出了常用溶剂在 20℃时的折射率。

表 5-2　常用溶剂在 20℃时的折射率

溶剂	折射率	溶剂	折射率	溶剂	折射率
水	1.333	异辛烷	1.404	乙醚	1.353
乙醇	1.362	甲基异丁酮	1.394	甲醇	1.329
丙酮	1.358	氯代丙烷	1.389	乙酸	1.329
四氢呋喃	1.404	甲乙酮	1.381	苯胺	1.586
乙二醇	1.427	苯	1.501	氯代苯	1.525
四氯化碳	1.463	甲苯	1.496	二甲苯	1.500
氯仿	1.446	己烷	1.375	二乙胺	1.387
乙酸乙酯	1.370	环己烷	1.462	溴乙烷	1.424
乙腈	1.344	庚烷	1.388		

　　c. 荧光检测器。荧光检测器（FLD）就是利用某些溶质在受紫外线激发后，能发射可见光（荧光）的性质来进行检测的。它是一种具有高灵敏度和高选择性的浓度型检测器。对

不发生荧光的物质，可使与荧光试剂反应，制成可发生荧光的衍生物后再进行测定。

　　荧光检测器的灵敏度比紫外检测器要高100倍，当要对痕量组分进行选择性检测时，它是一种强有力的检测工具。但它的线性范围较窄，不宜作为一般的检测器来使用。荧光检测器也可用于梯度洗脱。测定中不能使用可熄灭、抑制或吸收荧光的溶剂作流动相。对不能直接产生荧光的物质，要使用色谱柱后衍生技术，操作比较复杂。此检测器现已在生物化工、临床医学检验、食品检验、环境监测中获得广泛的应用。

　　d. 蒸发光散射检测器。蒸发光散射检测器（ELSD）是近年新出现的高灵敏度、通用型检测器。ELSD是一种质量型检测器，它可以用来检测任何不挥发性化合物，包括氨基酸、脂肪酸、糖类、表面活性剂等，尤其对于一些较难分析的样品，如磷脂、皂苷、生物碱、甾族化合物等无紫外吸收或紫外末端吸收的化合物更具有其他 HPLC 检测器无法比拟的优越性。此外，ELSD 对流动相的组成不敏感，可以用于梯度洗脱。ELSD 的检测灵敏度要高于低波长紫外检测器和示差折光检测器，检测限可低至 10^{-10} g。

　　ELSD 可用于梯度洗脱，且响应值仅与光束中溶质颗粒的大小和数量有关，而与溶质的化学组成无关。

　　蒸发光散射检测器与 RI 和 UV 比较，它消除了溶剂的干扰和因温度变化而引起的基线漂移，即使用梯度洗脱也不会产生基线漂移。它还具有死体积小、灵敏度高等优点。所以，ELSD 犹如气相色谱分析中的 FID 一样，必将获得更加广泛的应用。

　　（5）数据处理系统（色谱工作站）

　　高效液相色谱的分析结果除可用记录仪绘制谱图外，现已广泛使用色谱数据处理机和色谱工作站来记录和处理色谱分析的数据。图 5-28 为 T2000P 工作站。

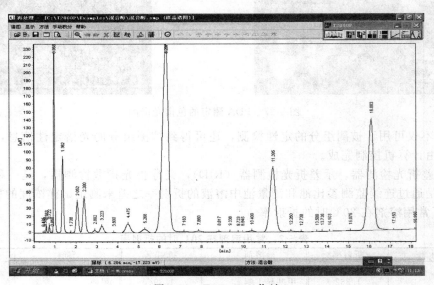

图 5-28　T2000P 工作站

【开放性训练】

　　1. 任务

　　福立 FL2200 高效液相色谱仪的操作训练。

　　2. 实训过程

　　（1）根据仪器使用说明书，熟悉仪器各个部件，与天美 LC2000 高效液相色谱仪进行比较。

　　（2）独立完成仪器的操作训练。

3. 作业

实训结束，编写福立 FL2200 高效液相色谱仪的操作规程。

【思考与练习】

1. 高效液相色谱仪最基本的组件是 _____、_____、_____、_____和_____。

2. 高压输液系统一般包括_____、_____、_____和_____等。

3. 高压输液泵按工作方式的不同可分为_____和_____两大类。

4. 高效液相色谱仪中，常用的进样器有_____和_____。

5. PDA 不仅可进行_____检测，还可提供组分_____的信息。

6. 示差折光检测器，又称_____检测器，是一种_____检测器，它是通过连续监测_____和_____中溶液的折射率之差来测定试样浓度的检测器。

7. 蒸发光散射检测器与 RI 和 UV 比较，它消除了_____和因_____而引起的基线漂移，即使用_____也不会产生基线漂移。

8. （　　）在输送流动相时无脉冲。

　　A. 气动放大泵　　　　B. 单活塞往复泵　　　C. 双活塞往复泵　　　D. 隔膜往复泵

9. 下列检测器中，（　　）属于质量型检测器。

　　A. UV-Vis　　　　　　B. RI　　　　　　　　C. FD　　　　　　　　D. ELSD

10. 简述高效液相色谱法与气相色谱法的异同点。

11. 简述六通阀进样器的工作原理。

12. 简述 HPLC 对检测器的要求。

13. 请翻译并利用课余时间自学下列内容。

（1）Instrumentation for HPLC：

• For reasonable analysis times, moderate flow rate required but small particles（1~10 μm）

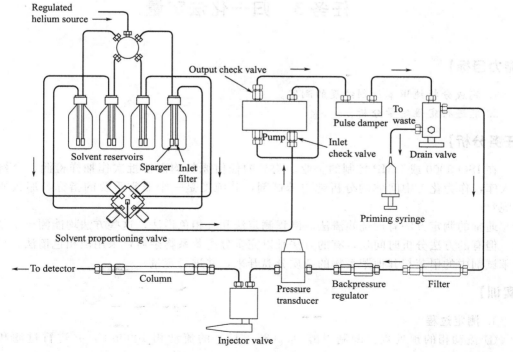

• Solvent forced through column 1000~5000 psi - more elaborate instrument than GC

- Solvents degassed - "sparging"
- High purity solvents

Single mobile phase composition - isocratic elution

Programmed mobile phase composition - gradient elution

（2）Detectors：

All properties previously discussed and

- small internal volume to reduce zone broadening

Bulk property detectors - measure property of mobile phase

（refractive index，dielectric constant，density）

Solute property detectors - measure property of solute not present

in mobile phase （UV absorbance，fluorescence，IR absorbance）

LC Detector	Commercially Available	Mass LOD (commercial detectors)[a]	Mass LOD (state of the art)[b]
Absorbance	Yes[c]	100pg~1ng	1pg
Fluorescence	Yes[c]	1~10pg	10fg
Electrochemical	Yes[c]	10pg~1ng	100fg
Refractive index	Yes	100ng~1μg	10ng
Conductivity	Yes	500pg~1ng	500pg
Mass spectrometry	Yes[d]	100pg~1ng	1pg
FT-IR	Yes[d]	1μg	100ng
Light scattering[e]	Yes	10μg	500ng
Optical activity	No	—	1ng
Element selective	No	—	10ng
Photoionization	No	—	1pg~1ng

14. 课外参考书

吴方迪. 色谱仪器维护与故障排除. 北京：化学工业出版社，2001.

任务 3　归一化法定量

【能力目标】

1. 完成分析纯甲苯试剂纯度的测定。
2. 能进行定性定量分析。

【任务分析】

在 ISO 9000 或 GMP 控制的企业，购买的任何原料均需按批次作抽样检测，合格后方可入库，作为化工中间体的分析纯甲苯试剂，其纯度是一个非常重要的指标，那么如何检测呢？

通常的测定方法有灼烧残渣法、沸程测定法和气相色谱法，这些方法均能测定甲苯的纯度，但有的方法分析时间长，有的方法难以完全分离苯系物杂质，采用液相色谱法，可以将甲苯试剂中的甲苯与其他苯系物的杂质分离开来，并进行定量。

【实训】

1. 测定过程

① 流动相的预处理。配制甲醇/水（85∶15）的流动相 1000mL，并进行过滤和脱气处理。

② 色谱柱的安装和流动相的更换。将 C₁₈色谱柱（5μm，4.6mm i.d. ×150mm）安装

在色谱仪上，将流动相更换成 85％甲醇水溶液。

③ 高效液相色谱仪的开机。开机，将仪器调试到正常工作状态，流动相流速设置为 1.0mL/min，检测器波长设为 254nm。

④ 样品溶液的处理。用微量注射器量取 $10\mu L$ 甲苯试样，用 HPLC 级甲醇稀释至 50mL。

⑤ 甲苯试剂溶液的分析测定。在上述分析条件下，基线稳定之后，重复进样三次，记录下样品名对应的文件名，同时打印出经优化的色谱图和分析结果。

2. 学生实训

（1）实训内容

部分学生配制流动相，部分学生配制试样，部分学生操作仪器，要求每位学生独立完成进样，独立处理数据。

（2）实训过程注意事项

① 如果峰高超出检测器的检测范围，可以将甲苯溶液进行稀释。

② 如果有组分未能完全分离开来，可以适当改变分离条件。

（3）职业素质训练

① 在处理甲醇、乙腈等有毒有机溶剂的操作中，学习环保知识。

② 按小组进行分析方法讨论和确定，铸造团队合作精神。

③ 合理安排配制溶液、流动相及平衡仪器等工作的顺序。

3. 相关知识

（1）甲苯的定性

甲苯的定性可以利用标准对照品定性的方法，即先用 HPLC 级甲苯进行定性，确定保留时间后，在同样的色谱条件下再分析甲苯样品，就可以确定试样中甲苯所对应的峰。

（2）定量分析常用术语

① 样品（sample）。含有待测物，供色谱分析的溶液，分为标样和未知样。

② 标样（standard）。浓度已知的纯品。

③ 未知样（unknown）。浓度待测的混合物。

④ 样品量（sample weight）。待测样品的原始称样量。

⑤ 稀释度（dilution）。未知样的稀释倍数。

⑥ 组分（componance）。欲做定量分析的色谱峰，即含量未知的被测物。

⑦ 组分的量（amount）。被测物质的含量（或浓度）。

⑧ 积分（integerity）。由计算机对色谱峰进行的峰面积测量的计算过程。

⑨ 校正曲线（calibration curve）。组分含量对响应值的线性曲线，由已知量的标准物建立，用于测定待测物的未知含量。

（3）归一化法定量

归一化法要求所有组分都能分离并有响应，其基本方法与气相色谱中的归一化法类似。计算公式为 $w_i = A_i / \sum A_i$。

实例：本次实验数据的计算处理。

【理论提升】

1. 流动相配制技术

（1）溶剂的使用

分析纯和优级纯溶剂在很多情况下可以满足色谱分析的要求，但不同的色谱柱和检测方法对溶剂的要求不同，如用紫外检测器检测时溶剂中就不能含有在检测波长下有吸收的杂质。目前专供色谱分析用的"色谱纯"溶剂除最常用的甲醇外，其余多为分析纯，有时要进行除去紫外杂质、脱水、重蒸等纯化操作。

乙腈也是常用的溶剂，分析纯乙腈中还含有少量的丙酮、丙烯腈、丙烯醇和噁唑等化合物，产生较大的背景吸收。可以采用活性炭或酸性氧化铝吸附纯化，也可采用高锰酸钾/氢氧化钠氧化裂解与甲醇共沸的方法进行纯化。

四氢呋喃中的抗氧化剂 BHT(3,5-二叔丁基-4-羟基甲苯) 可以通过蒸馏法除去。四氢呋喃在使用前应蒸馏，长时间放置又会被氧化，因此最好在使用前先检查有无过氧化物。方法是取 10mL 四氢呋喃和 1mL 新配制的 10% 碘化钾溶液，混合 1min 后，不出现黄色即可使用。

与水不混溶的溶剂（如氯仿）中的微量极性杂质（如乙醇），卤代烃（CH_2Cl_2）中的 HCl 杂质可以用水萃取除去，然后再用无水硫酸钙干燥。

正相色谱中使用的亲油性有机溶剂通常都有含有 $50\sim2000\mu g/mL$ 的水。水是极性最强的溶剂，特别是对吸附色谱来说，即使很微量的水也会因其强烈的吸附而占领固定相中很多吸附活性点，致使固定相性能下降。通常可用分子筛床干燥除去微量水。

卤代溶剂与干燥的饱和烃混合后性质比较稳定，但卤代溶剂（氯仿、四氯化碳）与醚类溶剂（乙醚、四氢呋喃）混合后发生化学反应，生成的产物对不锈钢有腐蚀作用，有的卤代溶剂（如二氯甲烷）与一些反应活性较强的溶剂（如乙腈）混合放置后会析出结晶。因此，应尽可能避免使用卤代溶剂或现配现用。

（2）流动相过滤

过滤是为了防止不溶物堵塞流路或色谱柱入口处的微孔垫片。流动相都应该采用特殊的流动相过滤器（图 5-9），用 $0.45\mu m$ 以下微孔滤膜进行过滤后才可使用。滤膜分水溶剂专用和有机溶剂专用两种（图 5-29 和图 5-30）。

图 5-29　水溶剂专用滤膜

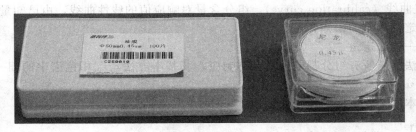

图 5-30　有机溶剂专用滤膜

（3）流动相脱气

流动相溶液中往往因溶解有氧气或混入了空气而形成气泡，气泡进入检测器后会引起检测信号的突然变化，在色谱图上出现尖锐的噪声峰。小气泡慢慢聚集后会变成大气泡，大气泡进入流路或色谱柱中会使流动相的流速不稳定，致使基线起伏。溶解氧常和一些溶剂结合生成有紫外吸收的化合物，在荧光检测中，溶解氧还会使荧光淬灭。溶解气体也有可能引起某些样品的氧化降解和使其溶解，从而导致 pH 发生变化。凡此种种，都会给分离带来负面的影响。因此，液相色谱实际分析过程中，必须先对流动相进行脱气处理。

目前，液相色谱流动相脱气使用较多的方法有超声波振荡脱气、惰性气体鼓泡吹扫脱气以及在线（真空）脱气装置三种。

超声波振荡脱气的方法是将配制好的流动相连同容器一起放入超声波水槽中，脱气 10～20min 即可。该法操作简便，又基本能满足日常分析的要求，因此，目前仍被广泛采用。如图 5-31 所示。

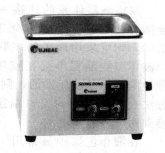

图 5-31　超声波脱气装置

惰性气体（氦气）鼓泡吹扫脱气的效果好，其方法是将钢瓶中的氦气缓慢而均匀地通入贮液器中的流动相中，氦气分子将其他气体分子置换和顶替出去，流动相中只含有氦气。因氦气本身在流动相中的溶解度很小，而微量氦气所形成的小气泡对检测没有影响，从而达到脱气的目的。

在线真空脱气装置的原理是将流动相通过一段由多孔性合成树脂膜构成的输液管，该输液管外有真空容器。真空泵工作时，膜外侧被减压，相对分子质量小的氧气、氮气、二氧化碳就会从膜内进入膜外而被排除（图 5-32）。

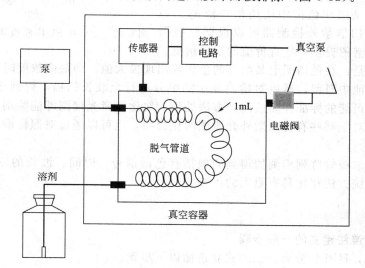

图 5-32　在线真空脱气装置示意图

2. 定性方法

由于液相色谱过程中影响溶质迁移的因素较多，同一组分在不同色谱条件下的保留值相差很大，即便在相同的操作条件下，同一组分在不同色谱柱上的保留也可能有很大差别，因此液相色谱与气相色谱相比，定性的难度更大。常用的定性方法有如下几种。

（1）利用已知标准样品定性

利用标准样品对未知化合物定性是最常用的液相色谱定性方法，该方法的原理与气相色谱法中相同。由于每一种化合物在特定的色谱条件下（流动相组成、色谱柱、柱温等相同），其保留值具有特征性，因此可以利用保留值进行定性。如果在相同的色谱条件下被测化合物与标样的保留值一致，就可以初步认为被测化合物与标样相同。若流动相组成经多次改变后，被测化合物的保留值仍与标样的保留值一致，就能进一步证实被测化合物与标样为同一化合物。因此，在本实训中甲苯的定性即可采用此方法。

（2）利用检测器的选择性定性

同一种检测器对不同种类的化合物的响应值是不同的，而不同的检测器对同一种化合物的响应也是不同的。所以当某一被测化合物同时被两种或两种以上的检测器检测时，两检测器或几个检测器对被测化合物检测灵敏度比值是与被测化合物的性质密切相关的，可以用来对被测化合物进行定性分析，这就是双检测器定性体系的基本原理。

双检测器体系的连接一般有串联连接和并联连接两种方式。当两种检测器中的一种是非破坏型的，则可采用简单的串联连接方式，方法是将非破坏型检测器串接在破坏型检测器之前。若两种检测器都是破坏型的，则需采用并联方式连接，方法是在色谱柱的出口端连接一个三通，分别连接到两个检测器上。

在液相色谱中最常用于定性鉴定工作的双检测体系是紫外检测器（UV）和荧光检测器（FL）。图 5-33 是 UV 和 FL 串联检测食物中有毒胺类化合物的色谱图。

（3）利用紫外检测器全波长扫描功能定性

紫外检测器是液相色谱中使用最广泛的一种检测器。全波长扫描紫外检测器可以根据被检测化合物的紫外光谱图提供一些有价值的定性信息。

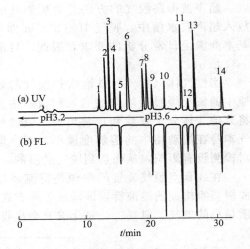

图 5-33　UV 和 FL 串联检测食物中有毒胺类

传统的方法是：在色谱图上某组分的色谱峰出现极大值，即最高浓度时，通过停泵等手段使组分在检测池中滞留，然后对检测池中的组分进行全波长扫描，得到该组分的紫外-可见光谱图；再取可能的标准样品按同样方法处理。对比两者光谱图即能鉴别出该组分与标准样品是否相同。对于某些有特殊紫外光谱图的化合物，也可以通过对照标准谱图的方法来识别化合物。

此外，利用二极管阵列检测器得到的包括有色谱信号、时间、波长的三维色谱光谱图，其定性结果与传统方法相比具有更大的优势。

【理论拓展】

高效液相色谱法建立的一般步骤

一般情况下，HPLC 分离方法的建立遵循以下步骤。

（1）了解样品的基本情况

所谓样品的基本情况，主要包括样品所含化合物的数目、种类（官能团）、分子量、pK_a 值、UV 光谱图以及样品基体的性质（溶剂、填充物等）、化合物在有关样品中的浓度范围、样品的溶解度等。

（2）明确分离目的

① 主要目的是分析还是回收样品组分？

② 是否已知样品所有成分的化学特性，或是否需做定性分析？

③ 是否有必要解析出样品的所有成分（比如对映体、同系物、痕量杂质等）？

④ 如需做定量分析，精密度需多高？

⑤ 本法将适用几种样品分析还是许多种样品分析？

⑥ 将使用最终方法的常规实训室中已有哪些 HPLC 设备和技术？

（3）了解样品的性质和需要的预处理

考察样品的来源形式，可以发现，除非样品是适于直接进样的溶液，否则，高效液相色谱分离前均需进行某种形式的预处理。此如，有的样品需加入缓冲溶液以调节 pH；有的样品含有干扰物质或"损柱剂"而必须在进样前将其去除；还有的样品本身是固体，需要用溶剂溶解，为了保证最终的样品溶液与流动相的成分尽量相近，一般最好直接用流动相溶解（或稀释）样品。

（4）检测器的选择

不同的分离目的对检测的要求不同，如测单一组分，理想的检测器应仅对所测成分响应，而其他任何成分均不出峰。另外，如目的是定性分析或是制备色谱，则最好有通用型检测器，以便能检测到混合物中的各种成分。仅对分析而言，检测器灵敏度越高，最低检出量越小越好；如目的是用作制备分离，则检测器的灵敏度没必要很高。应尽量使用紫外检测器（UV），因为目前一般的 HPLC 都配有这类检测器，它方便且受外界影响小。如被测化合物没有足够的 UV 生色团，则应考虑使用其他检测手段：如示差折光检测器、荧光检测器、电化学检测器等。如果实在找不到合适的检测器，才可以考虑将样品衍生化为有 UV 吸收或有荧光的产物，然后再用 UV 或荧光检测。

（5）分离模式的选择

在充分考虑样品的溶解度、分子量、分子结构和极性差异的基础上，确定高效液相色谱的分离模式，其选择指南可参见图 5-34。

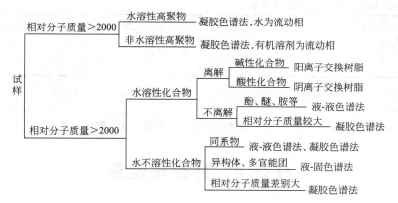

图 5-34　高效液相色谱分离方法选择图

在高效液相色谱法作为分离方法中，有 80％ 的有机物质的分离依靠反相色谱来完成。在反相色谱中，水是常用的流动相弱组分，C_{18} 是常用的填充载体，重要的是选择流动相的强组分，常用的强组分有甲醇、乙腈与四氢呋喃。反相色谱流动相的选择规则如下。

① 若样品溶质中含有两个以下氢键作用基团（如—COOH、—NH$_2$、—OH 等）的芳香烃邻、对位或邻、间位异构体，可选用甲醇/水为流动相。

② 若样品溶质中含有两个以上 Cl、I、Br 邻、间、对位异构体或极性取代基的间、对位异构体以及双键位置不同的异构体，可选用苯基或 C_{18} 键合固定相、乙腈/水为流动相。

③ 当实际过程中获得溶质的 k' 值大于 30（一般要求 $1<k'<20$ 时），应在反相色谱系统的甲醇/水流动相中加入适量四氢呋喃、氯仿或丙酮，以使被分离溶质的 k' 值保持在适当范围内。当然，也可以通过减少固定相表面键合碳链浓度或缩短碳链长度来达到减小 k' 值的目的。

④ 若样品溶质中含有—NH$_2$、$\diagdown$NH 或、$\diagup$N— 这一类基团时，应在反相色谱的流动相中加入适量添加剂有机胺来提高样品保留值的重现性和色谱峰的对称性。

前面所述的高效液相色谱方法是按理论型模式建立，而通常是需要运用经验型的模式建立液相色谱法，因此可以借鉴前辈、同行和国外学者的成果，把他们所用的方法经过消化吸收，转化为我们所用。这不但可节省人力、物力和财力，而且可以较快地完成任务。另外，自己也需要不断地总结做过的每一实验，从这些实验中取得经验，以指导下一次任务。

【开放性训练】

初步掌握液相色谱的一些知识点，学生可作为小助手，参与教师的实训准备工作，同时可以在开放实训室内巩固仪器的基本操作。

【思考与练习】

1. 简述建立高效液相色谱分析方法的一般步骤。

2. 何谓液相色谱洗脱液？液相色谱对洗脱液有何要求？

3. 核苷经液相色谱柱分离，用紫外检测器测得各个色谱峰，经鉴定为下列组分：

组分	死时间	尿核苷	肌苷	鸟苷	腺苷	胞啶
t_R/min	4.0	30	43	57	71	96

如果在另一色谱柱中填充相同固定相，但柱的尺寸不同，测得死时间为5min，尿核苷为53min，某组分洗脱时间为100min，试说明这个组分是什么物质？

4. 在某反相液相色谱柱上，测得以下数据：

组　　分	t_R/min	组　　分	t_R/min
香草醛苯羟基酸	3.23	3-甲氧基酪胺	7.31
去甲变肾上腺素	3.87	高香草酸	11.70
变肾上腺素	5.81		

如果不被保留组分的 $t_M = 33s$，计算每一组分对 3-甲氧基酪胺的相对保留值。

5. 课外参考书

[美] L. R. Snyder 等著. 实用高效液相色谱法的建立. 王杰，赵岚等译. 北京：科学出版社，1998.

任务 4　外标法定量

【能力目标】

1. 完成叶酸片中叶酸含量的测定。
2. 能进行定性定量分析。

【任务分析】

叶酸是人体必需的一种物质，它能促进胎儿脑神经的发育，也能防止人体贫血，试设计一可行的分析方案，检测某药厂叶酸片中的叶酸含量吗？

在上一任务中学习高效液相色谱方法建立的一般步骤，其中经验型模式是常用的液相色谱方法建立模式。因此，可以查阅药典、网络资料等，确定叶酸的测定方法，在本次任务中，采用《中国药典》中摘录的叶酸片含量测定方法。

【实训】

1. 测定过程

（1）流动相的预处理

① 磷酸二氢钠缓冲液：称取磷酸二氢钠 6.80g，加水 880mL，振摇使溶解，用氢氧化钠溶液调节 pH＝6.30±0.05，备用。

② 取上述缓冲液 800mL 与 200mL HPLC 级甲醇混合均匀，用 0.45μm 有机相滤膜减压过滤，超声脱气即可。

（2）色谱柱的安装和流动相的更换

将 C$_{18}$ ODS 色谱柱（5μm，4.6mm×250mm）安装在色谱仪上，将流动相更换成新配制的磷酸二氢钠缓冲液-甲醇（80∶20）。

（3）高效液相色谱仪的开机

开机，将仪器调试到正常工作状态，流动相流速设置为 1.0mL/min，检测器波长设为 254nm。

（4）标准对照品的处理

精密称取 0.01g 叶酸对照品，置 50mL 容量瓶中，加 30mL 0.5％的氨水溶解，再用纯水定容至刻度。

（5）叶酸片的处理

取叶酸片（5mg/片）40 片，精确称量，研磨至均匀，精确称取两片质量的叶酸粉末于 50mL 容量瓶中，加入 30mL 0.5％氨水，在热水浴中振摇 20min，冷却后用纯水定容至刻度，摇匀，用 0.45μm 滤膜过滤，取滤液备用。

（6）分析样品

① 等基线平衡后，用微量注射器量取定量环体积 3～5 倍的叶酸标样与叶酸试样，在上述分析条件下进样分析。

② 将叶酸样品的分离谱图与叶酸对照品色谱图比较即可确认叶酸样品的主成分峰的位置。

③ 记录下样品名对应的文件名，同时打印出经优化的色谱图和分析结果。

2. 学生实训

（1）实训内容

建议按 4 人一组，每组中部分学生配制流动相，部分学生配制试样，部分学生操作仪器等。要求每位学生独立完成进样，独立处理数据。

（2）实训过程注意事项

① 在样品的预处理和溶液配制中，称量的操作与平时的操作略有不同，这是药物称量的特点。

② 叶酸含量的定量问题：本项目的测定采用"外标法"进行定量。

③ 本任务的完成需使用电炉，操作时要注意用电安全；同时配制氨水溶液应在通风柜中进行。

（3）职业素质训练

① 有序的安排工作，组员之间默契配合，建立一个合作良好的团队。

② 了解药品质量管理法，树立起良好的职业道德和全面质量管理意识，即对数据负责，对产品质量负责。

3. 相关知识

在本次任务中，采用外标法对叶酸片中叶酸含量进行定量。外标法是以待测组分纯品配制标准试样和待测试样同时作色谱分析来进行比较而定量的，可分为标准曲线法（图 5-35）和直接比较法，在液相色谱法中较常用的是直接比较法。具体方法可参阅项目 2 中的外标法定量。

外标法的特点：操作、计算简单，是一种常用的定量方法。它无需各组分都被检出、洗脱。但需要标样，且标样及未知样品的测定条件要一致，进样体积要准确。

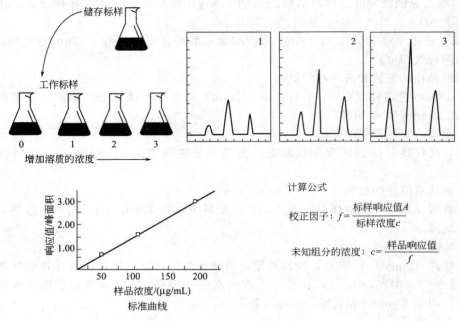

计算公式

校正因子：$f = \dfrac{标样响应值A}{标样浓度c}$

未知组分的浓度：$c = \dfrac{样品响应值}{f}$

图 5-35　标准曲线法图例

【理论提升】

1. 样品的预处理技术

样品的预处理方法中至少采取 3 个分离步骤：1 个提取步骤（将待测物从样品中释放进入溶液状态）；1～3 个净化步骤（除去部分干扰杂质）；1 个仪器分离步骤，通常指借助仪器进行连续在线分离的过程，样品的前处理过程如图 5-36 所示。

样品前处理是指样品的制备和对样品中待测组分进行提取、净化、浓缩的过程。前处理的目的是消除基质干扰，保护仪器，提高方法的准确度、精密度、选择性和灵敏度。样品处理是分析检测的关键环节时间，约占分析检测时间的 60%。

（1）提取

提取就是用物理的或化学的手段破坏待测组分与样品成分间的结合力，将待测组分从样品中释放出来并转移到易于分析的溶液状态，提取过程可以除去 99% 以上的样品基质。

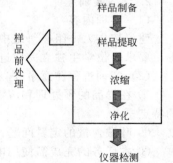

图 5-36　样品的前处理过程

经典的方法有均质提取法（图 5-37）、振荡提取法、索氏提取法等，随着现代仪器技术的发展出现了一些新的自动化程度高、劳动强度低、试剂消耗少的方法，例如超临界流体萃取、加速溶剂萃取（图 5-38）、超声波辅助提取、微波辅助萃取等。

（2）净化

提取过程中，许多与待测组分溶解性相似的杂质将被一起转移出来，这些杂质会干扰对待测组分的测定，因此需要将待测组分与杂质分离，这个分离过程称为净化。比较传统的净化手段有液液萃取和固相萃取等，目前比较先进、实用的处理技术如凝胶渗透色谱、基质固相分散技术、分子印迹技术等也得到了比较广泛的应用。

图 5-37　均质仪

图 5-38　溶剂萃取仪

固相萃取是利用固体吸附剂将液体样品中的目标化合物吸附，与样品的基体和干扰化合物分离，然后再用洗脱液洗脱或加热解吸附，达到分离和富集目标化合物的目的。与液液萃取相比，固相萃取不需要大量互不相溶的溶剂，处理过程中不会产生乳化现象，溶剂用量少，预处理过程简单。它是一种用途广泛而且越来越受欢迎的样品前处理技术，近几年来，国内外厂商都能生产出质量可靠、种类繁多的固相萃取柱，如图 5-39 所示，大多数兽药残留分析方法采用这种商品化的固相萃取柱，以达到简化样品前处理的目的，采用固相萃取柱进行前处理可以利用固相萃取装置实现自动化，如图 5-40 所示。

图 5-39　固相萃取柱

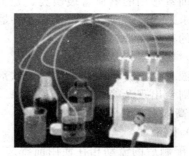

图 5-40　固相萃取装置

凝胶渗透色谱，也叫体积排斥色谱，是 40 多年前发展起来的一种新型液相色谱，是色谱中较新的分离技术之一，其原理是利用多孔性物质按分子体积大小进行分离。其在富含脂肪、色素等大分子的样品分离净化方面，具有明显的效果。随着科学技术的进步，凝胶渗透色谱已发展成为从进样到收集全自动化的净化系统，如图 5-41 所示，在食品安全检测中成为国际上常规的样品净化手段。

（3）浓缩

在残留分析中，经过提取和净化后的待测组分的存在状态经常不能满足检测仪器的要求，无法直接测定，如浓度低于检测器的测定范围、待测物的溶剂与仪器要求不符合等。此时必须对组分进行浓缩，浓缩是指通过减少样品中溶剂的量而使组分浓度升高，溶剂挥发是常规的浓缩方法，常见的有减压蒸馏和气流吹蒸两种方式。

旋转蒸发器是残留分析中最常用的浓缩装置，包括旋转烧瓶、冷凝器、溶剂接收瓶、真空设备、加热源和电机等，如图 5-42 所示。在烧瓶的缓慢转动过程中，液体在瓶壁上展开成膜，并在减压和加热条件下被迅速蒸发，旋转的烧瓶还可以防止液体暴沸。该方法浓缩速度快，溶剂还可以回收。

气流吹蒸法是利用空气或者氮气流将溶剂带出样品，一般在加热条件下进行，常用于少量液体的浓缩，仪器见图 5-43 所示。

图 5-41　凝胶渗透色谱　　　　　　图 5-42　旋转蒸发器　　　　　　图 5-43　氮吹仪

2. 分析中的污染

一般检测的环境、容器、试剂都是影响测定结果的因素。

(1) 环境污染

仪器室中的有害气体、气溶液、灰尘等都能造成污染，影响检测结果，这种污染很难校正。因此，仪器室与其他实训室应隔离，保持清洁，仪器室内应安装空调，注意防潮、防腐、防振、空气相对湿度应小于 70% 为宜。

(2) 容器

实训室常用的器皿有玻璃类、瓷类、石英类、塑料类等，在进行分析时，应按照待测样品的要求来选择器皿，不管使用哪种器皿，容器的洗涤清洁都是很重要的，也是取得好的检测结果的基本保证。

(3) 试剂

在液相色谱分析中，所选用的试剂必须是色谱纯、优级纯或分析纯，如果用含有杂质的试剂，则会出现杂峰而影响测定结果。

3. 高效液相色谱仪的日常维护

(1) 贮液器

① 配制后的流动相在使用前都应用 $0.45\mu m$ 的滤膜过滤后才可使用，以保持贮液器的清洁。

② 过滤器使用 3～6 个月后或出现阻塞现象时要及时更换新的，以保证仪器正常运行和溶剂的质量。

③ 用普通溶剂瓶作流动相贮液器时应不定期废弃瓶子（如每月一次），买来的专用贮液器也应定期用酸、水和溶剂清洗（最后一次清洗应选用 HPLC 级的水或有机溶剂）。

(2) 高压输液泵

① 用高质量试剂和 HPLC 级溶剂；

② 过滤流动相和溶剂；

③ 溶剂使用前必须先经过脱气；

④ 每天开始使用时放空排气，工作结束后从泵中洗去缓冲液；

⑤ 不让水或腐蚀性溶剂滞留泵中；

⑥ 定期更换垫圈；

⑦ 需要时加润滑油；

⑧ 平时应常备泵密封垫、单向阀、泵头装置、各式接头、保险丝等部件和工具。

(3) 进样器

① 对六通进样阀而言，保持清洁和良好的装置可延长阀的使用寿命；

② 进样前应使样品混合均匀，以保证结果的精确度；

③ 样品瓶应清洗干净，无可溶解的污染物；

④ 自动进样器的针头应有钝化斜面，侧面开孔；针头一旦弯曲应该换上新针头，不能弄直了继续使用；吸液时针头应没入样品溶液中，但不能碰到样品瓶底；

⑤ 为了防止缓冲盐和其他残留物留在进样系统中，每次工作结束后应冲洗整个系统。

（4）色谱柱

① 在进样阀后加流路过滤器（$0.5\mu m$ 烧结不锈钢片），挡住来源于样品和进样阀垫圈的微粒；

② 在流路过滤器和分析柱之间加上"保护柱"，收集阻塞柱进口的来自样品的降低柱效能的化学"垃圾"；保护柱是易耗品，实训室应有备用保护柱；

③ 色谱柱应避免突然变化的高压冲击；

④ 色谱柱应在要求的 pH 范围和柱温范围内使用，应使其不损坏柱的流动相；

⑤ 进样前应将样品进行必要的净化，以免进样后对色谱柱造成损伤；

⑥ 每次工作结束后，如果流动相是水和有机溶剂系列，则用流动相冲洗 30min 左右；如果流动相中含有盐溶液，则先用水-甲醇（90：10），然后再用纯甲醇冲洗 20min 并保存。

（5）检测器

检测器的日常维护可见各检测器的介绍，或者查阅该检测器的使用说明书。

【开放性训练】

1. 在开放实训室巩固仪器的基本操作。
2. 作为教师的小帮手，参与完成分析测试中心对外的服务项目。

【理论拓展】

衍生化技术

所谓衍生化，就是将用通常检测方法不能直接检测或检测灵敏度比较低的物质与某种试剂（即衍生化试剂）反应，使之生成易于检测的化合物。按衍生化的方法可以分为柱前衍生化和柱后衍生化两种。

柱前衍生化是指将被检测物转变成可检测的衍生物后，再通过色谱柱分离。这种衍生化可以是在线衍生化，即将被测物和衍生化试剂分别通过两个输液泵送到混合器中混合并使之立即反应完成，随之进入色谱柱；也可以先将被测物和衍生化试剂反应，再将衍生化产物作为样品进样；或者在流动相中加入衍生化试剂，进样后，让被测物与流动相直接发生衍生化反应。

柱后衍生化是指先将被测物分离，再将从色谱柱流出的溶液与反应试剂在线混合，生成可检测的衍生物，然后导入检测器。按生成衍生物的类型又可分为紫外-可见光衍生化、荧光衍生化、拉曼衍生化和电化学衍生化。

衍生化技术不仅使高效液相色谱分析体系复杂化，而且需要消耗时间，增加分析成本，有的衍生化反应还需要控制严格的反应条件。因此，只有在找不到方便而灵敏的检测方法，或为了提高分离和检测的选择性时才考虑用衍生化技术。

（1）紫外-可光见衍生化

紫外衍生化是指将紫外吸收弱或无紫外吸收的有机化合物与带有紫外吸收基团的衍生化试剂反应，使之生成可用紫外检测的化合物。如胺类化合物容易与卤代烃、羰基、酰基类衍生试剂反应。表 5-3 列出了常见的紫外衍生化试剂。

表 5-3　常见的紫外衍生化试剂

化合物类型	衍生化试剂	最大吸收波长/nm	$\varepsilon_{254}/[L/(mol \cdot cm)]$
RNH_2 及 $RR'NH$	2,4-二硝基氟苯	350	$>10^4$
	对硝基苯甲酰氯	254	$>10^4$
	对甲基苯磺酰氯	224	10^4
$RCH\!-\!NH_2$ 　| 　COOH	异硫氰酸苯酯	244	10^4
$RCOOH$	对硝基苄基溴	265	6200
	对溴代苯甲酰甲基溴	260	1.8×10^4
	萘酰甲基溴	248	1.2×10^4
ROH	对甲氧基苯甲酰氯	262	1.6×10^4
$RCOR'$	2,4-二硝基苯肼	254	
	对硝基苯甲氧胺盐酸盐	254	6200

注：ε_{254} 表示在 254nm 处的摩尔吸光系数。

　　可见光衍生化有两个主要应用：一是用于过渡金属离子的检测，将过渡金属离子与显色剂反应，生成有色的配合物、螯合物或离子缔合物后用可见光检测；二是用于有机离子的检测，在流动相中加入被测离子的反离子，使之生成有色的离子对化合物后，分离、检测。

　　(2) 荧光衍生化

　　荧光衍生化是指将被测物质与荧光衍生化试剂反应后生成具有荧光的物质进行检测。有的荧光衍生化试剂本身没有荧光，而其衍生物却有很强的荧光。表 5-4 列出了常见的荧光衍生化试剂。

表 5-4　常见的荧光衍生化试剂

化合物类型	衍生化试剂	激发波长/nm	发射波长/nm
RNH_2 及 $RCH\!-\!NH_2$ 　　　　　| 　　　　　COOH	邻苯二甲醛	340	455
	荧光胺	390	475
α-氨基羧酸、伯胺、仲胺、苯酚、醇	丹酰氯	350～370	490～530
α-氨基羧酸	吡哆醛	332	400
$RCOOH$	4-溴甲基-7-甲氧基香豆素	365	420
$RR'C=O$	丹酰肼	340	525

　　其他的衍生化法可参阅有关专著。

【思考与练习】

　　1. 简述高效液相色谱仪的日常维护。
　　2. 叶酸片含量的测定还有哪些方法？
　　3. 用液相色谱法测定怡那林片（10mg/片）中马来酸依那普利含量，称取对照品 10mg，溶于 50mL 容量瓶中，用稀释液溶解并定容，进样得马来酸依那普利峰面积为 273500，另称取已研成粉末的怡那林片 0.1837mg，用稀释液稀释至 50mL 容量瓶中，过滤，取滤液同法测定得马来酸依那普利峰面积为 270120，求怡那林片（10mg/片）中马来酸依那普利含量（已知怡那林片的平均片重为 0.1798g）。
　　4. 课外参考书
　　(1) 穆华荣. 分析仪器维护. 第 2 版. 北京：化学工业出版社，2006.
　　(2) 黄一石. 分析仪器操作技术与维护. 北京：化学工业出版社，2005.

任务 5　高效液相色谱法基本原理

【能力目标】

　　1. 理解已知分析方法中采用的色谱类型。

　　2. 能够正确解释色谱分离过程。

　　3. 能够根据组分性质选择合适的色谱类型。

【任务分析】

　　在任务 3 和任务 4 中，用液相色谱分析法分别测定了分析纯甲苯的纯度和叶酸片中叶酸的含量，在测定过程中，均采用了以水为主体，含有一定比例的有机溶剂，色谱柱均为 C_{18} ODS 柱，那么为什么用这样的分离条件能分离混合物呢？

　　色谱分离有很多模式，但原理是一致的，就是混合物中各组分在固定相和流动相之间会发生吸附、溶解或其他亲和作用，这种作用存在差异，从而使各组分在色谱柱中的迁移速度不同而得到分离。

【技术知识】

1. 液-液分配色谱

　　（1）分离原理

　　在液-液分配色谱中，一个液相作为流动相，另一个液相（即固定液）则分散在很细的惰性载体或硅胶上作为固定相。作为固定相的液相与流动相互不相溶，它们之间有一个界面。固定液对被分离组分是一种很好的溶剂。当被分析的样品进入色谱柱后，各组分按照它们各自的分配系数，很快地在两相间达到分配平衡。与气液色谱一样，这种分配平衡的总结果导致各组分迁移速度的不同，从而实现了分离。很明显，分配色谱法的基本原理与液-液萃取相同，都是分配定律。

　　（2）分类

　　依据固定相和流动相相对极性的不同，分配色谱法可分为：正相分配色谱法——固定相的极性大于流动相的极性；反相分配色谱法——固定相的极性小于流动相的极性。

　　在正相分配色谱法中，固定相载体上涂布的是极性固定液，流动相是非极性溶剂。它可用来分离极性较强的水溶性样品，洗脱顺序与液固色谱法在极性吸附剂上的洗脱结果相似，即非极性组分先洗脱出来，极性组分后洗脱出来。

　　在反相分配色谱法中，固定相载体上涂布极性较弱或非极性的固定液，而用极性较强的溶剂作流动相。它可用来分离油溶性样品，其洗脱顺序与正相液液色谱相反，即极性组分先被洗脱，非极性组分后被洗脱。

　　（3）固定相

　　分配色谱固定相由两部分组成，一部分是惰性载体，另一部分是涂渍在惰性载体上的固定液。

　　在分配色谱中使用的惰性载体（也叫担体），主要是一些固体吸附剂，如全多孔球形或无定形微粒硅胶、全多孔氧化铝等。

　　在分配色谱法中常用的固定液如表 5-5 所示。

表 5-5　分配色谱法中常用的固定液

正相分配色谱法的固定液		反相分配色谱法的固定液
β,β'-氧二丙腈	乙二醇	甲基聚硅氧烷
1,2,3-三(2-氰基乙氧基)丙烷	乙二胺	氰丙基聚硅氧烷
聚乙二醇 400,聚乙二醇 600	二甲基亚砜	聚烯烃
甘油,丙二醇	硝基甲烷	正庚烷
冰乙酸	二甲基甲酰胺	

　　液-液分配色谱中固定液的涂渍方法与气液色谱中基本一致。

　　机械涂渍固定液后制成的液液色谱柱，在实际使用过程中由于大量流动相通过色谱柱，会溶解固定液而造成固定液的流失，并导致保留值减小，柱选择性下降。实际工作中，一般可采用如下几种方法来防止固定液的流失。

① 应尽量选择对固定液仅有较低溶解度的溶剂作为流动相。

② 流动相进入色谱柱前，应预先用固定液饱和，这种被固定液饱和的流动相再流经色谱柱时就不会再溶解固定液了。

③ 使流动相保持低流速经过固定相，并保持色谱柱温度恒定。

④ 选择时若溶解样品的溶剂对固定液有较大的溶解度，应避免过大的进样量。

（4）流动相

在分配色谱中，除一般要求外，还要求流动相尽可能不与固定液互溶。

在正相分配色谱中，使用的流动相类似于液固色谱中使用极性吸附剂时应用的流动相。此时流动相主体为己烷、庚烷，可加入<20%的极性改性剂，如1-氯丁烷、异丙醚、二氯甲烷、四氢呋喃、氯仿、乙酸乙酯、乙醇、乙腈等。

在反相分配色谱中，使用的流动相类似于液固色谱中使用非极性吸附剂时应用的流动相。此时流动相一般以水为底剂，可加入一定量的改性剂，如乙二醇、乙腈、甲醇、丙酮、对二噁烷、乙醇、四氢呋喃、异丙醇等。

2. 键合相色谱法

固定相采用化学键合相的液相色谱法称为键合相色谱。根据键合固定相与流动相相对极性的强弱，可将键合相色谱法分为正相键合相色谱法和反相键合相色谱法。

（1）分离原理

① 正相键合相色谱的分离原理。在正相键合相色谱法中，键合固定相的极性大于流动相的极性，适用于分离油溶性或水溶性的极性与强极性化合物。正相键合相色谱使用的是极性键合固定相（以极性有机基团，如氨基—NH_2、氰基—CN、醚基—O—等键合在硅胶表面制成的），溶质在此类固定相上的分离机理属于分配色谱。

② 反相键合相色谱的分离原理。在反相键合相色谱法中，键合固定相的极性小于流动相的极性，适用于分离非极性、极性或离子型化合物。反相键合相色谱使用的是极性较小的键合固定相（以极性较小的有机基团，如苯基、烷基等键合在硅胶表面制成的），其分离机理可用疏溶剂作用理论来解释。这种理论认为：键合在硅胶表面的非极性或弱极性基团具有较强的疏水特性，当用极性溶剂为流动相来分离含有极性官能团的有机化合物时，一方面，分子中的非极性部分与疏水基团产生缔合作用，使它保留在固定相中；另一方面，被分离物的极性部分受到极性流动相的作用，促使它离开固定相，并减小其保留作用（图5-44）。显然，键合固定相对每一种溶质分子缔合和解缔合能力之差，决定了溶质分子在色谱分离过程中的保留值。由于不同溶质分子这种能力的差异是不一致的，所以流出色谱柱的速度是不一致的，从而使得各种不同组分得到了分离。

（2）固定相

化学键合固定相广泛使用全多孔或薄壳型微粒硅胶作为基体，这是由于硅胶具有机械强度好、表面硅羟基反应活性高、表面积和孔结构易控制的特点。

化学键合固定相按极性大小可分为非极性、弱极性和极性

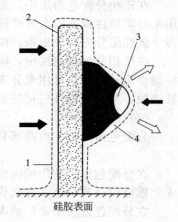

图 5-44　反相色谱中固定相表面上溶质分子与烷基键合相之间的缔合作用

➡表示缔合物的形成
⇨表示缔合物的解缔
1—溶剂膜；2—非极性烷基键合相；3—溶质分子的极性官能团部分；4—溶质分子的非极性部分

化学键合固定相三种，具体类型及其应用范围如表 5-6 所示。

表 5-6　键合固定相的类型及应用范围

类　型	键合官能团	性质	色谱分离方式	应用范围
烷基 C_8、C_{18}	$-(CH_2)_7-CH_3$ $-(CH_2)_{17}-CH_3$	非极性	反相、离子对	中等极性化合物，溶于水的高极性化合物，如小肽、蛋白质、甾族化合物（类固醇）、核碱、核苷、核苷酸、极性合成药物等
苯基 $-C_6H_5$	$-(CH_2)_3-C_6H_5$	非极性	反相、离子对	非极性至中等极性化合物，如脂肪酸、甘油酯、多核芳烃、酯类（邻苯二甲酸酯）、脂溶性维生素、甾族化合物（类固醇）、PTH 衍生化氨基酸
酚基 $-C_6H_5OH$	$-(CH_2)_3-C_6H_5OH$	弱极性	反相	中等极性化合物，保留特性相似于 C_8 固定相，但对多环芳烃、极性芳香族化合物、脂肪酸等具有不同的选择性
醚基	$-(CH_2)_3-O-CH_2-CH-CH_2$ 　　　　　　　　　　　O	弱极性	反相或正相	醚基具有斥电子基团，适于分离酚类、芳硝基化合物，其保留行为比 C_{18} 更强（k' 增大）
二醇基	$-(CH_2)_3-O-CH_2-CH-CH_2$ 　　　　　　　　　　　OH　OH	弱极性	正相或反相	二醇基团比未改性的硅胶具有更弱的极性，易用水润湿，适于分离有机酸及其低聚物，还可作为分离肽、蛋白质的凝胶过滤色谱固定相
芳硝基 $-C_6H_5-NO_2$	$-(CH_2)_3-C_6H_5-NO_2$	弱极性	正相或反相	分离具有双键的化合物，如芳香族化合物、多环芳烃
氰基 $-CN$	$-(CH_2)_3-CN$	极性	正相（反相）	正相相似于硅胶吸附剂，为氢键接受体，适于分析极性化合物，溶质保留值比硅胶柱低；反相可提供与 C_8、C_{18}、苯基柱不同的选择性
氨基 $-NH_2$	$-(CH_2)_3-NH_2$	极性	正相（反相、阴离子交换）	正相可分离极性化合物，如芳胺取代物、脂类、甾族化合物、氯代农药；反相分离单糖、双糖和多糖等碳水化合物；阴离子交换可分离酚、有机羧酸和核苷酸
二甲氨基 $-N(CH_3)_2$	$-(CH_2)_3-N(CH_3)_2$	极性	正相、阴离子交换	正相相似于氨基柱的分离性能；阴离子交换可分离弱有机碱
二氨基 $-NH(CH_2)_2NH_2$	$-(CH_2)_3-NH-(CH_2)_2-NH_2$	极性	正相、阴离子交换	正相相似于氨基柱的分离性能；阴离子交换可分离有机碱

　　非极性烷基键合相是目前应用最广泛的柱填料，尤其是 C_{18} 反相键合相（简称 ODS），在反相液相色谱中发挥着重要作用，它可完成高效液相色谱分析任务的 70%～80%。

　　（3）流动相

　　在键合相色谱中使用的流动相类似于液-固吸附色谱、液-液分配色谱中的流动相。

　　① 正相键合相色谱的流动相。正相键合相色谱中，采用与正相液-液分配色谱相似的流动相，流动相的主体成分为己烷（或庚烷）。为改善分离的选择性，常加入的优选溶剂为质子接受体乙醚或甲基叔丁基醚、质子给予体氯仿、偶极溶剂二氯甲烷等。

　　② 反相键合相色谱的流动相。反相键合相色谱中，采用与反相液-液分配色谱相似的流动相，流动相一般以水为底剂。为改善分离的选择性，再加入一定量的可与水互溶的强溶剂，优选溶剂如质子接受体甲醇、质子给予体乙腈和偶极溶剂四氢呋喃等。

实际使用中，一般采用甲醇-水体系已能满足多数样品的分离要求。由于甲醇的毒性比乙腈小五倍，且价格便宜 6～7 倍，因此，反相键合相色谱中应用最广泛的流动相是甲醇。

除上述三种流动相外，反相键合相色谱中也经常采用乙醇、丙醇及二氯甲烷等作为流动相，其洗脱强度的强弱顺序依次为：

$$水（最弱）<甲醇<乙腈<乙醇<四氢呋喃<丙醇<二氯甲烷（最强）$$

虽然实际上采用适当比例的二元混合溶剂就可以适应不同类型的样品分析，但有时为了获得最佳分离，也可以采用三元甚至四元混合溶剂作流动相。

(4) 应用

液-液分配色谱法既能分离极性化合物，又能分离非极性化合物，如烷烃、烯烃、芳烃、稠环芳烃、染料、甾族等化合物。由于不同极性键合固定相的出现，分离的选择性可得到很好的控制。

键合相色谱中的固定相特性和分离机理与分配色谱法都存有差异，所以一般不宜将化学键合相色谱法统称为液-液分配色谱法。其由于键合固定相非常稳定，在使用中不易流失。由于键合到载体表面的官能团可以是各种极性的，因此，它适用于各种样品的分离分析。目前键合固定相色谱法已逐渐取代分配色谱法，获得了日益广泛的应用，在高效液相色谱法中占有极其重要的地位。尤其是反相键合相色谱的应用比较普遍。据统计在高效液相色谱法中，70%～80% 的分析任务是由反相键合相色谱法来完成的。

3. 液-固吸附色谱

(1) 分离原理

液-固色谱是基于各组分吸附能力的差异进行混合物分离的，其固定相是固体吸附剂，它们是一些多孔性的极性微粒物质，如氧化铝、硅胶等。当混合物随流动相通过吸附剂时，由于流动相与混合物中各组分对吸附剂的吸附能力不同，故在吸附剂表面组分分子和流动相分子对吸附剂表面活性中心发生吸附竞争。与吸附剂结构和性质相似的组分易被吸附，呈现了高保留值，反之，与吸附剂结构和性质差异较大的组分不易被吸附，呈现了低保留值。分离过程见图 5-45 所示。

第一步：A、B 两种组分被吸附剂吸附在柱上端，形成原始谱带（吸附）。

第二步：加入流动相冲洗后，A、B 两种组分随流动相向下流动，从吸附剂上洗脱下来（解吸）。

第三步：洗脱下来的组分遇到新的吸附剂颗粒时，又重新被吸附剂吸附（再吸附）。

第四步：再解吸。

……

结论：A 组分极性较小，吸附剂对它的吸附力较弱而流动相的溶解力较大，容易解吸，先流出。B 组分则反之。

(2) 固定相

吸附色谱固定相可分为极性和非极性两大类。极性固定相主要有硅胶（酸性）、氧化镁和硅酸镁分子筛（碱性）等。非极性固定相有高强度多孔微粒活性炭和近来开始使用的 5～10μm 的多孔石墨化炭黑，以及高交联度苯乙烯-二乙烯基苯共聚物的单分散多孔微球（5～10μm）与碳多孔小球等，其中应用最广泛的是极性固定相硅胶。早期的经典液相色谱中，通常使用粒径在 100μm 以上的无定形硅胶颗粒，其传质速度慢，柱效低。现在主要使用全多孔型和表面多孔型硅胶微粒固定相。其中，表面多孔型硅胶微粒固定相吸附剂出峰快、柱效能高，适用于极性范围较宽的混合样品的分析，缺点是样品容量小。而全多孔型硅胶微粒固定相由于其表面积大、柱效高而成为液-固吸附色谱中使用最广泛的固定相。

(3) 流动相

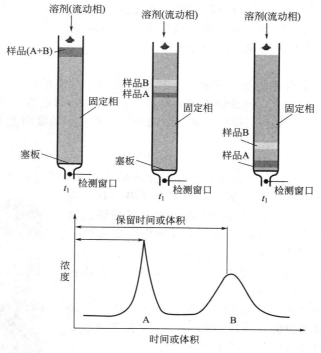

图 5-45　液-固色谱分离过程

在高效液相色谱分析中，除了固定相对样品的分离起主要作用外，合适的流动相（也称作洗脱液）对改善分离效果也会产生重要的辅助效应。

从实用角度考虑，选作流动相的溶剂除具有价廉、易购的特点外，还应满足高效液相色谱分析的下述要求。

① 选用的溶剂应当与固定相互不相溶，并能保持色谱柱的稳定性。

② 选用的溶剂应有高纯度，以防所含微量杂质在柱中积累，引起柱性能的改变。

③ 选用的溶剂性能应与所使用的检测器相匹配，如使用紫外吸收检测器，就不能选用在检测波长下有紫外吸收的溶剂；若使用示差折光检测器，就不能使用梯度洗脱。

④ 选用的溶剂应对样品有足够的溶解能力，以提高测定的灵敏度。

⑤ 选用的溶剂应具有低的黏度和适当低的沸点。使用低黏度溶剂，可减少溶质的传质阻力，有利于提高柱效。

⑥ 应尽量避免使用具有显著毒性的溶剂，以保证工作人员的安全。

在液-固色谱中，选择流动相的基本原则是极性大的试样用极性较强的流动相，极性小的则用低极性流动相。

流动相的极性强度可用溶剂强度参数 ε^0 表示。ε^0 是指每单位面积吸附剂表面的溶剂的吸附能力，ε^0 越大，表明流动相的极性也越大。表 5-7 列出了以氧化铝为吸附剂时，一些常用流动相洗脱强度的次序。

表 5-7　氧化铝上的洗脱序列

溶　　剂	ε^0	溶　　剂	ε^0	溶　　剂	ε^0
正戊烷	0.00	氯仿	0.40	乙腈	0.65
异戊烷	0.01	二氯甲烷	0.42	二甲亚砜	0.75
环己烷	0.04	二氯乙烷	0.44	异丙醇	0.82
四氯化碳	0.18	四氢呋喃	0.45	甲醇	0.95
甲苯	0.29	丙酮	0.56		

实际工作中，应根据流动相的洗脱序列，通过实验，选择合适强度的流动相。若样品各组分的分配比 k' 值差异比较大，可采用梯度洗脱（即间断或连续地改变流动相的组成或其他操作条件，从而改变其色谱洗脱能力的过程）。

（4）应用

液-固色谱是以表面吸附性能为依据的，所以它常用于分离极性不同的化合物，但也能分离那些具有相同极性基团，但数量不同的样品。此外，液-固色谱还适于分离异构体，这主要是因为异构体有不同的空间排列方式，因此吸附剂对它们的吸附能力有所不同，从而得到了分离。

4. 凝胶色谱法

凝胶色谱法又称分子排阻色谱法，它是按分子尺寸大小顺序进行分离的一种色谱方法。凝胶色谱法的固定相凝胶是一种多孔性的聚合材料，有一定的形状和稳定性。当被分离的混合物随流动相通过凝胶色谱柱时，尺寸大的组分不发生渗透作用，沿凝胶颗粒间孔隙随流动相流动，流程短，流动速度快，先流出色谱柱。尺寸小的组分则渗入凝胶颗粒内，流程长，流动速度慢，后流出色谱柱。分离过程见图 5-46 所示。

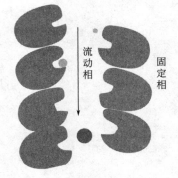

图 5-46　凝胶色谱分离示意图

根据所用流动相的不同，凝胶色谱法可分为两类：即用水溶剂作流动相的凝胶过滤色谱法（GFC）与用有机溶剂如四氢呋喃作流动相的凝胶渗透色谱法（GPC）。

凝胶色谱法主要用来分析高分子化合物的相对分子质量分布，以此来鉴定高分子聚合物。由于聚合物的相对分子质量及其分布与其性能有着密切的关系，因此凝胶色谱的结果可用于研究聚合机理，选择聚合工艺及条件，并考察聚合材料在加工和使用过程中相对分子质量的变化等。在未知物的剖析中，凝胶色谱作为一个预分离手段，再配合其他分离方法，能有效地解决各种复杂的分离问题。

【知识应用】

1. 学习了高效液相色谱法的分离原理、类型，根据下列样品的性质，选择液相色谱的类型：

A. 聚苯乙烯相对分子质量分布　　　　　　　B. 多环芳烃

C. 氨基酸　　　　　　　　　　　　　　　　D. Ca^{2+}，Ba^{2+}，Mg^{2+}

高分子物质的相对分子质量分布一般采用凝胶色谱法，因此可以用它来测定聚苯乙烯相对分子量分布。多环芳烃属于非极性或极性较小的物质，因此可以采用反相键合相色谱。氨基酸有两种分析方法，一是用反相键合相色谱分离，但氨基酸在紫外区没有吸收，因此在用反相色谱分离前，需要对样品进行衍生化处理；二是用离子色谱法进行分离，但需要有专门的氨基酸色谱柱和安培检测器。Ca^{2+}、Ba^{2+}、Mg^{2+} 均属于阳离子，对于离子，一般采离子交换色谱法中的阳离子交换色谱。

2. 运用所学的知识。解释图 5-47 中的液相色谱分离图（a）和（b）。

图（a）为正相色谱分离，固定相采用极性材料，图（a）上面所用的流动相是低极性的，根据待测物 A、B 和 C 的极性是由大到小，因此 A 组分在固定相上的保留值最大，组分 B 其次，组分 C 最先流出色谱柱。图（a）下面采用中等极性流动相，随着流动相极性的增加，待测物的容量因子减小，保留值也随之减小。

图（b）为反相色谱分离，固定相采用非极性或弱极性材料，图（b）上面所用的流动

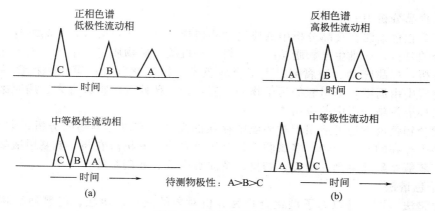

图 5-47　液相色谱分离图

相是高极性的，根据待测物 A、B 和 C 的极性是由大到小，因此 C 组分在固定相上的保留值最大，组分 B 其次，组分 A 最先流出色谱柱。图（b）下面采用中等极性流动相，随着流动相极性的减小，待测物的容量因子减小，保留值也随之减小。

【知识拓展】

1. 反相键合相色谱的应用

反相键合相色谱系统由于操作简单，稳定性与重复性好，已成为一种通用型液相色谱分析方法。极性、非极性；水溶性、油溶性；离子性、非离子性；小分子、大分子；具有官能团差别或分子量差别的同系物，均可采用反相液相色谱技术实现分离。

（1）在生物化学和生物工程中的应用

在生命科学和生物工程研究中，经常涉及对氨基酸、多肽、蛋白质及核碱、核苷、核苷酸、核酸等生物分子的分离分析，反相键合相色谱法正是这类样品的主要分析手段。图 5-48 显示了用 Spherisorb ODS 色谱柱分离氨基酸标准物的分离谱图。

（2）在医药研究中的应用

高效液相色谱法（HPLC）在药物分析领域占有重要地位，随着仪器的普及，该法已成为我国药物分析论文中使用频率最高的一种分析方法，在质量标准中的应用也迅速增加。2005 年版《中国药典》采用 HPLC 大幅增加，主要用于含量测定、有关物质检查、残留溶剂及残留农药的检查，也有用于鉴别。2005 年版《中国药典》一部，仅含量测定，药材及饮片 281 个有含测项，其中采用 HPLC 等仪器分析方法占总数的 77%。HPLC 由 2000 年版的 105 个上升为 518 个。

人工合成药物的纯化及成分的定性、定量测定，中草药有效成分的分离、制备及纯度测定，临床医药研究中人体血液和体液中药物浓度、药物代谢物的测定，新型高效手性药物中手性对映体含量的测定等，都可以用反相键合相色谱予以解决。

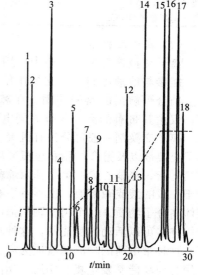

图 5-48　氨基酸标准物的分离谱图

色谱峰：1—Asp；2—Glu；3—Asn；4—Ser；5—Gln；6—His；7—Hse；8—Gly；9—Thr；10—Arg；11—β-Ala；12—Ala；13—GABA；14—Tyr；15—Val；16—Phe；17—Ile；18—Leu

色谱柱：Spherisorb ODS，15cm×4.6mm（内径），5μm

流动相：a. NaNO$_3$ 处理的 0.01mol/L 二氢正磷酸盐，离子强度为 0.08mol/L，四氢呋喃 1%；b. 甲醇

检测器：荧光检测器（$\lambda_{ex}=340$nm，$\lambda_{em}=425$nm）

（3）在食品分析中的应用

反相键合相色谱法在食品分析中的应用主要包括三个方面：第一，食品本身组成，尤其是营养成分的分析，如维生素、脂肪酸、香料、有机酸、矿物质等；第二，人工加入的食品添加剂的分析，如甜味剂、防腐剂、人工合成色素、抗氧化剂等；第三，在食品加工、储运、保存过程中由周围环境引起的污染物的分析，如农药残留、霉菌毒素、病原微生物等。

（4）在环境污染分析中的应用

反相键合相色谱方法可适用于对环境中存在的高沸点有机污染物的分析，如大气、水、土壤和食品中存在的多环芳烃、多氯联苯、有机氯农药、有机磷农药、氨基甲酸酯农药、含氮除草剂、苯氧基酸除草剂、酚类、胺类、黄曲霉毒素、亚硝胺等。

2. 离子色谱法

离子色谱法（IC）是以离子型化合物为分析对象的液相色谱法。与普通液相色谱法的不同之处是它通常使用离子交换剂固定相和电导检测器。

（1）离子色谱法的分类

狭义的 IC 通常指以离子交换柱分离与电导检测相结合的离子交换色谱法（IEC）和离子排斥色谱法（ICE）。离子抑制色谱法（ISC）和离子对色谱法（IPC）采用的是通常的高效液相色谱体系，因其分析对象是离子，在离子色谱法中也讲述。离子色谱法的分类见表 5-8。

表 5-8　离子色谱法的分类及分离方式

分　类	分离方式
离子交换色谱（IEC）	离子价态和离子半径
离子排斥色谱（ICE）	离解常数和疏水性
离子对色谱（IPC）	对离子对试剂的亲和力，离子对化合物的疏水性
离子抑制色谱（RPC）	在特定 pH 下的疏水性

（2）离子交换剂

离子交换剂是离子色谱中应用最广泛的固定相，它们是一种具有可交换离子的聚合电解质，能参与溶液中离子的交换作用而不改变本身一般物理特性。其结构为在交联的高分子骨架上结合可解离的离子基团。在离子交换反应中，离子交换剂的本体结构不发生明显的变化，仅由其带有的离子与外界同电性离子发生等量的离子交换。

离子交换剂一般可分为有机聚合物离子交换剂、硅胶基质键合型离子交换剂、乳胶附聚型离子交换剂以及螯合树脂和包覆型离子交换剂等。有机聚合物基质离子交换剂习惯上称为离子交换树脂。聚苯乙烯、聚甲基丙烯酸酯和聚乙烯是最重要的离子交换树脂。离子交换树脂既不溶于一般的酸或碱溶液，也不溶于有机溶剂，结构上属于既不溶解、也不熔融的多孔性海绵状固体高分子物质。每个树脂颗粒都由交联的具有三维空间立体结构的网络骨架构成，在骨架上连接许多可以活动的功能基，这种功能基可以离解出阴离子或阳离子，从而带上正电荷或负电荷。这种带电荷的功能基就成为离子交换的作用位置，与功能基带相反电荷的离子都会因电场作用力与功能基发生相互作用。功能基固定在网络骨架上不能移动，但功能基所带的可以离解的离子是能自由移动的，在不同的外界条件下，与周围的同类型其他离子相互交换，称作可交换离子。根据功能基的不同，可以把离子交换树脂分为四类，如图 5-49 所示。

阴离子交换色谱中，固定相的功能基一般是季铵基；阳离子交换色谱的固定相的功能基一般为磺酸基。

离子交换树脂性能的衡量指标有以下两个方面。

① 交联度。交联度（所谓交联度，即指聚合物中交联剂二乙烯基苯的质量分数）是苯乙烯树脂的一个重要参数，交联度的大小决定树脂的孔结构。增加交联度，树脂的孔隙度会降低，树脂的耐压强度会随之增加，溶胀效应相应减小，但同时也会降低树脂颗粒的渗透性。通

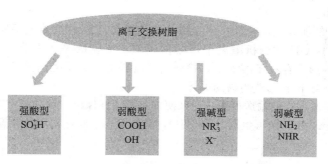

图 5-49　不同类型的离子交换树脂

常使用的离子交换树脂的交联度为 4%～12%。

② 交换容量。衡量离子交换树脂性能的另一个参数是交换容量，它是指 1g 干树脂所能交换的离子的物质的量（以 mmol 计）。离子交换树脂按交换容量的不同可分为高容量交换树脂和低容量交换树脂两大类。所谓交换容量是指单位质量或单位体积离子交换剂所交换某类离子的毫克当量数，由离子交换剂内含有的离子交换功能基的浓度来确定。高容量阳离子交换剂的容量大约为每克干树脂 5mmol。

（3）离子交换分离机理

HPIC 的分离机理主要是离子交换，是基于离子交换树脂上可离解的离子与流动相中具有相同电荷的溶质离子之间进行的可逆交换，依据这些离子对交换剂有不同的亲和力而被分离。分离过程如图 5-50 所示。

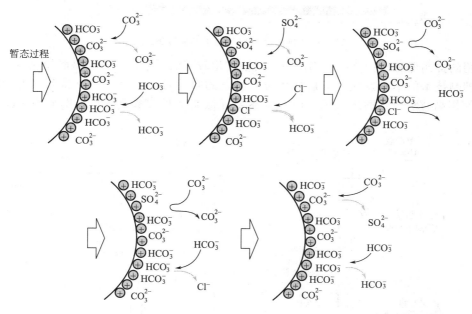

图 5-50　离子交换的分离原理

（4）离子色谱检测系统

在离子色谱中应用最多的是电导检测技术，其次是紫外检测、衍生化光度检测技术、安培检测技术和荧光检测技术以及在 HPLC 中几乎不被重视的原子光谱法。下面简单介绍离子色谱中对所有离子型物质都有响应的通用型检测器——电导检测器。

在离子色谱中，根据流动相种类的不同，电导型检测器又可分为抑制型电导检测器和非抑制型电导检测器两类。

① 抑制型电导检测器。抑制型电导检测离子色谱法使用的是强电解质流动相，如分析阴离子用的 Na_2CO_3、$NaOH$ 和分析阳离子用的稀硝酸、稀硫酸等。这类流动相的背景电导高，而且被测离子以盐的形式存在于溶液中，检测灵敏度很低。为了提高灵敏度，就需要用抑制器来降低流动相背景电导和增加被测物的电导。

常用的抑制器是通过连续输送再生试剂来使抑制器始终保持抑制功能的。分析阴离子时通常用稀硫酸（10～20mmol/L）作再生剂（图 5-51），分析阳离子时通常用稀氢氧化钠溶液作再生剂。

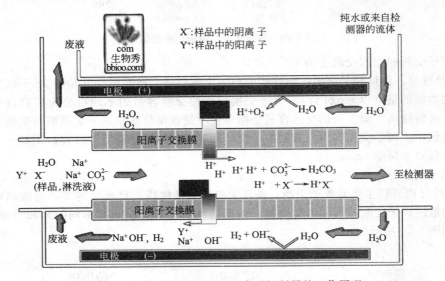

图 5-51   自动再生电解型阳离子抑制器的工作原理

常用的抑制器有最初使用的抑制柱、目前使用较多的空心纤维管和微膜抑制器。随着离子色谱抑制技术的不断发展，无需使用再生试剂的自动再生抑制器也已得到广为应用，图 5-52 为使用高背景电导的流动相，用抑制器来降低流动相背景电导后，明显地提高了检测

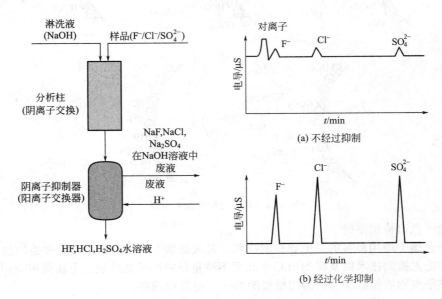

图 5-52   抑制前后的色谱图比较

灵敏度，增加了被测物的电导。

　　② 非抑制型电导检测器。在非抑制型离子色谱中使用的是低电导的流动相，浓度为 x mmol/L 的有机酸或有机酸盐溶液，从色谱柱中流出的溶液可直接进入电导检测器。当样品加入后，样品带随流动相到达色谱柱，被测物质在交换基团上与淋洗离子竞争，达到最初的离子交换平衡，被交换下来的淋洗离子和被测离子的反离子迅速通过色谱柱到达检测器，在色谱图上对应死体积（死时间）的位置，出现一个称作"水跌"（water dip）的色谱峰（也称水峰）。各种被测物在色谱柱中的保留不同，依次流出色谱柱，此时流动相中被测离子的浓度增加了，同时有等摩尔的淋洗离子交换到了固定相中，由于样品离子和淋洗离子的摩尔电导率不同，这时流动相的电导率就不同于背景电导，这种电导的变化就以色谱峰的形式记录下来。

【思考与练习】

　　1. 某天然化合物的相对分子质量大于 400，你认为用什么方法分析比较合适？
　　2. 按固定相与流动相相对极性的不同，液-液分配色谱可分为哪两类方法？
　　3. 何谓键合固定相？请查阅资料了解 C_{18} 键合固定相的制备与性能特点。
　　4. 试说明键合相固定相的类型及应用范围。
　　5. 分离下列物质，宜用何种液相色谱方法？
　　① CH_3CH_2OH 和 $CH_3CH_2CH_2OH$
　　② C_4H_9COOH 和 $C_5H_{11}COOH$
　　③ 高相对分子质量的葡糖苷
　　6. 课外参考书
　　（1）王立，汪正范，牟世芬，丁晓静. 色谱分析样品处理. 北京：化学工业出版社，2001.
　　（2）云自厚，欧阳津，张晓彤. 液相色谱检测方法. 第 2 版. 北京：化学工业出版社，2005.
　　（3）于世林. 高效液相色谱方法及应用. 北京：化学工业出版社，2000.
　　（4）田颂九，胡昌勤，马双成. 色谱在药物分析中的应用. 北京：化学工业出版社，2005.
　　（5）邹汉法，张玉奎，卢佩章. 高效液相色谱法. 北京：科学出版社，1999.
　　（6）丁明玉，田松柏. 离子色谱原理与应用. 北京：清华大学出版社，2001.

任务 6　分离条件的选择与优化

【能力目标】

　　1. 能归纳分离条件的选择原则与优化方法，能将其运用于实际问题的解决。
　　2. 能完成色谱柱的评价。

【任务分析】

　　苯、萘、联苯为芳烃类混合物，如何选择一个最佳的色谱分离条件，既能达到良好的分离度，又能在短时间内完成分析任务？

　　芳烃类混合物的分离一般采用反相 HPLC，使用最常见的 C_{18}（ODS）色谱柱，流动相主体是水，在极性溶剂中适当添加少量甲醇可以得到任意所需极性的流动相。根据反相 HPLC 的分离原理，可以改变流动相的极性来影响对样品的保留和分离，流动相速度对样品的保留和分离也有一定的影响，因此可以通过改变流动相的比例和流速，选择最短的时间内完成分析，获得足够的柱效的条件。

【实训】

1. 测量过程

（1）流动相的预处理

① 蒸馏水：纯水经 $0.45\mu m$ 水膜过滤，超声脱气。

② HPLC 级甲醇：甲醇用 $0.45\mu m$ 有机相滤膜减压过滤，超声脱气即可。

（2）色谱柱的安装和流动相的更换

将 C_{18} ODS 色谱柱（$5\mu m$，$4.6mm \times 150mm$）安装在色谱仪上，将流动相更换成新配制的蒸馏水和甲醇。

（3）高效液相色谱仪的开机

开机，将仪器调试到正常工作状态，流动相流速设置为 $1.0mL/min$，检测器波长设为 254nm。

（4）试样的配制（10mg/L）

分别称取苯、萘、联苯 0.1g 于 100mL 容量瓶中，用甲醇稀释并定容至刻度。移取上述溶液 1.0mL 于 100mL 容量瓶中，用甲醇稀释并定容至刻度即可。

（5）流动相比例的选择

分别将流动相中甲醇：水设定为 90：10、85：15、80：20、75：25，待基线稳定后，用平头微量注射器注入试样溶液中，从计算机的显示屏上即可看到样品的流出过程和分离状况。待所有的色谱峰流出完毕后，停止分析，记录好样品名对应的文件名及分离度、柱效等信息。

（6）流动相流速的选择

根据步骤（4）确定的最佳流动相组成设定甲醇与水的比例，固定不变，分别将流动相流速设定为 $0.8mL/min$、$1.0mL/min$、$1.2mL/min$、$1.5mL/min$，待基线稳定后，用平头微量注射器注入试样溶液，从计算机的显示屏上即可看到样品的流出过程和分离状况。待所有的色谱峰流出完毕后，停止分析，记录好样品名对应的文件名及分离度、柱效等信息。

2. 学生实训（一）

（1）实训内容

学生分组完成分离条件的选择实训，以小组讨论得出最佳分离条件，进行下面的实训。

（2）实训过程注意事项

① 在操作中，每改变一次流动相比例，仪器均需平衡后方可进样。

② 分离度、理论塔板数和分析时间，作为判断分离条件合适的参考参数。

3. 色谱柱性能的评价

根据选择的最佳流动相组成比例，固定不变，用平头微量注射器注入样品溶液，从计算机的显示屏上即可看到样品的流出过程和分离状况。待所有的色谱峰流出完毕后，停止分析，记录好样品名对应的文件名及分离度、柱效等信息。

4. 学生实训（二）

（1）实训内容

学生分组完成色谱柱的评价实训，以小组讨论得出所用色谱柱的性能。

（2）实训过程注意事项

① 所有样品分析完毕后，让流动相继续流动 10～20min，以免色谱柱上残留样品中的强吸附的杂质，然后用纯甲醇保存。

② 如果仪器长期停用，完成实验后还应卸下色谱柱，将色谱柱两头的螺帽套紧，先用

水再用异丙醇冲洗泵，确保泵头内灌满异丙醇；从系统中拆下泵的输出管，套上管套；从溶剂贮液器中取出溶剂入口过滤器，放入干净袋中。

③ 由于实训所用均为有毒有害溶剂，所以废液需有专门的处理容器。

（3）职业素质训练

运用严密的逻辑思维能力和敏锐判断能力处理数据，对各组实验数据进行取舍。

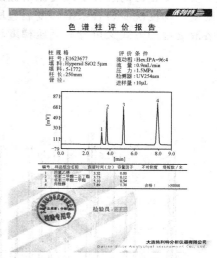

图 5-53　色谱柱评价报告

【理论提升】

1. 色谱柱性能的评价

一支色谱柱的好坏要用一定的指标来进行评价，图 5-53 是一根 C_{18} ODS 色谱柱的评价报告。

一个合格的色谱柱评价报告应给出色谱柱的基本参数，如柱长、内径、填充载体的种类、粒度、柱效等。评价液相色谱柱的仪器系统应满足相当高的要求，一是液相色谱仪器系统的死体积应尽可能小，二是采用的样品及操作条件应当合理，在此合理的条件下，评价色谱柱的样品可以完全分离并有适当的保留时间。表 5-9 列出了评价各种液相色谱柱的样品及操作条件。

表 5-9　评价各种液相色谱柱的样品及操作条件①

柱	样品	流动相(体积比)	进样量 /μg	检测器
烷基键合相柱(C_8,C_{18})	苯、萘、联苯、菲	甲醇-水(83∶17)	10	UV 254nm
苯基键合相柱	苯、萘、联苯、菲	甲醇-水(57∶43)	10	UV 254nm
氰基键合相柱	三苯甲醇、苯乙醇、苯甲醇	正庚烷-异丙醇(93∶7)	10	UV 254nm
氨基键合相柱(极性固定相)	苯、萘、联苯、菲	正庚烷-异丙醇(93∶7)	10	UV 254nm
氨基键合相柱(弱阴离子交换剂)	核糖、鼠李糖、木糖、果糖、葡萄糖	水-乙腈(98.5∶1.5)	10	示差折光检测器
SO_3H 键合相柱(强阳离子交换剂)	阿司匹林、咖啡因、非那西汀	0.05mol/L 甲酸胺-乙醇(90∶10)	10	UV 254nm
R_4NCl 键合相柱(强阴离子交换剂)	尿苷、胞苷、脱氧胸腺苷、腺苷、脱氧腺苷	0.1mol/L 硼酸盐溶液(加KCl)(pH9.2)	10	UV 254nm
硅胶柱	苯、萘、联苯、菲	正己烷	10	UV 254nm

① 线速为 1mm/s，对柱内径为 5.0mm 的色谱柱最大流量大约为 1mL/min。

2. 梯度洗脱技术

在进行多组分的复杂样品的分离时，经常会碰到前面的一些组分分离不完全，而后面的一些组分分离度太大，且出峰很晚和峰形较差。为了使保留值相差很大的多种组分在合理的时间内全部洗脱并达到相互分离，往往要用到梯度洗脱技术。如图 5-54 和图 5-55 分别是经等度洗脱和梯度洗脱后的图谱。

因此，梯度洗脱技术可以改进复杂样品的分离，改善峰形，减少脱尾并缩短分析时间，而且还能降低最小检测量和提高分离精度。梯度洗脱对复杂混合物，特别是保留值相差较大的混合物的分离是极为重要的手段，因为这些样品的 k' 范围宽，不能用等度方法简单地处置。

梯度洗脱技术需要仪器配有梯度洗脱装置，在液相色谱中常用的梯度洗脱技术是指流动相梯度,即在分离过程中改变流动相的组成(溶剂极性、离子强度、pH 等)或改变流动相的浓度。梯度洗脱装置依据梯度装置所能提供的流路个数可分为二元梯度、三元梯度等,依据溶液混合的方式又可分为高压梯度和低压梯度。如图 5-56 所示。

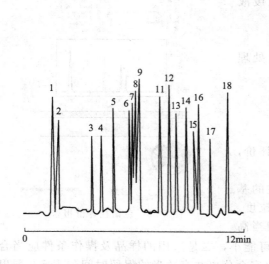

图 5-54 氨基酸等度洗脱后的图谱

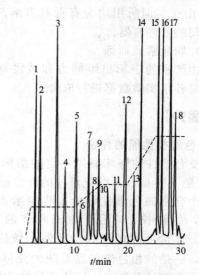

图 5-55 氨基酸梯度洗脱后的图谱

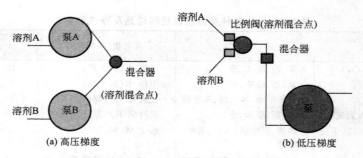

图 5-56 梯度洗脱装置示意图

高压梯度一般只用于二元梯度,即用两个高压泵分别按设定比例输送两种不同的溶液至混合器,在高压状态下将两种溶液进行混合,然后以一定的流量输出。

低压梯度是将两种溶剂或四种溶剂按一定比例输入泵前的一个比例阀中,混合均匀后以一定的流量输出。其主要优点是只需一个高压输液泵,且成本低廉,使用方便。

值得注意的是,虽然梯度洗脱技术比等度洗脱复杂,实用方法的建立比较困难,而且梯度洗脱时基线常常漂移不定,但是随着近一个时期设备、材料的进展以及对这种技术更好的理解,上述问题基本上已被克服,因此,梯度洗脱技术仍然是液相色谱实训室常用的重要技术之一。

【理论拓展】

影响分离度的因素

(1)影响分离度的因素与提高柱效的途径

在高效液相色谱中,液体的扩散系数仅为气体的万分之一,则速率方程中的分子扩散项 B/u 较小,可以忽略不计,即

$$H = A + Cu$$

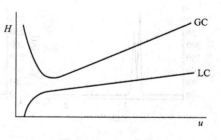

图 5-57　$H\text{-}u$ 曲线

故液相色谱 $H\text{-}u$ 曲线与气相色谱的形状不同，如图 5-57 所示。

① 液体的黏度比气体大 100 倍，密度为气体的 1000 倍，故降低传质阻力是提高柱效的主要途径。

② 由速率方程可知，降低固定相粒度可提高柱效。

③ 柱温对分离度的影响不大。

（2）等梯度洗脱的基本分离度公式

$$R = 1/4\sqrt{N} \quad\times\quad \frac{\alpha-1}{\alpha} \quad\times\quad \frac{k'}{1+k'}$$

　　　　　　柱效　　　　　选择性　　　　容量因子

式中，N 为总的理论塔板数，即柱效；k' 为容量因子（保留因子），即色谱峰的保留作用；α 为色谱峰的相对分离程度，即选择性作用。

在待测混合组分的分离过程中，N、k' 和 α 对分离效果的影响如图 5-58 所示。

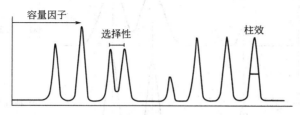

图 5-58　N、k' 和 α 对分离效果的影响

① 容量因子与分离度。改变色谱峰容量因子的最重要的方法是改变流动相的组成，增加流动相的强度可降低流出物的容量因子。对于反相色谱，有机相增加 10%，将使每个色谱峰的容量因子降低 2～3 倍。对分离度的影响如图 5-59 所示。

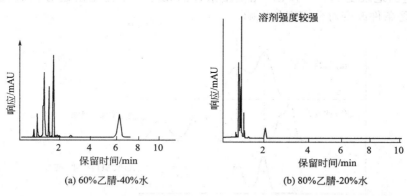

(a) 60%乙腈-40%水　　　　　　(b) 80%乙腈-20%水

图 5-59　流动相极性改变前后的色谱分离图

② 选择性与分离度。选择性受分离条件中流动相的组成、种类、pH、色谱柱温度和固定相种类的影响。选择性的大小影响到各组分之间的分离度。图 5-60 所示选择性用 α 表示，$\alpha = K'_B / K'_A$。

$$R = 1/4\sqrt{N} \quad\times\quad \boxed{\frac{\alpha-1}{\alpha}} \quad\times\quad \frac{k'}{1+k'}$$

　　　　　　柱效　　　　　选择性　　　　容量因子

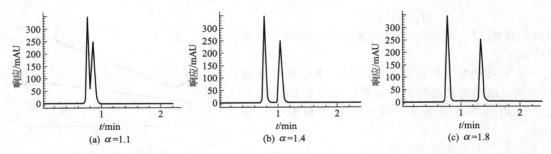

图 5-60　选择性对分离度的影响

③ 柱效与分离度。改变流动相组成、极性（pH、强度或梯度洗脱）是改善柱效的最直接的因素。柱效影响到各组分色谱峰的峰形和它们之间的分离度，如图 5-61 所示。

$$R = \boxed{1/4\sqrt{N}} \times \frac{\alpha-1}{\alpha} \times \frac{k'}{1+k'}$$

$$\text{柱效}\qquad\qquad\text{选择性}\qquad\text{容量因子}$$

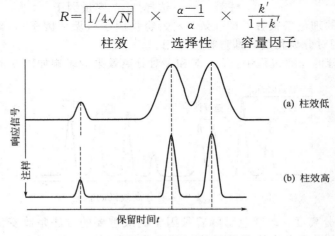

图 5-61　柱效对分离度的影响

总之，适当地改变 N、k' 和 α，能使复杂样品或分离不完全的组分具有较好的分离效果。图 5-62 是条件改变对分离度的影响。

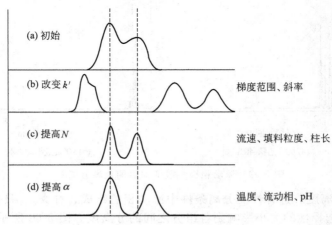

图 5-62　改变条件后的分离效果图

【思考与练习】

1. 一般评价烷基键合相色谱柱时所用的流动相为（　　）。

A. 甲醇-水（83∶17）　　　　　　B. 甲醇-水（57∶43）

C. 正庚烷-异丙醇（93∶7）　　　　D. 水-乙腈（98.5∶1.5）

2. 在哪些情况下适合于采用梯度洗脱技术？

3. 请列举几种常用液相色谱柱的评价方法？评价色谱柱的指标有哪些？

4. 课外参考书

[美] L. R. Snyder 等著. 实用高效液相色谱法的建立. 王杰，赵岚等译. 北京：科学出版社，1998.

任务 7　果汁中防腐剂含量的测定及方法验证

【能力目标】

1. 完成果汁中防腐剂含量的测定。

2. 完成果汁中防腐剂含量的测定及方法验证。

【任务分析】

苯甲酸和山梨酸是我国目前最常用的食品防腐剂，广泛地应用于各种果汁饮料中，以防止其变质。但如果防腐剂的含量超过标准限度，或者长期饮用含有防腐剂的饮料，则会对人体健康造成不利影响，因此检测果汁中的苯甲酸和山梨酸含量是非常有必要的，在本次任务中，需要设计方案检测果汁中的苯甲酸和山梨酸，并对选定的分析方法予以验证。

【实训】

1. 项目完成过程——单元 1

根据前面所学知识，综合运用于本次任务中。

① 查阅资料，讨论并汇总资料，确定分析方案。以 2 人一组，通过图书、网络搜索工具，查阅相关资料，整理并确定最终方案。

② 根据所查资料，选择合适的方法处理样品，使其成为可分析的溶液。

③ 溶液配制（流动相、苯甲酸和山梨酸标准溶液等）。

④ 选择合适的色谱柱。

⑤ 通过调整流动相比例、流速等条件选择最佳的色谱分离条件。

2. 项目完成过程——单元 2

（1）完成果汁中苯甲酸和山梨酸的标准曲线的制作、测定方法的精密度和重复性测定

① 配制一系列苯甲酸和山梨酸的标准溶液，分别进样，记录峰面积或峰高，制作峰面积/峰高-浓度的标准曲线，求得相关系数及灵敏度。

② 选择一合适的浓度，连续进样 6 针，记录保留值、峰面积或峰高，计算精密度和重复性（相对标准偏差）。

（2）完成果汁中苯甲酸和山梨酸测定方法的准确度测定

① 测定果汁试样中的苯甲酸和山梨酸含量。

② 分别在果汁试样中加入一定量的苯甲酸和山梨酸的标准溶液，然后测定总的苯甲酸和山梨酸含量，计算回收率。

（3）完成果汁中苯甲酸和山梨酸测定方法的检测限测定

配制一浓度尽量小的苯甲酸和山梨酸的标准溶液，进样，记录峰面积或峰高，计算检测限。

（4）数据处理

根据实训所采用的定量方法，正确处理数据。

（5）实训注意事项

① 标准溶液系列的浓度范围尽量要大，或者可以做几条不同浓度范围的标准曲线。

② 在测定方法的回收率时，需要根据样品溶液中苯甲酸和山梨酸的含量，加入适量的一定浓度的标准溶液，使加标后样品中的苯甲酸和山梨酸的含量在标准曲线的范围内。

③ 在测定方法的检测限时，可以先配制某一浓度的苯甲酸和山梨酸溶液，根据它们的信号和噪声峰的强度进行比较，对溶液的浓度进行调整，使溶液中组分的信号与噪声峰的强度相近，然后按照公式计算检测限。

（6）职业素质训练

① 在本次实训中，以小组形式完成任务，每个成员均要求有良好的团队合作精神，能合理地安排时间。

② 实事求是地记录数据，根据实训结果，撰写方法验证的小论文。

3. 相关知识

分析方法可行性验证一般包括：精密度、定量限、选择性、线性与范围和耐用性等指标；如果只作简单验证，那么精密度、准确度、检测限和重复性是必须做的。

（1）精密度

精密度是指用该法测定同一匀质样品的一组测量值彼此符合的程度。如本次实训中平行进样 6 次，它们的峰面积和保留值越接近就越精密。在分析中，常用相对标准（偏）差（RSD），也称变异系数（CV）来表示。计算公式如下：

$$RSD = \frac{\sqrt{\dfrac{\sum(x_i - \overline{x})^2}{n-1}}}{\overline{x}}$$

在高效液相色谱分析中，一般要求 $RSD \leqslant 2\%$。

（2）准确度

准确度是指测得结果与真实值接近的程度，表示分析方法测量的正确性。由于"真实值"无法准确知道，因此，通常采用回收率试验来表示。其方法如下：

样品溶液中组分含量测定时，采用在样品溶液中加入一定浓度的标准溶液的方法作回收试验，还应作单独样品溶液中待测组分含量的测定（作为空白值）。在样品溶液中要求加入三个不同量的标准溶液，配制成三个不同浓度的加标溶液，每个浓度测定三次，共提供 9 个数据进行评价。

$$回收率 = \frac{平均测定值\,M - 空白值\,B}{加入量\,A} \times 100\%$$

在高效液相色谱分析中，回收率一般为 $95\% \sim 105\%$。

（3）检测限（LOD）

检测限是指分析方法能够从背景信号中区分出组分时，所需样品中组分的最低浓度，无需定量测定。

LOD 是一种限度检验效能指标，它既反映方法与仪器的灵敏度和噪声的大小，也表明样品经处理后空白（本底）值的高低。要根据采用的方法来确定检测限。当用仪器分析方法时，可用已知浓度的样品与空白试验对照，记录测得的被测药物信号强度 S 与噪声（或背景信号）强度 N，以能达到 $S/N = 2$ 或 $S/N = 3$ 时的样品最低浓度为 LOD；也可通过多次空白试验，求得其背景响应的标准差，将三倍空白标准差（即 $3\delta_空$ 或 $3S_空$）作为检测限的估计值。为使计算得到的 LOD 值与实际测得的 LOD 值一致，可应用校正系数来校正，然后依之制备相应检测限浓度的样品，反复测试来确定 *LOD*。如用非仪器分析方法时，即通过已知浓度的样品分析来确定可检出的最低水平作为检测限。计算公式如下：

$$LOD = \frac{c \times 3\sigma}{A}$$

（4）线性与范围

分析方法的线性是在给定范围内获取与样品中供试物浓度成正比的试验结果的能力。换句话说，就是供试物浓度的变化与试验结果（或测得的响应信号）呈线性关系。

所谓线性范围是指利用一种方法取得精密度、准确度均符合要求的试验结果，而且成线性的供试物浓度的变化范围，其最大量与最小量之间的间隔，可用 mg/L～mg/L、μg/mL～μg/mL 等表示。

线性与范围的确定可用作图法（响应值 *Y*/浓度 *X*）或计算回归方程（*Y*＝*a*＋*bX*）来研究建立。

测定样品时的分析方法都必须同时作标准曲线。每次作标准曲线时，方法应与分析方法考核时完全一致。标准浓度应包括一定梯度的 5～8 个浓度，每个浓度只需测定一次，标准曲线应覆盖样品可能的浓度范围，对于含量测定一般要求浓度上限为样品最高浓度的 120%，下限为样品最低浓度的 80%（但应高于 *LOQ*）；目前仍广泛采用相关系数（*r*）表示标准曲线的线性度，并控制 *r*≥0.9900。对照品的 *LOQ* 必须包括在线性范围内。

【讨论】

1．每组选出一名代表介绍本组的实验设计、实验结果、实验验证的情况。其他组学生对他们的实验提出问题，进行评价。

2．讨论总结实验的成功与不足，找出原因，提出解决方法。

3．撰写方法验证的小论文。

【思考与练习】

在学习过高效液相色谱法后，当你接收一个实际样品时，如何进行方法和操作条件的选择？提出合理的分析思路（样品可自己拟定，如大气、水、固废等环境样品中的典型污染物）。

项目6
用红外吸收光谱法对有机物质进行检测

任务1　认识红外光谱实训室

【能力目标】

1. 进入红外吸收光谱实训室，了解实训室的环境要求、基本布局和实训室管理规范。

2. 初步掌握"5S管理"在红外吸收光谱实训室中的应用。

【红外吸收光谱实训室】

1. 红外吸收光谱实训室的配套设施和仪器（图6-1）

（1）配套设施

① 实训室供电。实训室的供电包括照明电和动力电两部分。照明电用于实训室的照明，动力电用于各类仪器设备。电源的配备有三相交流电源和单相交流电源，设置有总电源控制开关，当实训室内无人时，应切断室内电源。

② 实训室供水。实训室的供水按用途分为清洗用水和实训用水。清洗用水是指各种试验器皿的简单洗涤、实训室清洁卫生，如自来水等。实训用水是指配制溶液和实训过程用水，如蒸馏水、去离子水、二次重蒸去离子水等。由于红外吸收光谱实训室使用自来水的总量不大，因此，本实训室仅配备有一个水槽、一组水龙头及一个总水阀。当实训室长时间不用时，需关闭总水阀。

③ 实训室工作台。红外吸收光谱实训室用铝合金窗隔开成两部分，外面一部分用于样品的处理，放置一张较长的边台，摆放着红外灯、压片机和干燥器。另外有一张试剂柜存放着一些红外吸收光谱分析中常用的试剂。

里面一部分主要用于上机操作，放置两张中央实训台。中央实训台分别放置红外吸收光谱仪、电脑以及湿度计。在中央实训台的东西两侧，分别放置两台除湿机。西北角放置一台空调，控制环境温度。

④ 实训室废液。实训室的废液是在实验操作过程中产生的，红外吸收光谱分析中主要涉及的废液是腐蚀性强的有机溶剂，会腐蚀下水管道；以及一些毒性较强的有机溶剂。因此，实训室内配有专门的废液贮存器。

⑤ 实训室卫生医疗区。实训室有专门的卫生区，用于放置卫生洁具，如拖把、扫帚等。实训室西北角还配备有医疗急救箱，里面装有红药水、碘酒、棉签等常用的医疗急救配件。

（2）仪器

红外吸收光谱实训室的仪器主要有红外吸收光谱仪、电脑（含色谱工作站）、压片机、压片模具、红外灯。

红外吸收光谱仪属于为大型仪器，因此管理时需要小心谨慎。

（3）各仪器、设备的识别实训

① 红外吸收光谱仪（图6-2）。

图 6-1　红外吸收光谱实训室　　　　　　　　图 6-2　红外吸收光谱仪

② 压片机及模具（图6-3）。

图 6-3　压片机及模具

③ 红外灯。红外灯主要用于样品研磨过程中保持干燥，去除微量水和有机溶剂。

④ 电源、医疗急救箱、灭火器。

2. "5S 管理"

详细内容见项目1中任务1。

3. 学生实训

详细内容见项目1中任务1。

4. 红外吸收光谱实训室的环境布置

（1）红外吸收光谱实训室的环境要求

红外吸收光谱实训室和化学分析实训室一样，具有基本的设备设施，如电、水、工作台等。但红外吸收光谱实训室含有红外吸收光谱仪等现代分析仪器，因此在环境布置上有其特殊性。这两个实训室的比较如表6-1所示。

（2）学生实训：完成红外吸收光谱实训室环境设置

学生根据红外吸收光谱实训室的环境要求，设置相关条件（如空调的使用、除湿机的使用、废液的排放与处理、灭火器的使用、接地、通风柜的使用、水龙头与电源开关的正确使用等）。

表 6-1　红外吸收光谱实训室与化学分析实训室环境比较

项　目	化学分析实训室	红外吸收光谱实训室
温度	常温,建议安装空调设备,无回风口	室温,必须安装空调设备,无回风口
湿度	常湿	小于60%
废液排放	应配置专门废液桶或废液处理管道	配置废液收集桶,集中处理
供电	设置单相插座若干,设置独立的配电盘、通风柜开关;照明灯具不宜用金属制品,以防腐蚀	设置单相插座若干,设置独立的配电盘、通风柜开关;一般需安装稳压电源
光线	无特殊要求	避免强光照射
工作台防振	合成树脂台面,防振	合成树脂台面,防振,工作台应离墙以便于检修仪器
防火	配置灭火器	配置灭火器
避雷防护	属于第三类防雷建筑物	属于第三类防雷建筑物
防静电	设置良好接地	设置良好接地
电磁屏蔽	无特殊要求,无需电磁屏蔽	要远离火花发射源和大功率磁电设备

5. 红外吸收光谱实训室的管理规范

① 仪器的管理和使用必须落实岗位责任制,制定操作规程、使用和保养制度,做到坚持制度,责任到人。

② 熟悉仪器保养的环境要求,努力保证仪器在合适的环境下保养及使用。

③ 熟悉仪器构造,能对仪器进行调试及辅助零部件的更换。

④ 熟悉仪器各项性能,并能指导学生进行仪器的正确使用。

⑤ 建立气相色谱的完整技术档案。内容包括产品出厂的技术资料,从可行性论证、购置、验收、安装、调试、运行、维修直到报废整个寿命周期的记录和原始资料。

⑥ 仪器发生故障时要及时上报,对较大的事故,负责人（或当事者）要及时写出报告,组织有关人员分析事故原因,查清责任,提出处理意见,并及时组织力量修复使用。

⑦ 建立仪器使用、维护日记录制度,保证一周开机一次。对仪器进行定期校验与检查,建立定期保养制度,要按照国家技术监督局有关规定,定期对仪器设备的性能、指标进行校验和标定,以确保其准确性和灵敏度。

⑧ 定期对实训室进行水、电、气等安全检查。保证实训室卫生和整洁。

6. 红外吸收光谱实训室的安全隐患

红外吸收光谱实训室存在的安全隐患,归纳起来主要有以下几点。

① 水,如水管破裂,管道渗水等。

② 火,如实训室着火、衣物着火。

③ 电,如走电失火、触电等。

④ 化学试剂中毒与腐蚀。

由于上述隐患的存在,要求学生在红外吸收光谱实训室里学习时应当小心谨慎,严格按照仪器操作规程与实训室规章制度进行仪器的相关操作。此外,还要求学生课后去查阅相关资料,以获取出现各种安全隐患后的应急措施。

【思考与练习】

1. 研究性习题

请课后查阅资料,谈谈"5S管理"在企业化验室中的应用,并将其与红外吸收光谱实训室的管理进行对比。

2. 思考题

如何操作红外吸收光谱仪?

任务 2　红外吸收光谱仪的基本操作

【能力目标】

1. 能完成红外吸收光谱仪及其辅助设备的基本操作。
2. 能描述红外吸收光谱仪各组分部件及其作用。
3. 能解释红外吸收光谱仪的分析流程。

【任务分析】

本次课程的任务是以 PE 公司型号为 PE SP X Ⅰ FT-IR 的红外吸收光谱仪为例，要求学生掌握红外吸收光谱仪的基本操作，了解红外吸收光谱仪的基本组成部分与各组分的作用，在此基础上能解释红外吸收光谱仪的分析流程。

红外吸收光谱具有高效能、高灵敏度和分析速度快、应用范围广等特点，适合于各种有机物质的结构分析，广泛应用于化学、化工、医药、生物等各领域。

【实训】

1. 基本操作

红外吸收光谱仪的基本操作主要包括以下几个方面：

① 除湿机的使用；

② 红外吸收光谱仪的开关机；

③ 压片训练；

④ 扫谱；

⑤ 工作站的使用（优化谱图）。

（1）除湿机的使用

由于红外吸收光谱仪器的操作环境要求湿度小于 60%，所以红外吸收光谱仪开机之前，必须先逆时针打开除湿机，如图 6-4 所示。

（2）红外吸收光谱仪的开关机

红外吸收光谱仪的开关机的双向开关，一般都在仪器的侧面或背面，如图 6-5 所示。

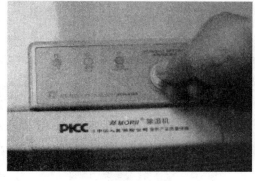

图 6-4　除湿机的使用

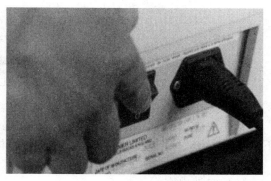

图 6-5　红外吸收光谱仪的开关机

（3）压片训练

一般固体样品可用压片法进行测定。将样品用 KBr 分散后，在玛瑙研钵中进行研磨，将压杆置于底座中，放在底托上，放入一片压芯，光面向上。再将样品均匀放入，放入第二片压芯，光面向下。旋上套筒。置于压片机上进行压片。旋紧放气阀，用压杆加压力至 $25\sim30$kg，约 5min 后，用不锈钢镊子小心取出试样薄片（图 6-3）。

（4）扫谱

① 扣背景。将压好的薄片置于样品架中，在仪器面板键盘上按 "Scan＋Backg＋1"，或在红外吸收光谱工作站上点击 "instrument" 下的 "Scan background"，扣背景（图 6-6 和图 6-7）。

图 6-6　仪器面板扣背景　　　　　　　　图 6-7　工作站扣背景

② 扫样品。在仪器面板上按 "Scan＋X or Y or Z＋1"，或在工作站软件中点击 "instrument" 下的 "Scan Sample"（图 6-8）。

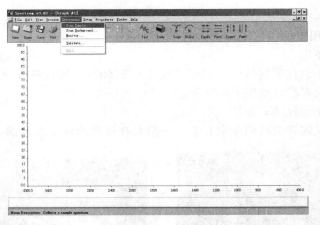

图 6-8　工作站扫样品

（5）工作站的使用（图谱的优化）

基线校正点击 "process" 下的 "baseline correction"（图 6-9），平滑处理点击 "process" 下的 "smooth"（图 6-10）。有时对谱图的坐标进行扩展，可点击 "process" 下的 "abex"。

2. 学生实训

（1）实训内容

学生按要求规范完成红外吸收光谱仪的基本操作，包括除湿机的使用、红外吸收光谱仪的开关机、压片、扫谱、工作站的使用。

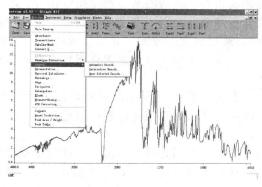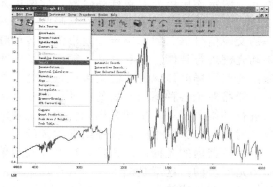

图 6-9　基线校正　　　　　　　　　　　图 6-10　平滑处理

（2）实训操作注意事项

① 压片之前，应用分析纯的无水乙醇清洗玛瑙研钵，用擦镜纸擦干后，再用红外灯烘干后使用。

② 向压芯中加入样品量要适当，一定要均匀平铺在压芯上。

③ 在使用工作站对图谱进行操作时，首先要选中左下角的文件，再操作处理。

④ 实训完毕，应将压片模具里残留的固体粉末擦拭干净，再用无水乙醇清洗。

【理论提升】

目前生产和使用的红外吸收光谱仪主要有色散型和干涉型两大类。

1. 色散型红外吸收光谱仪

色散型红外吸收光谱仪，又称经典红外吸收光谱仪，其构造系统基本上和紫外-可见分光光度计类似。它主要由光源、吸收池、单色器、检测器、放大器及记录机械装置五个部分组成。图 6-11 显示了这五个部分之间的连接情况。

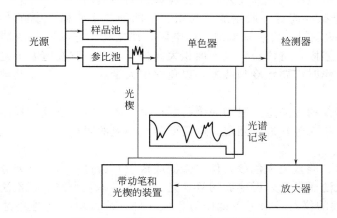

图 6-11　双光束红外分光光度计简图

从光源发出的红外光分为两束，一束通过参比池，然后进入单色器内有一个以一定频率转动的扇形镜，扇形镜每秒旋转 13 次，周期性地切割两束光，使样品光束和参比光束每隔 $\frac{1}{13}$ s 交替地进入单色器的棱镜或光栅，经色散分光后最后到检测器。随着扇形镜的转动，检测器就交替地接收两束光。

光在单色器内被光栅或棱镜色散成各种波长的单色光，从单色器发出波长为某频率的单色光。假定该单色光不被样品吸收，此两束光的强度相等，则检测器不产生交流信号。改变波长，若该波长下的单色光被样品吸收，则两束光强度就有差别，就在检测器上产生一定频率的交流信号（其频率决定于扇形镜的转动频率），通过放大器放大，此信号带动可逆电动，移动光楔进行补偿。样品对某一频率的红外光吸收愈多，光楔就愈多地遮住参比光路，即把参比光路同样度地减弱，使两束光重新处于平衡。

样品对于各种不同波长的红外线吸收有多少，参比光路上的光楔也相应地按比例移动，以进行补偿。记录笔是和光楔同步的，记录笔就记录下样品光束被样品吸收后的强度——百分透射比，作为纵坐标直接描绘在记录纸上。

单色器内的光栅或棱镜可以移动以改变单色光的波长，而光栅或棱镜的移动与记录纸的移动是同步的，这就是横坐标。这样在记录纸上就描绘出纵坐标——百分透射比（T）对横坐标——波长或波数（λ 或 ν）的红外吸收光谱图。

（1）光源

红外光源应是能够发射高强度的连续红外线的物体。常用的光源如表 6-2 所示。下面介绍最常用的两种红外光源：能斯特灯和硅碳棒。

表 6-2　红外吸收光谱仪常用光源

名　称	适用波数范围/cm^{-1}	说　明
能斯特(Nernst)灯	5000～400	ZrO_2、ThO_2 等烧结而成
碘钨灯	10000～5000	
硅碳棒	5000～200	FTIR,需用水冷或风冷
炽热镍铬丝圈	5000～200	风冷
高压汞灯	<200	FTIR,用于远红外区

① 能斯特灯。能斯特灯是一直径为 1～3mm、长为 2～5cm 的中空棒或实心棒。它由稀有金属锆、钇、铈或钍等氧化物的混合物烧结制成，在两端绕有钳丝以及电极。此灯的特性是：室温下不导电，加热至 800℃变成导体，开始发光。因此工作前须预热，待发光后立即切断预热器的电流，否则容易烧坏。能斯特灯的优点是发出的光强度高，工作时不需要用冷水夹套来冷却；其缺点是机械强度差，稍受压或扭动会损伤。

② 硅碳棒。硅碳棒光源一般制成两端粗、中间细的实心棒，中间为发光部分，直径约 5cm、长约 5cm，两端粗是为了降低两端的电阻，使之在工作状态时两端呈冷态。和能斯特灯相比，其优点是坚固，寿命长，发光面积大。另外，由于它在室温下是导体，工作前不需预热。其缺点是工作时需要水冷却装置，以免放出大量热，影响仪器其他部件的性能。

（2）样品室

红外吸收光谱仪的样品室一般为一个可插入固体薄膜或液体池的样品槽，如果需要对特殊的样品（如超细粉末等）进行测定，则需要装配相应的附件。

（3）单色器

单色器由狭缝、准直镜和色散元件（光栅或棱镜）通过一定的排列方式组合而成，它的作用是把通过吸收池而进入入射狭缝的复合光分解成为单色光照射到检测器上。

① 棱镜。早期的仪器多采用棱镜作为色散元件。棱镜由红外透光材料如氯化钠、溴化钾等盐片制成。常用于红外仪器中的光学材料的性能见表 6-3。

盐片棱镜由于盐片易吸湿而使棱镜表面的透光性变差，且盐片折射率随温度增加而降低，因此要求在恒温、恒湿房间内使用。近年来已逐渐被光栅所代替。

② 光栅。在金属或玻璃坯子上的每毫米间隔内刻划数十条甚至上百条的等距离线槽而构成光栅。当红外线照射到光栅表面时，产生乱反射现象，由反射线间的干涉作用而形成光栅光谱。各级光栅相互重叠，为了获得单色光必须滤光，方法是在光栅前面或后面加一个滤光器。

表 6-3　红外光区常用光学材料透光范围和物理性能

材料名称	透光范围 λ/μm	折射率	水中溶解度 /(g/100mL)(K)	熔点 T/K	密度 /(g/mL)(K)	热导率 /[cal/(℃·cm·s)](K)
LiF	0.12~9.0	1.33(5μm)	0.27(291)	1143	2.64(298)	2.7(314)
NaCl	0.21~26	1.52(5μm)	35.7(273)	1074	2.16(293)	1.55(289)
KCl	0.21~30	1.47(5μm)	34.7(293)	1049	1.98(293)	1.56(315)
KBr	0.25~40	1.54(5μm)	53.5(273)	1003	2.75(298)	0.71(299)
CsBr	0.3~55	1.66(5μm)	124(298)	909	4.44(293)	0.23(298)
CsI	0.24~70	1.74(5μm)	44(273)	899	4.53	0.27(298)
KRS-5[①]	0.5~40	2.38(5μm)	0.05(293)	688	7.37(290)	0.13(293)

① KRS-5 指碘溴化铊，TlBrI(thallium-bromide-iodide)。

（4）检测器

红外分光光度计的检测器主要有高真空热电偶、测热辐射计和气体检测计。此外还有可在常温下工作的硫酸三苷肽（TGS）热电检测器和只能在液氮温度下工作的碲镉汞（MCT）光电导检测器等。

① 高真空热电偶。它是根据热电偶的两端点由于温度不同产生温差热电势这一原理，让红外线照射热电偶的一端。此时，两端点间的温度不同，产生电势差，在回路中有电流通过，而电流的大小则随照射的红外线的强弱而变化，为了提高灵敏度和减少热传导的损失，热电偶是密封在一高真空的容器内的。

② 测热辐射计。它是以很薄的热感原件做受光面，装在惠斯登电桥的一个臂上，当光照射到受光面上时，由于温度的变化，热感原件的电阻也随之变化，以此实现对辐射强度的测量。但由于电桥线路需要非常稳定的电压，因而现在的红外分光光度计已很少使用这种检测器。

③ 气体检测器。常用的气体检测器为高莱池，它的灵敏度较高，其结构如图 6-12 所示。

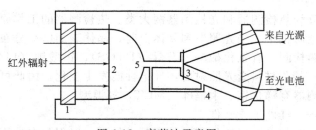

图 6-12　高莱池示意图
1—盐窗；2—涂黑金属膜；3—软镜膜；4—泄气膜；5—氙气盒

当红外光通过盐窗照射到黑色金属薄膜 2 上时，2 吸收热能后，使气室 5 内的氙气温度升高而膨胀。气体膨胀产生的压力，使封闭气室另一端的软镜膜凸起。另一方面，从光源射出的光到达镜膜时，它将光反射到光电池上，于是产生与软镜膜的凸出度成正比，也是最初进入气室的辐射成正比的光电流。这种检测器可用于整个红外波段。但采用的是有机膜，易老化，寿命短，且时间常数较长。不适用于扫描红外检测。

光电检测器和热释电检测器由于灵敏度高，响应快，因此均用作傅里叶变换红外吸收光谱仪的检测器（有关这两种检测器的详细内容可参阅有关专著）。

（5）放大器及记录机械装置

由检测器产生的电信号是很弱的，例如热电偶产生的信号强度约为 10^{-9} V，此信号必须经电子放大器放大。放大后的信号驱动光楔和电机，使记录笔在记录纸上移动。

色散型红外分光光度计按照其结构的简繁、可测波数范围的宽窄和分辨本领的大小，可分为简易型和精密型两种类型。前者只有一只氯化钠棱镜或一块光栅，因此测定波数范围较窄，光谱的分辨率也较低。为克服这两个缺陷，较早的大型精密红外分光光度计一般备有几个棱镜，在不同光谱区自动或手动更换棱镜，以获得宽的扫描范围和高的分辨能力。目前精密型红外分光光度计已采用闪耀光栅作色散元件，利用数块光栅自动更换，可使测定的波数范围扩大到微波区，而且获得了更高的分辨率。

2. 傅里叶变换红外吸收光谱仪（FT-IR）

傅里叶变换红外吸收光谱仪的组成构造：光源→迈克尔逊干涉仪→检测器→记录系统-工作站（图 6-13）。

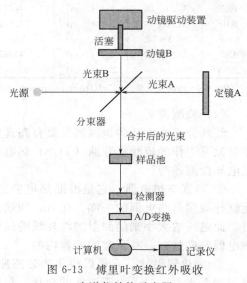

图 6-13　傅里叶变换红外吸收
光谱仪结构示意图

光源发出的光被分束器分为两束，一束经反射到达动镜，另一束经透射到达定镜。两束光分别经定镜和动镜反射再回到分束器。动镜以一恒定速度 V_m 作直线运动，因而经分束器分束后的两束光形成光程差 d，产生干涉。干涉光在分束器会合后通过样品池，然后被检测，经过 A/D 转换后，通过计算机记录数据。

（1）光源的作用

要求光源能发射出稳定、能量强、发射度小的具有连续波长的红外线。一般用能斯特灯、硅碳棒或涂有稀土金属化合物的镍铬旋状灯丝。

（2）迈克尔逊干涉仪

FT-IR 的核心部分就是迈克尔逊干涉仪。由定镜、动镜、分束器和探测器组成。核心部件是分束器。

（3）检测器

检测器一般可分为热检测器和光检测器两大类。热检测器的工作原理是：把某些热电材料的晶体放在两块金属板中，当光照射到晶体上时，晶体表面电荷分布变化，由此可以测量红外辐射的功率。热检测器有氘化硫酸三甘钛（DTGS）、钽酸锂（$LiTaO_3$）等类型。光检测器的工作原理是：某些材料受光照射后，导电性能发生变化，由此可以测量红外辐射的变化。最常用的光检测器有锑化铟、汞镉碲（MCT）等类型。

（4）记录系统——红外工作软件

傅里叶变换红外吸收光谱仪红外谱图的记录、处理一般都是在计算机上进行的。

与经典色散型红外吸收光谱仪相比，FT-IR 具有如下优点：

① 具有扫描速度极快的特点，一般在 1s 内即可完成光谱范围的扫描，扫描速度最快可以达到 60 次/s；

② 光束全部通过，辐射通量大，检测灵敏度高；

③ 具有多路通过的特点，所有频率同时测量；

④ 具有很高的分辨能力，在整个光谱范围内分辨率达到 $0.1cm^{-1}$ 是很容易做到的；

⑤ 具有极高的波数准确度。若用 He-Ne 激光器，可提供 $0.01cm^{-1}$ 的测量精度；

⑥ 光学部件简单，只有一个可动镜在实验过程中运动。

3. 红外吸收光谱法基础知识

（1）红外线与红外吸收光谱

1800 年，英国天文学家赫谢尔（F. W. Herschel）用温度计测量太阳光可见光区内、外温度时，发现红色光以外"黑暗"部分的温度比可见光部分的高，从而意识到在红色光之外还存有一种肉眼看不见的"光"，因此把它称之为红外光。

天文学家同时发现，同一种溶液对不同的红外光也具有不同程度的吸收，也就是说对某些波长的红外光吸收得多，而对某些波长的红外光却几乎不吸收，所以说，物质对红外光具有选择性吸收。

红外吸收光谱在可见光区和微波区之间，其波长范围为 $0.75\sim1000\mu m$。根据实验技术和应用的不同。通常将红外吸收光谱划分为三个区域，如表 6-4 所示。

表 6-4　红外光区的划分

区　域	波长(λ)/μm	波数(ῡ)/cm⁻¹	能级跃迁类型
近红外光区	$0.75\sim2.5$	$13300\sim4000$	分子化学键振动的倍频和组合频
中红外光区	$2.5\sim25$	$4000\sim400$	化学键振动的基频
远红外光区	$25\sim1000$	$400\sim10$	骨架振动、转动

其中，远红外吸收光谱是由分子转动能级跃迁产生的转动光谱；中红外和近红外吸收光谱是由分子振动能级跃迁产生的振动光谱。只有简单的气体或气态分子才能产生纯转动光谱，而对于大量复杂的气、液、固态物质分子主要产生振动光谱。由于目前广泛用于化合物定性、定量和结构分析以及其他化学过程研究的红外吸收光谱，主要是波长处于中红外光区的振动光谱，因此本模块主要讨论中红外吸收光谱。

样品的红外吸收曲线称为红外吸收光谱，多用百分透射比与波数（T-$\bar{\nu}$）或百分透射比与波长（T-λ）曲线来描述。T-$\bar{\nu}$ 或 T-λ 曲线上的"谷"是光谱吸收峰，两种吸收曲线的形状略有差异。下面以图 6-14 和图 6-15 聚苯乙烯的红外吸收光谱为例加以说明。

比较图 6-14 和图 6-15 发现，T-λ 曲线"前密后疏"，T-$\bar{\nu}$ 曲线"前疏后密"。这是因为 T-λ 曲线是波长等距，而 T-$\bar{\nu}$ 是波数等距的缘故。一般红外吸收光谱的横坐标都有两种标度，但以波数等距为主。为了防止吸收曲线在高波数（短波长）区过分扩张，通常采用两种比例尺，多以 $2000\mathrm{cm}^{-1}$（$5\mu m$）为界。在红外吸收光谱中，波长的单位用微米（μm），波数的单位为 cm^{-1}，二者的关系为

$$\bar{\nu}(\mathrm{cm}^{-1})=\frac{10^4}{\lambda(\mu m)} \tag{6-1}$$

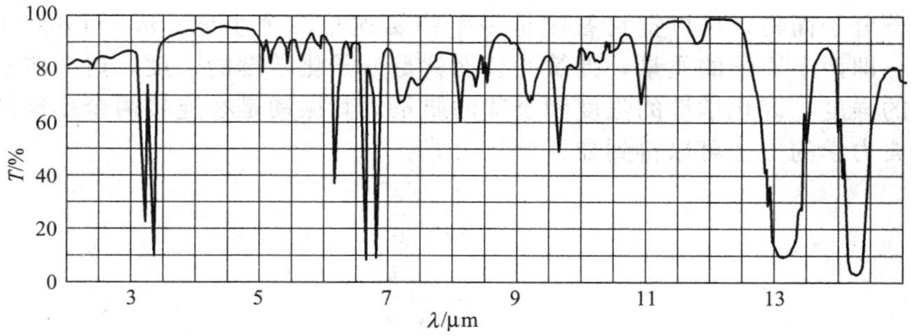

图 6-14　聚苯乙烯的红外吸收光谱图（1）

（2）红外吸收光谱法的特点

① 应用面广，提供信息多且具有特征性。依据分子红外吸收光谱的吸收峰位置、吸收峰的数目及其强度，可以鉴定未知化合物的分子结构或确定其化学基团；依据吸收峰的强度与分子或某化学基团的含量有关，可进行定量分析和纯度鉴定。

② 不受样品相态的限制，亦不受熔点、沸点和蒸气压的限制。无论是固态、液态以及

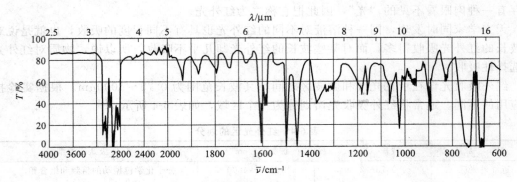

图 6-15　聚苯乙烯的红外吸收光谱图（2）

气态样品都能直接测定，甚至对一些表面涂层和不溶、不熔融的弹性体（如橡胶），也可直接获得其红外吸收光谱图。

③ 样品用量少且可回收，不破坏试样，分析速度快，操作方便。

④ 目前已经积累了大量标准红外吸收光谱图（如 Sadtler 标准红外吸收光谱集等），可供查阅。

⑤ 红外吸收光谱法也有其局限性，即有些物质不能产生红外吸收峰，还有些物质（如旋光异构体，不同相对分子质量的同一种高聚物）不能用红外吸收光谱法鉴别。此外，红外吸收光谱图上的吸收峰有一些是不能做出理论上的解释的，因此可能干扰分析测定，而且，红外吸收光谱法定量分析的准确度和灵敏度均低于可见、紫外吸收光谱法。

(3) 产生红外吸收光谱的原因

① 分子振动。在分子中，原子的运动方式有三种，即平动、转动和振动。实验证明，当分子间的振动能产生偶极矩周期性的变化时，对应的分子才具有红外活性，其红外吸收光谱图才可给出有价值的定性定量信息。因此，下面主要讨论分子的振动。

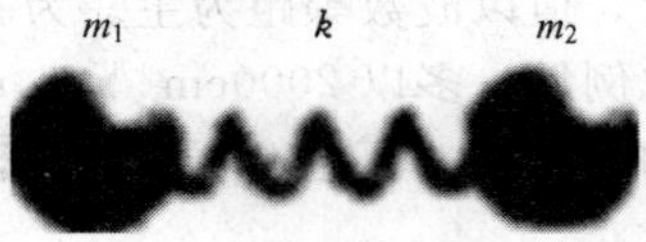

a. 分子振动方程式。分子振动可以近似地看作是分子中的原子以平衡点为中心，以很小的振幅做周期性的振动。这种分子振动的模型可以用经典的方法来模拟，如图 6-16 所

图 6-16　双原子分子振动模型

示。对双原子分子而言，可以把它看成是一个弹簧连接两个小球，m_1 和 m_2 分别代表两个小球的质量，即两个原子的质量，弹簧的长度就是分子化学键的长度。这个体系的振动频率取决于弹簧的强度，即化学键的强度和小球的质量。其振动是在连接两个小球的键轴方向发生的。用经典力学的方法可以得到如下计算公式：

$$\nu = \frac{1}{2\pi}\sqrt{\frac{k}{\mu}} \tag{6-2}$$

或

$$\bar{\nu} = \frac{1}{2\pi c}\sqrt{\frac{k}{\mu}} \tag{6-3}$$

可简化为

$$\bar{\nu} \approx 1304\sqrt{\frac{k}{\mu}} \tag{6-4}$$

式中，ν 为频率，Hz；$\bar{\nu}$ 为波数，cm^{-1}；k 为化学键的力常数，g/s；c 为光速（$3 \times 10^{10} cm/s$）；μ 为原子的折合质量$\left(\mu = \frac{m_1 m_2}{m_1 + m_2}\right)$。

一般来说，单键的 $k = 4 \times 10^5 \sim 6 \times 10^5 g/s^2$；双键的 $k = 8 \times 10^5 \sim 12 \times 10^5 g/s^2$；三键的 $k = 12 \times 10^5 \sim 20 \times 10^5 g/s^2$。

双原子分子的振动只发生在连接两个原子的直线上，并且只有一种振动方式，而多原子分子则有多种振动方式。假设分子由 n 个原子组成，每一个原子在空间都有 3 个自由度，则分子有 $3n$ 个自由度。非线性分子的转动有 3 个自由度，线性分子则只有两个转动自由度，因此非线性分子有 $3n-6$ 种基本振动，而线性分子有 $3n-5$ 种基本振动。

b. 简正振动。分子中任何一个复杂振动都可以看成是不同频率的简正振动的叠加。简正振动是指这样一种振动状态，分子中所有原子都在其平衡位置附近作简谐振动，其振动频率和位相都相同，只是振幅可能不同，即每个原子都在同一瞬间通过其平衡位置，且同时到达其最大位移值，每一个简正振动都有一定的频率，称为基频。水（H_2O）和二氧化碳（CO_2）的简正振动如图 6-17 和图 6-18 所示。

(a) 不对称伸缩振动　　(b) 对称伸缩振动　　(c) 弯曲振动

图 6-17　水分子的三种简正振动方式

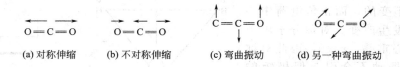

(a) 对称伸缩　　(b) 不对称伸缩　　(c) 弯曲振动　　(d) 另一种弯曲振动

图 6-18　CO_2 分子的 4 种简正振动方式

② 分子的振动形式。分子的振动形式可分为两大类：伸缩振动和变形振动。

a. 伸缩振动。伸缩振动是指原子沿键轴方向伸缩，使键长发生变化而键角不变的振动，用符号 ν 表示，其振动形式可分为两种：对称伸缩振动和不对称伸缩振动。

对称伸缩振动，表示符号为 ν_s 或 ν^s，振动时各键同时伸长或缩短；不对称伸缩振动，又称反对称伸缩振动，表示符号为 ν_{as} 或 ν^{as}，指振动时某些键伸长，某些键则缩短。

b. 变形振动。变形振动是指使键角发生周期性变化的振动，又称弯曲振动。可分为面内、面外、对称及不对称变形振动等形式。

变形振动在由几个原子所构成的平面内进行，称为面内变形振动（β），一般可分为两种：一是剪式振动（δ），在振动过程中键角的变化，类似于剪刀的开和闭；二是面内摇摆振动（ρ），基团作为一个整体，在平面内摇摆。

变形振动在垂直于由几个原子所组成的平面外进行，称为面外变形振动（γ）一般可分为两种：一是面外摇摆振动（ω），两个 X 原子同时向面上或面下的振动；二是卷曲振动（τ），一个 X 原子向面上，另一个 X 原子向面下的振动。

AX_3 基团或分子的变形振动还有对称与不对称之分：对称变形振动（δ^s）中，三个 AX 键与轴线组成的夹角 α 对称地增大或缩小，形如雨伞的开闭，所以也称之为伞式振动；不对称变形振动（δ^{as}）中，两个 α 角缩小，一个 α 角增大，或相反。

伸缩振动与变形振动各种方式分别如图 6-19 所示。

③ 振动能级的跃迁。分子作为一个整体来看是呈电中性的，但构成分子的各原子的电负性却是各不相同的，因此分子可显示出不同的极性。其极性大小可用偶极矩 μ 来衡量。偶

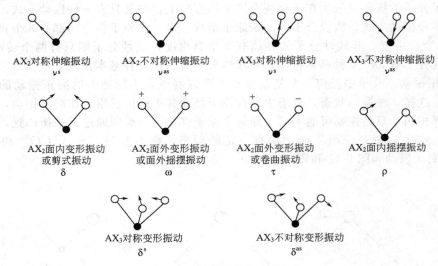

图 6-19　伸缩振动和变形振动

极矩 μ 是分子中负电荷的大小 δ 与正负电荷中心的距离 r 的乘积，即 $\mu = \delta \times r$，偶极矩单位为 C·m(库仑·米)。例如，H_2O 和 HCl 的偶极矩如图 6-20 所示。

分子内原子不停地振动，在振动过程中 δ 是不变的，而正负电荷中心的距离 r 会发生改变。对称分子由于正负电荷中心重叠，$r = 0$，因此对称分子中原子振动不会引起偶极矩的变化。

用一定频率的红外光照射分子时，如果分子中某个基团的振动频率与它一样，则两者就会发生共振，光的能

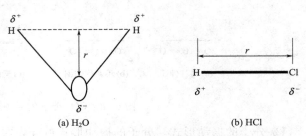

图 6-20　H_2O 和 HCl 分子的偶极矩

量通过分子偶极矩的变化而传递给分子，因此这个基团就吸收了一定频率的红外光，从原来的基态振动能级跃迁到较高的振动能级，从而产生红外吸收。如果红外光的振动频率和分子中各基团的振动频率不符合，该部分的红外光就不会被吸收。

实际过程中，分子在发生振动能级跃迁时，不可避免地伴随有转动能级的跃迁，因此无法测得纯振动光谱。所以，红外吸收光谱也叫振-转光谱。

④ 产生红外吸收光谱的条件。显然，并不是所有的振动形式都能产生红外吸收。那么，要产生红外吸收必须具备哪些条件呢？

实验证明：红外光照射分子，引起振动能级的跃迁，从而产生红外吸收光谱，必须具备以下两个条件。

一是红外辐射应具有恰好能满足能级跃迁所需的能量，即物质的分子中某个基团的振动频率应正好等于该红外光的频率。或者说当用红外光照射分子时，如果红外光子的能量正好等于分子振动能级跃迁时所需的能量，则可以被分子所吸收，这是红外吸收光谱产生的必要条件。

二是物质分子在振动过程中应有偶极矩的变化（$\Delta\mu \neq 0$），这是红外吸收光谱产生的充分必要条件。因此，对那些对称分子（如 O_2、N_2、H_2、Cl_2 等双原子分子），分子中原子的振动并不引起 μ 的变化，则不能产生红外吸收光谱。

【开放性训练】

1. 任务
让学生在课后时间巩固红外吸收光谱仪的基本操作训练。

2. 实训过程
学生独立完成仪器的操作训练。

3. 作业
实训结束，学生编写仪器的操作规程（可作为课后作业）。

【理论拓展】

仪器的维护与日常保养
① 红外吸收光谱实训室要求温度适中，湿度不得超过 60%，为此，要求实训室应装配空调和除湿机；

② 仪器应放在防振的台子上或安装在振动甚少的环境中；

③ 仪器使用的电源要远离火花发射源和大功率磁电设备，采用电源稳压设备，并应设置良好的接地线；

④ 仪器在使用过程中，对光学镜面必须严格防尘，防腐蚀，并且要特别防止机械摩擦；

⑤ 光源使用温度要适宜，不得过高，否则将缩短其寿命；更换、安装光源时要十分小心，以免光源受力折断；

⑥ 各运动部件要定期用润滑油润滑，以保持运转轻快；

⑦ 仪器长期不用，再用时要对其性能进行全面检查。

【思考与练习】

1. 思考题
红外吸收光谱图谱如何进行分析，每一个吸收峰与结构之间存在什么关系？

2. 研究性习题
查阅资料，了解目前本地区最常用的红外吸收光谱仪的型号，认识该仪器并编写相关操作规程。

3. 练习题
(1) 在中红外光区中，一般把 $4000 \sim 1350 cm^{-1}$ 区域叫做_____，而把 $1350 \sim 650 cm^{-1}$ 区域叫做_____。

(2) 在分子中，原子的运动方式有三种，即_____、_____和_____。

(3) 在振动过程中键或基团的_____不发生变化，就不吸收红外光。

(4) 红外吸收光谱是（　　）。

　　A. 分子光谱　　　　　　B. 原子光谱　　　　　　C. 吸收光谱

　　D. 电子光谱　　　　　　E. 振动光谱

4. 请翻译下列文字，并利用课外时间进行自学。

The Sample Analysis Process

The normal instrumental process is as follows：

(1) The Source：Infrared energy is emitted from a glowing black-body source. This beam passes through an aperture which controls the amount of energy presented to the sample (and, ultimately, to the detector) .

(2) The Interferometer：The beam enters the interferometer where the "spectral encoding" takes place. The resulting interferogram signal then exits the interferometer.

(3) The Sample：The beam enters the sample compartment where it is transmitted through or reflected off of the surface of the sample, depending on the type of analysis being ccomplished. This is where specific frequencies of energy, which are uniquely characteristic of the sample, are absorbed.

(4) The Detector：The beam finally passes to the detector for final measurement. The detectors used are

specially designed to measure the special interferogram signal.

(5) The Computer: The measured signal is digitized and sent to the computer where the Fourier transformation takes place. The final infrared spectrum is then presented to the user for interpretation and any further manipulation.

Because there needs to be a relative scale for the absorption intensity, a background spectrum must also be measured. This is normally a measurement with no sample in the beam. This can be compared to the measurement with the sample in the beam to determine the "percent transmittance." This technique results in a spectrum which has all of the instrumental characteristics removed.

Thus, all spectral features which are present are strictly due to the sample. A single background measurement can be used for many sample measurements because this spectrum is characteristic of the instrument itself.

任务 3   红外吸收光谱的解谱及应用

【能力目标】

解析红外谱图，获得官能团的基本信息，推导未知物的可能结构。

【任务分析】

本次课程的任务是以 PE 公司型号为 PE SP Ⅺ FT-IR 的红外吸收光谱仪为例，要求学生掌握解谱的一般步骤，知道红外吸收光谱与物质分子结构之间的关系，能根据红外谱图的信息，获得官能团的基本信息，并推导未知物的可能结构。

【实训】

1. 解谱的基本操作

红外吸收光谱的解谱一般可归纳为两种方法：按吸收峰强度顺序解析及按基团顺序解析。

(1) 吸收峰强度

即首先识别特征区的最强峰，然后是次强峰或较弱峰，它们分别属于何种基团，同时查对指纹区的相关峰加以验证，以初步推断试样物质的类别，最后详细地查对有关光谱资料来确定其结构。

(2) 基团顺序

即首先按 C=O、O—H、C—O、C=C(包括芳环)、C≡N 和—NO$_2$ 等几个主要基团的顺序，采用肯定与否定的方法，判断试样光谱中这些主要基团的特征吸收峰存在与否，以获得分子结构的概貌，然后查对其细节，确定其结构。

(3) 不饱和度的计算

所谓不饱和度 (U) 是表示有机分子中碳原子的饱和程度。计算不饱和度的经验公式为：

$$U = 1 + n_4 + \frac{1}{2}(n_3 - n_1) \tag{6-5}$$

式中，n_1、n_3、n_4 分别为分子式中一价、三价和四价原子的数目。通常规定双键和饱和环状结构的不饱和度为 1，三键的不饱和度为 2，苯环的不饱和度为 4。

比如 $C_6H_5NO_2$ 的不饱和度 $U = 1 + 6 + (1-5)/2 = 5$，即一个苯环和一个 N=O 键。

2. 学生实训

(1) 实训内容

题目 1：未知化合物分子式为 $C_6H_{15}N$，图 6-21 给出其红外吸收光谱图，推测其结构。

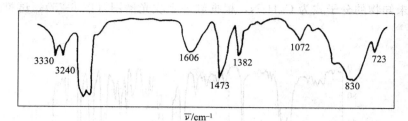

图 6-21 未知化合物的红外吸收光谱图 （1）

题目 2：有一分子式为 $C_7H_6O_2$ 的化合物，其红外吸收光谱如图 6-22 所示，试推测其结构。

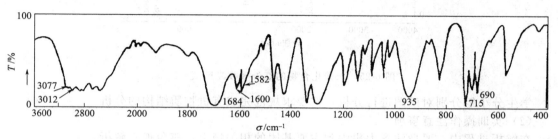

图 6-22 未知化合物的红外吸收光谱图 （2）

题目 3：某化合物分子式为 $C_{10}H_{10}O$，由核磁共振波谱指出—CH_3 与它相连的碳不带 H，根据其红外吸收光谱图 （图 6-23）推导其结构。

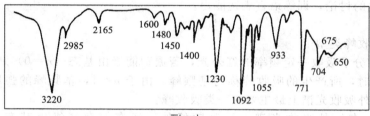

图 6-23 未知化合物的红外吸收光谱图 （3）

题目 4：某未知物分子式为 C_3H_6O，红外吸收光谱如图 6-24 所示，试推断其化学结构式。

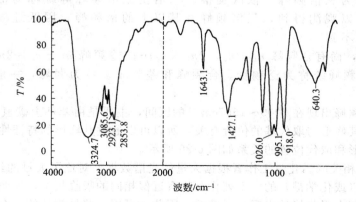

图 6-24 未知化合物的红外吸收光谱图 （4）

题目 5：未知物的分子式为 C_8H_7N，根据红外吸收光谱图（图 6-25），试推测此化合物的结构。

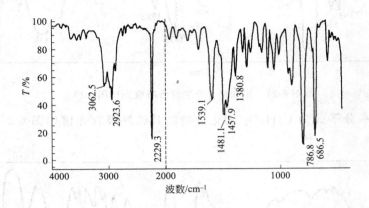

图 6-25　未知化合物的红外吸收光谱图（5）

学生分小组分别对谱图进行分析，按要求规范完成有机物质结构的分析。

（2）实训操作注意事项

在解析过程中，要把注意力集中到主要基团的相关峰上，避免孤立解析。

（3）职业素质训练

① 通过教师引导和学生讨论相结合，反复练习，训练学生敏锐的观察能力和逻辑思维能力。

③ 通过学生的讨论，训练语言表达能力。

3. 相关知识

（1）红外吸收峰类型

① 基频峰。分子吸收一定频率的红外光，若振动能级由基态（$n=0$）跃迁到第一振动激发态（$n=1$）时，所产生的吸收峰称为基频峰。由于 $n=1$，基频峰的强度一般都较大，因而基频峰是红外吸收光谱上最主要的一类吸收峰。

② 泛频峰。在红外吸收光谱上除基频峰外，还有振动能级由基态（$n=0$）跃迁至第二（$n=2$），第三（$n=3$）……第 n 振动激发态时，所产生的吸收峰称为倍频峰。由 $n=0$ 跃迁至 $n=2$ 时，所产生的吸收峰称为二倍频峰。由 $n=0$ 跃迁至 $n=3$ 时，所产生的吸收峰称为三倍频峰。依次类推。二倍及三倍频峰等统称为倍频峰，其中二倍频峰还经常可以观测得到，三倍频峰及其以上的倍频峰，因跃迁概率很小，一般都很弱，常观测不到。

除倍频峰外，尚有合频峰 n_1+n_2，$2n_1+n_2$…；差频峰 n_1-n_2，$2n_1-n_2$…；倍频峰、合频峰及差频峰统称为泛频峰。合频峰和差频峰多数为弱峰，一般在图谱上不易辨认。

取代苯的泛频峰出现在 $2000\sim1667cm^{-1}$ 的区间，主要是由苯环上碳氢面外变形的倍频等所构成。由于其峰形与取代基的位置有关，所以可以通过其峰形的特征性来进行取代基位置的鉴定，其峰形和取代位置的关系如图 6-26 所示。

③ 特征峰和相关峰。化学工作者根据大量的光谱数据，对比了大量的红外谱图后发现，具有相同官能团（或化学键）的一系列化合物有近似相同的吸收频率，证明官能团（或化学键）的存在与谱图上吸收峰的出现是对应的。因此，可用一些易辨认的、有代表性的吸收峰来确定官能团的存在。凡是可用于鉴定官能团存在的吸收峰，称为特征吸收峰，简称特征

峰。如—C≡N 的特征吸收峰在 $2247cm^{-1}$ 处。

又因为一个官能团有数种振动形式，而每一种具有红外活性的振动一般相应产生一个吸收峰，有时还能观测到泛频峰，因而常常不能只由一个特征峰来肯定官能团的存在。例如分子中如有—CH＝CH_2 存在，则在红外吸收光谱图上能明显观测到 ν_{asCH_2}、$\nu_{C=C}$、γ_{CH}、γ_{CH_2} 四个特征峰。这一组峰是因—CH＝CH_2 基的存在而出现的相互依存的吸收峰，若证明化合物中存在该官能团，则在其红外谱图中这四个吸收峰都应存在，缺一不可。在化合物的红外谱图中由于某个官能团的存在而出现的一组相互依存的特征峰，可互称为相关峰，用以说明这些特征吸收峰具有依存关系，并区别于非依存关系的其他特征峰，如—C≡N 基只有一个(C≡N)峰，而无其他相关峰。

用一组相关峰鉴别官能团的存在是个较重要的原则。在有些情况下因与其他峰重叠或峰太弱，因此并非所有的相关峰都能观测到，但必须找到主要的相关峰才能确认官能团的存在。

(2) 红外吸收光谱的分区

分子中的各种基团都有其特征红外吸收带，其他部分只有较小的影响。中红外区因此又划分为特征谱带区（$4000\sim1330cm^{-1}$，即 $2.5\sim7.5\mu m$）和指纹区（$1333\sim667cm^{-1}$，即 $7.5\sim15\mu m$）。前者吸收峰比较稀疏，容易辨认，主要反映分子中特征基团的振动，便于基团鉴定，有时也称为基团频率区。后者吸收光谱复杂：有 C—X(X＝C、N、O) 单键的伸缩振动，有各种变形振动。

利用红外吸收光谱鉴定有机化合物结构，必须熟悉重要的红外区域与结构（基团）的关系。通常中红外光区又可分为四个吸收区域（见表 6-5）或八个吸收段，熟记各区域或各段包含哪些基团的哪些振动，对判断化合物的结构是非常有帮助的。

① O—H、N—H 键伸缩振动段。O—H 伸缩振动在 $3700\sim3100cm^{-1}$，游离的羟基的伸缩振动频率在 $3600cm^{-1}$ 左右，形成氢键缔合后移向低波数，谱带变宽，特别是羧基中的 O—H，吸收峰常展宽到 $3200\sim2500cm^{-1}$。该谱带是判断醇、酚和有机酸的重要依据。一、二级胺或酰胺等的 N—H 伸缩振动类似于 O—H 键，但—NH_2 为双峰，—NH— 为单峰。游离的 N—H 伸缩振动在 $3300\sim3500cm^{-1}$，强度中等，缔合将使峰的位置及强度都发生变化，但不及羟基显著，向低波数移动也只有 $100cm^{-1}$ 左右。

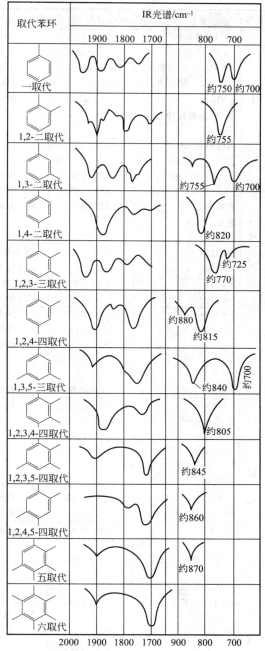

图 6-26　各取代苯的 γ_{CH} 振动吸收和在 $1650\sim2000cm^{-1}$ 的吸收面貌

表 6-5　中红外光区四个区域的划分

区域	基　团	吸收频率/cm⁻¹	振动形式	吸收强度	说　明
第一区域	—OH（游离）	3650～3580	伸缩	m,sh	判断有无醇类、酚类和有机酸的重要依据
	—OH（缔合）	3400～3200	伸缩	s,b	
	—NH₂，—NH（游离）	3500～3300	伸缩	m	
	—NH₂，—NH（缔合）	3400～3100	伸缩	s,b	
	—SH	2600～2500	伸缩		
	C—H 伸缩振动				不饱和 C—H 伸缩振动出现在 3000cm⁻¹ 以上
	不饱和 C—H				末端—C—H₂ 出现在 3085cm⁻¹ 附近 强度上比饱和 C—H 稍弱，但谱带较尖锐
	≡C—H（三键）	3300 附近	伸缩	s	饱和 C—H 伸缩振动出现在 3000cm⁻¹ 以下（3000—2800cm⁻¹），取代基影响较小
	—C—H（双键）	3010～3040	伸缩	s	
	苯环中 C—H	3030 附近	伸缩	s	
	饱和 C—H				三元环中的 CH₂ 出现在 3050cm⁻¹ —C—H 出现在 2890cm⁻¹，很弱
	—CH₃	2960±5	反对称伸缩	s	
	—CH₃	2870±10	对称伸缩	s	
	—CH₂	2930±5	反对称伸缩	s	
	—CH₂	2850±10	对称伸缩	s	
第二区域	—C≡N	2260～2220	伸缩	s 针状	干扰少
	—N≡N	2310～2135	伸缩	m	
	—C≡C—	2260～2100	伸缩	v	R—C≡C—H，2100～2140；R—C≡C—R′，2190～2260；若 R′=R，对称分子无红外谱带
	—C=C=C—	1950 附近		v	
第三区域	C=C	1680～1620	伸缩	m,v	
	芳环中 C=C	1600,1580 1500,1450	伸缩	v	苯环的骨架振动
	—C=O	1850～1600	伸缩	s	其他吸收带干扰少，是判断羰基（酮类、酸类、酯类、酸酐等）的特征频率，位置变动大
	—NO₂	1600～1500	反对称伸缩	s	
	—NO₂	1300～1250	对称伸缩	s	
	S=O	1220～1040	伸缩	s	
第四区域	C—O	1300～1000	伸缩	s	C—O 键（酯、醚、醇类）的极性很强，故强度强，常成为谱图中最强的吸收
	C—O—C	900～1150	伸缩	s	醚类中 C—O—C 的 ν_{as}=1100±50 是最强的吸收。C—O—C 对称伸缩在 900～1000，较弱
	—CH₃，—CH₂	1460±10	—CH₃ 反对称变形，CH₂ 变形	m	大部分有机化合物都含有 CH₃、CH₂ 基，因此此峰经常出现
	—CH₃	1370～1380	对称变形	m,s	
	—NH₂	1650～1560	变形	s	
	C—F	1400～1000	伸缩	s	
	C—Cl	800～600	伸缩	s	
	C—Br	600～500	伸缩	s	
	C—I	500～200	伸缩	s	
	=CH₂	910～890	面外摇摆	v	
	—(CH₂)ₙ—（n>4）	720	面内摇摆		

注：s—强吸收，b—宽吸收带，m—中等强度吸收，w—弱吸收，sh—尖锐吸收峰，v—吸收强度可变。

② 不饱和 C—H 伸缩振动段。烯烃、炔烃和芳烃等不饱和烃的 C—H 伸缩振动大部分在 $3000\sim3100cm^{-1}$，只有端炔基（≡C—H）的吸收在 $3300cm^{-1}$。

③ 饱和 C—H 伸缩振动段。甲基、亚甲基、叔碳氢及醛基的碳氢伸缩振动在 $3000\sim2700cm^{-1}$，其中只有醛基 C—H 伸缩振动在 $2720cm^{-1}$ 附近（特征吸收峰），其余均在 $2800\sim3000cm^{-1}$。和不饱和 C—H 伸缩振动比较可以发现，$3000cm^{-1}$ 是区分饱和与不饱和烃的分界线。

④ 三键与累积双键段。在 $2400\sim2100cm^{-1}$ 范围内的红外吸收光谱带很少，只有 C≡C、C≡N 等三键的伸缩振动和 C=C=C、N=C=O 等累积双键的不对称伸缩振动在此范围内，因此易于辨认，但必须注意空气中 CO_2 的干扰（$2349cm^{-1}$）。

⑤ 羰基伸缩振动段。羰基的伸缩振动在 $1650\sim1900cm^{-1}$，所有羰基化合物在该段均有非常强的吸收峰，而且往往是谱带中第一强峰，特征性非常明显。它是判断有无羰基存在的重要依据。其具体位置还和邻接基团密切相关，对推断羰基类型化合物有重要价值。

⑥ 双键伸缩振动段。烯烃中的双键和芳环上的双键以及碳氮双键的伸缩振动在 $1500\sim1675cm^{-1}$。其中芳环骨架振动在 $1500\sim1600cm^{-1}$ 之间有 2～3 个中等强度的吸收峰，是判断有无芳环存在的重要标志之一。而 $1600\sim1675cm^{-1}$ 的吸收，对应的往往是 C=C 或 C=N 的伸缩振动。

⑦ C—H 面内变形振动段。烃类 C—H 面内变形振动在 $1300\sim1475cm^{-1}$。一般甲基、亚甲基的变形振动位置都比较固定。由于存在着对称与不对称变形振动（对于—CH$_3$），因此通常看到两个以上的吸收峰。亚甲基的变形振动在此区域内仅有 δ_s（约 $1465cm^{-1}$），而 δ_{as} 即 ρ_{CH_2} 出现在约 $720cm^{-1}$ 处。

⑧ 不饱和 C—H 面外变形振动段。烯烃 C—H 面外变形振动 γ_{C-H} 在 $800\sim1000cm^{-1}$。不同取代类型的烯烃，其 γ_{C-H} 位置不同，因此可用以判断烯烃的取代类型。芳烃的 γ_{C-H} 在 $900\sim650cm^{-1}$，对于确定芳烃的取代类型是很特征的。

【理论提升】

基团顺序法进行解谱的方法步骤

（1）首先查对 $\nu_{C=O}1840\sim1630cm^{-1}$（s）的吸收是否存在

如存在，则可进一步查对下列羰基化合物是否存在。

① 酰胺：查对 ν_{N-H} 约 $3500cm^{-1}$（m～s），有时为等强度双峰是否存在；

② 羧酸：查对 ν_{O-H} $3300\sim2500cm^{-1}$ 宽而散的吸收峰是否存在；

③ 醛：查对 CHO 基团的 ν_{C-H} 约 $2720cm^{-1}$ 特征吸收峰是否存在；

④ 酸酐：查对 $\nu_{C=O}$ 约 $1810cm^{-1}$ 和约 $1760cm^{-1}$ 的双峰是否存在；

⑤ 酯：查对 ν_{C-O} $1300\sim1000cm^{-1}$（m～s）特征吸收峰是否存在；

⑥ 酮：查对以上基团吸收都不存在时，则此羰基化合物很可能是酮；另外，酮的 $\nu_{as,C-C-C}$ 在 $1300\sim1000cm^{-1}$ 有一弱吸收峰。

（2）如果谱图上无 $\nu_{C=O}$ 吸收带

则可查对是否为醇、酚、胺、醚等化合物。

① 醇或酚：查是否存在 $\nu_{O-H}3600\sim3200cm^{-1}$（s，宽）和 $\nu_{C-O}1300\sim1000cm^{-1}$（s）特征吸收；

② 胺：查是否存在 $\nu_{N-H}3500\sim3100cm^{-1}$ 和 $\delta_{N-H}1650\sim1580cm^{-1}$（s）特征吸收；

③ 醚：查是否存在 $\nu_{C-O-C}1300\sim1000cm^{-1}$ 特征吸收，且无醇、酚的 $\nu_{O-H}3600\sim$

$3200cm^{-1}$ 特征吸收。

（3）查对是否存在 C ＝C 双键或芳环

① 查有无链烯的 $\nu_{C=C}$（约 $1650cm^{-1}$）特征吸收；

② 查有无芳环的 $\nu_{C=C}$（约 $1600cm^{-1}$ 和约 $1500cm^{-1}$）特征吸收；

③ 查有无链烯或芳环的 ν_{C-H}（约 $3100cm^{-1}$）特征吸收。

（4）查对是否存在 C≡C 或 C≡N 三键吸收带

① 查有无 $\nu_{C≡C}$（约 $2150cm^{-1}$，w、尖锐）特征吸收；

② 查有无 $\nu_{≡C-H}$（约 $3200cm^{-1}$，m、尖）特征吸收；

③ 查有无 $\nu_{C≡N}$（$2260 \sim 2220cm^{-1}$，m～s）特征吸收。

（5）查对是否存在硝基化合物

查有无 ν_{as,NO_2}（约 $1560cm^{-1}$，s）和 ν_{s,NO_2}（约 $1350cm^{-1}$）特征吸收。

（6）查对是否存在烃类化合物

如在试样光谱中未找到以上各种基团的特征吸收峰，而在 $3000cm^{-1}$、$1470cm^{-1}$、$1380cm^{-1}$ 附近和 $780 \sim 720cm^{-1}$ 有吸收峰，则它可能是烃类化合物。烃类化合物具有最简单的红外吸收光谱图。

对于一般的有机化合物，通过以上的解析过程，再仔细观察谱图中的其他光谱信息，并查阅较为详细的基团特征频率材料，就能较为满意地确定试样物质的分子结构。对于复杂有机化合物的结构分析，往往还需要与其他结构分析方法配合使用，详细情况可查阅有关专著。

【开放性训练】

补充练习：学生自行独立课后完成解谱练习。

某化合物分子式为 C_8H_8O，测得其红外吸收光谱如图 6-27 所示，试推测其结构。

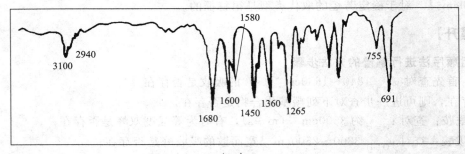

σ/cm^{-1}

图 6-27　未知化合物的红外吸收光谱图（6）

【理论拓展】

定性分析

红外吸收光谱的定性分析，大致可以分为官能团定性和结构分析两个方面。官能团定性是根据化合物的特征基团频率来检定待测物质含有哪些基团，从而确定有关化合物的类别。结构分析或称为结构剖析，则需要由化合物的红外吸收光谱并结合其他实验资料来推断有关化合物的化学结构式。

如果分析目的是对已知物及其纯度进行定性鉴定，那么只要在得到样品的红外吸收光谱图后，与纯物质的标准谱图进行对照即可。如果两张谱图各吸收峰的位置和形状完全相同，峰的相对吸收强度也一致，就可初步判定该样品即为该种纯物质；相反，如果两谱图各吸收峰的位置和形状不一致，或峰的相对吸收强度也不一致，则说明样品与纯物质不为同一物质，或样品中含有杂质。

（1）定性分析的一般步骤

测定未知物的结构，是红外吸收光谱定性分析的一个重要用途，它的一般步骤如下。

① 试样的分离和精制。用各种分离手段（如分馏、萃取、重结晶、色谱分离等）提纯未知试样，以得到单一的纯物质。否则，试样不纯不仅会给光谱的解析带来困难，还可能引起"误诊"。

② 收集未知试样的有关资料和数据。了解试样的来源、元素分析值、相对分子质量、熔点、沸点、溶解度、有关的化学性质以及紫外吸收光谱、核磁共振波谱、质谱等，这对图谱的解析有很大的帮助，可以大大节省谱图解析的时间。

③ 确定未知物的不饱和度。

④ 谱图解析。

（2）标准谱图的使用

在进行定性分析时，对于能获得相应纯品的化合物，一般通过谱图对照即可。对于没有已知纯品的化合物，则需要与标准谱图进行对照，最常见的标准谱图有 3 种，即萨特勒标准红外吸收光谱集（Sadtler, catalog of infrared standard spectra）、分子光谱文献"DMS"（documentation of molecular spectroscopy）穿孔卡片和 ALDRICH 红外吸收光谱库（The Aldrich Library of Infrared Spectra）。

其中"萨特勒"收集的谱图最多。到 1995 年为止，它已收集谱图约 150000 张，共分两大类，即标准光谱（分为棱镜光谱、光栅光谱和傅里叶变换红外吸收光谱）和商品光谱。标准光谱（Standard spectra）是指纯度在 98% 以上的化合物的光谱，约有 6.5 万张。商品光谱（Commercial spectra）是指工业产品的光谱，按 ASTM 分类法分成 23 类，共约 7 万张。此外，它还有各种各样的索引，因此使用非常方便。

【思考与练习】

1. 思考题

（1）红外吸收光谱图谱如何进行分析，每一个吸收峰与结构之间存在什么关系？

（2）中红外光区可分为哪四个吸收区域？哪八个吸收段？

2. 练习题

（1）有一含氧化合物，如用红外吸收光谱判断它是否为羰基化合物，主要依据的谱带范围为（　　　）。

  A. $3500 \sim 3200 cm^{-1}$ B. $1950 \sim 1650 cm^{-1}$

  C. $1500 \sim 1300 cm^{-1}$ D. $1000 \sim 650 cm^{-1}$

（2）有一含氮的化合物，如用红外吸收光谱判断它是否为腈类物质时，主要依据的谱带范围为（　　　）。

  A. $3500 \sim 3200 cm^{-1}$ B. $2400 \sim 2100 cm^{-1}$

  C. $1950 \sim 1650 cm^{-1}$ D. $1000 \sim 650 cm^{-1}$

任务 4　固体样品的红外吸收光谱绘制与解析

【能力目标】

能用压片法制备苯甲酸的红外试样，测定红外吸收光谱，对结构进行解析。

【任务分析】

任务：如何测定固体样品苯甲酸的红外吸收光谱？

不同的样品状态（固体、液体、气体以及黏稠样品）需要相应的制样方法。苯甲酸属于晶形固体，进行红外测试前，一般需要进行试样的压片，制成 KBr 压片。而制样方法的选择和制样技术的好坏直接影响谱带的频率、数目和强度。

【实训】

1. 测定过程

（1）开机预热，打开工作站

依次打开空调、除湿机、主机、电脑、工作站，预热 20min 左右。

（2）制备固体红外试样

取 2～3mg 苯甲酸与 200～300mg 干燥的 KBr 粉末，置于玛瑙研钵中，在红外灯下混匀，充分研磨（颗粒粒度为 $2\mu m$ 左右）后，用不锈钢药匙取 70～80mg 于压片机模具的两片压舌下。将压力调至 28kgf❶ 左右，压片，约 5min 后，用不锈钢镊子小心取出压制好的试样薄片，置于样品架中待用。

（3）扣背景

根据前面基本操作训练过程中的要求，扣本体背景吸收。

（4）扫样品

同样，根据前面基本操作训练过程中的要求，扫描样品的吸收峰。

（5）谱图的优化

对扫描得出的谱图，根据需要进行基线校正、平滑处理、纵坐标扩展等。

（6）谱图的解析

根据标准图谱和实际样品的图谱进行比对，并对主要的吸收峰进行归属。

2. 学生实训

（1）实训内容

学生按要求完成固体样品苯甲酸的红外吸收光谱测定实训。

（2）实训过程注意事项

① 压片过程中一定要使研细的粉末均匀地分布在压芯的表面，否则压片会太厚不透明，使透过率低；或太薄，容易碎裂。

② 压片过程中一定要将颗粒研磨至粒度在 $2\mu m$ 以下，而且必须在红外灯下研磨。

（3）职业素质训练

① 通过正确压片方法和错误方法获得的红外固体试样的比较，要求学生养成认真、细致的工作作风。

② 通过仔细观察谱图，积极推断结构信息，训练逻辑思维能力。

3. 相关知识

（1）制备试样的要求

① 试样应该是单一组分的纯物质，纯度应大于 98% 或符合商业标准。多组分样品应在测定前用分馏、萃取、重结晶、离子交换或其他方法进行分离提纯，否则各组分光谱相互重叠，难以解析。

② 试样中应不含游离水。水本身有红外吸收，会严重干扰样品谱图，还会侵蚀吸收池

---

❶　1kgf=9.80665N。

的盐窗。

③ 试样的浓度和测试厚度应选择适当，以使光谱图中大多数峰的透射比在 10%～80% 范围内。

（2）固体样品的制样方法

① 压片法。详见任务 2。

② 石蜡糊法。将固体样品研成细末，与糊剂（如液体石蜡油）混合成糊状，然后夹在两窗片之间进行测谱。石蜡油是一精制过的长链烷烃，具有较大的黏度和较高的折射率。用石蜡油做成糊剂不能用来测定饱和碳氢键的吸收情况。此时可以用六氯丁二烯代替石蜡油做糊剂。

③ 薄膜法。把固体样品制成薄膜的制备有两种方法：一种是直接将样品放在盐窗上加热，熔融样品涂成薄膜；另一种是先把样品溶于挥发性溶剂中制成溶液，然后滴在盐片上，待溶剂挥发后，样品遗留在盐片上而形成薄膜。

④ 熔融成膜法。样品置于晶面上，加热熔化，合上另一晶片，适于熔点较低的固体样品。

⑤ 漫反射法。样品加分散剂研磨，加到专用漫反射装置中，适用于某些在空气中不稳定，高温下能升华的样品。

【理论提升】

1. 谱图解析

根据扫描作出的标准红外吸收光谱图，以下给出供学生参考的解析过程。

$1684 cm^{-1}$ 强峰是 $\nu_{C=O}$ 的吸收，在 $3300～2500 cm^{-1}$ 区域有宽而散的 ν_{O-H} 峰，并且在约 $935 cm^{-1}$ 的 ν_{C-O} 位置有羧酸二聚体的 ν_{O-H} 吸收，在约 $1400 cm^{-1}$、$1300 cm^{-1}$ 处有羧酸的 ν_{C-O} 和 δ_{O-H} 的吸收，证明了—COOH 基团的存在。

$1600 cm^{-1}$、$1582 cm^{-1}$ 是苯环 $\nu_{C=C}$ 的特征吸收，$3070 cm^{-1}$、$3012 cm^{-1}$ 是苯环的 ν_{C-H} 的特征吸收，$715 cm^{-1}$、$690 cm^{-1}$ 是单取代苯的特征吸收，说明了单取代的苯环的存在。

由此可见，苯甲酸的官能团的结构信息均得到验证。

2. 载体材料的选择

目前，以中红外区（波长范围为 $4000～400 cm^{-1}$）应用最广泛，一般的光学材料为氯化钠（$4000～600 cm^{-1}$）、溴化钾（$4000～400 cm^{-1}$），这些晶体很容易吸水，使表面"发乌"，影响红外光的透过。为此，所用的窗片（NaCl 或 KBr 晶体）应放在干燥器内，要在湿度较小的环境下操作。此外，晶体片质地脆，而且价格较贵，使用时要特别小心。对含水样品的测试应采用 KRS-5 窗片（$4000～250 cm^{-1}$）、ZnSe（$4000～500 cm^{-1}$）和 CaF$_2$（$4000～1000 cm^{-1}$）等材料。近红外光区用石英和玻璃材料，远红外光区用聚乙烯材料。

【开放性训练】

1. 任务

用石蜡糊法测定固体苯甲酸的红外吸收光谱。

2. 实训过程

学生独立完成相应的测定任务。

3. 总结

实训结束，学生将用压片法和石蜡糊法测定固体苯甲酸的红外吸收光谱图进行比较。

【理论拓展】

1. 镜面反射技术

镜面反射技术是收集平整、光洁的固体表面的光谱信息，如金属表面的薄膜、金属表面处理膜、食品包装材料和饮料罐表面涂层、厚的绝缘材料、油层表面、矿物摩擦面、树脂和聚合物涂层、铸模塑料表面等。

　　在镜面反射测量中，由于不同波长位置下的折射率有所区别，因此在强吸收谱带范围内，经常会出现类似于导数光谱的特征，这样测出的结果难以解释，需要用 K-K（Kramers-Kronig）变换为一般的吸收光谱，如图 6-28 所示。

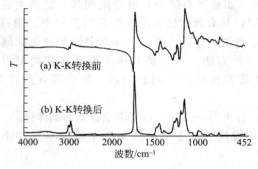

图 6-28　K-K 转换前后图示

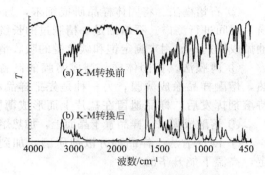

图 6-29　K-M 光谱修正图示

2. 漫反射光谱技术

　　漫反射光谱技术是收集高散射样品的光谱信息，适合于粉末状的样品。

　　漫反射红外吸收光谱测定法其实是一种半定量技术，将 DR（漫反射）谱经过 K-M（Kubelka-Munk）方程校正后可进行定量分析。DR 原谱横坐标是波数，纵坐标是漫反射比，经 K-M 方程校正后，最终得到的漫反射光谱图与红外吸收光谱图相类似，如图 6-29 所示。DR 测量时，无需 KBr 压片，直接将粉末样品放入试样池内，用 KBr 粉末稀释后，测其 DR 谱。用优质的金刚砂纸轻轻磨去表面的方法制备固体样品，可大大简化样品的准备过程，并且在砂纸上测量已被磨过的样品，可以得到高质量的谱图。由于金刚石的高散射性，用金刚石的粉末磨料可得到很好的结果。

3. 衰减全反射光谱技术

　　衰减全反射光谱（ATR）技术是收集材料表面的光谱信息，适合于普通红外吸收光谱无法测定的厚度大于 0.1mm 的塑料、高聚物、橡胶和纸张等样品。

　　衰减全反射附件应用于样品的测量，各谱带的吸收强度不但与试样的性质有关，还取决于光线的入射深度以及入射波长、入射角和光在两种介质中的折射率。实际上得到

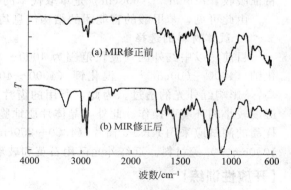

图 6-30　MIR 光谱修正图示

的 ATR 红外吸收光谱图具有长波区入射深度大，吸收强，而短波区入射深度小，吸收弱的特点，所以 ATR 红外吸收光谱图必须经过 MIR 方程校正（图 6-30）后方可解析。

【思考与练习】

　　1. 思考题

　　(1) 如果对于一些高聚物材料，很难研磨成细小的颗粒，采用什么制样方法比较好？

　　(2) 分析制备固体试样的几种常见的方法中，各自的特点和适用范围是什么？

　　2. 研究性习题

请课后查阅资料了解镜面反射技术、漫反射光谱技术、衰减全反射光谱技术在生产实际中的应用情

况，并撰写书面小论文。

3. 练习题

(1) 用红外吸收光谱测试薄膜状聚合物样品时，可采用（　　）。

　　A. 全反射法　　　　　　　　　　B. 漫反射法

　　C. 热裂解法　　　　　　　　　　D. 镜面反射法

(2) 红外吸收光谱分析中，对含水样品的测试可采用（　　）材料作载体。

　　A. NaCl　　　　　　　　　　　　B. KBr

　　C. KRS-5　　　　　　　　　　　D. CaF_2

任务 5　液体样品的红外吸收光谱绘制与解析

【能力目标】

能用液膜法和液体池法测定二甲苯的红外吸收光谱，并对结构进行解析。

【任务分析】

任务：如何测定液体样品二甲苯的红外吸收光谱？并比较分析辨别其同分异构体。

不同的样品状态（固体、液体、气体以及黏稠样品）需要相应的制样方法。二甲苯属于液体样品，进行红外测试前，一般需要进行红外制样。而制样方法的选择和制样技术的好坏直接影响测定结果。若液体样品的沸点低于 100℃时，可采用液体池法进行红外吸收光谱的分析测定。选择不同的垫片尺寸可调节液体池的厚度，对强吸收的样品应先用溶剂稀释后，再进行测定。

【实训】

1. 测定过程

(1) 准备工作

① 按前面实训要求开机预热。

② 用注射器装上无水乙醇清洗液体池 3～4 次；直接用无水乙醇清洗两块 KBr 晶片，用擦镜纸擦干后，置于红外灯下烘烤。

(2) 标样的分析测定

① 扫描背景。按前面实训要求完成。

② 扫描标样。在液体池中依次加入邻二甲苯、间二甲苯和对二甲苯标样后，置于样品室中进行扫描，保存，记录下各标样对应的文件名。或者用毛细管分别蘸取少量的邻二甲苯、间二甲苯和对二甲苯标样均匀涂渍于一块 KBr 晶片上，用另一块夹紧后置于样品室中迅速扫描。

(3) 试样的分析测定

① 扫描背景。方法按前面实训要求完成。

② 扫描试样。按扫描标样的方法对三种试样进行扫描，记录下各试样对应的文件名。

(4) 谱图的优化

按前面的实训要求完成谱图的优化。

(5) 结束工作

① 关机。按前面实训要求完成。

② 用无水乙醇清洗液体池和 KBr 晶片。

③ 整理台面，填写仪器使用记录。

（6）谱图的解析

① 根据三种标准样品的谱图进行解析，指出异同点。

② 通过试样与标样的谱图比较，得出试样各属于哪种二甲苯。

2. 学生实训

（1）实训内容

学生按要求完成液体样品二甲苯的红外吸收光谱测定实训。

（2）实训过程注意事项

① 每做一个标样或试样前都需用无水乙醇清洗液体池或两块 KBr 晶片，然后再用该标样或试样润洗 3～4 次。

② 用液膜法测定标样或试样时要迅速，以防止标样或试样的挥发。

（3）职业素质训练

① 通过学习教师的示范过程，培养自我训练和自我评价的能力。

② 通过严格要求正确处理废液二甲苯，树立学生的环保意识。

3. 相关知识

（1）液膜法

若液体样品的沸点高于 100℃时，可采用液膜法进行红外吸收光谱的分析测定。液膜法也可称为夹片法。即在可拆池两侧之间，滴上 1～2 滴液体样品，使之形成一层薄薄的液膜。液膜厚度可借助于池架上的固紧螺丝作微小调节。该法操作简便，适用于对高沸点及不易清洗的样品进行定性分析。或者也可在两个盐片（如 KBr 晶片）之间，滴加 1～2 滴未知样品，使之形成一层薄的液膜进行分析测定。

（2）液体池法

① 液体池的构造。如图 6-31 所示，它是由后框架、窗片框架、垫片、后窗片、间隔片、前窗片和前框架 7 个部分组成。一般，后框架和前框架由金属材料制成；前窗片和后窗片为氯化钠、溴化钾、KRS-5 和 ZnSe 等晶体薄片；间隔片常由铝箔和聚四氟乙烯等材料制成，起着固定液体样品的作用，厚度为 0.01～2mm。

② 装样和清洗方法。吸收池应倾斜 30°，用注射器（不带针头）吸取待测的样品，由下孔注入直到上孔看到样品溢出为止，用聚四氟乙烯塞子塞住上、下注射孔，用高质量的纸巾擦去溢出的液体后，便可进行测试。测试完毕，

图 6-31　液体池组成的分解示意图
1—后框架；2—窗片框架；3—垫片；4—后窗片；
5—聚四氟乙烯隔片；6—前窗片；7—前框架

取出塞子，用注射器吸出样品，由下孔注入溶剂，冲洗 2～3 次。冲洗后，用洗耳球吸取红外灯附近的干燥空气吹入液体池内，以除去残留的溶剂，然后放在红外灯下烘烤至干，最后将液体池存放在干燥器中。

【理论提升】

溶液法制备液体红外试样

将溶液（或固体）样品溶于适当的红外用溶剂中，如 CS_2、CCl_4、$CHCl_3$ 等，然后注入固体池中进行测定。该法特别适用于定量分析。此外，它还能用于红外吸收很强、用液膜法不能得到满意谱图的液体样品的定性分析。在使用溶液法时，必须特别注意红外溶剂的选

择，要求溶剂在较大范围内无吸收，样品的吸收带尽量不被溶剂吸收带所干扰，同时还要考虑溶剂对样品吸收带的影响（如形成氢键等溶剂效应）。

【开放性训练】

1. 任务
用液膜法测定正丁醇的红外吸收光谱。

2. 实训过程
学生独立完成相应的测定任务。

3. 总结
实训结束，学生将测得的谱图与标准谱图进行比较，并进行解析。

【理论拓展】

1. 气体试样的红外制样
气体样品一般都灌注于如图 6-32 所示的玻璃气槽内进行测定。它的两端粘合有可透过红外光的窗片。窗片的材质一般是 NaCl 或 KBr。进样时，一般先把气槽抽真空，然后再灌注样品。

2. 聚合物样品的红外制样
根据聚合物物态和性质不同，主要有以下几种类型：①黏稠液体，可用液膜法、溶液挥发成膜法、加液加压液膜法、全反射法及溶液法；②薄膜状样品，用透射法、镜面反射法及全反射法；③能磨成粉的样品，可用漫反射法及压片法；④能溶解的样品，用溶解成膜法及溶液法；⑤纤维、织物等，用全反射法；⑥单丝或以单丝排列的纤维样品采用显微测量技术；⑦不熔不溶的高聚物，如硫化橡胶、交联聚苯乙烯等，可用热裂解法。

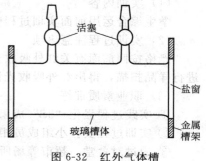

图 6-32   红外气体槽

【思考与练习】

1. 思考题
比较采用液膜法测定液体样品的红外吸收光谱时，与测定采用压片法测定固体样品的红外吸收光谱时操作的各自注意点。

2. 练习题
(1) 红外吸收光谱液体试样的制备方法有＿＿＿＿、＿＿＿＿和＿＿＿＿。

(2) 用于溶液法制样时，可选用＿＿＿＿、＿＿＿＿、＿＿＿＿等为溶剂。

(3) 液体池的间隔片常由（   ）材料制成，起着固定液体样品的作用。

    A. 氯化钠   B. 溴化钾

    C. 聚四氟乙烯   D. 铝箔

任务 6   安全性食品包装塑料薄膜制品的辨别与解析

【能力目标】

1. 能用红外吸收光谱法，对食品包装塑料薄膜制品进行分析检测。

2. 通过标准图谱比较，对其安全性能进行判断。

【任务分析】

任务：如何测定食品包装塑料薄膜制品的红外吸收光谱？由于食品安全受到人们的普遍关心，究竟什么样的食品包装袋及食品包装塑料薄膜是安全的。通过对此类薄膜制品进行红外吸收光谱测定，与相关标准图谱比较，对其安全性能进行判断。

【实训】

1. 测定过程
① 学生查阅相关文献，了解国家对于食品包装塑料薄膜制品的相关指标。
② 根据文献资料，对采集的各种食品塑料薄膜制品设计方案。
③ 样品测试并进行数据处理。
④ 结果分析。

2. 学生实训
（1）实训内容
学生综合运用前面实训过程中的操作技术，进行实训。
（2）实训过程注意事项
严格按照前面有关红外吸收光谱仪的规范操作要求上机测试。对于薄膜制品，可以直接进行样品扫描，得出红外吸收光谱图。
（3）职业素质训练
① 实践过程强化"3S"成果，维持规范、整洁、有序的实训室工作环境。
② 实训过程实验小组成员相互配合，培养团队合作精神。
③ 通过对食堂、超市等场所收集购买获得的食品包装薄膜的安全性分析，树立质量安全意识。

3. 相关知识
（1）文献的检索途径
文献检索的途径一是通过图书馆馆藏的各种书籍、手册、纸质标准等；二是通过网络资源中的各项搜索引擎，如百度、谷歌；三是通过一些光盘数据库，如中国期刊网、万方数据库中的电子资源，包括国家标准、专利、学术论文等；四是查阅一些免费的光谱数据库。
（2）食品包装薄膜的安全性要求
食品包装保鲜膜按材质可分为聚乙烯（PE）、聚氯乙烯（PVC）和偏聚氯乙烯（PVDC）等。就材质而言，PE 和 PVDC 是安全的。其中 PVDC 主要用于火腿肠等熟食产品的包装。目前在市场上所占份额则相对较小。
消费者从市场上购买的用于冰箱及微波炉使用的保鲜膜常见的是 PE 和 PVC 保鲜膜。PVC 保鲜膜对人体存在潜在危害，一是 PVC 中残留的氯乙烯单体过量的话（氯乙烯对人体的安全限量标准为小于 1mg/kg），对人体具有致癌作用，危害人体健康；二是 PVC 保鲜膜为了增加黏性、透明度和弹性，在加工过程中常加入大量的增塑剂，主要品种为己二酸二（2,2-乙基己基）酯（DEHA），含有 DEHA 的 PVC 保鲜膜与油脂接触或在微波炉加热的环境下，DEHA 很容易释放出来，并渗入食物中，对人体内分泌系统有很大的破坏作用，会扰乱人体的激素代谢，引起人类多种疾病。
（3）分析检测方法
目前，对于食品包装薄膜的分析可采用燃烧法和红外吸收光谱法。一般来说，采用红外吸收光谱法比较方便，且无任何有害物质产生。

【理论提升】

食品包装薄膜制品的质量安全性要求。

【开放性训练】

1. 任务

查阅文献资料，自行设计实验方案，采用燃烧法测定食品包装薄膜的安全性（注意操作的安全性）。

2. 实训过程

（1）查阅相关资料，四人一组制订分析方案，讨论方案的可行性，与教师一起确定分析方案。

（2）学生按小组独立完成相应的实训方案。

【思考与练习】

研究性习题：课后查阅资料，了解红外吸收光谱法在与人们的生产生活实践中密切相关的其他方面的应用，并撰写科技小论文。

项目 **7**
工业废水部分指标的检测

【能力目标】

综合运用所学知识与技能，使用气相色谱仪、紫外-可见分光光度计等分析仪器，设计分析方案并完成工业废水部分指标（包括 pH、F^-、K^+、Na^+、Ni^{2+}、醇类、微量苯等）的分析检测，记录并处理分析数据，并利用国家标准评价水质质量。

【任务分析】

1．迅速通过各种途径查阅相关分析方法的资料，并对其进行适当的整理，设计出可行的检测方案，在检测时优化该方案，完成相关检测任务。

2．完成样品的采集、处理、检测等环节，树立全面质量管理意识。

3．收集并处理所查阅的资料，以训练获取新信息的能力。

4．检测过程中树立安全、环保、节约等意识。

5．记录、处理数据并对测试结果进行综合评价，树立标准化意识，培养良好的职业道德意识。

6．根据国家标准综合评价工业废水的水质质量。

【实训】

每 4～6 人为一个学习组，由一人负责，统筹安排样品的采集与制备、资料的查阅、各指标检测方案的确立、试剂与仪器设备的领用与归还、各指标检测方案的设施与优化、数据的处理与评价（按国家标准）、编写检测报告等事务。

【参考资料】

1．GB/T 11903—1989 水质　色度的测定
2．GB/T 11904—1989 水质　钾和钠的测定　火焰原子吸收分光光度法
3．GB/T 11910—1989 水质　镍的测定　丁二酮肟分光光度法
4．GB/T 11912—1989 水质　镍的测定　火焰原子吸收分光光度法
5．GB/T 12997—1991 水质　采样方案设计技术规定
6．GB/T 13195—1991 水质　水温的测定　温度计或颠倒温度计测定法
7．GB/T 13198—1991 水质　六种特定多环芳烃的测定　高效液相色谱法
8．GB/T 13200—1991 水质　浊度的测定
9．GB/T 14581—1993 水质　湖泊和水库采样技术指导
10．GB/T 6920—1986 水质　pH 的测定　玻璃电极法
11．GB/T 7482—1987 水质　氟化物的测定　茜素磺酸锆目视比色法
12．GB/T 7483—1987 水质　氟化物的测定　氟试剂分光光度法

13. GB/T 7484—1987 水质　氟化物的测定 离子选择性电极法
14. GB/T 11896—1989 水质　氯化物的测定 硝酸银滴定法
15. GB/T 11898—1989 水质　游离氯和总氯的测定 N,N-二乙基-1,4-苯二胺分光光度法
16. GB/T 11893—1989 水质　总磷的测定 钼酸铵分光光度法
17. GB/T 11890—1989 水质　苯系物的测定 气相色谱法
18. GB/T 11894—1989 水质　总氮的测定 碱性过硫酸钾消解紫外分光光度法
19. ANSI/PIMAIT 4.39—1996 摄影（冲印）废水氯的分光光度计测量
20. ANSI/ASTM D1126—1996 水硬度测试方法
21. 上海市工业废水排放标准
22. 江苏省工业废水排放标准
23. 综合废水排放标准（见表 7-1 和表 7-2）

表 7-1　第一类污染物最高允许排放浓度　　单位：mg/L

序号	污染物	最高允许排放浓度	序号	污染物	最高允许排放浓度
1	总汞	0.05	8	总镍	1.0
2	烷基汞	不得检出	9	苯并[a]芘	0.00003
3	总镉	0.1	10	总铍	0.005
4	总铬	1.5	11	总银	0.5
5	六价铬	0.5	12	总 α 放射性	1Bq/L
6	总砷	0.5	13	总 β 放射性	10Bq/L
7	总铅	1.0			

表 7-2　第二类污染物最高允许排放浓度
（1997 年 12 月 31 前建设的单位）　　单位：mg/L

序号	污染物	适 用 范 围	一级标准	二级标准	三级标准
1	pH	一切排污单位	6～9	6～9	6～9
2	色度(稀释倍数)	染料工业	50	180	—
		其他排污单位	50	80	—
		采矿、选矿、选煤工业	100	300	—
		脉金选矿	100	500	—
3	悬浮物(SS)	规定地区沙金选矿	100	800	—
		城镇二级污水处理厂	20	30	—
		其他排污单位	70	200	400
		甘蔗制糖、苎麻脱胶、湿法纤维板工业	30	100	600
4	五日生化需氧量(BOD$_5$)	甜菜制糖、酒精、味精、皮革、化学浆粕工业	30	150	600
		城镇二级污水处理厂	20	30	—
		其他排污单位	30	60	300
		甜菜制糖、焦化、合成脂肪酸、湿法纤维板、染料、洗毛、有机磷农药工业	100	200	1000
		味精、酒精、医药原料药、生物制药、苎麻脱胶、皮革、化纤浆粕工业	100	300	1000
		石油化工工业(包括石油炼制)	100	150	500
5	化学需氧量(COD)	城镇二级污水处理厂	60	120	—
6	石油类	其他排污单位	100	150	500
7	动植物油	一切排污单位	10	10	30
8	挥发酚	一切排污单位	20	20	100
9	总氰化合物	一切排污单位	0.5	0.5	2.0
		电影洗片(铁氰化合物)	0.5	5.0	5.0
10	硫化物	其他排污单位	0.5	0.5	1.0
11	氨氮	一切排污单位	1.0	1.0	2.0
		医药原料药、染料、石油化工工业	15	50	—

续表

序号	污染物	适用范围	一级标准	二级标准	三级标准
12	氟化物	黄磷工业 低氟地区（水体含氟量＜0.5mg/L）	10 10	20 10	20 20
13	磷酸盐（以 P 计）	其他排污单位	0.5	1.0	—
14	甲醛	一切排污单位	—	—	—
15	苯胺类	一切排污单位	1.0	2.0	5.0
16	硝基苯类	一切排污单位	2.0	3.0	5.0
17	阴离子表面活性剂（LAS）	合成洗涤工业 其他排污单位	5.0 5.0	15 10	20 20
18	总铜	一切排污单位	0.5	1.0	2.0
19	总锌	一切排污单位	2.0	5.0	5.0
20	总锰	合成脂肪酸工业 其他排污单位	2.0 2.0	5.0 2.0	5.0 5.0
21	彩色显影剂	电影洗片	2.0	3.0	5.0
22	显影剂及氧化物总量	电影洗片	3.0	6.0	6.0
23	元素 P	一切排污单位	0.1	0.3	0.3
24	有机磷农药（以 P 计）	一切排污单位	不得检出	0.5	0.5
25	粪大肠菌群数/（个/L）	医院、兽医院及医疗机构（含病原体污水） 传染病、结核病医院污水	500 100	1000 500	5000 1000

24. 生活饮用水卫生标准（GB 5749—2006）

生活饮用水卫生标准
Standards for Drinking Water Quality

中华人民共和国卫生部
国家标准化管理委员会
发　布

前　言

本标准全文强制执行。

本标准自实施之日起代替 GB 5749—85《生活饮用水卫生标准》。

本标准与 GB 5749—85 相比主要变化如下：

—— 水质指标由 GB 5749—85 的 35 项增加至 106 项，增加了 71 项；修订了 8 项；其中：

——微生物指标由 2 项增至 6 项，增加了大肠埃希菌、耐热大肠菌群、贾第鞭毛虫和隐孢子虫；修订了总大肠菌群；

——饮用水消毒剂由 1 项增至 4 项，增加了一氯胺、臭氧、二氧化氯；

——毒理指标中无机化合物由 10 项增至 21 项，增加了溴酸盐、亚氯酸盐、氯酸盐、锑、钡、铍、硼、钼、镍、铊、氯化氰；并修订了砷、镉、铅、硝酸盐；

毒理指标中有机化合物由 5 项增至 53 项，增加了甲醛、三卤甲烷、二氯甲烷、1,2-二氯乙烷、1,1,1-三氯乙烷、三溴甲烷、一氯二溴甲烷、二氯一溴甲烷、环氧氯丙烷、氯乙烯、1,1-二氯乙烯、1,2-二氯乙烯、三氯乙烯、四氯乙烯、六氯丁二烯、二氯乙酸、三氯乙酸、三氯乙醛、苯、甲苯、二甲苯、乙苯、苯乙烯、2,4,6-三氯酚、氯苯、1,2-二氯苯、1,4-二氯苯、三氯苯、邻苯二甲酸二（2-乙基己基）酯、丙烯酰胺、微囊藻毒素-LR、灭草松、百菌清、溴氰菊酯、乐果、2,4-滴、七氯、六氯苯、林丹、马拉硫磷、对硫磷、甲基对硫磷、五氯酚、莠去津、呋喃丹、毒死蜱、敌敌畏、草甘膦；修订了四氯化碳；

——感官性状和一般理化指标由 15 项增至 20 项，增加了耗氧量、氨氮、硫化物、钠、铝；修订了浑浊度；

　　——放射性指标中修订了总 α 放射性；

　　——删除了水源选择和水源卫生防护两部分内容；

　　——简化了供水部门的水质检测规定，部分内容列入《生活饮用水集中式供水单位卫生规范》；

　　——增加了附录 A；

　　——增加了参考文献。

本标准的附录 A 为资料性附录。

为准备水质净化和水质检验条件，贾第鞭毛虫、隐孢子虫、三卤甲烷、微囊藻毒素-LR 等 4 项指标延至 2008 年 7 月 1 日起执行。

本标准由中华人民共和国卫生部提出并归口。

本标准负责起草单位：中国疾病预防控制中心环境与健康相关产品安全所。

本标准参加起草单位：广东省卫生监督所、浙江省卫生监督所、江苏省疾病预防控制中心、北京市疾病预防控制中心、上海市疾病预防控制中心、中国城镇供水排水协会、中国水利水电科学研究院、国家环境保护总局环境标准研究所。

本标准主要起草人：金银龙、鄂学礼、陈昌杰、陈西平、张岚、陈亚妍、蔡祖根、甘日华、申屠杭、郭常义、魏建荣、宁瑞珠、刘文朝、胡林林。

本标准参加起草人：蔡诗文、林少彬、刘凡、姚孝元、陆坤明、陈国光、周怀东、李延平。本标准于1985 年 8 月首次发布，本次为第一次修订。

生活饮用水卫生标准

1　范围

本标准规定了生活饮用水水质卫生要求、生活饮用水水源水质卫生要求、集中式供水单位卫生要求、二次供水卫生要求、涉及生活饮用水卫生安全产品卫生要求、水质监测和水质检验方法。

本标准适用于城乡各类集中式供水的生活饮用水，也适用于分散式供水的生活饮用水。

2　规范性引用文件

下列文件中的条款通过本标准的引用而成为本标准的条款。凡是标注日期的引用文件，其随后所有的修改（不包括勘误内容）或修订版均不适用于本标准，然而，鼓励根据本标准达成协议的各方研究是否可使用这些文件的最新版本。凡是不注明日期的引用文件，其最新版本适用于本标准。

GB 3838 地表水环境质量标准

GB/T 5750 生活饮用水标准检验方法

GB/T 14848 地下水质量标准

GB 17051 二次供水设施卫生规范

GB/T 17218 饮用水化学处理剂卫生安全性评价

GB/T 17219 生活饮用水输配水设备及防护材料的安全性评价标准

CJ/T 206 城市供水水质标准

SL 308 村镇供水单位资质标准

卫生部生活饮用水集中式供水单位卫生规范

3　术语和定义

下列术语和定义适用于本标准：

3.1　生活饮用水 drinking water

供人生活的饮水和生活用水。

3.2　供水方式 type of water supply

3.2.1　集中式供水 central water supply

自水源集中取水，通过输配水管网送到用户或者公共取水点的供水方式，包括自建设施供水。为用户提供日常饮用水的供水站和为公共场所、居民社区提供的分质供水也属于集中式供水。

3.2.2　二次供水 secondary water supply

集中式供水在入户之前经再度储存、加压和消毒或深度处理，通过管道或容器输送给用户的供水方式。

3.2.3　农村小型集中式供水 small central water supply for rural areas

日供水在 1000m³ 以下（或供水人口在 1 万人以下）的农村集中式供水。

3.2.4 分散式供水 non-central water supply

用户直接从水源取水，未经任何设施或仅有简易设施的供水方式。

3.3 常规指标 regular indexes

能反映生活饮用水水质基本状况的水质指标。

3.4 非常规指标 non-regular indexes

根据地区、时间或特殊情况需要的生活饮用水水质指标。

4 生活饮用水水质卫生要求

4.1 生活饮用水水质应符合下列基本要求，保证用户饮用安全。

4.1.1 生活饮用水中不得含有病原微生物。

4.1.2 生活饮用水中化学物质不得危害人体健康。

4.1.3 生活饮用水中放射性物质不得危害人体健康。

4.1.4 生活饮用水的感官性状良好。

4.1.5 生活饮用水应经消毒处理。

4.1.6 生活饮用水水质应符合表1和表3卫生要求。集中式供水出厂水中消毒剂限值、出厂水和管网末梢水中消毒剂余量均应符合表2要求。

4.1.7 农村小型集中式供水和分散式供水的水质因条件限制，部分指标可暂按照表4执行，其余指标仍按表1、表2和表3执行。

4.1.8 当发生影响水质的突发性公共事件时，经市级以上人民政府批准，感官性状和一般化学指标可适当放宽。

4.1.9 当饮用水中含有附录A表A.1所列指标时，可参考此表限值评价。

表1　水质常规指标及限值

指　　标	限　值	指　　标	限　值
1. 微生物指标[①]		3. 感官性状和一般化学指标	
总大肠菌群/(MPN/100mL 或 CFU/100mL)	不得检出	色度/(铂钴色度单位)	15
耐热大肠菌群/(MPN/100mL 或 CFU/100mL)	不得检出	浑浊度/(NTU-散射浊度单位)	1 水源与净水技术条件限制时为3
大肠埃希菌/(MPN/100mL 或 CFU/100mL)	不得检出	臭和味	无异臭、异味
菌落总数/(CFU/mL)	100	肉眼可见物	无
2. 毒理指标		pH/(pH 单位)	不小于6.5，且不大于8.5
砷/(mg/L)	0.01	铝/(mg/L)	0.2
镉/(mg/L)	0.005	铁/(mg/L)	0.3
铬(六价)/(mg/L)	0.05	锰/(mg/L)	0.1
铅/(mg/L)	0.01	铜/(mg/L)	1.0
汞/(mg/L)	0.001	锌/(mg/L)	1.0
硒/(mg/L)	0.01	氯化物/(mg/L)	250
氰化物/(mg/L)	0.05	硫酸盐/(mg/L)	250
氟化物/(mg/L)	1.0	溶解性总固体/(mg/L)	1000
硝酸盐(以 N 计)/(mg/L)	10 地下水源限制时为20	总硬度(以 $CaCO_3$ 计)/(mg/L)	450
三氯甲烷/(mg/L)	0.06	耗氧量(COD_{Mn}法，以 O_2 计)/(mg/L)	3 水源限制，原水耗氧量＞6mg/L 时为5
四氯化碳/(mg/L)	0.002		
溴酸盐(使用臭氧时)/(mg/L)	0.01	挥发酚类(以苯酚计)/(mg/L)	0.002
甲醛(使用臭氧时)/(mg/L)	0.9	阴离子合成洗涤剂/(mg/L)	0.3
亚氯酸盐(使用二氧化氯消毒时)/(mg/L)	0.7	4. 放射性指标[②]	指导值
		总 α 放射性/(Bq/L)	0.5
氯酸盐(使用复合二氧化氯消毒时)/(mg/L)	0.7	总 β 放射性/(Bq/L)	1

① MPN 表示最可能数；CFU 表示菌落形成单位。当水样检出总大肠菌群时，应进一步检验大肠埃希菌或耐热大肠菌群；水样未检出总大肠菌群，不必检验大肠埃希菌或耐热大肠菌群。

② 放射性指标超过指导值，应进行核素分析和评价，判定能否饮用。

表 2　饮用水中消毒剂常规指标及要求

消毒剂名称	与水接触时间	出厂水中限值	出厂水中余量	管网末梢水中余量
氯气及游离氯制剂(游离氯)/(mg/L)	至少 30min	4	≥0.3	≥0.05
一氯胺(总氯)/(mg/L)	至少 120min	3	≥0.5	≥0.05
臭氧(O_3)/(mg/L)	至少 12min	0.3	—	0.02 如加氯,总氯≥0.05
二氧化氯(ClO_2)/(mg/L)	至少 30min	0.8	≥0.1	≥0.02

表 3　水质非常规指标及限值

指标	限值	指标	限值
1. 微生物指标		百菌清/(mg/L)	0.01
贾第鞭毛虫/(个/10L)	<1	呋喃丹/(mg/L)	0.007
隐孢子虫/(个/10L)	<1	林丹/(mg/L)	0.002
2. 毒理指标		毒死蜱/(mg/L)	0.03
锑/(mg/L)	0.005	草甘膦/(mg/L)	0.7
钡/(mg/L)	0.7	敌敌畏/(mg/L)	0.001
铍/(mg/L)	0.002	莠去津/(mg/L)	0.002
硼/(mg/L)	0.5	溴氰菊酯/(mg/L)	0.02
钼/(mg/L)	0.07	2,4-滴/(mg/L)	0.03
镍/(mg/L)	0.02	滴滴涕/(mg/L)	0.001
银/(mg/L)	0.05	乙苯/(mg/L)	0.3
铊/(mg/L)	0.0001	二甲苯/(mg/L)	0.5
氯化氰(以 CN^- 计)/(mg/L)	0.07	1,1-二氯乙烯/(mg/L)	0.03
一氯二溴甲烷/(mg/L)	0.1	1,2-二氯乙烯/(mg/L)	0.05
二氯一溴甲烷/(mg/L)	0.06	1,2-二氯苯/(mg/L)	1
二氯乙酸/(mg/L)	0.05	1,4-二氯苯/(mg/L)	0.3
1,2-二氯乙烷/(mg/L)	0.03	三氯乙烯/(mg/L)	0.07
二氯甲烷/(mg/L)	0.02	三氯苯(总量)/(mg/L)	0.02
三卤甲烷(三氯甲烷、一氯二溴甲烷、二氯一溴甲烷、三溴甲烷的总和)	该类化合物中各种化合物的实测浓度与其各自限值的比值之和不超过 1	六氯丁二烯/(mg/L)	0.0006
		丙烯酰胺/(mg/L)	0.0005
1,1,1-三氯乙烷/(mg/L)	2	四氯乙烯/(mg/L)	0.04
三氯乙酸/(mg/L)	0.1	甲苯/(mg/L)	0.7
三氯乙醛/(mg/L)	0.01	邻苯二甲酸二(2-乙基己基)酯/(mg/L)	0.008
2,4,6-三氯酚/(mg/L)	0.2	环氧氯丙烷/(mg/L)	0.0004
三溴甲烷/(mg/L)	0.1	苯/(mg/L)	0.01
七氯/(mg/L)	0.0004	苯乙烯/(mg/L)	0.02
马拉硫磷/(mg/L)	0.25	苯并[a]芘/(mg/L)	0.00001
五氯酚/(mg/L)	0.009	氯乙烯/(mg/L)	0.005
六六六(总量)/(mg/L)	0.005	氯苯/(mg/L)	0.3
六氯苯/(mg/L)	0.001	微囊藻毒素-LR/(mg/L)	0.001
乐果/(mg/L)	0.08	3. 感官性状和一般化学指标	
对硫磷/(mg/L)	0.003	氨氮(以 N 计)/(mg/L)	0.5
灭草松/(mg/L)	0.3	硫化物/(mg/L)	0.02
甲基对硫磷/(mg/L)	0.02	钠/(mg/L)	200

表 4　农村小型集中式供水和分散式供水部分水质指标及限值

指　标	限　值	指　标	限　值
1. 微生物指标		pH/(pH 单位)	不小于 6.5,且不大于 9.5
菌落总数/(CFU/mL)	500	溶解性总固体/(mg/L)	1500
2. 毒理指标		总硬度(以 $CaCO_3$ 计)/(mg/L)	550
砷/(mg/L)	0.05	耗氧量(COD_{Mn} 法,以 O_2 计)/(mg/L)	5
氟化物/(mg/L)	1.2		
硝酸盐(以 N 计)/(mg/L)	20	铁/(mg/L)	0.5
3. 感官性状和一般化学指标		锰/(mg/L)	0.3
色度/(铂钴色度单位)	20	氯化物/(mg/L)	300
浑浊度/(NTU-散射浊度单位)	3 水源与净水技术条件限制时为 5	硫酸盐/(mg/L)	300

5　生活饮用水水源水质卫生要求

5.1　采用地表水为生活饮用水水源时应符合 GB 3838 要求。

5.2　采用地下水为生活饮用水水源时应符合 GB/T 14848 要求。

6　集中式供水单位卫生要求

6.1　集中式供水单位的卫生要求应按照卫生部《生活饮用水集中式供水单位卫生规范》执行。

7　二次供水卫生要求

二次供水的设施和处理要求应按照 GB 17051 执行。

8　涉及生活饮用水卫生安全产品卫生要求

8.1　处理生活饮用水采用的絮凝、助凝、消毒、氧化、吸附、pH 调节、防锈、阻垢等化学处理剂不应污染生活饮用水,应符合 GB/T 17218 要求。

8.2　生活饮用水的输配水设备、防护材料和水处理材料不应污染生活饮用水,应符合 GB/T 17219 要求。

9　水质监测

9.1　供水单位的水质检测

供水单位的水质检测应符合以下要求。

9.1.1　供水单位的水质非常规指标选择由当地县级以上供水行政主管部门和卫生行政部门协商确定。

9.1.2　城市集中式供水单位水质检测的采样点选择、检验项目和频率、合格率计算按照 CJ/T 206 执行。

9.1.3　村镇集中式供水单位水质检测的采样点选择、检验项目和频率、合格率计算按照 SL 308 执行。

9.1.4　供水单位水质检测结果应定期报送当地卫生行政部门,报送水质检测结果的内容和办法由当地供水行政主管部门和卫生行政部门商定。

9.1.5　当饮用水水质发生异常时应及时报告当地供水行政主管部门和卫生行政部门。

9.2　卫生监督的水质监测

卫生监督的水质监测应符合以下要求。

9.2.1　各级卫生行政部门应根据实际需要定期对各类供水单位的供水水质进行卫生监督、监测。

9.2.2　当发生影响水质的突发性公共事件时,由县级以上卫生行政部门根据需要确定饮用水监督、监测方案。

9.2.3　卫生监督的水质监测范围、项目、频率由当地市级以上卫生行政部门确定。

10　水质检验方法

生活饮用水水质检验应按照 GB/T 5750 执行。

附录 A

（资料性附录）

表 A.1　生活饮用水水质参考指标及限值

指　标	限　值	指　标	限　值
肠球菌/(CFU/100mL)	0	石棉（>10mm)/(万/L)	700
产气荚膜梭状芽孢杆菌/(CFU/100mL)	0	亚硝酸盐/(mg/L)	1
二(2-乙基己基)己二酸酯/(mg/L)	0.4	多环芳烃（总量)/(mg/L)	0.002
二溴乙烯/(mg/L)	0.00005	多氯联苯（总量)/(mg/L)	0.0005
二噁英(2,3,7,8-TCDD)/(mg/L)	0.00000003	邻苯二甲酸二乙酯/(mg/L)	0.3
土臭素（二甲基萘烷醇)/(mg/L)	0.00001	邻苯二甲酸二丁酯/(mg/L)	0.003
五氯丙烷/(mg/L)	0.03	环烷酸/(mg/L)	1.0
双酚 A/(mg/L)	0.01	苯甲醚/(mg/L)	0.05
丙烯腈/(mg/L)	0.1	总有机碳（TOC)/(mg/L)	5
丙烯酸/(mg/L)	0.5	β-萘酚/(mg/L)	0.4
丙烯醛/(mg/L)	0.1	黄原酸丁酯/(mg/L)	0.001
四乙基铅/(mg/L)	0.0001	氯化乙基汞/(mg/L)	0.0001
戊二醛/(mg/L)	0.07	硝基苯/(mg/L)	0.017
甲基异-2-莰醇/(mg/L)	0.00001	镭 226 和镭 228/(pCi/L)	5
石油类（总量)/(mg/L)	0.3	氡/(pCi/L)	300

附　录

附录 1　课堂教学评价表

《仪器分析》课程课堂教学评价表

教学内容＿＿＿＿＿＿＿＿＿＿＿＿＿教学日期＿＿＿＿＿＿＿＿教师＿＿＿＿＿＿

说明：请同学认真回答每个问题，并在括号里填写你认为最合适的选项（可选择 2～3 项），在后面的等级评定中，用"√"选出你认为最合适的等级；你也可以在后面的空白处写出你自己的真实感受。

1. 本堂课你采用什么方式进行学习的？（　　　）

A. 自学交流　　　B. 合作探究　　　C. 实践发现　　　D. 猜想论证

E. 争论研究　　　F. 创新答辩　　　G. 听讲练习　　　H. 回答问题

I. 唯师唯书、被动接受

等级评定

（1）【优】（15 分）采用灵活多变的学习方式；

（2）【良】（12 分）听教师讲课与学生交流相融合；

（3）【中】（9 分）主要是听教师讲解，偶尔学生回答问题；

（4）【差】（3 分）基本上是教师"满堂灌"。

你的真实感受

2. 本堂课你接受了多少？（　　　）

A. 能投入、善合作；能发现、敢表达

B. 能自学、善交流；能选择、敢否定

C. 能分析、善归纳；富想象、有创意

D. 能听懂、会解题

E. 思维狭窄、交流贫乏

F. 自学缺方法、合作没激情；概念靠死记、解题靠模仿

等级评定

（1）【优】（20 分）能完全接受教师讲授的知识与技能，并能指出自己的见解；

（2）【良】（16 分）能大部分接受，并能知道自己在学习中的不足；

（3）【中】（12 分）能基本接受；

（4）【差】（4 分）"一点也听不懂"。

你的真实感受

3. 本堂课你的学习效果如何？

等级评定

（1）【优】（20分）掌握并能灵活运用知识技能，并能从中悟出相关的学习方法，想去查阅有关资料作进一步的了解；

（2）【良】（16分）能掌握知识技能并运用，增强了一定的学习兴趣；

（3）【中】（12分）依靠教师讲解勉强掌握知识技能，学习水平未有提高，学习情趣一般；

（4）【差】（4分）感觉学习过程枯燥乏味。

你的真实感受

4. 你认为在本堂课的教学中，教师充当什么样的角色？（　　　）

　　A. 合作者　　　B. 帮助者　　　C. 激励者　　　D. 知识传授者

　　E. 活动组织者　　　F. 监督者

等级评定

（1）【优】（20分）教师除能很好地组织课堂教学讲课外，还是学生学习的合作者，并能激励学生"学会学习"；

（2）【良】（16分）教师能够很好地组织课堂教学讲课，并能帮助同学发现问题、解决问题；

（3）【中】（12分）教师能够较好地组织课堂教学，并能传授相关知识和技能；

（4）【差】（4分）教师讲课单一，照本宣科，仅作为知识讲授者。

你的真实感受

5. 你认为本堂课的学习环境如何？（　　　）

　　A. 能营造宽松、民主、平等、互动的"显性"学习化环境

　　B. 能关注学生"喜欢学、愿意学、相信自己能学好"的内在心理学习化环境的构建

　　C. 规范、有序

　　D. 沉闷、压抑、师生间无法相互交流

等级评定

（1）【优】（10分）课堂教学环境宽松、规范、有序，师生间能很好地互动、交流；

（2）【良】（8分）课堂教学环境规范、有序，师生间能较好地互动、交流；

（3）【中】（6分）课堂教学环境规范、有序，学生感觉有些拘谨；

（4）【差】（2分）教师不能控制相应课堂环境，课堂环境凌乱。

你的真实感受

6. 你认为本堂课教学技术的运用如何？

　　A. 能科学合理地运用各种媒体进行教学，教学设计的过程有利于学生的自主创新性学习，能激发学生学习兴趣，并艺术性地帮助学生达成学习目标

　　B. 使用"幻灯片"一点点到底

　　C. 手段单调，一支粉笔到底，不使用其他媒体

　　D. 呈现教材、讲清知识、组织练习

等级评定

（1）【优】（15 分）合理使用各种媒体进行教学；

（2）【良】（12 分）媒体使用较为合理，有时使用欠妥当；

（3）【中】（9 分）不使用其他媒体进行教学；

（4）【差】（3 分）媒体使用不合理，该用时不用，不该用时乱用。

你的真实感受

你认为本次教学改革对你的学习有哪些帮助？

你认为本堂课有哪些不足？请写出你的建议？

你对本堂课的综合评价

（1）【优】（90 分以上）；

（2）【良】（75～90 分）媒体使用较为合理，有时使用欠妥当；

（3）【中】（60～75 分）不使用其他媒体进行教学；

（4）【差】（60 分以下）媒体使用不合理，该用时不用，不该用时乱用。

附录 2 常见有机化合物的特征红外吸收

（1）烷烃的特征吸收

正己烷（见附图 1 和附图 2）：

$2962cm^{-1}$，$2872cm^{-1}$　　—CH_3 非对称、对称伸缩振动

$2926cm^{-1}$，$2853cm^{-1}$　　—CH_2 非对称、对称伸缩振动

$1460cm^{-1}$　　　　　　　　—CH_3 非对称弯曲振动

$1455cm^{-1}$　　　　　　　　—CH_2 剪式振动

$1375cm^{-1}$　　　　　　　　—CH_3 弯曲振动

$720 cm^{-1}$　　　　　　　　—CH_2 摇摆

二甲基丁烷（见附图 3）：

$2962cm^{-1}$，$2880cm^{-1}$　　—CH_3 对称、非对称伸缩振动

$1460cm^{-1}$　　　　　　　　—CH_3 非对称弯曲振动

$1380cm^{-1}$，$1365cm^{-1}$　　—CH_3 弯曲振动

（2）烯烃的特征吸收

己烯（见附图 4）：

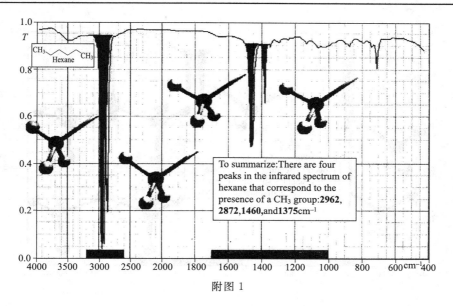

附图 1

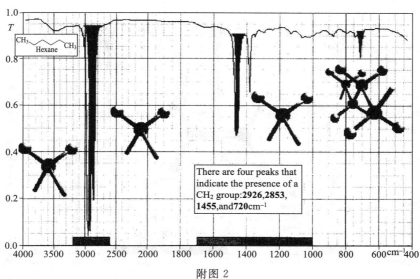

附图 2

$3080cm^{-1}$，$2997cm^{-1}$　　CH_2 非对称、对称伸缩振动

$1640cm^{-1}$　　　　　　　$C\!=\!C$ 伸缩振动

$1821cm^{-1}$，$909cm^{-1}$　　CH_2 面外弯曲振动

$993cm^{-1}$　　　　　　　CH 面外扭曲振动

（3）炔烃的特征吸收

庚炔（见附图 5）：

$3312cm^{-1}$　　　　　$\equiv CH$　　　伸缩振动　　　$2119cm^{-1}$　　　　　　　　$C\!\equiv\!C$ 伸缩振动

$1426cm^{-1}$　　　　　$-CH_2$　　　弯曲振动　　　$1238cm^{-1}$，$630cm^{-1}$　　　$\equiv CH$ 弯曲振动

（4）芳香烃的特征吸收

甲苯（见附图 6）：

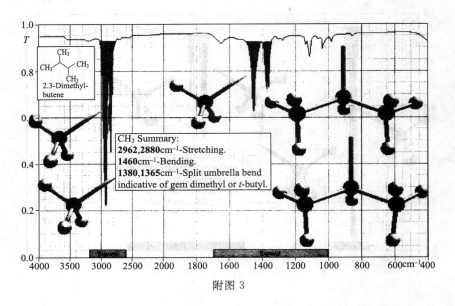

CH₃ Summary:
2962,2880cm⁻¹-Stretching.
1460cm⁻¹-Bending.
1380,1365cm⁻¹-Split umbrella bend indicative of gem dimethyl or *t*-butyl.

附图 3

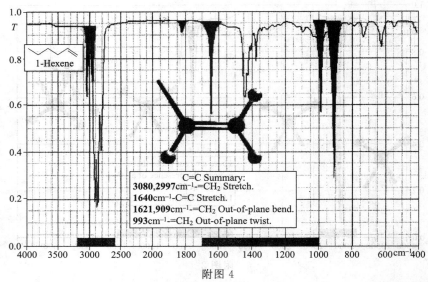

C=C Summary:
3080,2997cm⁻¹-=CH₂ Stretch.
1640cm⁻¹-C=C Stretch.
1621,909cm⁻¹-=CH₂ Out-of-plane bend.
993cm⁻¹-=CH₂ Out-of-plane twist.

附图 4

$3100 \sim 3000 \mathrm{cm}^{-1}$	不饱和 CH 伸缩振动
$2000 \sim 1700 \mathrm{cm}^{-1}$	苯环取代的倍频峰和合频峰
$1600 \mathrm{cm}^{-1}$，$1500 \mathrm{cm}^{-1}$，$1450 \mathrm{cm}^{-1}$	苯环骨架伸缩振动
$690 \mathrm{cm}^{-1}$	苯环面外弯曲振动

（5）醇和酚的特征吸收

己醇（见附图 7）：

$3334 \mathrm{cm}^{-1}$	OH 伸缩振动	$1430 \mathrm{cm}^{-1}$	OH 弯曲振动
$1058 \mathrm{cm}^{-1}$	C—O 伸缩振动	$660 \mathrm{cm}^{-1}$	OH 摇摆

（6）胺类的特征吸收

己胺（见附图 8）：

$3390 \mathrm{cm}^{-1}$	NH₂ 反对称伸缩振动	$3290 \mathrm{cm}^{-1}$	NH₂ 对称伸缩振动

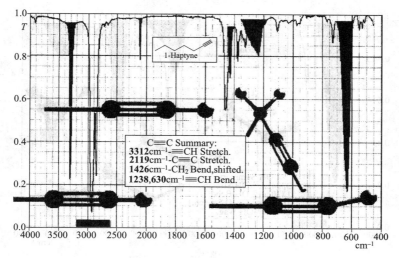

附图 5

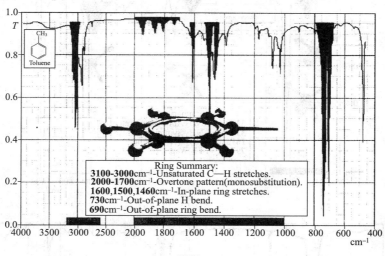

附图 6

1613cm^{-1}　NH$_2$ 剪式弯曲振动　　　　　　　　797cm^{-1}　　　　NH$_2$ 摇摆

(7) 氰化物

庚基氰化物（见附图 9）：

2247cm^{-1}　C≡N 伸缩振动　　　　　　　　1426cm^{-1}　　　=CH$_2$ 弯曲振动

(8) 酮类

庚酮（见附图 10）：

3400cm^{-1}，1715cm^{-1}　C=O 伸缩振动　　　　1408cm^{-1}　　　—CH$_2$ 剪式弯曲振动

(9) 醛类

庚醛（见附图 11）：

2820cm^{-1}，2717cm^{-1}　—CHO 伸缩/弯曲振动　　3420cm^{-1}，1727cm^{-1}　C=O 伸缩振动

1407cm^{-1}　　　　—CH$_2$ 剪式弯曲振动

(10) 羧酸类

庚酸（见附图 12）：

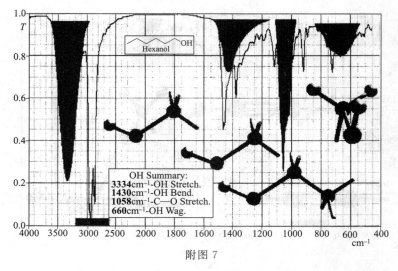

附图 7

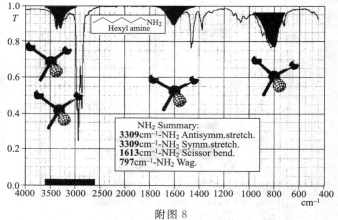

附图 8

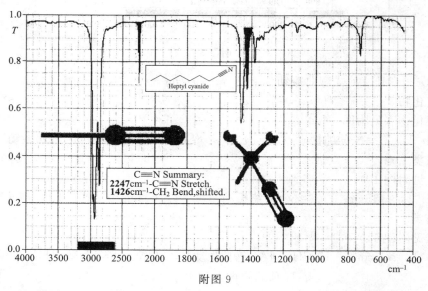

附图 9

$3156cm^{-1}$ 缔合 OH 伸缩振动 $1711cm^{-1}$ C＝O 伸缩振动

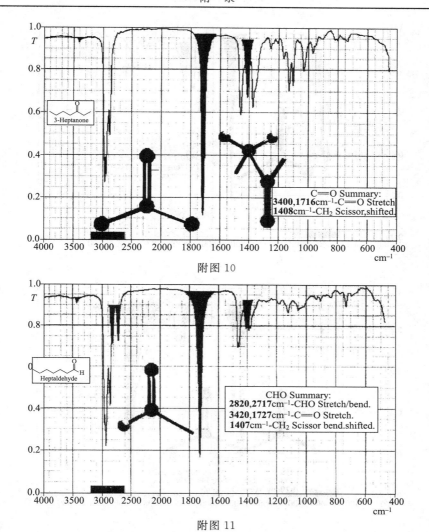

附图 10

附图 11

1420cm^{-1}　COOH 弯曲/伸缩振动　　　　　　　1413cm^{-1}　　—CH$_2$ 剪式弯曲振动

1285cm^{-1}　—COOH 伸缩/弯曲振动

938cm^{-1}　—COOH 缔合后 OH 面外摇摆

（11）酸酐

丁酸酐（见附图 13）：

1819cm^{-1}，1750cm^{-1}　双 C＝O 伸缩振动

1408cm^{-1}　　　　　　　—CH$_2$ 剪式弯曲振动

1029cm^{-1}　　　　　　　C—O 伸缩振动

（12）酯

乙酸乙酯（见附图 14）：

1742cm^{-1}　　C＝O 伸缩振动

1241cm^{-1}　　O—C(O)—C 伸缩振动

1048cm^{-1}　　C—O 伸缩振动

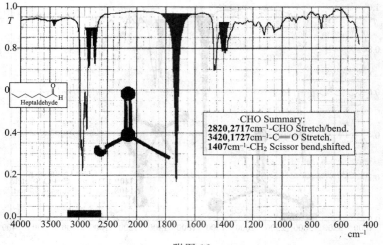

附图 12

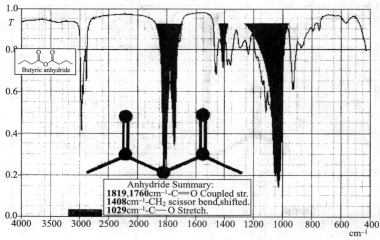

附图 13

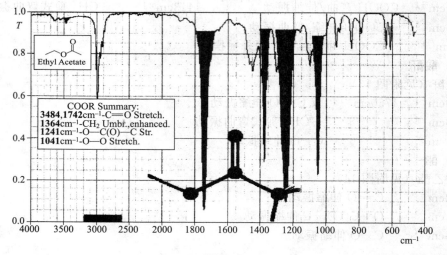

附图 14

参 考 文 献

[1] 黄一石，吴朝华，杨小林编. 仪器分析. 第2版. 北京：化学工业出版社，2009.
[2] 刘虎威编著. 气相色谱方法及应用. 第2版. 北京：化学工业出版社，2007.
[3] 陈培榕，李景虹，邓勃主编. 现代仪器分析实验与技术. 第2版. 北京：清华大学出版社，2006.
[4] 黄一石主编. 分析仪器操作技术与维护. 北京：化学工业出版社，2005.
[5] 邓勃主编. 应用原子吸收与原子荧光光谱分析. 第2版. 北京：化学工业出版社，2007.
[6] 邓勃等编. 原子吸收光谱分析. 北京：化学工业出版社，2004.
[7] 章诒学等编. 原子吸收光谱仪. 北京：化学工业出版社，2007.
[8] 王立，汪正范编著. 色谱分析样品处理. 第2版. 北京：化学工业出版社，2006.
[9] 李攻科，胡玉邻，阮贵华等编著. 样品前处理仪器与装置. 北京：化学工业出版社，2007.
[10] 傅若农编著. 色谱分析概论. 第2版. 北京：化学工业出版社，2005.
[11] ［日］泉美治等主编. 仪器分析导论（第二册）. 第2版. 李春鸿，刘振海译. 北京：化学工业出版社，2005.
[12] 武杰，庞增义等编著. 气相色谱仪器系统. 北京：化学工业出版社，2007.
[13] 于世林著. 图解气相色谱技术与应用. 北京：科学出版社，2010.
[14] 周春山，符斌主编. 分析化学简明手册. 北京：化学工业出版社，2010.
[15] 中华人民共和国国家标准：GB 605—2006，GB/T 9721—2006，GB/T 9739—2006，GB/T 9723—2007，GB 601—2002，GB/T 9724—2007，GB/T 9775—1999，GB/T 14666—2003.
[16] 刘珍主编. 化验员读本. 第4版. 北京：化学工业出版社，2004.
[17] 梁述忠主编. 仪器分析. 第2版. 北京：化学工业出版社，2008.
[18] 朱良漪主编. 分析仪器手册. 北京：化学工业出版社，2002.
[19] 李浩春主编. 分析化学手册（第五分册）. 第2版. 北京：化学工业出版社，2004.
[20] 于世林著. 图解高交液相色谱技术与应用. 北京：科学出版社，2009.
[21] 于世林编著. 高效液相色谱方法及应用. 北京：化学工业出版社，2010.
[22] 孙毓庆，胡育筑主编. 液相色谱溶剂系统的选择与优化. 北京：化学工业出版社，2008.
[23] 李彤，张庆合，张维冰. 高效液相色谱仪器系统. 北京：化学工业出版社，2006.
[24] 吴方迪，张庆合编著. 色谱仪器维护与故障排除. 第2版. 北京：化学工业出版社，2008.
[25] 吴守国，袁倬斌编著. 电分析化学原理. 合肥：中国科学技术大学出版社，2006.
[26] 翁诗甫编著. 傅里叶变换红外光谱分析. 北京：化学工业出版社，2010.
[27] 李民赞主编. 光谱分析技术及其应用. 北京：科学出版社，2007.
[28] 戴士弘著. 职业教育课程教学改革. 北京：清华大学出版社，2007.
[29] 姜大源主编. 当代德国职业教育主流教学思想研究：理论、实践与创新. 北京：清华大学出版社，2007.
[30] 徐国庆编著. 职业教育项目课程开发指南. 上海：华东师范大学出版社，2009.
[31] 严中华编著. 职业教育课程开发与实施：基于工作过程系统化的职教课程开发与实施. 北京：清华大学出版社，2009.
[32] 朱明华编. 仪器分析. 第2版. 北京：高等教育出版社，2000.